高等学校电子与通信工程类专业"十二五"规划教材

光电子技术基础

主　编　韩晓冰　陈名松

参　编　周广宽　顾　洁　杨建翔

U0379176

西安电子科技大学出版社

内 容 简 介

本书共分 8 章，主要包括光辐射的基础知识与常见的发光源、光辐射在介质波导中的传播、激光技术、光辐射的调制、光电探测技术、光电成像技术、光电显示技术和光信息存储技术。本书从基本原理入手，全面介绍了光电子技术的基本概念、基础知识及其相关应用。内容深度适宜，取材合理、便于学习。

本书可作为高等院校电子科学与技术专业、光信息科学与技术、光电信息工程学专业的本科教学用书，可根据不同专业和先修课程的具体情况选取适当的内容。

图书在版编目(CIP)数据

光电子技术基础/韩晓冰，陈名松主编 . —西安：西安电子科技大学出版社，2013.4
高等学校电子与通信工程类专业"十二五"规划教材
ISBN 978 - 7 - 5606 - 2955 - 1

Ⅰ. ①光…　Ⅱ. ① 韩…　② 陈…　Ⅲ. ① 光电子技术—高等学校—教材
Ⅳ. TN2

中国版本图书馆 CIP 数据核字 (2013) 第 046478 号

责任编辑　毛红兵　　王斌
出版发行　西安电子科技大学出版社(西安市太白南路 2 号)
电　　话　(029)88242885　88201467　　　邮　编　710071
网　　址　www. xduph. com　　　　　　电子邮箱　xdupfxb001@163. com
经　　销　新华书店
印刷单位　西安文化彩印厂
版　　次　2013 年 4 月第 1 版　2013 年 4 月第 1 次印刷
开　　本　787 毫米×1092 毫米　1/16　印张 19.5
字　　数　462 千字
印　　数　1～3000 册
定　　价　34.00 元
ISBN 978 - 7 - 5606 - 2955 - 1/TN

XDUP 3247001 - 1

＊＊＊如有印装问题可调换＊＊＊

前　言

　　光电子技术是在研究光与物质相互作用中发展起来的新兴学科,目前已经成为现代信息科学的一个极为重要的组成部分。它是电子学与光学发展的高级阶段,是研究信息载体(光子、光电子、电子-空穴对)之间的相互转换、增强、处理、发送、接收和显示等物理过程的学科。

　　自1960年激光问世以来,光电子技术在理论及应用方面都取得了巨大进展。尤其是近年来,光电子技术与微电子技术结合,两者相互交叉、相互渗透形成的光电信息技术获得了异常迅猛的发展。光电子与微电子组成了信息技术两大支柱,而以光电子技术为基础的光电信息技术是当前最活跃的高新技术之一。光电子技术以其独特的优点——极快的响应速度、极大的频宽和极大的信息容量推动着信息科学技术的发展,具有很强的竞争力,是电子技术向光子技术过渡的重要环节,也是未来信息技术不可或缺的组成部分。未来的光电信息产业会成为社会的主要基础领域,这就需要培养一大批掌握光电子技术的专门人才。

　　本书在选材上根据光电子技术的发展来选取内容,力求简明扼要、由浅入深,以满足多方面的需求。

　　本书共分8章。第1章为光辐射的基础知识与常见的发光源,主要介绍了光的相关概念和基础知识。第2章为光辐射在介质波导中的传播,主要介绍了光波导的相关理论知识。第3~8章分别介绍了激光技术、光辐射的调制、光电探测技术、光电成像技术、光电显示技术和光信息存储技术。

　　本书由韩晓冰(西安科技大学)、陈名松(桂林电子科技大学)主编,周广宽、顾洁、杨建翔参编。韩晓冰编写了前言和第2章;陈名松编写了第4、5、8章;周广宽编写了第3章;顾洁编写了第1、6章;杨建翔编写了第7章。

　　本书在编写过程中得到了西安电子科技大学出版社的大力支持及责任编辑王斌的热情帮助,在此表示衷心感谢。

　　由于作者水平有限,书中难免有疏漏及不当之处,敬请广大读者批评指正。

编　者

2012 年 11 月

目　　录

第 1 章　光辐射的基础知识与常见的发光源

1.1　光的基本属性

光在人类日常生活中必不可少，如果没有光，人类就无法生存。但人类对光本质的认识却经历了艰难而又曲折的道路。光学的研究可以追溯到公元前 400 多年《墨经》中记载的世界上最早的光学实验以及所获得的关于影、针孔成像、镜面成像、虹霓和月蚀的知识。在同一时期，西方也开始了对光的研究，公元前 300 多年希腊欧几里得的《反射光学》里已有光的直线传播性和反射定律的叙述。17 世纪光学有了真正的发展。1620 年斯涅尔发现光的折射定律，与早期发现的光的直线传播和反射定律一起构成了几何光学的基础。

关于光的本质问题目前有两种不同的学说：一种是以牛顿为代表的微粒说；另一种是以惠更斯为代表的波动说。

微粒说认为，光是由发光体发出的光粒子(微粒)流组成的，这些光微粒与普通的实物小球一样遵从相同的力学规律。波动说认为，光与声一样是一种波动，是由机械振动的传播而引起的一种波动。这两种学说都能解释光的反射和折射现象，但在解释光线从空气进入水中的折射现象时，由于当时无法准确测定光速，两种学说各执己见，但由于牛顿的崇高威望，光的微粒说在很长一段时间内占据统治地位。

19 世纪初杨氏和菲涅耳等人发现光的干涉、衍射和偏振等现象——这些现象可由波动说解释，而微粒说则无法解释。1850 年弗科由实验测定了水中的光速，证实了水中的光速小于空气中的光速。这些事实都对波动说提供了重要的实验依据。19 世纪 60 年代，麦克斯韦建立了电磁场理论，并得出光是一定频率范围内的电磁波的结论，为波动说建立起了更坚实的理论依据。从 19 世纪末到 21 世纪初，人们又发现了黑体辐射、原子的线状光谱和光电效应等一系列不能用波动说解释的现象。1900 年普朗克提出辐射的量子论，1905 年爱因斯坦发展了普朗克的量子化假设，在一种全新的意义上提出了光子学说。光子学说认为，光是具有一定能量和动量的粒子所组成的粒子流，这种遵从崭新量力规律的粒子称为光子。从此人们认识到光具有波动和粒子的双重性质——波粒二象性。

1.1.1　光的波动性——光波

1864 年麦克斯韦总结前人在电磁学方面的研究成果，建立了描述电磁场变化规律的麦克斯韦方程组，从理论上预见了电磁波的存在。电磁场理论认为光是一定频率范围内的电磁波，而电磁波就是变化电磁场的传播。1887 年赫兹用电磁振荡的方法证实了电磁波是客观存在的，并证明了电磁波和光波具有共同特性，验证了麦克斯韦电磁场理论的正确性。

电磁场的基本性质如下：

（1）在电磁场中，电场矢量 E、磁场矢量 H 和传播方向 k 三者相互垂直——电磁场是横波。三个矢量的方向构成右手螺旋关系。

（2）沿给定方向传播的电磁波，E 和 H 的振动方向都是在各自垂直于传播方向 k 的平面内，这一特性称为偏振性。

（3）空间各点 E 和 H 都进行周期性变化，并且它们的相位相同。任一时刻，在空间任一点，E 和 H 在量值上的关系为

$$\sqrt{\varepsilon}E = \sqrt{\mu}H \tag{1.1.1}$$

式中，ε 为介质中的介电系数；μ 为介质中的磁导率。

（4）电磁波在真空中的传播速度为

$$c = \frac{1}{\sqrt{\varepsilon_0 \mu_0}} \tag{1.1.2}$$

式中，ε_0 为真空中的介电系数；μ_0 为真空中的磁导率。国际单位制中，$\mu_0 = 4\pi \times 10^{-7}$ H/m，$\varepsilon_0 = 8.854 \times 10^{-12}$ F/m，推算出 $c \approx 3.0 \times 10^8$ m/s。

电磁波在介质中的传播速度为

$$v = \frac{1}{\sqrt{\varepsilon\mu}} \tag{1.1.3}$$

通常 ε 和 μ 是电磁波频率 ν 的函数，因此介质中不同频率的电磁波具有不同的传播速度——这就是电磁波在介质中的色散现象。

真空中电磁波的波长 λ 与频率 ν 的关系为

$$\lambda = \frac{c}{\nu} \tag{1.1.4}$$

这些电磁波本质上完全相同，只是波长不同而已，所以电磁波的频率越高，对应的波长就越短。按照频率或波长的顺序把电磁波排列起来即为电磁波谱，如图 1-1 所示。

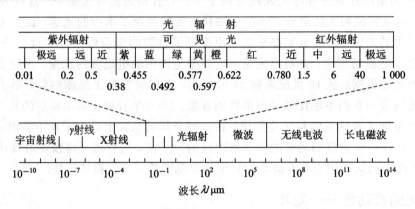

图 1-1　电磁波谱

电磁波的波谱范围很广，包括无线电波、红外线、可见光、X 射线和 γ 射线等。目前已经发现并得到广泛利用的电磁波有波长达 10^4 m 以上的，也有短到 10^{-5} nm 以下的。表1-1 列出了电磁波段的详细划分及用途。

无线电波是一种频率不超过 300 MHz 的电磁波。它通常是由晶体管等元器件所制的电子线路产生的，因此其频率纯度高，并且通过电子线路对其进行调制，就可以用来传递

各种信息。无线电波现已被广泛用于无线电广播、电视、移动电话、卫星转播、雷达和电磁炉等领域，成为日常生活中必不可少的东西。

表 1 - 1　电磁波段的详细划分及用途

电磁波谱		波长范围	频率范围/MHz	主要产生手段		用　途
无线电波	长波	（3～30）km	0.01～0.1	电子线路		越洋长距离通信、导航
	中波	200 m～3 km	0.1～1.5			AM 广播、电报通信
	短波	（10～200）m	1.5～30			AM 广播、电报通信
	超短波	（1～10）m	30～300			FM 广播、电视、导航
	微波	1 mm～1 m	300～3×10^5	行波管 调速管 磁控管		电视、雷达、导航
光波	红外线	0.76 μm～1 mm	3×10^5～4×10^8	热体	激光	雷达、光纤通信、导航
	可见光	（0.40～0.76）μm	4×10^8～7.5×10^8	电弧灯		
	紫外线	（0.03～0.40）μm	7.5×10^8～10^{10}	汞灯		医用、照相制版
X 射线		0.01 nm～0.03 μm	10^{10}～3×10^{12}	X 射线管		医用、探伤、分析晶体结构
γ 射线		1.0 pm～0.1 nm	3×10^{12}～3×10^{14}	加热器		金属探伤、研究核结构

可见光在电磁波谱中只占很小一部分，只有（0.40～0.76）μm 之间的电磁波能使人眼产生光的感觉。随着波长的缩短，可见光依次呈现出红、橙、黄、绿、青、蓝、紫等颜色，人们在日常生活中见到的白光则是这些颜色的混合。

红外线比红光的波长更长，人眼看不到，其波长范围在 0.76 μm～1 mm 之间，可细分为近红外、中红外、远红外和极远红外四部分。自然界中只要是温度高于绝对零度的物体都会向外发射红外线，因此利用这个特性就可以观察和测定肉眼看不见的对象。利用目标和背景温度以及物体发射能力的差异做成的各种被动式红外探测仪器可以完成对目标的探测、跟踪、搜索及成像，并能直接反映出物体的温度分布、空间方位及运动状态等若干特征参量。红外技术已广泛应用于军事、科研、工农业生产、医学和日常生活等各个领域。

紫外线比紫光的波长更短，波长范围在（0.03～0.40）μm 之间。也可分为近紫外、远紫外和极远紫外三部分。太阳光和汞灯中有大量紫外线。紫外线有显著的化学效应和荧光效应，可用于医疗杀菌和照相制版等行业。

X 射线比紫外线的波长更短，波长范围在 0.1 nm～0.03 μm 之间。X 射线具有很强的穿透能力，它是通过高速电子流轰击原子中的内层电子而产生的。它透过各种物体的本领与组成物质的原子量有关；它能使胶片感光，使荧光屏发光。利用这种性质可透视人体内部的病变，检查金属部件的内伤和分析晶体的结构。

γ 射线是放射性原子衰变或用高能粒子与原子核碰撞时所发出的一种波长极短的电磁波，波长范围为 1.0 pm～0.1 nm。主要用于金属探伤和研究原子核的结构。

光波是一种波长很短的电磁波，靠电磁场在空间传播，电磁场的传播具有波动性。应用光的电磁理论可解释光的反射、折射、干涉、衍射、偏振和双折射等与光传播特性有关的现象。

1.1.2　光的粒子性——光子

随着对光本质的不断研究，人们逐渐认识到光不但具有波动的性质，同时还具有粒子的性质，从而有了光子学说。光子学说认为，光是由一些以光速 c 运动的光量子（简称光子）所组成的。而每个光子都具有相同的基本性质：

（1）光子具有能量 E，这种能量与一定的光频率 ν 相对应，有

$$E = h\nu \tag{1.1.5}$$

式中，h 为普朗克常数，$h = 6.626 \times 10^{-34}$ J·s。

（2）光子具有质量 m，但光子的静止质量 $m_0 = 0$，光子动态质量 m 与光子能量 E 的关系为

$$m = \frac{E}{c^2} = \frac{h\nu}{c^2} = \frac{h}{c\lambda} \tag{1.1.6}$$

（3）光子具有动量 p，并且与光波长 λ、一定的传播方向 k 相对应，有

$$p = \frac{h}{\lambda} n_0 = \hbar k \tag{1.1.7}$$

式中，n_0 为光子行进方向上的单位矢量；$\hbar = h/2\pi$；$k = (2\pi/\lambda)n_0$。

（4）光子具有自旋，并且自旋的量子数为整数，因此光子的集合服从玻色-爱因斯坦统计规律。

光子是组成光辐射场的基本物质单位。组成光辐射场的大量的光子分别处于不同的光子统计状态，光子的运动状态简称为光子态。光子态是按照光子所具有的不同能量（或动量数值）、光子行进的方向以及偏振方向相互区分的。处于同一光子态的光子彼此之间是不可区分的，又因为光子是玻色子（自旋量子数为1），在光子集合中，光子数按其运动态的分布不受泡里不相容原理的限制。可以有多个光子处于同一种光子态上——这种现象称为简并。处于同一光子态的平均光子数目称为光场的简并度，用 δ 表示。在温度为 T 的平衡热辐射场中，处于频率为 ν（或能量为 $h\nu$）的光子态的平均光子数即为光子简并度，有

$$\delta = \frac{1}{e^{\frac{h\nu}{kT}} - 1} \tag{1.1.8}$$

式中，T 为热力学温度；h 为普朗克常数；k 为波耳兹曼常数。

在常温下，光波段的普通热光源的光子简并度极低（约为 10^{-20} 量级），但采用特别的方法就有可能在光频段获得极高的简并度，形成一种新的光源。这种光源发出的光，单色亮度高，大量光子处于相同的光子态，有确定的运动方向、频率和偏振——这种光称为相干光。相干光比起通常状态下存在的非相干光有很多的优越性。

波长为 λ 的光波是由质量为 $m = h/(c\lambda)$、能量为 $E = h\nu$、动量为 $p = (h/\lambda)n_0$ 的光子构成的集合体，光的传播实际上是光子的辐射流。

光子说可以解释光的发射、吸收和光电效应等与光和物质相互作用有关的现象。但单独用经典的波或粒子概念去描述光，都不足以解释光的全部现象，必须说光具有"波粒二象性"，即不但具有波动性，而且具有粒子性。式(1.1.5)和式(1.1.7)把光的双重性质联系起来，频率和波长是描述波动性的，能量和动量是描述粒子性的。波动性和粒子性是光的客观属性，两者总是同时存在的。只不过在一定条件下波动的属性表现明显；但当条件改

变时，粒子的属性又变得明显。例如，在光的传播过程中波动性比较明显，干涉、衍射和偏振等现象都能用波动观点解释，这时往往把光看成由一列一列的光波组成。但当光和物质作用时，其粒子性较为明显，表现出的黑体辐射、吸收光谱和光电效应等现象都要用粒子观点来解释，这时又把光看成是由一个一个光子组成的粒子流。现在所说的粒子和波动，已不是牛顿微粒说中的粒子，也不是惠更斯所理解的波动，而是粒子性中渗透着波动性，波动性渗透着粒子性，它们所包含的含义比原来的粒子和波动深刻得多。

1.2　辐射度学与光度学的基础知识

由于人类最先感知的是可见光，历史上人们首先对可见光的度量进行了比较充分的研究，引入了一些人眼对光敏感程度的物理量，并创建了研究光能测量的科学与技术——光度学。光度单位体系是一套反映视觉亮暗特性的光辐射计量单位，光度学的方法是心理物理学的方法，并不是纯粹的物理学方法，所以光度学的一些概念只适用于可见光范围内。

辐射度学是一门研究电磁辐射测量的科学与技术。电磁辐射是建立在物理测量基础上的客观物理量，不受人们主观视觉的限制，因此，辐射度学的一些概念适用于整个电磁波谱范围。但对于电磁辐射的不同波段，针对它们的特殊性质，又有不同的测量方法和手段。

辐射度与光度二者的对应量用相同的符号表示，但为了区别，用不同的下标来区分。辐射量用下脚标"e"或不用下标，而光量则用下标"v"，如 X_e 和 X_v。

1.2.1　辐射度学

辐射度学主要建立在几何光学的基础上，基于两个假设：第一，辐射按直线传播，因此辐射的波动性不会使辐射能的空间分布偏离一条几何光线所规定的光路；第二，辐射能是不相干的，所以辐射度学不考虑干涉效应。

辐射度单位可以描述任意辐射源的光辐射，但其不能反映人眼对亮暗的感觉。而光度学则可以反映出人眼对亮暗的感觉。但在光波段区域内，二者的度量单位之间存在着一一对应的关系。

而辐射度单位体系中，辐射功率（辐射通量）或者辐射能是基本量，而且是只与辐射客体有关的量，其基本单位是瓦特（W）或焦耳（J）。

辐射度学中所用到的辐射量较多，其名称、符号也不统一，下面介绍的是常用的辐射量。

1）辐射能

所谓辐射能，就是以电磁波的形式发射、传输或接收的能量，用 Q 表示，单位是 J。辐射场内单位体积中的辐射能称为辐射能密度，用 ω 表示，单位是 J/m^3，其定义式为

$$\omega = \frac{\partial Q}{\partial V} \tag{1.2.1}$$

式中，V 是体积，单位是 m^3。

因为辐射能还是波长、面积和立体角等很多因素的函数，所以 ω 和 Q 的关系用 Q 对 V 的偏微分来定义。同理，后面的其他辐射量也用偏微分来定义。

2）辐射功率

辐射功率就是发射、传输或接收辐射能的时间速率，用 P 表示，单位是 W，定义式为

$$P = \frac{\partial Q}{\partial t} \tag{1.2.2}$$

式中，t 为时间，单位是 s。

辐射功率 P 与辐射通量 Φ 混用。辐射在单位时间内通过某一面积的辐射能称为经过该面积的辐射通量，也称为辐通量。

3）辐射强度

辐射强度是描述点源辐射特性的辐射量。所谓点源，就是其物理尺寸可以忽略不计，理想上将其抽象为一个点的辐射源。否则就是扩展源。真正的点源是不存在的。在实际情况下，能否把辐射源看成是点源，首要问题不是辐射源的真实物理尺寸，而是它相对于观测者(或探测器)所张的立体角度。例如，距地面遥远的一颗星体，它的真实物理尺寸可能很大，但是我们却可以把它看成是点源。同一辐射源，在不同场合，可以是点源，也可以是扩展源。例如，喷气式飞机的尾喷口，在 1 km 以外处观测，可以作为点源处理，而在 3 m 处观测，就表现为一个扩展源。

一般来讲，如果测量装置没有使用光学系统，只要在比辐射源的最大尺寸大 10 倍的距离处观测，辐射源就可视为一个点源。如果测量装置使用了光学系统，则基本的判断标准是探测器的尺寸和辐射源像的尺寸之间的关系：如果像比探测器小，辐射源可认为是一个点源；如果像比探测器大，则辐射源认为是一个扩展源。

具体来说，辐射源在某一方向上的辐射强度是指辐射源在包含该方向的单位立体角内所发出的辐射功率，用 I 表示。

某一方向上的辐射强度如图 1-2 所示，若一个点源在围绕某指定方向的小立体角元 $\Delta\Omega$ 内发射的辐射功率为 ΔP，则 ΔP 与 $\Delta\Omega$ 之比的极限就是辐射源在该方向上的辐射强度 I，即

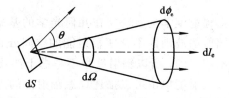

$$I = \lim_{\Delta\Omega \to 0}\left(\frac{\Delta P}{\Delta\Omega}\right) = \frac{\partial P}{\partial\Omega} \quad (\text{W/sr}) \tag{1.2.3}$$

图 1-2　某一方向上的辐射强度

辐射强度是辐射源所发出的辐射功率在空间分布特性的描述。或者说它是辐射功率在某方向上的角密度的度量。

辐射强度对整个发射立体角 Ω 的积分，就可以给出辐射源发射的总辐射功率 P，即

$$P = \int_{\Omega} I \, \mathrm{d}\Omega \tag{1.2.4}$$

对于各向同性的辐射源，等于常数，由式(1.2.4)得 $P = 4\pi I$。对于辐射功率在空间分布不均匀的辐射源，一般说来辐射强度与方向有关，计算起来较为复杂。

4）辐射出射度

辐射出射度简称为辐出度，是描述扩展源辐射特性的物理量——辐射源单位表面积向半球空间(2π 立体角)内发射的辐射功率，用 M 表示。若面积为 A 的扩展源上围绕 x 点的一个小面源 ΔA，向半球空间内发射的辐射功率为 ΔP，则 ΔP 与 ΔA 之比的极限值就是该扩展源在 x 点的辐射出射度，即

$$M = \lim_{\Delta A \to 0}\left(\frac{\Delta P}{\Delta A}\right) = \frac{\partial P}{\partial A} \tag{1.2.5}$$

辐射出射度就是扩展源所发出的辐射功率在源表面分布特性的描述。或者说是辐射功

率在某一点附近的面密度的度量。

对于发射不均匀的辐射源表面，表面上各点附近将有不同的辐射出射度。一般来讲辐射出射度 M 是源表面上位置 x 的函数。辐射出射度 M 对源发射表面积 A 的积分就是辐射源发射的总辐射功率，即

$$P = \int_A M \, \mathrm{d}A \tag{1.2.6}$$

如果辐射源表面的辐射出射度 M 为常数，则它所发射的辐射功率为 $P = MA$。

5）辐射亮度

辐射亮度简称为辐亮度，是描述扩展源辐射特性的量，如图 1-3 所示。前面定义的辐射强度 I 是描述点源在空间不同方向上的辐射功率分布，而辐射出射度 M 可以描述扩展源在源表面不同位置上的辐射功率分布。为描述所发射的辐射功率在源表面不同位置上沿空间不同方向上的分布特性，引入辐射亮度的概念。描述如下：辐射源在某一方向上的辐射亮度是指该方向上的投影面积向单位立体角中发射的辐射功率，用 L 表示。

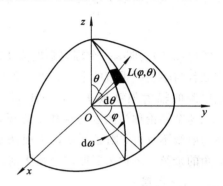

图 1-3 辐射源的辐射亮度

$$L = \lim_{\substack{\Delta A \to 0 \\ \Delta \Omega \to 0}} \left(\frac{\Delta^2 P}{\Delta A_\theta \Delta \Omega} \right) = \frac{\partial^2 P}{\partial A_\theta \partial \Omega} = \frac{\partial^2 P}{\partial A \partial \Omega \cos\theta} \quad (\mathrm{W/m^2 \cdot sr}) \tag{1.2.7}$$

该式表明：辐射亮度是扩展源辐射功率在空间分布特性的描述。辐射亮度的大小与该辐射源上的位置及方向有关。辐射亮度与辐射出射度都是表征辐射功率在表面上的分布特性，但辐射出射度是单位面积向半球空间发射的辐射功率；而辐射亮度是单位表观面积向特定方向上的单位立体角发射的辐射功率，二者之间可以互相转换求取。

由辐射亮度的定义式可知

$$\mathrm{d}P = \int_{\text{半球空间}} \mathrm{d}^2 P = \int_{2\pi \text{球面度}} L \cos\theta \, \mathrm{d}\Omega \, \mathrm{d}A$$

而根据 M 的定义式，得到 L 与 M 的关系

$$M = \frac{\mathrm{d}P}{\mathrm{d}A} = \int_{2\pi \text{球面度}} L \cos\theta \, \mathrm{d}\Omega$$

6）辐射照度

前面讨论的都是描述辐射源发射特性的物理量。为描述一个物体被辐照的程度，在辐射度量学中引入辐射照度的概念。

被照表面的单位面积上接收到的辐射功率称为该被照射处的辐射照度，简称为辐照度，用 E 表示。

$$E = \lim_{\Delta A \to 0} \left(\frac{\Delta P}{\Delta A} \right) = \frac{\partial P}{\partial A} \quad (\mathrm{W/m^2}) \tag{1.2.8}$$

辐射照度的数值是投射到表面上每单位面积的辐射功率。一般来说，辐射照度与被照面的位置有关，而且与辐射源的特性及相对位置有关。辐射照度与辐射出射度具有相同的单位，而且它们的定义式相似，但应注意两者的差别。

1.2.2 辐射度学的基本定律

1) 距离平方反比定律

距离平方反比定律是描述点源(或小面源)的辐射强度 I 与其所产生的辐射照度 E 之间的关系,如图 1-4 所示。设点源的辐射强度为 I,它与被照面上 x 点处面积源 dA 的距离为 l,dA 的法线与 l 的夹角为 θ,则投射到 dA 上的辐射功率为 $dP = I \, d\Omega = I \, dA \cos\theta / l^2$,所以点源在被照面上 x 点处所产生的辐射照度为

$$E = \frac{dP}{dA} = \frac{I \cos\theta}{l^2} \tag{1.2.9}$$

式(1.2.9)表明,一个辐射强度为 I 的点源,在距离它处且与辐射线垂直的平面上产生的辐射照度与这个辐射源的辐射强度成正比,与距离 l 的平方成反比——这个结论称为照度与距离平方反比定律。如果平面与射线不垂直,则必须乘以平面法线与射线之间的夹角的余弦——称为照度的余弦法则。

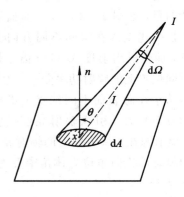

图 1-4　点源的辐射强度

2) 互易定理

设有两个面积分别为 A_1 和 A_2 的均匀朗伯辐射源,其辐射亮度分别为 L_1 和 L_2。现考查这两个朗伯面之间的辐射能量传递。在 A_1 和 A_2 上分别取面积元 ΔA_1 和 ΔA_2,两者相距为 l,θ_1 和 θ_2 分别为 ΔA_1 和 ΔA_2 的法线与 l 的夹角,如图 1-5 所示。ΔA_2 从 ΔA_1 接收到的辐射功率 $\Delta P_{1\to2}$ 为

$$\Delta P_{1\to2} = \frac{L_{1_1} \cos\theta_1 \cdot \cos\theta_2 \cdot \Delta A_1 \cdot \Delta A_2}{l^2}$$

而 ΔA_1 从 ΔA_2 接收到的辐射功率 $\Delta P_{2\to1}$ 为

$$\Delta P_{2\to1} = \frac{L_{2_1} \cos\theta_1 \cdot \cos\theta_2 \cdot \Delta A_1 \cdot \Delta A_2}{l^2}$$

所以,两个朗伯面接收的辐射功率之比为

$$\frac{\Delta P_{1\to2}}{\Delta P_{2\to1}} = \frac{L_1}{L_2} \tag{1.2.10}$$

式(1.2.10)表明:两面元所传递的辐射功率之比等于两辐射面的辐射亮度之比。由于 A_1 和 A_2 可以看成是由许多面元组成的,且每一对组合的面元都具有上述性质。因此,对于整个表面有

$$\frac{P_{1\to2}}{P_{2\to1}} = \frac{\sum \Delta P_{1\to2}}{\sum \Delta P_{2\to1}} = \frac{L_1}{L_2} \tag{1.2.11}$$

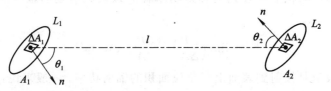

图 1-5　两面源之间的能量传递

此式称为互易定理。

3）立体角投影定理

小面源的辐射亮度为 L，小面源与被照面的面积分别为 ΔA_s 和 ΔA，两者相距为 l，θ_s 和 θ 分别为 ΔA_s 和 ΔA 的法线与 l 的夹角（如图 $1-6$ 所示）。小面源 ΔA_s 在 θ_s 方向上的辐射强度为 $I=L \Delta A_s \cos\theta_s$，利用式(1.2.8)，可得出 ΔA_s 在 ΔA 上所产生的辐射照度为

$$E = \frac{I \cos\theta}{l^2} = L \cdot \frac{\Delta A_s \cos\theta_s \cos\theta}{l^2} \tag{1.2.12}$$

因为 ΔA_s 对 ΔA 所张开的立体角 $\Delta\Omega_s = \Delta A_s \cos\theta_s / l^2$，所以有

$$E = L \Delta\Omega_s \cos\theta \tag{1.2.13}$$

这就是立体角投影定理。

当 $\theta_s = \theta = 0$ 时，即 ΔA_s 与 ΔA 相互平行且垂直于两者的连线时，$E = L \Delta\Omega_s$。

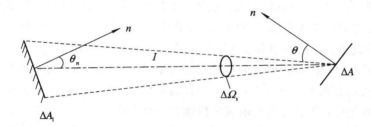

图 $1-6$　立体角投影定理

4）Sumpner 定理

在球形腔内，腔内壁面积元 dA_1 从 dA_2 另一面积元接收的辐射功率与 dA_1 在球面上的位置无关，即球内壁某一面积元辐射的能量均匀照射在球形腔内壁——Sumpner 定理。

表示 Sumpner 的球形腔体如图 $1-7$ 所示，按辐射亮度的定义，dA_1 接收 dA_2 的辐射功率为 $dP = L \cos\theta dA_2 d\Omega$，式中，$L$ 为腔内壁表面的辐射亮度。若腔内壁表面是理想的朗伯面，则 L 是常数。因为立体角 $d\Omega = dA_1 \cos\theta / r^2$，所以

$$dP = L dA_1 dA_2 \frac{\cos\theta}{r^2}$$

图 $1-7$　表示 Sumpner 定理的球形腔体

由图 $1-7$ 可知 $\cos\theta = (r/2)/R$，R 为球形腔的半径，则

$$dP = L dA_1 dA_2 \frac{1}{4R^2} \tag{1.2.14}$$

因为 L，R 均为常数，所以 dA_1 接收 dA_2 的辐射功率 dP 与 dA_1 的位置无关。又因为腔内壁表面为朗伯面，有 $M = \pi L$，腔壁面积 $A = 4\pi R^2$，所以式(1.2.14)可改写为

$$dP = \frac{M}{\pi} dA_1 dA_2 \frac{1}{4R^2} = \frac{M dA_1 dA_2}{A}$$

于是 dA_1 单位面积接收的辐射功率，即辐射照度为

$$\frac{\mathrm{d}P}{\mathrm{d}A_1} = \frac{M\,\mathrm{d}A_2}{A} = 常数 \tag{1.2.15}$$

这就证明了 $\mathrm{d}A_2$ 的辐射能量均匀地辐照在球形腔内壁。

1.2.3　光度学的基本物理量与基本定律

光是能引起人眼光亮感觉的电磁辐射。当光线进入眼睛后能产生的知觉称为视觉——它包括对视场内物体的明暗、形状和颜色等的知觉。但只靠眼睛是不能形成视觉的,物体成像的信息还要经过神经纤维传送到大脑进行处理,才能使人眼中产生的原始信息变成一定的生理信号,形成定态的视觉。在讨论视觉时,光的概念是指可见光。

由于人眼的视觉细胞对频率不同的辐射有不同的响应,所以光度单位体系中,被选做基本量的不是光量 Ω_v 或光通量 Φ_v,而是发光强度 l_v,单位为坎德拉(cd),是按照国际惯例取自拉丁文烛光(Candela)一词的音义,也简称为坎(国际单位制中的七个基本单位之一)。其基本定义为:是某一光源在给定方向上的发光强度,该光源发出频率为 540×10^{12} Hz 的单色辐射,且在此方向上的辐射强度为 $1/683$ W/sr(sr 为球面度的单位)。

光度量是具有"标准人眼"视觉响应特性的人眼对所接收到的辐射量的度量。因此可以说光度学的方法是心理物理学方法,不是纯粹的物理学方法。所以光度学除了包括辐射能客观物理量的度量外,还要考虑人眼视觉机能的生理和感觉等心理因素。评定辐射能对人眼引起视觉刺激值的基础是辐射能的光谱光视效能 $K(\lambda)$,即人眼对不同波长的光的光能产生光感觉的效率。

1) 最大光谱光视效能和光谱光视效率

光视效能 K 定义为光通量 Φ_v 与辐射通量 Φ_e 之比,即

$$K = \frac{\Phi_v}{\Phi_e} \tag{1.2.16}$$

由于人眼对不同波长的光的响应是不同的,随着光的光谱成分的变化,K 值也在变化,因此人们定义了光谱光视效能 $K(\lambda)$,即

$$K(\lambda) = \frac{\Phi_{v\lambda}}{\Phi_{e\lambda}} \tag{1.2.17}$$

$K(\lambda)$ 表示在某一波长上每 1 W 光功率对目视引起刺激的光通量,它是衡量光源产生视觉效能大小的一个重要指标,量纲为 lm/W(流明/瓦)。由于人眼对不同波长的光敏感程度不一样,因此 $K(\lambda)$ 值在整个可见光谱区的每一处波长均不同。

光视效能与光谱光视效能的关系为

$$K = \frac{\int \Phi_{v\lambda}\,\mathrm{d}\lambda}{\int \Phi_{e\lambda}\,\mathrm{d}\lambda} = \frac{\int K(\lambda)\Phi_{e\lambda}\,\mathrm{d}\lambda}{\int \Phi_{e\lambda}\,\mathrm{d}\lambda} \tag{1.2.18}$$

实验表明,光谱光视效能 $K(\lambda)$ 的最大值在波长 $\lambda = 555$ nm 处。一些国家实验室测得的平均光谱光视效能的最大值为 $K_m = 683$ lm/W。

光视效率 V 定义为光视效能 K 与最大光谱光视效能 K_m 之比,即

$$V = \frac{K}{K_m} \tag{1.2.19}$$

随着光的光谱成分变化,V 值也在变化,因此定义了光谱光视效率(视在函数),即

$$V(\lambda) = \frac{K(\lambda)}{K_m} \qquad\qquad (1.2.20)$$

光视效率与光谱光视效率的关系为

$$V = \int V(\lambda)\,d\lambda = \frac{1}{K_m} \cdot \frac{\int \Phi_{v\lambda}\,d\lambda}{\int \Phi_{e\lambda}\,d\lambda} = \frac{\int V(\lambda)\Phi_{e\lambda}\,d\lambda}{\int \Phi_{e\lambda}\,d\lambda} \qquad (1.2.21)$$

在人眼视网膜上有两种感光细胞——锥状细胞和杆状细胞。这两种感光细胞的光谱响应特性是不同的。因此，将亮适应的视觉称为明视觉(或亮视觉及白昼视觉)，将暗适应的视觉称为暗视觉(或微光视觉)。明视觉一般指人眼已适应在亮度为几个尼特(光亮度单位，记为 nt)以上的环境，这时是锥状细胞起作用；暗适应一般指人眼已适应在亮度为百分之几尼特以下的、很低的亮度水平的环境，由杆状细胞的作用完成视觉过程。如果亮度处于明视觉和暗视觉所对应的亮度水平之间，视网膜的锥状细胞和杆状细胞同时起作用，称为介视觉。通常明视觉和暗视觉的光谱光视效率分别用 $V(\lambda)$ 和 $V'(\lambda)$ 表示，如图 1-8 所示。

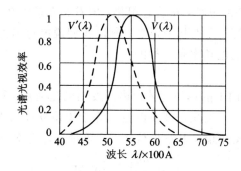

图 1-8 光谱光视效率(视见函数)曲线

有了 $V(\lambda)$ 和 $V'(\lambda)$ 便可借助于下面的关系式，通过光谱辐射量的测定来计算光度量或光谱光度量，有

$$X_{v\lambda} = K_m V(\lambda) X_{e\lambda} \qquad\qquad (1.2.22)$$

$$X_v = \int X_{v\lambda}\,d\lambda = K_m \int V(\lambda) X_{e\lambda}\,d\lambda \qquad (1.2.23)$$

式中，X_v 为光度量；$X_{v\lambda}$ 为光谱光度量；$X_{e\lambda}$ 为光谱辐射量。

2) 光通量

由式(1.2.21)可知，光通量的表达式，对于明视觉为

$$\Phi_v = K_m \int_{380\ nm}^{780\ nm} V(\lambda)\Phi_{e\lambda}\,d\lambda \qquad (1.2.24)$$

对于暗视觉为

$$\Phi_v' = K_m' \int_{380\ nm}^{780\ nm} V(\lambda)\Phi_{e\lambda}\,d\lambda \qquad (1.2.25)$$

1977 年由国际计量委员会讨论通过，确定在标准明视函数 $V(\lambda)$ 的峰值波长 555 nm 处的光谱光视效能 K_m 为 683 lm/W，并且指出这个值是 555 nm 的单色光的光效率，即每瓦光功率发出 683 lm 的可见光。

对于明视觉，峰值波长在 555 nm 处，因此它就是最大光谱光效能值，即

$$K_m = 683\ \text{lm/W}$$

对于暗视觉，$\lambda = 555$ nm，所对应的 $V'(555) = 0.402$，而峰值波长是 507 nm，即 $V'(507) = 1.000$，所以暗视觉的最大光谱光功率为

$$K'_m = 683 \times \frac{1.000}{0.402} = 1699 \text{ lm/W}$$

国际计量委员会将其标准化为

$$K'_m = 1700 \text{ lm/W}$$

这里，光通量是以一个特殊的单位——流明(lm)来表示的。光通量的大小是反映某一光源所发出的光辐射引起人眼的光亮感觉的能力的大小。

1 W 的辐射通量相当的流明数随波长的不同而异。在红外区和紫外区，与 1 W 相当的流明数为零。而在 $\lambda = 555$ nm 处，光谱光视效率最大，即 $K_m = 683$ lm/W，并规定 $V(555) = 1$，则 1 W 相当于 683 lm。对于其他波长，1 W 的辐射通量相当于 $683V(\lambda)$ lm。

以上是从人眼对光辐射是否敏感这个角度来考虑的。我们也可以把光辐射引起视亮度的能力作为光辐射的一种属性来考虑，可以用此来描述光源发出可见光的效率，简称为发光效率。例如，一个 1 kW 的电炉，尽管它很热，但看起来是暗红的，在黑暗中起不了多大作用；而一个 1 kW 的电灯泡，点起来很亮。所以我们说电灯泡的发光效率高于电炉的发光效率，虽然两者所消耗的电功率是一样的。

3）发光强度

点光源在包含给定方向上的单位立体角内所发出的光通量，称为该点光源在该给定方向上的发光强度，用 I_v 表示。发光强度在数值上等于单位立体角内所发出的光通量。在国际单位制(SI)中，发光强度单位是基本单位之一，单位名称为坎德拉，简写为"坎(cd)"。

$$I_v = \frac{\partial \Phi_v}{\partial \Omega} \quad (\text{lm/sr}) \tag{1.2.26}$$

4）光出射度

光源单位面积向半球空间发出的全部光通量，用 M_v 表示。

$$M_v = \frac{\partial \Phi_v}{\partial A} \quad (\text{lm/m}^2) \tag{1.2.27}$$

5）光亮度(简称为亮度)

光源在给定方向上的光亮度 L_v 是指在该法线上的单位投影面积向单位立体角中所发出的光通量。在与面元 dA 法线成 θ 角的方向上，如果面元 dA 在该方向上的立体角 dΩ 内发出的光通量为 $d^2\Phi_v$，则其光亮度为

$$L_v = \frac{\partial^2 \Phi_v}{\partial \Omega \partial A \cos\theta} \quad (\text{cd/m}^2) \tag{1.2.28}$$

注意到发光强度的定义，光亮度又可表示为

$$L_v = \frac{\partial I_v}{\partial A \cos\theta} \tag{1.2.29}$$

即在给定方向上的光亮度也就是该方向上单位投影面积上的发光强度。

在国际单位制中，光亮度的单位是坎德拉每平方米(cd/m²)。过去人们曾采用过不同的光亮度单位，它们之间的换算关系在此不详细介绍了。

6）光照度

被照表面的单位面积上接收到的光通量称为该被照表面的光照度，用 E_v 表示，也简称

为照度。其 SI 单位是勒克斯(lx);在 CGS 制中是辐透度(1 ph=1 lm/cm²),在英制中是英尺烛光(1 fc=1 lm/ft²)。

7) 发光效率

发光效率定义为每瓦消耗功率所发出的光通量数,用 η_v 表示。

$$\eta_v = \frac{\Phi_v}{P} \quad (\text{lm/W}) \tag{1.2.30}$$

8) 光量

光量定义为光通量与辐射照射持续时间的乘积,用 Q_v 表示。若光通量在所考虑的照射时间内是恒定的,则有

$$Q_v = \Phi_v \cdot t \quad (\text{lm} \cdot \text{s}) \tag{1.2.31}$$

若光通量在所考虑的照射时间内不是恒定的,则有

$$Q_v = \int \Phi_v(t) \, dt \tag{1.2.32}$$

光量 Q_v 对于描述发光时间很短的闪光特别有用。例如,照相时使用的闪光灯,在闪光的瞬间,看起来十分明亮,也就是说它能在极短的时间内发出很大的光量。一般照相用的闪光灯,发出光的脉冲持续时间为 1 ms 左右。在用闪光灯拍照时,照相机的快门一般在 1/50 s,即 20 ms 左右,只要闪光是在快门打开的期间内发生的,那么底片上的感光程度主要取决于闪光灯的光量大小。

1.3   热辐射的概念

任何温度高于 0 K 以上的物体都在发射各种电磁波,这种由物体中的分子、原子受到热激发而产生的辐射称为热辐射。热激发的方式有:加热、通电、光照、化学反应或核反应。实验表明,在一定时间内,物体辐射能的多寡以及辐射能按波长的分布都与温度有关,并且热辐射具有连续的辐射谱,波长从远红外延伸到紫外区。

1.3.1   辐射本领与吸收本领

物体辐射的能量与温度 T 和波长 λ 有关。设物体的温度为 T,在单位时间内从物体表面单位面积辐射出来的波长在 $\lambda \sim (\lambda+d\lambda)$ 范围内的辐射能为 $dM_e(\lambda, T)$,则 $dM_e(\lambda, T)$ 与波长间隔 $d\lambda$ 的比值称为物体的单色辐射出射度或单色辐射本领,用 $M_e(\lambda, T)$ 表示。

$$M_e(\lambda, T) = \frac{dM_e(\lambda, T)}{d\lambda} \tag{1.3.1}$$

单色辐射出射反映了在不同温度下辐射能按波长分布的情况。它不仅随温度和波长而变,还与物体本身的性质和表面状态有关。

在单位时间内,从物体表面单位表面积辐射出来的各种波长的总辐射能,称为物体的辐射出射度或总辐射本领,用 $M_e(T)$ 表示。它与温度、物体本身的性质有关。根据式(1.3.1),在一定温度时,物体的辐射出射度和单色辐射出射的关系为

$$M_e(T) = \int_0^\infty M_e(\lambda, T) \, d\lambda \tag{1.3.2}$$

任何物体向周围发射辐射能的同时,也吸收周围物体发射的辐射能。入射到透明物体

上的辐射能，一部分被吸收，一部分被反射，还有一部分被透射。对不透明的物体，入射的辐射能只有被吸收和反射两部分。物体吸收的能量与入射的能量之比称为物体的吸收比 α，物体反射的能量与入射的能量之比称为物体的反射比 ρ。物体的吸收比和反射比，也随物体的温度和入射的波长而改变。用 $\alpha(\lambda, T)$ 和 $\rho(\lambda, T)$ 分别表示物体在温度 T 时，对于波长在 $\lambda \sim (\lambda + \mathrm{d}\lambda)$ 范围内的辐射能的单色吸收比和单色反射比。对于不透明的物体，单色吸收比和单色反射比之和等于 1，即

$$\alpha(\lambda, T) + \rho(\lambda, T) = 1 \tag{1.3.3}$$

在任何温度下，物体能把照射到其上的任何波长的辐射完全吸收，即 $\alpha(\lambda, T) = 1$，则称该物体为绝对黑体(简称黑体)。

1.3.2 基尔霍夫辐射定律

1869 年，基尔霍夫从理论上提出了关于辐射传播过程的重要定律：在同样的温度下，任何物体对相同波长的单色辐射出射度与单色吸收比的比值都相等，并等于该温度下黑体对同一波长的单色辐射出射度，即

$$\frac{M_1(\lambda, T)}{\alpha_1(\lambda, T)} = \frac{M_2(\lambda, T)}{\alpha_2(\lambda, T)} = L = M_{\mathrm{b}}(\lambda, T) \tag{1.3.4}$$

式中，$M_{\mathrm{b}}(\lambda, T)$ 为黑体的单色辐射出射度。这一定律指出了物体的辐射出射度和吸收比之间的内在联系，说明：一个好的吸收体也是一个好的辐射体；任何物体的辐射出射度都小于同温度、同波长的黑体辐射出射度；黑体的辐射出射度摆脱了对具体物体的依赖关系，是最简单的，也是最便于研究的。因此黑体辐射理论的探索，是热辐射领域的中心问题。

1.3.3 普朗克公式

普朗克于 1900 年提出了与经典物理学格格不入的能量子假设：辐射黑体由带电的谐振子组成；这些谐振子辐射电磁波，并和周围的电磁场交换能量。谐振子与辐射场交换的能量只能是某个基本单元 $\varepsilon(\varepsilon$ 称为能量子)的整数倍，而且是一份一份地按连续不断的方式进行的，即 $\varepsilon，2\varepsilon，3\varepsilon，4\varepsilon\cdots$。

基本单元 ε 与辐射频率 ν 成正比 $\varepsilon = h\nu$，根据这个量子假设，并应用经典统计理论，普朗克正确地推出了黑体辐射的能量密度公式

$$\rho(\nu) = \frac{8\pi h\nu^3}{c^3} \cdot \frac{1}{\mathrm{e}^{\frac{h\nu}{kT}} - 1} \tag{1.3.5}$$

以及黑体辐射的单色辐射出射度公式

$$M_{\mathrm{eb}}(\lambda, T) = 2\pi hc^2 \lambda^{-5} \frac{1}{\mathrm{e}^{\frac{h\nu}{kT}} - 1} \tag{1.3.6}$$

式中，c 为真空中的光速；h 为普朗克常数；k 为玻耳兹曼常数，$k = 1.381 \times 10^{-23}$ J/K。经实验验证，普朗克公式很好地反映了黑体辐射的规律。

1.4 绝对黑体的辐射规律

绝对黑体是一种理想化的模型，在自然界中并不存在真正的黑体。但人们通过对任意

不透明的材料制成的、开一个小孔的空腔中热辐射的研究，发现空腔辐射具有绝对黑体的特征。该特性使得在任何温度下射入小孔的辐射能几乎全部被吸收掉，即 $\alpha(\lambda, T) = 1$。因此，开有小孔的空腔可以作为黑体的模型，通过对空腔热辐射的研究，就能较好地研究黑体辐射的规律。

1.4.1 黑体辐射的实验规律

将开有小孔的空腔加热到不同温度，从小孔中发出来的辐射就是不同温度条件下的绝对黑体辐射。通过仪器将此辐射按波长分开，然后用热电偶相应的测出不同波长的射线功率，就得到绝对黑体的单色辐射出射度 $M_{eb}(\lambda, T)$ 随波长 λ 和温度 T 变化的曲线，如图 1-9 所示。

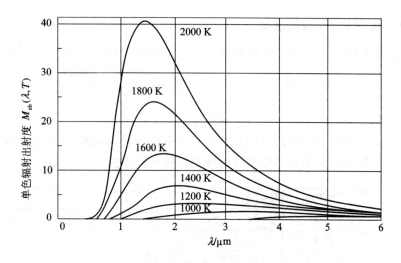

图 1-9 黑体的单色辐射出射度按波长分布的曲线

由图 1-9 可以看出黑体辐射具有以下几个特点：

（1）光谱辐射出射度随波长连续变化，每条曲线只有一个极大值。

（2）曲线随黑体温度的升高而整体提高。在任意指定波长处，与较高温度对应的光谱辐射出射度也较大，反之亦然。因为每条曲线下包围的面积正比于全辐射出射度，所以上述特性表明黑体的全辐射出射度随温度的增加而迅速增大。

（3）每条曲线彼此不相交，故温度越高，在所有波长上的光谱辐射出射度也越大。

（4）每条曲线的峰值 M_{λ_m} 所对应的波长称为峰值波长 λ_m。随温度的升高，峰值波长减小。也就是说随温度的升高，黑体的辐射中包含的短波成分比例增加。

（5）黑体的辐射只与黑体的绝对温度有关。

根据图 1-10 中普朗克黑体光谱辐射亮度与辐射亮度曲线，还可得出黑体辐射的实验定律。

1. 斯忒藩-玻耳兹曼定律

图 1-10 中每一条曲线反映了在一定温度下，黑体的单色辐射出射度按波长分布的情况。每一条曲线下的面积，等于黑体在一定温度下的辐射出射度。经实验确定：黑体辐射出射度 $M_{bb}(T)$ 与热力学温度 T 的 4 次方成正比，即

$$M_{bb}(T) = \sigma T^4 \tag{1.4.1}$$

式中，σ 是斯忒藩-玻耳兹曼常数，$\sigma = 5.67 \times 10^{-8}$ W/($m^2 \cdot K^4$)，此式就是斯蒂芬-玻耳兹曼定律，它表明黑体的辐射出射度随温度的升高急剧增加。

2. 维恩位移定律

图 1-10 中每一条曲线都有一个单色辐射出射度 $M_{bb}(\lambda, T)$ 的最大值（峰值），相应的波长称为峰值波长 λ_m。经实验确定，在任何温度下，黑体单色辐射出射度的峰值波长 λ_m 与热力学温度 T 成反比，即

$$\lambda_m T = b = 2.898 \times 10^{-3} \quad (m \cdot K) \tag{1.4.2}$$

式中，b 为维恩常数。此式说明：随着温度的升高，单色辐射出射度的峰值波长向短波方向移动。

3. 黑体光谱辐射出射度的峰值

将维恩位移定律 $\lambda_m T$ 的值代入普朗克公式，可得到黑体辐射出射度的峰值 $M_{\lambda_m bb}$

$$M_{\lambda_m bb} = \frac{c_1}{\lambda_m^5} \cdot \frac{1}{e^{\frac{c_2}{\lambda_m T}} - 1} = \frac{c_1}{b^5} \cdot \frac{T^5}{e^{\frac{c_2}{b}} - 1} = b_1 T^5 \tag{1.4.3}$$

式中，$b_1 = 1.2862 \times 10^{-11}$ W/($m^2 \cdot \mu m \cdot K^5$)。

上式 (1.4.3) 表明，黑体的光谱辐射出射度峰值与绝对温度的五次方成正比。与图 1-9 所示的曲线随温度的增加辐射曲线的峰值迅速提高相符。

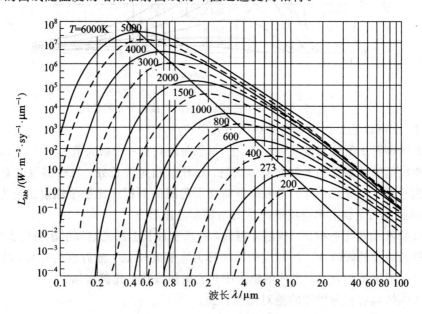

图 1-10 普朗克黑体光谱辐射亮度与辐射亮度曲线

1.4.2 普朗克公式的近似

1. 维恩公式

1896 年，维恩利用辐射按波长的分布类似于麦克斯韦的分子速度的思想，导出理论公式为

$$M_{bb}(\lambda, T) = C_1 \lambda^{-5} e^{\frac{-C_2}{\lambda T}} \tag{1.4.4}$$

式中，C_1，C_2 为常数。这个公式与实验曲线在短波段符合较好，但在长波段产生偏差，因此不能全面反映出辐射的规律。

2. 瑞利-金斯公式

1890 年，瑞利-金斯公式利用经典统计物理的能均分定律，导出以下的理论公式

$$M_{bb}(\lambda, T) = 2\pi c \lambda^{-4} kT \tag{1.4.5}$$

式中，c 为真空中的光速；k 为玻耳兹曼常数，$k = 1.381 \times 10^{-23}$ J/K。此式与实验曲线在长波段符合较好，但在短波段误差很大，甚至得出随波长 λ 变短和能量 $M_{bb}(\lambda, T)$ 将趋于无穷大的荒谬结论，因此式(1.4.5)也不能全面反映出辐射的规律。

1.4.3　辐射传输中的相关定律

为了突出辐射量的基本概念和计量方法，前面的讨论都没有考虑辐射在传输介质中的衰减。事实上，在距辐射源一定距离上，来自辐射源的辐射都要受到所在介质、光学元件等的表面反射、内部吸收和散射等过程的衰减，只有一部分辐射功率通过介质。为了描述辐射在介质中的衰减，先讨论一些相关的定律。

1. 总功率定律

吸收、反射和透射如图 1-11 所示，如投射到某介质表面上的辐射功率为 P_i，其中一部分 P_ρ 被反射，一部分 P_α 被介质吸收，如果介质是部分透明的，就会有一部分辐射功率 P_τ 从介质中透射过去。

由能量守恒定律有：$P_i = P_\rho + P_\alpha + P_\tau$，或改写为

$$1 = \frac{P_\rho}{P_i} + \frac{P_\alpha}{P_i} + \frac{P_\tau}{P_i}$$

即

$$1 = \rho + \alpha + \tau \tag{1.4.6}$$

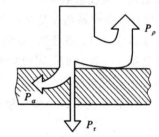

图 1-11　吸收、反射和透射

其中，ρ、α、τ 分别为反射率、吸收率和透射率。它们的定义式为

$$\rho = \frac{P_\rho}{P_i} \tag{1.4.7}$$

$$\alpha = \frac{P_\alpha}{P_i} \tag{1.4.8}$$

$$\tau = \frac{P_\tau}{P_i} \tag{1.4.9}$$

反射率、吸收率和透射率与介质的性质(如材料的种类、表面状态和均匀性等)和温度有关。

如果投射到介质上的辐射是波长为 λ 的单色辐射，即 $P_i = P_{i\lambda} d\lambda$，则反射、吸收和透射的辐射功率也是单色的。它们可分别表示为 $P_\rho = P_{\rho\lambda} d\lambda$，$P_\alpha = P_{\alpha\lambda} d\lambda$，$P_\tau = P_{\tau\lambda} d\lambda$，由此可得

光谱反射率：　　　$$\rho(\lambda) = \frac{P_{\rho\lambda}}{P_{i\lambda}}$$

光谱吸收率：　　　$$\alpha(\lambda) = \frac{P_{\alpha\lambda}}{P_{i\lambda}}$$

光谱透射率：$\qquad \tau(\lambda) = \dfrac{P_{\tau\lambda}}{P_{i\lambda}}$

$\rho(\lambda)$、$\alpha(\lambda)$ 和 $\tau(\lambda)$ 都是波长的函数。

2. 朗伯定律

下面讨论介质对辐射的吸收和散射。首先，假设介质对辐射只有吸收作用，来讨论辐射的传播规律。如图 1-12 所示，设有一平行辐射束在均匀（即不考虑散射）的吸收介质内传播距离为 dx 路程后，其辐射功率减少 dP。实验证明，被介质吸收掉的辐射功率的相对值 dP/P 与通过的路程 dx 成正比，即 $-\dfrac{\mathrm{d}P}{P} = \alpha\,\mathrm{d}x$，式中，$\alpha$ 称为介质的吸收系数，负号表示 dP 是从 P 中减少的数量。

将上式从 0 到 x 积分，得到在 x 点处的辐射功率为

$$P(x) = P(0)\mathrm{e}^{-\alpha x} \qquad (1.4.10)$$

式中，$P(0)$ 是在 $x=0$ 处的辐射功率。式(1.4.10) 就是吸收定律，它表明辐射功率在传播过程中，由于介质的吸收，数值随传播距离增加做指数衰减。

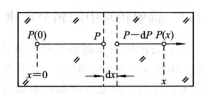

图 1-12　在吸收介质内的辐射的传输

吸收率和吸收系数是两个不同意义的概念。按式(1.4.7)，吸收率是被介质吸收的辐射功率与入射辐射功率的比值。它是一个无量纲的数，其值在 0 与 1 之间。由式(1.4.10) 可以看出，吸收系数 $\alpha = -(\mathrm{d}P/P)/\mathrm{d}x$，表示在通过介质单位距离时辐射功率衰减的百分比。因此，吸收系数 α 是个有量纲的量。当 x 的单位取 m 时，α 的单位是 $1/m$，且 α 的值可等于 1 或大于 1。很显然，α 值越大，吸收就越严重。从式(1.4.10)可以看出，当辐射在介质中传播 $1/\alpha$ 距离时，辐射功率就衰减为原来值的 $1/\mathrm{e}$。所以在 α 值很大的介质中，辐射传播不了多远就被吸收掉了。

介质的吸收系数一般与辐射的波长有关。对于光谱辐射功率，可以把吸收定律表示为

$$P_\lambda(x) = P_\lambda(0)\mathrm{e}^{-\alpha(\lambda)\cdot x} \qquad (1.4.11)$$

式中，$\alpha(\lambda)$ 为光谱吸收系数。

以上我们讨论了辐射在介质内传播时产生衰减的主要原因之一，即吸收问题。导致衰减的另一个主要原因是散射。假设介质中只有散射作用，我们来讨论辐射在介质中的传输规律。

设有一功率为 P_λ 的平行单色辐射束，入射到包含许多微粒的非均匀介质上，如图 1-13 所示。由于介质中微粒的散射作用，使一部分辐射偏离原来的传播方向，因此，在介质内传播 dx 的路程后，继续在原来方向上传播的辐射功率（即通过 dx 之后透射的辐射功率）P_λ，比原来入射功率 P_λ 衰减少了 $\mathrm{d}P_\lambda$，实验证明，辐射衰减的相对值 $\mathrm{d}P_\lambda/P_\lambda$ 与在介质中通过的距离 dx 成正比，即

$$-\frac{\mathrm{d}P_\lambda}{P_\lambda} = \gamma(\lambda)\mathrm{d}x \qquad (1.4.12)$$

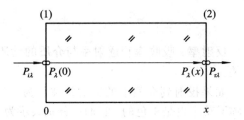

图 1-13　辐射在两个表面的介质中传输

式中，$\gamma(\lambda)$ 为散射系数。式中的负号表示 dP_λ 是减少的量。散射系数与介质内微粒(或称散射元)的大小和数目以及散射介质的性质有关。

如果把上式从 0 到 x 积分，则得

$$P_\lambda(x) = P_\lambda(0)\mathrm{e}^{-\gamma(\lambda)x} \tag{1.4.13}$$

式中，$P_\lambda(0)$ 是在 $x=0$ 处的辐射功率，$P_\lambda(x)$ 是在只有散射的介质内通过距离 x 后的辐射功率。介质的散射作用，也使辐射功率按指数规律随传播距离增加而减少。

以上我们分别讨论了介质只有吸收或只有散射作用时，辐射功率的传播规律。只考虑吸收的内透射率 $\tau_i'(\lambda)$ 和只考虑散射的内透射率 $\tau_i''(\lambda)$ 的表示式为

$$\tau_i'(\lambda) = \frac{P_\lambda'(x)}{P_\lambda(0)} = \mathrm{e}^{-\alpha(\lambda)\cdot x} \tag{1.4.14}$$

$$\tau_i''(\lambda) = \frac{P_\lambda''(x)}{P_\lambda(0)} = \mathrm{e}^{-\gamma(\lambda)\cdot x} \tag{1.4.15}$$

如果在介质内同时存在吸收和散射作用，并且认为这两种衰减机理彼此无关。那么，总的内透射率应该是

$$\tau_i(\lambda) = \frac{P_{\tau\lambda}(x)}{P_{i\lambda}(0)} = \tau_i'(\lambda) \cdot \tau_i''(\lambda) = \exp\{-[\alpha(\lambda) + \gamma(\lambda)]x\} \tag{1.4.16}$$

于是，我们可以写出，在同时存在吸收和散射的介质内，功率为 $P_{i\lambda}$ 的辐射光束传播距离为 x 的路程后，透射的辐射功率为

$$P_{\lambda\tau}(x) = P_{i\lambda}(0)\exp\{-[\alpha(\lambda) + \gamma(\lambda)]x\} = P_{i\lambda}(0)\exp[-K(\lambda)x] \tag{1.4.17}$$

式中，$K(\lambda) = \alpha(\lambda) + \gamma(\lambda)$ 称为介质的消光系数。式(1.4.17)称为朗伯定律。

3. 阿贝定律

1) 辐射在均匀无损耗介质中传播时辐射亮度不变

辐射能的单束光束如图 1-14 所示，一辐射束在均匀无损耗介质中传播，在传播路程上任取两点 P_1 和 P_2，相距 l。过两点作两面元 dA_1 和 dA_2，若面元 dA_1 的辐射亮度为 L_1，则由 dA_1 发出并到达 dA_2 的辐射功率为

$$dP_1 = L_1\,dA_1\,\cos\theta_1\,d\Omega_1 = L_1 A_1\,\cos\theta_1 \cdot \left(\frac{dA_2\,\cos\theta_2}{l_2}\right) \tag{1.4.18}$$

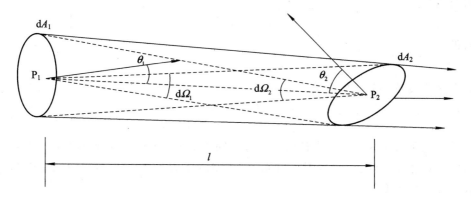

图 1-14 辐射能的单束光束

由于辐射在无损耗的介质中传播，因此 dA_2 接收到的辐射功率 $dP_2 = dP_1$，假设 dA_2 的

辐射亮度为 L_2，则由辐射亮度的定义可知

$$L_2 = \frac{\mathrm{d}P_2}{\mathrm{d}A_2\,\cos\theta_2\,\mathrm{d}\Omega_2} = \frac{L_1\,\mathrm{d}A_1\,\cos\theta_1 \cdot (\mathrm{d}A_2\cos\theta_2/l^2)}{\mathrm{d}A_2\,\cos\theta_2\,\mathrm{d}\Omega_2}$$

$$= L_1\,\frac{\mathrm{d}A_1\,\cos\theta_1 \cdot (\mathrm{d}A_2\,\cos\theta_2/l^2)}{\mathrm{d}A_2\,\cos\theta_2 \cdot (\mathrm{d}A_1\,\cos\theta_1/l^2)} = L_1 \tag{1.4.19}$$

由于 $\mathrm{d}A_1$ 和 $\mathrm{d}A_2$ 为任意取的两个面元，因此上述结论对一般情况成立。即辐射在均匀无损耗介质中传播时，辐射亮度不变。

2）辐射亮度定理

现在将上面得到的结论加以推广。首先定义 L/n^2 为辐射光束的基本辐射亮度，其中，n 是介质的折射率。辐射亮度定理的基本含意是指当辐射光束通过任意无损耗的光学系统时，辐射光束的基本辐射亮度不变。

辐射亮度定理如图 1-15 所示，设两种介质的折射率为 n_1 和 n_2，介质表面的反射率 $\rho=0$，在两介质交界面上取面积元 $\mathrm{d}A$，辐射亮度为 L_1 的一束辐射与 $\mathrm{d}A$ 法线之间的夹角为 θ_1，这束辐射在 $\mathrm{d}\Omega_1$ 立体角内入射到 $\mathrm{d}A$ 表面上的辐射功率为

$$\mathrm{d}^2P_1 = L_1\,\mathrm{d}A\,\cos\theta_1\,\mathrm{d}\Omega_1$$

设想 $\mathrm{d}A$ 在折射率为 n_2 的介质中，通过 $\mathrm{d}A$ 输出的辐射功率为 $\mathrm{d}^2P_2 = L_2\,\mathrm{d}A\,\cos\theta_2\,\mathrm{d}\Omega_2$。由已知条件可知，辐射光束在两介质表面折射时无损耗，则

$$\mathrm{d}^2P_1 = \mathrm{d}^2P_2$$

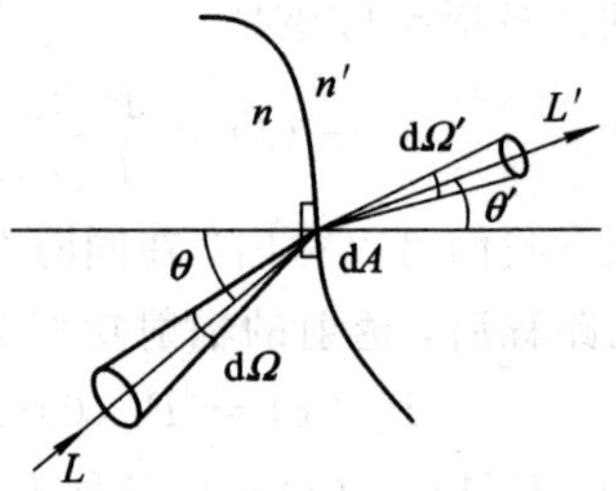

图 1-15 辐射亮度定理

并有

$$\frac{L_2}{L_1} = \frac{\cos\theta_1\,\mathrm{d}\Omega_1}{\cos\theta_2\,\mathrm{d}\Omega_2}$$

利用球坐标有

$$\frac{\mathrm{d}\Omega_1}{\mathrm{d}\Omega_2} = \frac{\sin\theta_1\,\mathrm{d}\theta_1\,\mathrm{d}\varphi_1}{\sin\theta_2\,\mathrm{d}\theta_2\,\mathrm{d}\varphi_2}$$

根据折射定律，入射线、法线和折射线在同一平面内，所以 $\mathrm{d}\varphi_1=\mathrm{d}\varphi_2=\mathrm{d}\varphi$，且入射角和折射角满足

$$n_1\,\sin\theta_1 = n_2\,\sin\theta_2$$

微分后得

$$n_1\,\cos\theta_1\,\mathrm{d}\theta_1 = n_2\,\cos\theta_2\,\mathrm{d}\theta_2$$

利用以上这些关系，我们可以得到

$$\frac{L_1}{n_1^2} = \frac{L_2}{n_2^2} \tag{1.4.20}$$

此式通常称为阿贝定律。它表明辐射束通过不同折射率无损耗介质表面时，基本辐射亮度是守恒的。从而可以断定，当辐射通过光学系统时，在辐射方向上沿视线测量的每一点的基本辐射亮度是不变的。

如果介质表面的反射率 $\rho\neq0$，则式（1.4.20）应改为

$$\frac{L_1}{n_1^2}(1-\rho) = \frac{L_2}{n_2^2} \tag{1.4.21}$$

1.5 一般发光源的辐射规律

1.5.1 朗伯辐射源与朗伯小面源

在现实生活中有这样的现象,对于一个很光或镀的很好的反射镜,当有一束光入射到它上面时,反射的光线具有很好的方向性,只有恰好逆着反射光线的方向观察时,我们才感到十分耀眼,这种现象称为镜面反射。然而对于一个表面粗糙的反射体(如毛玻璃),其反射的光线没有方向性,在各个方向观察时,感到没有差别——这种现象为漫反射现象。对于理想的漫反射体,所反射的辐射功率的空间分布由下式描述

$$\Delta^2 P = B \cos\theta \, \Delta A \, \Delta\Omega \tag{1.5.1}$$

即理想反射体单位表面积向空间某方向单位立体角反射(或发射)的辐射功率和该方向与表面法线夹角的余弦成正比——朗伯余弦定律。凡遵守朗伯余弦定律的辐射表面称为朗伯面,相应的辐射源称为朗伯辐射源或漫辐射源。

虽然朗伯余弦定律是一个理想化的概念,但实际中的许多辐射源,在一定范围内都十分接近于朗伯余弦定律的辐射规律。大多数绝缘材料的表面,当相对于表面法线的观察角不超过 $60°$ 时,也都遵循朗伯余弦定律。导电材料表面虽然有较大的差异,但在工程计算中,在相对于表面法线方向的观察角不超过 $50°$ 时,也能运用朗伯余弦定律。

1) 朗伯辐射源的辐射亮度

由辐射亮度的定义式(1.2.7)和朗伯余弦定律的表达式(1.5.1),可得出朗伯辐射源的辐射亮度的表达式为

$$L = \lim_{\substack{\Delta A \to 0 \\ \Delta\Omega \to 0}} \frac{\Delta^2 P}{\cos\theta \, \Delta A \, \Delta\Omega} = B \tag{1.5.2}$$

此式说明朗伯辐射源的辐射亮度是一个与方向无关的常量。

2) 朗伯辐射源的特征

设在面积为 ΔA 的很小的朗伯辐射源的辐射亮度为 L,该辐射源向空间某一方向与法线成 θ 角,$\Delta\Omega$ 立体角内辐射的功率为

$$\Delta P = L \, \Delta A \cos\theta \, \Delta\Omega \tag{1.5.3}$$

由于该辐射源面积很小,可以看成是小面源,所以可以用辐射强度度量其空间特性。因为该辐射源的辐射亮度在各个方向上相等,则与法线成 θ 角的方向上的辐射强度 ΔI_θ 为

$$I_\theta = \frac{\Delta P}{\Delta\Omega} = L \, \Delta A \cos\theta = I_0 \cos\theta \tag{1.5.4}$$

其中,I_0 为其法线方向上的辐射强度。

3) 朗伯小面源的 L 与 M 关系

对朗伯辐射源而言,L 与 θ 无关,因此

$$M = \frac{\mathrm{d}P}{\mathrm{d}A} = \int_{2\pi球面度} L \cos\theta \, \mathrm{d}\Omega = L \int_{2\pi球面度} \cos\theta \, \mathrm{d}\Omega$$

因为球坐标的立体角 $\mathrm{d}\Omega = \sin\theta \, \mathrm{d}\theta \, \mathrm{d}\varphi$,所以有

$$M = L \int_{2\pi球面度} \cos\theta \, \mathrm{d}\Omega = L \int_0^{2\pi} \mathrm{d}\varphi \int_0^{\frac{\pi}{2}} \cos\theta \, \sin\theta \, \mathrm{d}\theta = \pi L \tag{1.5.5}$$

4）朗伯小面源的 I、L、M 的相互关系

对于朗伯小面源，由于 L 是常数，利用 $L = \dfrac{\partial}{\partial A \cos\theta}\left(\dfrac{\partial P}{\partial \Omega}\right) = \dfrac{\partial I}{\partial A \cos\theta}$ 和小面源的 I 与 L 的关系：$I = \displaystyle\int_{\Delta A} L\, \mathrm{d}A \cos\theta = L \cos\theta\, \Delta A$，由式（1.5.5）可以得到如下关系

$$I = L \cos\theta\, \Delta A = \frac{M}{\pi} \cos\theta\, \Delta A \tag{1.5.6}$$

或

$$L = \frac{M}{\pi} = \frac{I}{\Delta A \cos\theta} \tag{1.5.7}$$

$$M = \pi L = \frac{\pi I}{\Delta A \cos\theta} \tag{1.5.8}$$

1.5.2　小面源、扩展源产生的辐射照度

1. 小面源产生的辐射照度

小面源产生的辐射照度如图 1−16 所示，设小面源的面积为 ΔA_s，辐射亮度为 L，被照面面积为 ΔA，ΔA_s 与 ΔA 相距为 l，ΔA_s 和 ΔA 的法线与 l 的夹角分别为 θ_s 和 θ。小面源 ΔA_s 的辐射强度为

$$I = L \cos\theta_s \Delta A_s$$

小面源产生的辐射照度为

$$E = \frac{I \cos\theta}{l^2} = L\, \Delta A_s \frac{\cos\theta_s \cos\theta}{l^2} \tag{1.5.9}$$

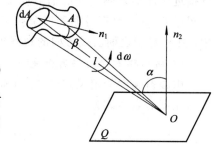

式（1.5.9）也可以用立体角投影来计算。小面源对被照点所张的立体角为 $\Delta\Omega_s = \Delta A_s \cos\theta_s / l^2$，由立体角投影定理有

$$E = L\, \Delta\Omega_s \cos\theta = L\, \Delta A_s \frac{\cos\theta_s \cos\theta}{l^2} \tag{1.5.10}$$

图 1−16　小面源产生的辐射照度

在应用式（1.5.10）时，要求小面源的线度比距离 l 要小得多。

2. 扩展源产生的辐射照度

设有一个朗伯大面积扩展源，其各处的辐射亮度均相同。现来讨论在面积为 A 的探测器表面上的辐射照度。

扩展源产生的辐射照度如图 1−17 所示，设探测器半视场角为 θ_0，在探测器视场范围内（即扩展源被看到的那部分），取圆环状面积元 $\mathrm{d}A_s = x\, \mathrm{d}\varphi\, \mathrm{d}x$，设辐射源表面与探测器表面平行，所以 $\theta_s = \theta_0$，该辐射源与探测器之间距离为 l。于是，从这个环状面积元上发出的辐射，在探测器表面上产生的辐射照度为

$$\mathrm{d}^2 E = L \frac{\cos^2\theta}{r^2} x\, \mathrm{d}x\, \mathrm{d}\varphi$$

因为 $r = \dfrac{l}{\cos\theta}$，$x = l \tan\theta$，$\mathrm{d}x = \dfrac{l}{\cos^2\theta}\, \mathrm{d}\theta$，所以 $\mathrm{d}^2 E =$

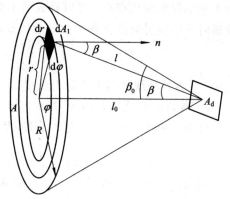

图 1−17　扩展源产生的辐射照度

$L\cos\theta\sin\theta\,\mathrm{d}\theta\,\mathrm{d}\varphi$，积分上式，可求出大面积扩展源在探测器表面上产生的辐射照度为

$$E = \int_0^{2\pi}\int_0^{\theta_0} L\cos\theta\sin\theta\,\mathrm{d}\theta\,\mathrm{d}\varphi = \pi L\sin^2\theta_0 \tag{1.5.11}$$

对朗伯源，$M = \pi L$，所以式(1.5.11)可写为

$$E = M\sin^2\theta_0 \tag{1.5.12}$$

由此可见，大面积扩展源(其大小超过探测器视场)在探测器上产生的辐射照度，与辐射源的辐射出射度或辐射亮度成正比，与探测器的半视场角 θ_0 的正弦平方成正比。

下面我们可以利用以上结论来讨论一下将辐射源作为小面源(点源)的近似条件和误差。

由图 1-17 所示可得到 $\sin^2\theta = \dfrac{R^2}{l^2 + R^2}$，以及包括在探测器视察范围内的辐射源面积 $A_s = \pi R^2$，所以式(1.5.12)改写为

$$E = L\frac{A_s}{l^2 + R^2} \tag{1.5.13}$$

若小到可以近似为小面源(点源)，则它在探测器上产生的辐射照度，可由式(1.5.11)(此时 $\theta_s = \theta_0 = 0$)得到

$$E_0 = L\frac{A_s}{l^2} \tag{1.5.14}$$

所以，从式(1.5.13)和式(1.5.14)可以得出将辐射源看成是小面源(点源)的相对误差为

$$\frac{E_0 - E}{E} = \left(\frac{R}{l}\right)^2 = \tan^2\theta_0 \tag{1.5.15}$$

式中，E 是经过精确计算所给出的扩展源产生的辐射照度，E_0 是将扩展源作为小面源(点源)近似时得到的辐射照度。

如果 $(R/l) \leqslant 1/10$，即当 $l \geqslant 10R(\theta_0 \leqslant 5.7°)$ 时，有

$$\frac{E_0 - E}{E} \leqslant \frac{1}{100} \tag{1.5.16}$$

式(1.5.16)表明，如果辐射源的线度(即最大尺寸)小于等于辐射源与被照面之间距离的 10%，或者辐射源对探测器所张的半视场角 $\theta_0 \leqslant 5.7°$，可将扩展源作为小面源来进行计算，所得到的辐射照度与精确计算值的相对误差将小于 1%。

1.5.3　灰体、选择性辐射源

前面讨论了黑体辐射的基本定律。不过黑体只是一种理想化的物体，而实际物体的辐射与黑体辐射有所不同。为了把黑体辐射定律推广到实际物体的辐射，引入发射率这一物理量，来表征实际物体的辐射接近于黑体辐射的程度。

物体的发射率是指该物体在指定温度时的辐射量与同温度黑体的相应辐射量的比值。此值越大，说明该物体的辐射与黑体辐射越接近。并且只要知道了某物体的发射率，利用黑体的基本辐射定律就可找到该物体的辐射功率，计算出其辐射量。

物体发射率的一般变化规律：

(1) 金属的发射率较低，但随温度的上升而增加，并且当表面形成氧化层时，可以成 10 倍或更大倍数增高。

（2）非金属的发射率要高一些，一般大于 0.8，并随温度增加而降低。

（3）金属及其他非透明材料的辐射，发生在表面几微米内，因此发射率是表面状态的函数，而与尺寸无关。

（4）介质的光谱发射率随波长变化而变化，如图 1-18 所示。

根据光谱发射率的变化规律，可将热辐射体分为三类：

（1）黑体或普朗克辐射体。黑体或普朗克辐射体的发射率、光谱发射率均等于 1。黑体的辐射特性，遵循前面讨论的普朗克公式、维恩位移定律和斯忒藩-玻耳兹曼定律。

（2）灰体。灰体的发射率、光谱发射率均为小于 1 的常数。用下角标表示灰体的辐射量，则有

$$M_g = \varepsilon M_{bb} \tag{1.5.17}$$

而维恩位移定律的形式不变。

（3）选择性辐射体。选择性辐射体的光谱发射率随波长的变化而变化。图 1-18 和图 1-19 给出了三类辐射体的光谱发射率和光谱辐射出射度曲线。由图 1-19 可知，黑体辐射的光谱分布曲线是各种辐射体曲线的包络线。这表明，在同样的温度下，黑体总的（或任意的）光谱区间的辐射比其他辐射体的都大。灰体的光谱辐射出射度曲线与黑体的辐射出射度曲线有相同的形状，但其发射率小于 1，所以在黑体曲线以下。选择性辐射体在有限的光谱区间内有时也可以看成是灰体来简化计算。

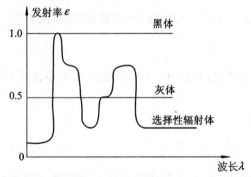

图 1-18　黑体、灰体、选择性辐射体的
　　　　　　发射率与波长的关系

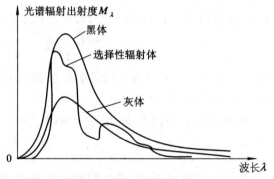

图 1-19　黑体、灰体、选择性辐射体的
　　　　　　光谱辐射出射度曲线

1.6　常见的发光源

物体的发光（即物体的辐射）要消耗能量。物体发光消耗能量一般有两种：一种是物体本身的能量；另一种是物体从外界得到能量。由于能量的供给方式不同，可以把发光分为如下几类：

（1）化学发光：在发光过程中，物质内部发生了化学变化，如磷在空气中渐渐氧化的辉光等。在这种情况下，辐射能的发射与物质成分的变化和物体内能的减少是同时进行的。

（2）光致发光：物体的发光是由预先照射或不断照射引起的。在这种情况下，要想维持发光，就必须以光的形式把能量不断的输给发光物体，即消耗的能量是由外光源提供的。

（3）电致发光：物体发出的辉光是由电能直接转化而来的。除此之外，用电场加速电

子轰击某些固体材料也可产生辉光，如变像管、显像管和荧光屏的发光。

（4）热辐射：物体在一定温度下发出电磁辐射。显然，要维持物体发出辐射就必须给物体加热。热辐射的性质可由热力学预测和解释，且如果理想热辐射体表面温度已知，那么其辐射特性就可以完全确定。一般的钨丝灯泡发光表面上看似电致发光，其实，钨丝灯因为所供给灯丝的电能并不是直接转化为辐射能的，而是首先转化为热能，使钨丝灯的温度升高，导致发光，因而钨丝灯的辐射属于热辐射。

本章主要介绍热辐射的光源，其余三种发光光源将在后面的几章中介绍。

1.6.1　热辐射光源

1. 太阳

太阳是距地球最近的球形炽热恒星天体。其平均半径约为 6.3638×10^5 km。大气层外的太阳光谱能量分布相当于 5900 K 的黑体辐射，峰值波长恰是人眼最敏感波长 0.55 μm。

太阳辐射在穿过大气层传输时，大气层使太阳辐射在光谱和空间分布、能量大小、偏振状态等都发生变化，如图 1-20 所示。大气中的氧气、二氧化碳、水蒸气、臭氧和其他碳氢化合物在红外区域都对太阳辐射的吸收是有选择性的。

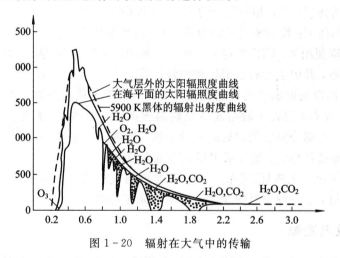

图 1-20　辐射在大气中的传输

2. 白炽灯

白炽灯是研制最早，应用最广的热辐射源。普通白炽灯用钨丝做灯丝，大部分白炽灯泡内都充有氩、氮等气体，以抑制钨的蒸发，提高灯的工作温度，从而改进白炽灯的光色，提高了灯的光效和寿命。白炽灯的辐射光谱是连续的，其显色性好。

电流通过白炽灯的钨丝使钨丝升温而发光，受灯丝工作温度所限，白炽灯的色温约为2800 K。辐射光谱限于透过玻璃泡的部分，波长大约在（0.4～3）μm 之间，其中可见光占 6%～12%。

3. 卤钨灯

卤钨灯是在钨丝白炽灯的基础上，为提高灯的光效和寿命，利用卤钨循环原理而研制的。普通白炽灯往往由于钨丝蒸发加剧，使灯泡的壁迅速发黑，光输出大幅度下降，并导致灯的寿命缩短。若在白炽灯中充入卤族元素，在适当的温度条件下，从灯丝蒸发出来的钨丝在泡壁区域内形成挥发性的卤钨化合物。当卤钨化合物扩散到较热的钨丝周围区域时分解，释放出来的钨沉积在灯丝上，而卤素扩散到温度较低的泡壁区域后继续与钨化合。这一过程称为钨的再生循环或卤钨循环。

卤钨灯与白炽灯相比具有以下特点：

(1) 体积比同功率的白炽灯的小得多，约为白炽灯的 $0.5\% \sim 3\%$。

(2) 卤钨循环防止了泡壁发黑，故光通量稳定。

(3) 光效高，可达$(20 \sim 30)$ lm/W，白炽灯约为$(10 \sim 20)$ lm/W。

(4) 色温高，可达 3300 K。

(5) 寿命长。

4. 标准光源

作为照明标准，国际照明协会(CIE)规定了 CIE 标准照明体和 CIE 标准光源。按 CIE 的定义，照明体指特定的光谱功率分布，它无须、也不一定由一个光源来实现；而光源则指能发光的物体辐射体如灯、太阳等。

CIE 标准照明体有：

(1) 标准照明体 A：代表温度为 2856 K 的全辐射体所发出的光。

(2) 标准照明体 B：代表相关色温约为 4874 K 的直射阳光。

(3) 标准照明体 C：代表相关色温为 6774 K 的平均日光。

为了实现标准照明体，CIE 规定了一些人工光源即 CIE 标准光源。常用的标准光源大都属于热辐射光源，其中主要有钨带灯和钨管灯等。

钨带灯是将钨带通电加热而使它发光的光源。钨带为狭长条形，宽度为 2 mm 左右，厚度为 0.05 mm 左右，泡壳一般用硬质玻璃制成。通电加热后，钨带的温度分布并不均匀，测量时选取中心部分温度均匀处的钨带辐射。钨带的电阻很小，大多都是低电压大电流供电，要求电源必须稳定，最好采用稳流直流电源供电。

钨管灯又称为钨管黑体灯，是由一根在真空或氩气中通电加热的钨管做成的。它是最接近黑体的一种灯，是一种良好的光谱辐射能量标准光源。

1.6.2　气体放电光源

气体放电是指电流通过气体媒质时的放电现象。气体在电场作用下激励出电子和离子，成为导电体。离子向阴极、电子向阳极运动。它们从电场中得到能量，与气体原子或分子碰撞时，将电子的动能转交给气体原子，使气体原子受激，内层电子跃迁到高能级。当受激电子返回基态时所吸收的能量以辐射发光的形式释放出来。

气体放电源可分为低气压气体放电光源和高气压气体放电光源两大类。气体放电灯内气体压力的大小对光源的特性影响很大，它既影响光源的光色，也影响源的发光效率。

低气压(主要指工作气压范围在$(10^{-1} \sim 10^{-2})$托(1 托$=133.322$ Pa))的光源辐射的光谱主要是该元素原子的特征谱线，即单个原子的线光谱。线光谱强的光源必定带有某种特定的颜色，其色表和显色指数都不好。而在高气压时，由于相邻原子接近，原子之间的相互作用增强，产生了谱线的压力加宽和多普勒加宽，辐射的光谱中有很强的连续成分，使光源的色表和显色指数都较好。

常见的气体放电光源有汞灯、钠灯和金属卤化物灯。

1. 低气压气体放电光源

1）低压汞灯

低压汞灯的规格多、用途广。目前大量用于日常生活照明外，还用于各种特殊场合。

低压汞灯有两种类型：一种是冷阴极辉光放电型，主要用作紫外光源，在医药工业和食品制造业中作为杀菌消毒用，或用于荧光分析和光化学反应等科学研究中。另一种是热阴极弧光放电型，通常所用的荧光灯就是热阴极弧光放电型低压汞灯。

热阴极低压汞灯弧光放电灯的紫外线辐射效率很高，不适于直接做照明灯，因为它的可见光辐射只占输入功率的 2%。但如果选择适当的荧光粉，把共振辐射中最强的 253.7 nm 的紫外线转变为可见光，就可得到发光效率高的各种色调的低压水银荧光灯。

2）低压钠灯

低压钠灯与低压汞灯的主要不同之处是钠的共振辐射在人眼比较敏感的可见光范围，因此不会像低压汞灯那样需要用荧光粉将 253.7 nm 的紫外线转变为可见光，因而避免了能量损失，使发光效率较高。

小功率的低压钠灯主要用于光谱仪器中，可作为偏振光仪、旋光计和折光计等光学仪器的单色光源。45 W 以上的钠光灯主要用于照明，由于它单色性很强，几乎完全是黄光，因此显色性能差，主要用在多雾的港口、码头和矿井等处。

2. 高气压气体放电光源

常用的高气压气体放电光源有高压汞灯、超高压汞灯、金属卤化物灯、高压钠灯以及脉冲氙灯等。在现代光电子技术中，脉冲氙灯可作为固体激光器的"光泵"。

1）高压汞灯

高压汞灯的汞蒸汽压约为 1~5 个大气压。随着气压的升高，光效显著增加，同时相应的辐射谱线发生一系列变化：辐射的光谱线加宽；辐射光谱的连续背景加强；自吸收谱线形成，使紫外辐射大大减弱，可见光成分相应加强。

高压汞灯具有高的发光效率，能发出强的紫外线，因而不仅可用作照明，还可用于晒图、日光浴保健治疗、橡胶及塑料的老化试验、荧光分析及紫外线探伤等。

2）超高压汞灯

普通高压汞灯的工作气压仅为 1~5 个大气压，亮度较低。在各种光学仪器和投影系统中，需要高达 $(10^8 \sim 10^9)$ cd 亮度的光源，只有在汞蒸汽压大于 10~20 个大气压时，才有可能获得高亮度光源，这就是超高压汞灯。

超高压汞灯的光谱分布与高压汞灯类似，即随着汞蒸汽压的提高，原子激发到高能级的几率增大，紫外辐射减弱，共振辐射几乎全部被吸收，可见光谱线加宽，连续背景谱线明显加强，因此超高压汞灯的辐射具有连续辐射谱线的特点。

3）高压钠灯

高压钠蒸汽放电和高压汞蒸汽放电有相似之处，即随着钠蒸汽压升高，由于共振吸收的自吸收几率增加，辐射效率降低。但当钠蒸汽压继续增加时，因共振辐射谱线加宽，同时在长波部分也出现了辐射线，所以辐射效率重新增加。当钠蒸汽压为（200~250）托时，灯的光效最高，有近 30% 的电能转变成可见光，实际效率近 120 lm/W。

高压钠灯的光效接近低压钠灯，但光色比低压钠灯好得多，同时高压钠灯的体积小、功率密度较高，有较高的亮度，紫外辐射少，很适宜于需要高亮度、高效率的场所使用。所以高压钠灯在 20 世纪 60 年代出现之后，很快在城市街道照明中得到大量应用。

4）金属卤化物灯

金属卤化物灯是为了提高高压汞灯的发光效率和改善光色而加入某种金属的卤化物（特别是金属的碘化物）所制成的。

它的工作原理如下：灯点燃后，放电产生的热量加热了泡壳，附着在管壁上的金属卤化物从管壁蒸发，然后向电弧中心扩散，当金属卤化物分子扩散进入高温电弧中心后，卤化物分子在高温下分解成金属原子和卤素原子，金属原子在电弧中受激发射该金属的特征光谱。另一方面，电弧中的金属原子和卤素原子也向管壁扩散，而管壁温度远低于电弧温度，当金属原子和卤素原子在温度较低的管壁区域相遇时，它们将再次化合成卤化物，金属卤化物就是这样在灯内不断重复上述过程，不断向电弧提供金属蒸汽。汞在金属卤化物灯中所起的作用和在汞灯中截然不同，它不作为一种发光物质。灯中加入汞，主要有三个目的：一是提高灯的光效；二是改善灯的电特性；三是改善灯的启动特性。

5）脉冲氙灯

脉冲放电是非稳态的气体放电形式之一，十分类似于火花放电。利用这种放电机理制造的脉冲氙灯，可以使人们在瞬时（$(10^{-9} \sim 10^{-12})$ s）获得除激光以外最强的光通和亮度。

脉冲氙灯的光谱特性及光谱分布近似于日光，当电压增高时，辐射的峰值波长向短波方向移动，储能电容器的容量改变时脉冲氙灯的光谱能量分布改变不大。根据这一点，可以不改变其他参数，而仅仅改变电容器的电容量来获得具有相同光谱能量分布而光强不同的输出。

脉冲氙灯具有从毫微秒到毫秒数量级（$(10^{-9} \sim 10^{-12})$ s）的闪光持续时间，可任意选取需要的重复频率以及约 40 lm/W 的发光效率，在高速摄影、航空照相、频闪观察仪器、光学仪器和激光武器等方面也有广泛的应用。

1.6.3　半导体发光二极管（LED）

固体发光材料在电场激发下产生的发光现象称为电致发光，它是将电能直接转换为光能的过程。利用这种现象制成的器件为电致发光显示器件。按照激发过程的不同，把已经出现的电致发光显示器件分为三大类：

（1）高场电制发光显示。荧光粉中的电子或由电极注入的电子在外加强电场作用下，在晶体内部加速，碰撞发光中心，使发光中心达到激发或离化态。当电子回复到基态时辐射出光。

（2）注入电致发光显示。半导体的 P-N 结，在加正偏压时产生少数载流子注入，与多数载流子复合而发光。这种电致发光又称为结型电致发光显示。

（3）低能电子发光。ZnO：Zn 之类的荧光粉具有较高的电导率，故注入低能电子也会激励发光。这种低能电子发光现象已用于荧光显示器件中。

由于少数载流子在电场作用下能量增加，这种载流子在同质结或异质结结区的注入与复合而产生的发光称为结型电致发光。LED 是注入式电致发光显示器件的典型。

LED 为一种注入式电致发光器件，由 P 型半导体和 N 型半导体组合而成。P-N 结加上正向偏压后，由于少数载流子在结区的注入与复合而产生辐射发光。

LED 具有工作电压低（$(1 \sim 2)$ V）、功耗小、小型化且易与集成电路匹配、驱动简单、寿命长、耐冲击和性能稳定等特点。正是由于这些特点，LED 受到了广泛重视与迅速发展，已趋于在固体显示中占主导地位。

目前 LED 主要应用于数字、文字显示，图形显示和存储显示。（具体原理、结构详见第 7 章。）

1.6.4　激光器

Laser(激光)一词是"light amplification by stimulated emission of radiation"的英文缩写，是以激光形成的主要过程，即受激辐射光放大来命名的。激光是本世纪继原子能和半导体之后，在 20 世纪 60 年代初迅速发展起来的又一项重大的新技术。它的出现是光学、光谱学和电子学发展到一定阶段的产物，从根本上赋予了古老的光学以新的、强大的生命力；是光学与现代科学技术史上划时代的事件，对科学技术各个领域产生了巨大和深远的影响，改变了和正在改变着世界的面貌；标志着人类对光波(光子)的掌握和利用进入到了一个崭新的阶段。

激光具有极其好的单色性、相干性、高亮度和良好的方向性，它被广泛应用于光通信、光学雷达、光学加工、测量、医疗和能源开发等领域，形成了诸如光电子学、光纤光学、非线性光学和集成光学等一系列新学科。

1. 激光的特性

1) 方向性

激光束是沿着激光器光轴所确定的方向向前传播的，除了半导体激光器由于自身结构所决定的光束发散角较大以外，一般激光器发出的激光束发散角 θ 和在空间所张立体角 Ω 都很小。典型数据 $\theta \approx 10^{-3}$ rad，相应的 $\Omega = \pi \times 10^{-6}$，这说明激光一般都以十分小的立体角向空间传播，而不像普通光源那样，朝向四面八方($\Omega = 4\pi$)所有可能的方向传播。因此，激光具有极好的方向性。

2) 单色性

激光的发光频率是受光跃迁所决定的，它仅有极小的线宽($\Delta\nu \approx 7.5 \times 10^3$ Hz)，与普通光源中单色性最好的 Kr^{86} 灯的谱线宽度 $\Delta\nu \approx 3.8 \times 10^8$ Hz 相比，仍非常窄，它是氪灯的 10^{-5} 倍，因而激光的单色性远优于普通光源。

3) 激光的相干性

(1) 时间相干性。它是指同一光源在不大于 τ_c 的两个不同时刻发生是光在空间某处交会能产生干涉的性质。τ_c 称为相干时间，表征时间相干性的参量。τ_c 时间内走过的光程差称为相干长度 L_c，于是 $\tau_c = L_c/c = 1/\Delta\nu$，其中，$\Delta\nu$ 为谱线线宽。

相干时间的物理意义是，在空间某处，同一光源在时间间隔处于 τ_c 之内的不同时刻发生的光源都是相干的。

由于 $\tau_c = 1/\Delta\nu$，因而，光的单色性越好，相应的相干时间和相干长度越长，相干性越好。如 Kr^{86} 相干长度约为 78 cm，$\tau_c \approx 2.6 \times 10^{-9}$ s，而氦氖激光器的 $L_c \approx 4 \times 10^4$ m，$\tau_c \approx 1.3 \times 10^{-4}$ s，二者相差 2×10^5 倍。

(2) 空间相干性。它是指同一时刻，处于某给定光波的同一波阵面上不同两点(线度 2ω)之间波场的相干性。对于普通光源，在光源线度 $2\omega_0$ 内各点发出的光，通过距其 R 处空间某平面上间距为 d 的两狭缝，产生干涉的条件是

$$d < \frac{\lambda R}{2\omega} \tag{1.6.1}$$

而对于激光器，不放置双缝（即 d 无穷大）也可以观察到干涉现象，因而，激光具有极好的空间相干性。

4）高亮度

光的亮度的定义为：单位面积的光源表面，在其法向单位立体角内传送的光功率。面积 ΔS 的光源发出的光，在与法线成 i 角的方向上且立体角 $\Delta \Omega$ 范围内传递光能量 ΔE 时，该方向光的亮度为

$$B = \frac{\Delta E}{\Delta S \cdot \Delta \Omega \cdot \Delta t \cdot \cos i} = \frac{P}{\Delta S \cdot \Delta \Omega \cdot \cos i} \tag{1.6.2}$$

考虑到光辐射的频率因素后，定义单位谱线宽度内的亮度为单色亮度，即

$$B_\nu = \frac{B}{\Delta \nu} = \frac{\Delta E}{\Delta S \cdot \Delta \Omega \cdot \Delta t \cdot \cos i \cdot \Delta \nu} \tag{1.6.3}$$

由于激光器在时间（单色性）和空间（方向性）方面的高度集中，因而具有极高的亮度与单色亮度。

2. 典型激光器

激光产生与传播的物理基础是光与物质的相互作用，一台激光器基本上是一个光学振荡器，由安放在一个合适的光学共振腔内的光放大介质组成，并采用某些外部激发使腔内介质实行放大作用，也就是说激光器的基本结构包括激光工作物质（或称激活介质）、光学谐振腔和泵浦源。激光产生必须具备两个条件：粒子数反转和减少振荡模式数。要形成稳定的激光输出还必须满足起振和稳定振荡两个充分条件。激光振荡可以描述成是腔内的一种驻波，输出的激光是一束高单色亮度的强光束。（具体内容详见第 3 章）。

自 1960 年第一台红宝石激光器问世以来，激光器的种类日益增多，水平迅速提高。迄今为止，发现的激光工作物质有千余种，获得的激光谱线达到上万条，可覆盖从毫米波到 X 射线的整个光学频段。

激光器的典型结构如图 1-21 所示，其分类有很多种，按工作物质可分为固体激光器、气体激光器、液体激光器、半导体激光器和自由电子激光器等；按激励方式可分为光激励激光器、电激励激光器、热激励激光器、化学激励激光器和核激励激光器；按工作方式可分为连续激光器和脉冲激光器；按激光波长可分为红外激光器、可见光激光器、紫外激光器、毫米波激光器、X 射线激光器和 γ 射线激光器等。（具体常见的、具有代表性的激光器的结构和特点详见第 3 章。）

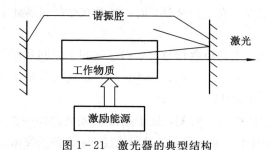

图 1-21　激光器的典型结构

第 2 章　光辐射在介质波导中的传播

当用光来传输信息或处理光信号时，就需要对光在介质中传播的基本特性进行了解和分析。传统光学中多以空气作为传输介质，光在大气中传输时，会受到雨、雪、雾和灰尘等物质的影响产生吸收和散射，进而导致很大的衰减。由于这种衰减的不确定性，其应用受到了很大的限制。后来人们发现了介质光波导(简称光波导)，它是一种能够将光波限制在其内部或表面附近，引导光波沿固定方向传播的介质几何结构。由于介质光波导具有相对稳定的传输特性，损耗可以降得很低，因而其应用也较为方便。目前应用的光波导可分为平面波导、矩形波导和圆波导。

平板波导(或称薄膜波导、平面波导)的结构分为三层，中间层的密度较大，上下两层的密度较小，这种结构可将光波限制在中间层传输，故也称平面光波导。矩形波导(也称条形波导)的中心部分横截面结构呈矩形，四周密度小于中心部分，故可将光波限制在中心部分传输。圆形波导(主要应用形式为光纤)中心部分(纤芯)横截面结构呈圆形，导光机理同矩形波导一样，光波在纤芯中传输。

光波导是集成光学重要的基础性部件，它能将光波束缚在光波长量级尺寸的介质中，长距离无辐射的传输。平面波导型光器件，又称为光子集成器件。其技术核心是采用集成光学工艺根据功能要求制成各种平面光波导，有的还要在一定的位置上沉积电极，然后光波导再与光纤或光纤阵列耦合，平面波导型光器件是多类光器件的研究热点。

一般把研究光波导中光传播特性及其应用划分为光纤光学和集成光学，光纤光学就是研究光纤，集成光学研究平面波导和矩形波导特性及其应用。对光波导传输特性的分析有两种途径：一是采用射线光学-几何光学；二是使用电磁场理论-波动理论。射线光学方法的优点是在一定条件下能够直观简单的分析光在波导内传播的基本特性，难以分析复杂问题，适合定性分析。而麦克斯韦的经典电磁理论仍然是分析光传输的理论基础，采用波动理论分析光波的传输问题可以得到严格准确的解。本章以射线分析方法分析光在波导中传播时所产生的反射与折射现象，并引入一些基本概念。用波动分析方法建立光波在介质波导中的传播方程及传播模式的特征方程，并讨论介质波导中光传播的特性。

2.1　光线在介质界面的反射与折射

当媒质的几何尺寸远大于光波波长时，光波可用一条几何射线-光射线来表示。用光射线来研究光波传播特性的方法称为射线法。

首先熟悉一下均匀平面波，均匀平面波是指在与传播方向垂直的平面的任意点上，电场强度 E 的幅度相等，相位及方向相同；磁场强度 H 的幅度也相等，相位及方向也相同。平面波的电场、磁场互相垂直，称它为横电磁波-TEM 波。其在折射系数为 n 的介质中的

传播速度为 $v=\dfrac{c}{n}$，在单位长度上的相位变化，即相位常数 $k=\dfrac{2\pi}{\lambda_0}n=k_0 n$，$k_0=\dfrac{2\pi}{\lambda_0}$ 为真空中的相位常数。

当光射线在介质中传播，会在介质界面产生反射、折射和全反射现象，服从反射定律和折射定律。设 n_1、n_2 分别表示两种介质的折射率，且 $n_1 > n_2$；θ_1、θ_1' 和 θ_2 分别为入射角、反射角和折射角，如图 2-1 所示。角度之间的关系为

$$\left.\begin{array}{c} \theta_1 = \theta_1' \\ n_1\sin\theta_1 = n_2\sin\theta_2 \end{array}\right\} \qquad (2.1.1)$$

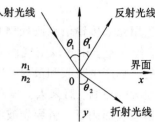

图 2-1　光纤在界面的反射和折射

反射波与入射波方向与振幅的关系是由菲涅耳公式表示的。它表明反射波、折射波和入射波的复数振幅之间的关系。由此可引出两个重要参数：反射系数 r 和折射系数 t。

设 E_{01}、E_{01}'、E_{02} 为入射波、反射波和折射波的复数振幅，有

$$r = \frac{E_{01}'}{E_{01}} = |r|\exp(-\mathrm{j}2\varphi_r) \qquad (2.1.2)$$

$$t = \frac{E_{02}}{E_{01}} = |t|\exp(-\mathrm{j}2\varphi_t) \qquad (2.1.3)$$

从式(2.1.2)和式(2.1.3)中可以看出，r 和 t 都是复数，包括大小和相位。$|r|$、$|t|$ 是反射系数和折射系数的模值，表示反射波、折射波和入射波的比值；$2\varphi_r$ 和 $2\varphi_t$ 是反射系数与折射系数的相角，表示在界面上由于反射和折射，是反射波、折射波比入射波超前的相移。

常将平面波分成水平极化波和垂直极化波，入射波、反射波和折射波均所在的 x、z 坐标的平面称为入射(平)面，电场矢量与入射面垂直，称为 TE 波，也称为水平极化波(与介质分界面平行)；磁场矢量与入射面平行，称为 TM 波，也称为垂直极化波(与分界面垂直)。它们的入射波、反射波和折射波的极化方向如图 2-2 所示。

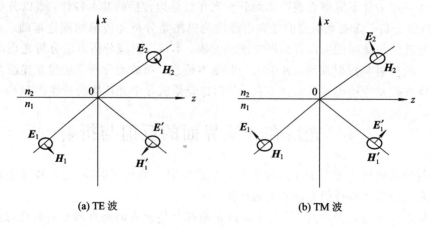

(a) TE 波　　　　　　　　　　(b) TM 波

图 2-2　平面波的反射和折射

可分别用 $r_\perp$ 和 $r_\parallel$ 表示 TE 波和 TM 波的反射系数，$t_\perp$ 和 $t_\parallel$ 表示 TE 波和 TM 波的折

射系数，它们均服从菲涅耳公式，有

$$
\begin{cases}
r_\perp = \dfrac{n_1 \cos\theta_1 - n_2 \cos\theta_2}{n_1 \cos\theta_1 + n_2 \cos\theta_2} \\[2mm]
t_\perp = \dfrac{2n_1 \cos\theta_1}{n_1 \cos\theta_1 + n_2 \cos\theta_2}
\end{cases}
\tag{2.1.4}
$$

$$
\begin{cases}
r_\parallel = \dfrac{n_2 \cos\theta_1 - n_1 \cos\theta_2}{n_2 \cos\theta_1 + n_1 \cos\theta_2} \\[2mm]
t_\parallel = \dfrac{2n_1 \cos\theta_1}{n_2 \cos\theta_1 + n_1 \cos\theta_2}
\end{cases}
\tag{2.1.5}
$$

令 $\theta_2 = 90°$，由式(2.1.1)可得，$\theta_1 = \arcsin n_2/n_1$，此时用 θ_c 表示，为全反射时的临界角。

当 $\theta_1 < \theta_c$ 时，由式(2.1.4)和式(2.1.5)可以看出，$|r|$ 和 $|t|$ 为小于 1 的实数，即一部分光被反射，另一部分光被折射，如图 2-1 所示。

当入射角 θ_1 逐渐增大，即 $\theta_1 = \theta_c$ 时，这时为临界状态，$|r| = 1$、$|t| = 0$，没有光线进入介质 2，"折射波"只能沿两种介质的界面传播，如图 2-3 所示。

进一步增大入射角 θ_1，当 $\theta_1 > \theta_c$ 时，介质 n_2 中没有折射光存在，这时入射光的能量全部被界面反射回介质 1，这种现象称为全反射，如图 2-4 所示。它是光波导理论的基础。

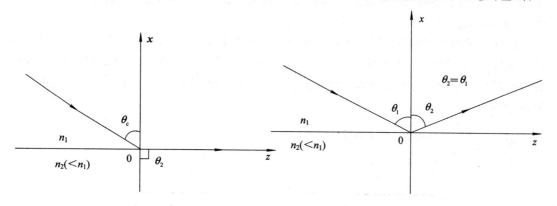

图 2-3　光以临界角入射于界面　　　　　　图 2-4　光束全反射的情况

当全反射发生时，$|r| = 1$、$|t| = 0$，表示反射波与入射波具有相同的振幅，但在界面上，反射光相对于入射光产生一相移，反射系数见式(2.1.2)，2φ 表示相移，φ 为半相移，TE 波和 TM 波的全反射时的半相移分别为

$$
\varphi_{TE} = \arctan \frac{\sqrt{n_1^2 \sin^2\theta_1 - n_2^2}}{n_1 \cos\theta_1} \quad \text{（TE 波）}
\tag{2.1.6}
$$

$$
\varphi_{TM} = \arctan \frac{n_1^2}{n_2^2} \frac{\sqrt{n_1^2 \sin^2\theta_1 - n_2^2}}{n_1 \cos\theta_1} \quad \text{（TM 波）}
\tag{2.1.7}
$$

2.2　光波在平板介质波导中的传播

2.2.1　平板介质波导的射线理论分析

光波导的基本原理是光在介质分界面的全反射，多层的平板介质波导可以满足这个条

件，也是光波导中最基本的结构，对其理论分析具有代表性。下面就以平板介质波导为例，用射线理论对该波导中的光波进行分析。

1. 光线在平板波导中的传播

下面以三层平板介质波导为例来分析介质中的光波传输特点。介质平板波导一般由三层介质构成，结构如图 2-5 所示。三层分别为波导层、衬底层和包层，其折射率分别用 n_1、n_2 和 n_3 来表示，且 $n_1 > n_2 \geqslant n_3$。波导层也称芯层，厚度约为 $(1\sim10)\,\mu m$，n_1、n_2 和 n_3 的差值一般在 10^{-1} 量级上。由于平板波导沿 y 方向尺寸比沿 x 方向大得多，所以在理论上认为平板介质波导中光波在沿 z 方向传播时，只在 x 方向上受限制，而在 y 方向上不受限制。当光波在波导层与衬底及包层的界面上都发生全反射时，光线在波导层内以"之"字形光路传播。光线以 θ 角入射到波导层中，与上层的全反射临

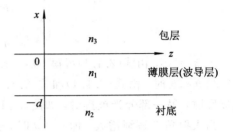

图 2-5　三层平板介质波导结构

界角为 θ_{c13}，与下层的全反射临界角为 θ_{c12}。下面分析在 θ 不同时光的传播情况。

1）$\theta_1 > \theta_{c12} \geqslant \theta_{c13}$

波导层中的光线在波导层的上、下界面上都发生全反射，并沿"之"字形路径在层内传播，如图 2-6(a) 所示。光波能量基本上限制在波导层内沿 z 方向传播，形成"导模"。导模在波导层内形成沿 x 方向的驻波，而在包层和衬底内形成场振幅沿 x 正、反方向呈指数衰减的消逝场。

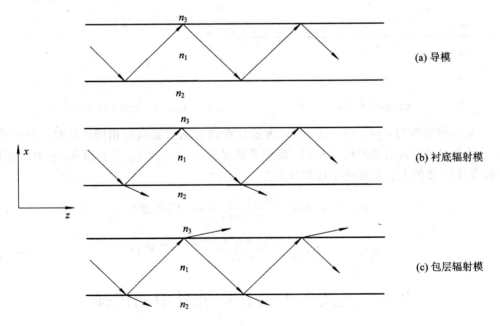

图 2-6　平面波导光导模的线光学分析图

2）$\theta_{c12} > \theta_1 > \theta_{c13}$

波导层中的光线在下界面折射到衬底中，穿过衬底逸出波导。而被衬底反射的光线在

上界面产生全反射，然后又在下界面上折射入衬底，并最终穿出衬底逸出波导，如图 2－6 (b)所示。其对应的电磁波称为衬底辐射模。衬底辐射模在薄膜和衬底中形成沿 x 方向的驻波，而在包层中形成场振幅沿 x 反方向呈指数衰减的消逝场。

3）$\theta_{c12} > \theta_{c13} > \theta_1$

波导层中的光线通过下界面折射到衬底中，穿过衬底逸出波导。被衬底反射的光线通过上界面折射到包层中，穿过包层逸出波导。如图 2－6(c)所示。其对应的电磁波称为包层辐射模。包层辐射模指分别由衬底和包层入射的两个平面波叠加而成的模，它在波导层、衬底和包层中均形成沿 x 方向的驻波。

包层辐射模和衬底辐射模通称为辐射模，它将能量向外辐射，很快被吸收，不能形成有效传导。导模可将光波限制在波导层，形成有效传导，是光波导中的有效光波模式。下面重点讨论导模。

2. 平板介质波导中的导波

1）导波的特征方程

设一光波从波导层下界面出发向上传播到上界面，在上界面遭全反射后返回到下界面，在下界面又遭全反射后与原先从下界面出发的光波叠加在一起，要发生互相加强，这两个光波的相位差应等于 2π 的整数倍。因此，为使光波维持在波导层内传播，光波在波导层上下界面之间往返一次的总相移必须为 2π 的整数倍。这就是维持导模的条件，也称横向共振条件，也是在横向方向上形成驻波的条件。

平面波传播图形如图 2－7 所示，设波导层的厚度为 d，相位常数 $k_0 n_1$（也称平面波的波数），其横向分量（x 方向）为 $k_0 n_1 \cos\theta_1$，光波往返一次的总相移为 $2d k_0 n_1 \cos\theta_1$，当光波在上界面产生全反射时会产生全反射相移 $-\varphi_{13}$，在下界面产生全反射时会产生全反射相移 $-\varphi_{12}$，φ 值参见式(2.1.6)。因此光波在波导层内传播的条件，亦即平板波导中能形成导模的条件是

$$2d k_0 n_1 \cos\theta_1 - 2\varphi_{13} - 2\varphi_{12} = 2m\pi \qquad m = 0, 1, 2, \cdots \qquad (2.2.1)$$

式中，m 称为模的阶数，也是模序数，取以零开始的有限个正整数。上式可改写为

$$d k_0 n_1 \cos\theta_1 = m\pi + \varphi_{12} + \varphi_{13} \qquad m = 0, 1, 2, \cdots \qquad (2.2.2)$$

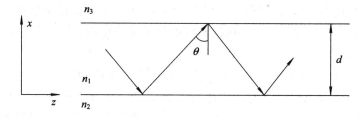

图 2－7　平面波传播图形

m 的不同取值对应于横向驻波波节数，每一个 m 值对应于一个稳定横向驻波分布，这种波导中稳定的场分布称为导波模式，简称导模。该方程称为导波模式的特征方程（本征方程）。特征方程是讨论导波特性的基础。

从上面的讨论得知，形成导模的条件是：

（1）$\theta_1 > \theta_{c12} \geqslant \theta_{c13}$；

(2) $dk_0n_1\cos\theta_1 = m\pi + \varphi_{12} + \varphi_{13}$。

2) 导波传输特性

在全反射情况下，介质 1 中的波为折射波 E_1 和反射波 E_1'，为二者叠加。此时入射波和反射波复数振幅值相等，有如下公式

$$E = E_1 + E_1' = 2E_{01}\cos(k_{1x}x + \varphi_1)\exp[-j(k_{1z}z - \varphi_1)] \tag{2.2.3}$$

式中，$E_1 = E_{01}\exp(-jk_1 \cdot r)$ 为入射波电场强度；$E_1 = E_{01}\exp(-jk_1' \cdot r)$ 为反射波电场强度。其中，k_1 为入射波的波矢量；k_1' 为反射波的波矢量；r 为矢径，代表该点的位置矢量；E_{01} 为入射波和反射波的复数振幅；k_{1x} 为入射波的波矢量在 x 方向的分量，则 $k_{1x} = k_1\cos\theta_1 = k_0n_1 \cdot \cos\theta_1$；$k_{1z}$ 为入射波的波矢量在 z 方向的分量，则 $k_{1z} = k_1\sin\theta_1 = k_0n_1\sin\theta_1$。波矢量分量如图 2-8 所示。

式(2.2.3)包括两部分：$2E_{01}\cos(k_{1x}x + \varphi_1)$ 是合成波的幅度成分，幅度沿 x 方向按三角函数振荡变化，呈驻波分布；$\exp[-j(k_{1z}z - \varphi_1)]$ 是合成波的相位成分，沿 z 方向传输呈行波分布，随 z 增加而滞后。即沿 z 方向传播。

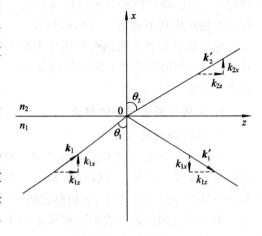

图 2-8　波矢量分量

介质 2 中只有折射波，表达式如下

$$\begin{aligned}
E_2 &= E_{02}\exp(-jk_2 \cdot r) \\
&= E_{02}\exp(-\alpha_2 x)\exp[-j(k_{2z} \cdot z - \varphi_1)] \\
&= E_{01}|t|\exp(-\alpha_2 x)\exp[-j(k_{2z} \cdot z - \varphi_1)] \tag{2.2.4}
\end{aligned}$$

式中，k_{2z} 为入射波的波矢量在 z 方向的分量，为 $k_{2z} = k_2\sin\theta_2 = k_0n_2\sin\theta_2 = k_0n_1\sin\theta_1$；$E_{02}$ 为折射波的复数振幅，$E_{02} = E_{01}|t|$；α_2 为介质 2 中沿 x 方向的衰减常数。

式(2.2.4)也包括两部分：$\exp(-ax)$ 说明介质 2 中的波的幅度随离开界面的距离 x 而呈指数式衰减，衰减速度由衰减常数 α 决定；$\exp[-j(k_{2z} \cdot z - \varphi_1)]$ 是波的相位成分，它与介质 1 中的合成波的相位成分相同，其中，$k_{2z} = k_0n_1\sin\theta_1 = k_{1z}$，说明介质 1 和介质 2 中的波的相位常数相同，表明它们沿 z 方向以相同的相位常数传输，是一个波形的两个部分。

3) 导波的模式

特征方程中不同的 m 值称为模序数，对应于不同的波形或模式，对给定的 m 值，可求出形成导波的 θ_1 值。以该 θ_1 角入射的平面波就会形成一个导波模式。当用水平极化波的 φ_{12}、φ_{13} 代入特征方程时，得出模式为 TE 波；当用垂直极化波 φ_{12}、φ_{13} 代入特征方程时，得出的模式为 TM 波。对应 $m = 0, 1, 2, \cdots$ 时，可得到 TE_0、TE_1 和 TE_2 或 TM_0、TM_1 和 TM_2 的模。各模式的特性，可用以下几个参数表示

$$\beta = k_{1z} = k_0n_1\sin\theta_1 \tag{2.2.5}$$

$$k_{1x} = k_0n_1\cos\theta_1 \tag{2.2.6}$$

$$\alpha_2 = k_0n_1\sqrt{\sin^2\theta_1 - \left(\frac{n_2}{n_1}\right)^2} \tag{2.2.7}$$

$$\alpha_3 = k_0 n_1 \sqrt{\sin^2\theta_1 - \left(\frac{n_3}{n_1}\right)^2} \qquad (2.2.8)$$

式中，β 称为轴向相位常数，表示导波模式的纵向传播规律；k_{1x} 称为横向相位常数，表示导波模式横向驻波规律；α_2、α_3 表示导波在下界面和上界面的横向衰减规律。

它们决定了导波模式的横向分布图形。在波导层中，导波在横向是按驻波分布的，相位变化为 $k_{1x}d$，其特征方程为

$$k_{1x}d = m\pi + \varphi_{12} + \varphi_{13} \qquad m = 0, 1, 2, \cdots \qquad (2.2.9)$$

当 $m=0$ 时，得 TE_0、TM_0 模，特征方程为

$$k_{1x}d = \varphi_{12} + \varphi_{13}$$

φ_{12}、φ_{13} 在 $0 \sim \pi/2$ 之间变化，有 $0 < \varphi_2 + \varphi_3 < \pi$，可见其场沿 x 方向的变化不足半个驻波。

当 $m=1$ 时，得 TE_1、TM_1 模，特征方程为

$$k_{1x}d = \pi + \varphi_{12} + \varphi_{13}$$

$k_{1x}d$ 在 π 与 2π 间变化，其场沿 x 方向变化不足一个驻波，其他依此类推。因而 m 表示了导波场沿薄膜横向出现的完整半驻波个数。m 越大，导波的模次越高。图 2-9 给出了几种模式的驻波图形。

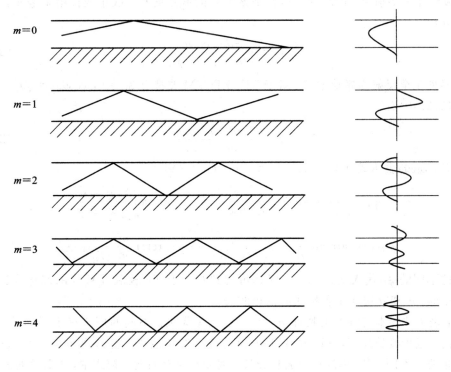

图 2-9　几种模式的驻波图形

由特征方程还可以看出，在其他条件不变的情况下，m 随 θ_1 减小而增大，因而表明高次模是由入射角 θ_1 较小的平面波构成的。

在下界面和上界面中，导波的幅度按指数规律衰减，穿透深度为 $d_2 = 1/\alpha_2$，$d_3 = 1/\alpha_3$ 时，幅度衰减到界面处的 $1/e$。由于高次模的 θ_1 较小，从式(2.2.7)和式(2.2.8)可知，其 α 值也小，因而在介质 2 和介质 3 中衰减较慢。所以 TE_0 模和 TM_0 模的模次最低，α 值最大，

其能量集中得最好。

导波模式的轴向相位常数 β 是导波的一个重要参数，$\beta = k_0 n_1 \sin\theta_1$。满足全反射条件时有 $k_0 n_2 < \beta < k_0 n_1$。对于给定的模式有确定的 θ_1 值，因而也有确定的相位常数 β。对给定的波导和工作波长，模次越高，θ_1 越小，因而 β 越小。

在所有的模式中，TE_0 模和 TM_0 模的模次最低，因而其 β 最大。对于给定的模式，其 β 值是随工作波长 λ_0（或角频率 ω）而变的。由特征方程可以看出，当 m 给定时，工作波长 λ_0 越长，k_0 越小，θ_1 越小，因而 β 也越小。

4）截止波长 λ_c

在平板波导中，如果光波不能满足全反射条件，光波将会产生辐射进而很快被衰减，这时可认为导波处于截止状态。因为 $k_0 = \dfrac{2\pi}{\lambda_0}$，此时特征方程变为

$$d \frac{2\pi}{\lambda_0} n_1 \cos\theta_1 = m\pi + \phi_{12} + \phi_{13}$$

当模式固定时，m 值也就确定了。若工作波长 λ_0 发生变化，要满足特征方程要求，只有同时调整平面波的入射角 θ_1，才能在波导层形成导波。当 $\theta_1 = \theta_{c12}$ 即处于截止的临界状态时，导波转化为辐射模，此时的波长就是该模式的截止波长。截止波长用 λ_c 表示，由特征方程可导出

$$\lambda_c = \frac{2\pi d n_1 \cos\theta_{c12}}{m\pi + \phi_{12} + \phi_{13}} \tag{2.2.10}$$

当下边界处于全反射临界状态时，对于 TE 波和 TM 波都有 $\phi_{12} = 0$，$\cos\theta_{c12} = \sqrt{n_1^2 - n_2^2}/n_1$，代入式（2.2.10）有

$$\lambda_c = \frac{2\pi d \sqrt{n_1^2 - n_2^2}}{m\pi + \phi_{13}} \tag{2.2.11}$$

此时，ϕ_{13} 的表达式可由式（2.1.6）和式（2.1.7）得到

$$\phi_{TE13} = \arctan \frac{\sqrt{n_1^2 \sin^2\theta_{c12} - n_3^2}}{n_1 \cos\theta_{c12}} = \arctan \frac{\sqrt{n_2^2 - n_3^2}}{\sqrt{n_1^2 - n_2^2}}$$

$$\phi_{TM13} = \arctan \frac{n_1^2}{n_3^2} \frac{\sqrt{n_1^2 \sin^2\theta_{c12} - n_3^2}}{n_1 \cos\theta_{c12}} = \arctan \frac{n_1^2}{n_3^2} \frac{\sqrt{n_2^2 - n_3^2}}{\sqrt{n_1^2 - n_2^2}}$$

当把不同的 ϕ_{13} 代入式（2.2.11）时即可得到对应于 TE 模和 TM 模的截止波长。可见参数 n_1、n_2、n_3 和 d 决定了各模式的截止波长。

λ_c 是表示波导本身特征的物理量，与外加频率无关。不同的模式有不同的截止波长，模式越高，截止波长越短，TE_0 模和 TM_0 模的截止波长最长。当 m 相同时，TE 模和 TM 模的截止波长不同，TE 模的截止波长较长，因而在所有的波导模式中，TE_0 模的截止波长最长。

5）单模传输与模式数量

可见 TE_0 模的截止波长最长，其传输条件最容易满足。通常把截止波长最长（截止频率最低）的模式叫基模。TE_0 模就是平板波导中的基模。当波导中只有 TE_0 模传输，其他模式均截止时，则称为单模传输。其传输的条件为

$$\lambda_c(TM_0) < \lambda_0 < \lambda_c(TE_0)$$

但当 n_1 与 n_3 差别不大时，TE_0 模和 TM_0 模的截至波长非常接近，实际上很难将它们分开，单模传输的概念常常不是那么严格，在 TE_0 模和 TM_0 模同时存在时，仍可称为单模传输。

当工作波长缩短时，单模传输的条件被破坏，波导中出现多模共存现象。此时的模式数量可由特征方程去求。截止时的特征方程为

$$\frac{2\pi d}{\lambda_0}\sqrt{n_1^2-n_2^2}=m\pi+\phi_{13}$$

得
$$m=\frac{\dfrac{2\pi d}{\lambda_0}\sqrt{n_1^2-n_2^2}-\phi_{13}}{\pi} \tag{2.2.12}$$

与该 m 对应的模式处于截止状态，而比它低的模式处于导行状态。计算时若 m 不是整数，则取大于它的整数。波导中导波模式的数量是 TE 模和 TM 模的模式数量之和，d 越大，λ_c 越短，n_1 与 n_2 的差别越大，波导中的模式数量越多。

6）对称薄膜波导

对称薄膜波导的衬底和敷层的折射率相等，即 $n_2=n_3$。这时 $\phi_{12}=\phi_{13}$，特征方程可写为

$$\frac{2\pi d}{\lambda_0}\sqrt{n_1^2-n_2^2}=m\pi+2\phi_{12}$$

截止波长为

$$\lambda_c=\frac{2d\sqrt{n_1^2-n_2^2}}{m} \tag{2.2.13}$$

该式对 TE 模、TM 模都适用。这就是说模序数相同的 TE 模和 TM 模具有相同的截止波长 λ_c。当 TE_0 模出现时，TE_m 模也伴随出现，称为兼并。

对于对称波导，当 $m=0$ 时，TE_0 模和 TM_0 模的截止波长 $\lambda_c=\infty$，没有截止现象。即任意波长的光波都能以基模的形式传播，这是对称波导的特有性质，在非对称波导中不存在。

2.2.2　平板介质波导的波动理论分析

用射线法讨论平板波导，射线法物理概念清楚、明确，得出的许多结论不仅对平板波导，而且对其他形式的介质波导也是很有价值的。但要用射线法讨论平板波导中导波的场方程、场分布和传输功率等，可用均匀平面波全反射、叠加的方法，但非常烦琐和复杂，而在讨论一些结构更复杂的介质波导时则不现实。因此，要用波动理论的方法来进行分析。讨论内容包括求出场方程、特征方程、传输功率和其场分布。

1. 导波的场方程

平板介质波导的波导层的折射率 n_1 为均匀的，称该波导为均匀平板波导。其各层介质都是无损耗的。在无源区，均匀无损耗麦克斯韦方程为

$$\nabla\times\boldsymbol{H}=\mathrm{j}\omega\varepsilon\boldsymbol{E}$$
$$\nabla\times\boldsymbol{E}=-\mathrm{j}\omega\mu_0\boldsymbol{H}$$

将上两式在直角坐标系中展开有

$$\left(\frac{\partial E_z}{\partial y}-\frac{\partial E_y}{\partial z}\right)\boldsymbol{\alpha}_x+\left(\frac{\partial E_x}{\partial z}-\frac{\partial E_z}{\partial x}\right)\boldsymbol{\alpha}_y+\left(\frac{\partial E_y}{\partial x}-\frac{\partial E_x}{\partial y}\right)\boldsymbol{\alpha}_z$$

$$=-\mathrm{j}\omega\mu_0(\boldsymbol{\alpha}_xH_x+\boldsymbol{\alpha}_yH_y+\boldsymbol{\alpha}_zH_z) \tag{2.2.14}$$

$$\left(\frac{\partial H_z}{\partial y} - \frac{\partial H_y}{\partial z}\right)\boldsymbol{\alpha}_x + \left(\frac{\partial H_x}{\partial z} - \frac{\partial H_z}{\partial x}\right)\boldsymbol{\alpha}_y + \left(\frac{\partial H_y}{\partial x} - \frac{\partial H_x}{\partial y}\right)\boldsymbol{\alpha}_z$$

$$= j\omega\varepsilon(\boldsymbol{\alpha}_x E_x + \boldsymbol{\alpha}_y E_y + \boldsymbol{\alpha}_z E_z) \tag{2.2.15}$$

式中，$\boldsymbol{\alpha}_x$、$\boldsymbol{\alpha}_y$、$\boldsymbol{\alpha}_z$分别为x、y、z方向的单位矢量。

将平板波导如图 2-7 所示取坐标时，薄膜在y方向无限伸展，场在该方向上不受限制，可得$\partial/\partial y = 0$。又因光波是沿z方向传输的，可用传输因子$\exp(-j\beta z)$来表示，因而有$\partial/\partial z = -j\beta$，$\beta$是$z$方向的传播常数。将上述关系代入式(2.2.14)和式(2.2.15)中，再令方程两端的对应分量相等，得到 6 个分为 2 组的标量方程，表达式如下

$$\begin{cases} \beta E_y = -\omega\mu_0 H_x & (2.2.16) \\[2mm] \dfrac{\partial E_y}{\partial x} = -j\omega\mu_0 H_z & (2.2.17) \\[2mm] j\beta H_x + \dfrac{\partial H_z}{\partial x} = -j\omega\varepsilon E_y & (2.2.18) \end{cases}$$

$$\begin{cases} \beta H_y = \omega\varepsilon E_x & (2.2.19) \\[2mm] \dfrac{\partial H_y}{\partial x} = j\omega\varepsilon E_z & (2.2.20) \\[2mm] j\beta E_x + \dfrac{\partial E_z}{\partial x} = j\omega\mu_0 H_y & (2.2.21) \end{cases}$$

这两组方程组是完全独立的，可分别求解，得出两组独立的解。第一组方程的电场强度只有E_y分量，E_y在波导的横截面上，因而解出的是 TE 模（H 模），第二组方程的磁场强度只有H_y分量，因而解出的是 TM 模（E 模）。

对于 TE 模，由式(2.2.16)和式(2.2.17)可导出H_x和H_z关于E_y的表达式，然后用式(2.2.18)消去H_x和H_z，得到只含E_y的方程

$$\frac{\partial^2 E_y}{\partial x^2} + (k_0^2 n^2 - \beta^2) E_y = 0 \tag{2.2.22}$$

这是关于E_y的一维亥姆霍兹方程，式中$n = \sqrt{\dfrac{\varepsilon}{\varepsilon_0}}$，是介质的折射指数。推倒过程用了

$\omega = 2\pi\upsilon = 2\pi(c/\lambda)$，$c = 1/\sqrt{\varepsilon_0\mu_0}$ 和 $n = \sqrt{\dfrac{\varepsilon}{\varepsilon_0}}$ 等关系。解该方程可得到E_y，然后可解出H_x和H_z。场的解E_y的形式视具体问题（是导波还是辐射模）而定。

对于 TM 模，其讨论方法与 TE 模相同。消去E_x、E_z，得H_y一维亥姆霍兹方程

$$\frac{\partial^2 H_y}{\partial x^2} + (k_0^2 n^2 - \beta^2) H_y = 0 \tag{2.2.23}$$

求得H_y后，即可根据式(2.2.19)和式(2.2.20)求E_x和E_z。

导波其场分量沿y方向不变化，而沿z方向按$-j\beta z$规律变化，下面要确定沿x方向变化的规律就可以了。由于是导波，在薄膜中应是驻波解，可用余弦函数表示；在衬底和包层中应是衰减解，可用指数函数表示。于是E_y解为

$$E_y = \exp(-j\beta z)\begin{cases} E_1 \cos(k_{1x}x - \phi_2) \\[1mm] E_2 \exp(\alpha_2 x) \\[1mm] E_3 \exp[-\alpha_3(x - d)] \end{cases} \tag{2.2.24}$$

式中，k_{1x} 是薄膜中 x 方向的相位常数。ϕ_2 是角度，用以调整 E_y 驻波极大值的位置。α_2、α_3 分别是衬底和包层中的衰减常数。E_1 是薄膜中波腹处的复数振幅，而 E_2、E_3 是薄膜上、下界上的相应值。

式(2.2.24)是平板波导中解的形式，其中有 ϕ_2、β、k_{1x}、α_2、α_3、E_1、E_2 和 E_3 共 8 个参数是未知的，需要确定 7 个参数才能确定其 E_1（或 E_2、E_3）场分布。这需要根据亥姆霍兹方程和边界条件来确定。

平板波导分为薄膜（波导层）、衬底和包层三个部分，将其对应的折射系数 n_1、n_2、n_3 分别代入亥姆霍兹方程式(2.2.22)，可得到如下三个区域中的亥姆霍兹方程

$$\frac{\partial^2 E_y}{\partial x^2} + (k_0^2 n_1^2 - \beta^2) E_y = 0 \qquad 0 \leqslant x \leqslant d$$

$$\frac{\partial^2 E_y}{\partial x^2} + (k_0^2 n_2^2 - \beta^2) E_y = 0 \qquad x \leqslant 0$$

$$\frac{\partial^2 E_y}{\partial x^2} + (k_0^2 n_3^2 - \beta^2) E_y = 0 \qquad x \geqslant d$$

再将式(2-28)中各区域的场方程 E_y 表达式代入，可得

$$k_{1x}^2 = k_0^2 n_1^2 - \beta^2 \tag{2.2.25}$$

$$\alpha_2^2 = \beta^2 - k_0^2 n_2^2 \tag{2.2.26}$$

$$\alpha_3^2 = \beta^2 - k_0^2 n_3^2 \tag{2.2.27}$$

从上面的表达式还可以看出相位常数 β 的变化范围。k_{1x}、α_2、α_3 必须为正实数，这就限定了

$$k_0 n_1 > \beta > k_0 n_2 > k_0 n_3$$

这与前面的射线法得出的结果是一致的。

在平板波导边界上，电场强度的切向分量是 E_y，磁场强度的切向分量是 H_z。边界条件为：在 $x=0$ 和 $x=d$ 处，E_y 连续，$H_z \propto \partial E_y / \partial x$ 连续。将场方程式(2.2.24)代入，可得

$$E_1 \cos\phi_2 = E_2 \qquad （在 x = 0 处 E_y 连续） \tag{2.2.28}$$

$$E_1 k_{1x} \sin\phi_2 = \alpha_2 E_2 \qquad （在 x = 0 处 H_z 连续） \tag{2.2.29}$$

$$E_1 \cos(k_{1x}d - \phi_2) = E_3 \qquad （在 x = d 处 E_y 连续） \tag{2.2.30}$$

$$E_1 k_{1x} \sin(k_{1x}d - \phi_2) = \alpha_3 E_3 \quad （在 x = d 处 H_z 连续） \tag{2.2.31}$$

有了式(2.2.25)～式(2.2.31)的 7 个方程，就可求解场方程式(2.2.24)中的 8 个未知数，一般先求 k_{1x}，再求其他各量。这样也只能求解出 E_1、E_2 与 E_3 的相对大小，只有知道了波导中的传输功率时，才能将 E_1 最终确定。

2. 导波的特征方程

通过横向相位常数 k_{1x} 去求其他参量，故要找出关于 k_{1x} 的方程。用式(2.2.31)除以式(2.2.30)可得

$$\tan(k_{1x}d - \phi_2) = \frac{\alpha_3}{k_{1x}}$$

利用三角函数周期性，该式也可写为

$$k_{1x}d - \phi_2 - m\pi = \arctan\frac{\alpha_3}{k_{1x}}$$

再将 ϕ_2、α_3 的值代入整理后得到

$$k_{1x}d - \arctan \frac{\sqrt{(n_1^2 - n_2^2)k_0^2 - k_{1x}^2}}{k_{1x}} - \arctan \frac{\sqrt{(n_1^2 - n_3^2)k_0^2 - k_{1x}^2}}{k_{1x}} = m\pi$$

$$m = 0, 1, 2, \cdots \quad (2.2.32)$$

式中，d、n_1、n_2 和 n_3 是波导的结构参数；k_0 是自由空间的波数。式(2.2.32)就是平板波导的特征方程，也是一个关于 k_{1x} 的超越方程。

只有满足这一方程的 k_{1x} 才能形成导波，对应一个 m，可求出一个 k_{1x}，也就对应一个场分布和传播常数，也就得到一个导波模式。当 $m=0,1,2,\cdots$ 时，得到 TE_0、TE_1、TE_2、$\cdots$ 的模。

由于 $k_{1x} = k_0 n_1 \cos\theta_1$，可以看出

$$\arctan \frac{\sqrt{(n_1^2 - n_2^2)k_0^2 - k_{1x}^2}}{k_{1x}} = \phi_2 \quad (2.2.33)$$

$$\arctan \frac{\sqrt{(n_1^2 - n_3^2)k_0^2 - k_{1x}^2}}{k_{1x}} = \phi_3 \quad (2.2.34)$$

式中，ϕ_2、ϕ_3 代表的是射线法分析中在边界上全反射时相移的一半。所以，式(2.2.32)与用射线法得出的特征方程完全一致。故方程式(2.2.32)简写为

$$k_{1x}d - \phi_2 - \phi_3 = m\pi$$

式中，ϕ_2、ϕ_3 的取值范围仍在 $0\sim\pi$ 之间。

导波特性的分析都是建立在特征方程的基础上，基于特征方程对导波性质的分析，已在射线分析法中作过，在此不再另行分析。

3. 导波的截止

对介质波导，当出现辐射模时即认为截止。对于平板波导，出现了衬底辐射模即认为导波截止。衬底中的波是衰减型的，其衰减常数 α_2 为正实数。当 α_2 变为虚数时，导波截止，出现了衬底辐射模。故 $\alpha_2 = 0$ 时导波转为辐射模，可求出截止波长。

由式(2.2.26)

$$\alpha_2^2 = \beta^2 - k_0^2 n_2^2 = 0$$

得

$$\beta = k_0 n_2$$

当导波截止时，传播常数等于介质 2 中的波数，这也是导波截止的标志。利用式(2.2.25)、式(2.2.26)和式(2.2.27)，可得

$$k_{1x} = \sqrt{k_0^2 n_1^2 - \beta^2} = k_0 \sqrt{n_1^2 - n_2^2}$$

$$\alpha_2^2 = \beta^2 - k_0^2 n_2^2 = 0$$

$$\alpha_3^2 = \beta^2 - k_0^2 n_3^2 = \arctan \sqrt{\frac{n_2^2 - n_3^2}{n_1^2 - n_2^2}}$$

代入特征方程(2.2.32)，并考虑到 $k_0 = 2\pi/\lambda_c$，得到

$$\lambda_c = \frac{2\pi d \sqrt{n_1^2 - n_2^2}}{m\pi + \arctan \sqrt{\dfrac{n_2^2 - n_3^2}{n_1^2 - n_2^2}}} \quad (2.2.35)$$

这与射线法得出的结果一致。其他的如单模传输的概念，模数量的计算，β 的变化规律，也

与射线法结论一样，这里不再重复介绍。

4. 导波的场分布

有了场方程可以观察其场分布，下面主要分析 TE 模 E_y 沿 x 方向的变化规律。在薄膜中按三角函数规律振荡，其驻波图形决定于横向相位常数 k_{1x}。在衬底和敷层中按指数规律衰减，其衰减速度决定于横向衰减常数 α_2、α_3。对于不同模式，k_{1x}、α_2、α_3 有不同的值，因而得出不同的场分布。

1) TE$_0$ 模

由前面的讨论得知

$$E_y \propto \cos(k_{1x}x - \phi_2)$$

式中，k_{1x} 由特征方程决定。特征方程是超越方程，需要用数值法求解，得不到关于 k_{1x} 的解析表达式。下面可讨论它的变化规律。由特征方程可知

$$k_{1x} = \frac{m\pi + \phi_2 + \phi_3}{d}$$

对于 TE$_0$ 模，$m=0$ 有

$$k_{1x} = \frac{\phi_2 + \phi_3}{d}$$

其相位变化是

$$k_{1x}d = \phi_2 + \phi_3$$

由于 $\phi_2 + \phi_3 < \pi$，因而横跨薄膜不足半个驻波。将 k_{1x} 代入 E_y 式可得

$$E_y \propto \cos\left(\frac{\phi_2 + \phi_3}{d}x - \phi_2\right)$$

在 $x=0$ 处，$E_y \propto \cos\phi_2$；在 $x=d$ 处，$E_y \propto \cos\phi_3$。而当 $\cos\left(\frac{\phi_2 + \phi_3}{d}x - \phi_2\right) = 1$ 时，E_y 得到最大值。可求出驻波波腹的位置为

$$x_m = \frac{\phi_2}{\phi_2 + \phi_3}d$$

由于 $\phi_2 < \phi_3$，所以 $x_m < \frac{d}{2}$，即波腹偏向衬底一侧。

在衬底和敷层中波按指数规律衰减，其衰减常数各为

$$\alpha_2 = \sqrt{(n_1^2 - n_2^2)k_0^2 - k_{1x}^2}$$
$$\alpha_3 = \sqrt{(n_1^2 - n_3^2)k_0^2 - k_{1x}^2}$$

由于 $n_2 > n_3$，所以 $\alpha_2 < \alpha_3$，即在敷层中比衬底衰减得快。导波幅度沿 x 方向的场分布如图 2-10(a)所示。

2) TE$_1$ 模

当 $m=1$ 时，跨过薄膜的相位变化为 $k_{1x}d = \pi + \phi_2 + \phi_3$，不足两个"半驻波"，导波的场分布如图 2-10(b)所示。由于其 k_{1x} 比 TE$_0$ 模大，因此 α_2、α_3 比 TE$_0$ 模小。也就是说在薄膜之外的波，衰减比 TE$_0$ 模慢。

3) TE$_2$ 模

当 $m=2$ 时，导波的场分布如图 2-10(c)所示。薄膜之外的波衰减比 TE$_1$ 模慢。

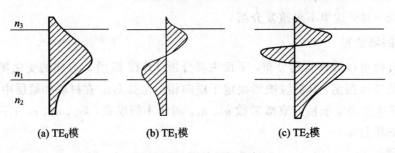

(a) TE$_0$模　　　　　(b) TE$_1$模　　　　　(c) TE$_2$模

图 2-10　导波的场分布

其他高次模的波形图可类似画出。可以看出，m 代表跨过薄膜的完整的"半驻波"的个数。也可以认为 m 是跨过薄膜的驻波节点的个数。模次越高，α_2、α_3 越小，因而基模 TE$_0$ 模的能量最为集中。

5. 导波的传输功率

导波的传输功率就是通过波导横截面的功率。薄膜波导在 y 方向是无限宽的，可只计算单位宽度的功率。因功率密度沿 y 方向不变，可用单位宽度的功率说明。在图 2-11 所示的波导横截面上，设宽度为 1，高度为 dx 的面元 dσ，d$\sigma=\boldsymbol{a}_z$ dx，设 $\boldsymbol{S}$ 是导波的复数波印亭矢量，则单位宽度的传输功率为

$$P = \int_\sigma (\mathrm{Re}\boldsymbol{S})\mathrm{d}\sigma$$

Re$\boldsymbol{S}$ 代表对 $\boldsymbol{S}$ 取实部。对 TE 模有

$$\mathrm{Re}\boldsymbol{S} = -\boldsymbol{a}_z \frac{1}{2}E_yH_x = \boldsymbol{a}_z \frac{\beta}{2\omega\mu_0}|E_y|^2$$

其中，对于 TE 模有 $H_x = -\dfrac{\beta E_y}{\omega\mu_0}$，代入积分式有

$$P = \frac{\beta}{2\omega\mu_0}\int_{-\infty}^{+\infty}|E_y|^2\,\mathrm{d}x$$

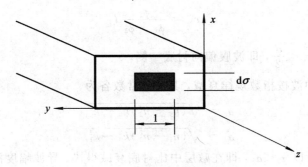

图 2-11　薄膜波导中功率的计算

在薄膜、衬底和敷层中分三段分别积分后，再相加有

$$P = \frac{\beta}{2\omega\mu_0}\left[E_1^2\int_0^d \cos^2(k_{1x}x-\phi_2)\mathrm{d}x + E_2^2\int_{-\infty}^0 \exp(2\alpha_2 x)\ \mathrm{d}x + E_3^2\int_d^\infty \exp(-2\alpha_3(x-d))\mathrm{d}x\right]$$

$$= \frac{\beta}{4\omega\mu_0}E_1^2\left(d + \frac{1}{\alpha_2} + \frac{1}{\alpha_3}\right)$$

其中，$\dfrac{\beta}{2\omega\mu_0}E_1^2$ 为薄膜中波腹处的功率密度，$\boldsymbol{S} = \dfrac{\beta}{4\omega\mu_0}E_1^2$ 为最大功率的一半，视为平均的功

率密度。令 $d_e = d + \dfrac{1}{\alpha_2} + \dfrac{1}{\alpha_3}$，称之为薄膜波导的有效厚度，于是功率可写为

$$P = Sd_e \tag{2.2.36}$$

它相当于以均匀的功率密度 S，分布在等效厚度 d_e 中的功率。当 α_2、α_3 增大时，功率比较集中，这时有效厚度减小。

2.3　光波在光纤波导中的传播

光纤目前的主要应用领域是光纤通信，光纤通信以它独特的优点被认为是通信史上一次革命性的变革，光纤通信目前已在通信的各个层面获得了广泛的应用，它代表了信息交换由电向光转换的发展趋势，是未来的社会中通信的主要手段。由于光纤通信具有传输损耗低、传输容量大、抗电磁干扰能力强、尺寸小、质量轻、便于敷设和运输等优点，在可以应用的领域，已基本替代了传统的传输手段。光纤通信朝着更低的损耗、更大的带宽方向发展。

随着光纤技术、激光器技术、集成光路技术的发展，使得光纤在通信、传感、光信息处理以及其他应用领域得到了广泛的应用。本节将简要介绍光纤导光的基本原理和特性。

2.3.1　光纤的基本知识

1. 光纤的结构与分类

光纤是光波导的一种，是光导纤维的简称，它利用光的全反射原理将光波能量集中在光纤内，使光波沿着光纤轴线方向传播。

光纤的典型结构为多层同轴圆柱形丝状体，从内到外由纤芯、包层、涂敷层和护套构成，其中纤芯的折射率较高，包层的折射率较低。纤芯和包层是光纤导光的主要部分，涂敷层和护套主要起保护作用，可以隔离外部光源的影响、提高光纤强度等。其结构如图 2-12 所示。

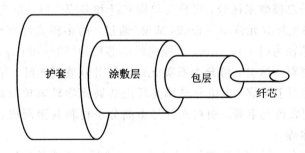

图 2-12　光纤的结构

光纤是一种由高纯度的石英（或其他材料）拉制而成的，其主要成分是二氧化硅（SiO_2），同时根据需要掺杂极少量的其他材料，以改变纤芯的折射率。如二氧化锗（GeO_2）、五氧化二磷（P_2O_5）等可以提高折射率，三氧化二硼（B_2O_3）、氟（F）可以降低折射率，分别适用于纤芯和包层。

纤芯的直径一般为（4～75）μm，包层的外径一般为（100～200）μm，典型值为 125 μm。

涂敷层的材料一般为环氧树脂、硅橡胶等高分子材料，外径约为 250 μm。护套的材料一般为尼龙或其他有机材料，外径约为 1 mm。

光纤可以按照材料成分、制造方法、传输总模数、横截面上折射率分布和工作波长进行分类。

采用横截面上折射率分布来分类，可分为阶跃（折射率分布）型光纤和渐变（折射率分布）型光纤。在阶跃型光纤（有时也称为均匀光纤）里，纤芯和包层折射率在本层都是均匀的，在它们的边界处，折射率呈阶梯形突变，有时也称为突变型光纤，如图 2-13(a) 所示。而渐变型光纤（有时也称为非均匀光纤）中，纤芯的折射率在中心处最大，然后沿着横截面的径向按一定的规律逐渐减小，直到纤芯与包层的交界处为止，形成一个连续变化的梯度，有时也称为渐变型光纤或梯度光纤，如图 2-13(b) 所示。其他还有三角形光纤、W 形光纤等。

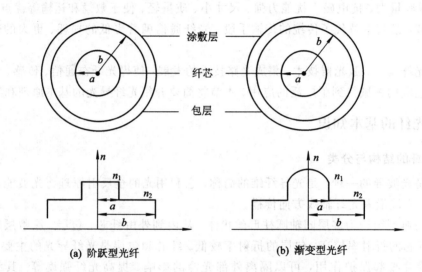

(a) 阶跃型光纤   (b) 渐变型光纤

图 2-13   光纤断面的折射率分布

按光纤中传输的总模数来区分，可分为单模光纤和多模光纤。这也是在应用中使用最多的分类方法。单模光纤只允许单一模式（基模）通过，而多模光纤则允许多个模式通过。标准的单模光纤的芯径为 (4～10) μm，多模光纤的芯径为 (50～100) μm。

按光纤的制作材料来区分，可分为石英光纤、多组分玻璃光纤、塑料光纤等。石英光纤由于性能好，主要用于通信。多组分玻璃光纤由普通光学玻璃拉制而成，损耗较大，现在应用较少，主要用做传光束等。塑料光纤是由高分子材料共聚而成，损耗较大，只能用于短距离的信息传输等。

光纤按波长来区分，可分为短波长（小于 1 μm）光纤、长波长（(1～2) μm）光纤和超长波长（2 μm 以上）光纤。

此外，还有有源光纤（包括激光光纤及发光光纤）、非线性光纤等。

2. 光纤的结构参数

光纤的结构参数有光纤的直径，相对折射率差 Δ，折射率分布 $n(r)$，数值孔径 NA 与归一化频率 V。

1）直径

光纤的直径包括纤芯直径 $2a$ 和包层直径 $2b$。光纤直径的大小的取值，从成本、柔韧性考虑，应尽量细一些。但从对接、耦合和损耗等方面来考虑，粗一些为宜。综合两者因素，一般光纤总直径小于 150 μm。典型单模光纤芯径约（4～10）μm（多取 9 μm），多模阶跃光纤芯径 62.5 μm，多模渐变型光纤芯径约 50 μm，但它们的包层外径一般均取 125 μm。

2）相对折射率差 Δ

光线在光纤中的传播特性不仅与 n_1 和 n_2 有关，还与相对折射率差有密切关系。相对折射率差 Δ 定义为

$$\Delta = \frac{n_1 - n_2}{n_1} \tag{2.3.1}$$

其大小决定了光纤对光场的约束能力和光纤端面的受光能力。

3）折射率分布 $n(r)$

纤芯折射率分布一般形式为：

$$n(r) = n(0)\left[1 - 2\Delta\left(\frac{r}{a}\right)^{\alpha}\right]^{\frac{1}{2}} \tag{2.3.2}$$

还可以近似为

$$n(r) \approx n(0)\left[1 - \Delta\left(\frac{r}{a}\right)^{\alpha}\right]$$

$n(0)$ 为纤芯中心折射率，r 取值范围为 $0 \leqslant r \leqslant a$，$\alpha$ 为折射率分布系数。α 取值不同，折射率分布不同：

当 $\alpha = \infty$ 时，折射率为阶跃型分布。

当 $\alpha = 2$ 时，折射率为平方律分布（渐变型分布的一种）。

当 $\alpha = 1$ 时，折射率为三角型分布。

4）数值孔径

数值孔径定义为光纤可能接受外来入射光的最大受光角 $\varphi_{0,\max}$ 的正弦与入射区折射率的乘积。光纤界面光传输图如图 2-14 所示，因为只有 $\theta_1 > \theta_c = \arcsin\dfrac{n_2}{n_1}$ 的光线才能在光纤中传播（其中，n_1 为纤芯折射率，n_2 为包层折射率，n_0 为空气折射率），即

$$NA = n_0 \sin\varphi_{\max} = \sqrt{n_1^2 - n_2^2} \tag{2.3.3}$$

NA 代表光纤接收入射光的能力，只有 $\varphi < \varphi_{\max}$ 的光才可能在光纤中发生全反射而被传播。一般情况下 $n_1 \approx n_2$（大多数光纤属这种类型），这种情况下的 Δ 约为 0.01，称为弱导波近

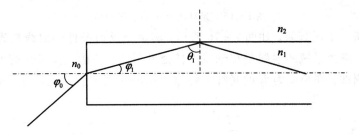

图 2-14　光纤界面光传输图

似。一般 n_1 只略大于 n_2，单模光纤 $\Delta = 0.3\%$，多模光纤 $\Delta = 1\%$，于是

$$\mathrm{NA} = \sqrt{n_1^2 - n_2^2} = \sqrt{n_1 \Delta (n_1 + n_2)} \approx n_1 \sqrt{2\Delta}$$

5）归一化频率 V

表示在光纤中传播模式多少的参数，定义为

$$V = \frac{2\pi a}{\lambda_0} \mathrm{NA} = k_0 a \sqrt{n_1^2 - n_2^2} \tag{2.3.4}$$

它与平板波导中的归一化频率定义一致。a 和 NA 越小，V 越小，在光纤中的传播模式越少。一般情况下，当 $V < 2.405$ 时，只有基模能够传播；而当 $V > 2.405$ 时，为多模传输状态。

2.3.2 阶跃型光纤理论分析

为了便于理解光纤的模式，先用射线的方法进行分析。光纤中光波的传输原理及分析方法与平面介质波导基本一致，其导波机理亦在于光的全反射，只是由于光纤的圆对称结构，处理方法由原来的一维变为二维，坐标系也由直角坐标系变为极坐标系，因而分析过程和方法就更为复杂。

在平板波导中，光的轨迹都在一个平面内，只要用界面入射角 θ 就能描述光线的方位；而在光纤中仅用光线与界面法线的夹角 θ 来表示是不够的，还要用光线与轴线的夹角 φ。因为光线可能通过波导轴线（子午射线）而在同一平面内传播，也可不通过轴线（偏射线）在不同的平面内传播。

1. 子午射线

当入射光线通过光纤轴线（子午线），且入射角 $\theta_1 > \theta_c = \arcsin \dfrac{n_2}{n_1}$ 时，光线将在柱体界面上不断发生全反射，形成曲折回路，而且传导光线的轨迹始终处于入射光线与轴线决定的平面内。这种光线称为子午射线，包含子午射线的平面称为子午面，如图 2-15 所示。

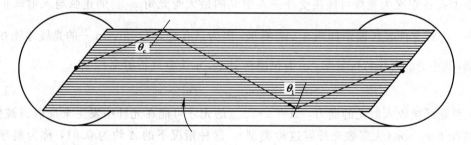

图 2-15　光纤波导中的子午射线

下面来分析一下时延差，如图 2-16 所示。满足全反射条件的射线在光纤的传播路径也是不一样的，路径最短的射线是在轴线上传播的射线，传播距离最长的射线是以全反射临界角传播的射线。在长度为 L 的光纤上传输所用的时间前者最短，后者最长。其二者的传播时延差为

$$\Delta \tau = \tau_{\max} - \tau_{\min} = \frac{L}{v \sin\theta_c} - \frac{L}{v} = \frac{L}{v} \frac{n_1 - n_2}{n_2} \approx \frac{L}{v} \Delta = \frac{n_1 L}{c} \Delta \tag{2.3.5}$$

由图 2-16 可以看出，最大时延差与相对折射率差 Δ 有关，Δ 越小，最大时延差也就

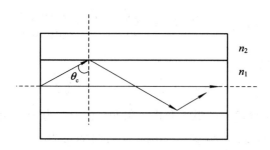

图 2-16　不同传播路径示意图

越小。因而光纤的纤芯折射率与包层折射率的差值越小越好，单模光纤的 Δ 取值一般在 0.3% 左右。

2. 偏射线

当入射光线不通过圆柱波导轴线时，传导光线将不在同一平面内，而按图 2-17 所示的空间折线传播，这种光线称为偏射线。如果将其投影到端截面上，就可看到传导光线将完全被限制在两个共轴圆柱面之间，其中之一是纤芯与包层边界，另一个在纤芯中，两者均称为散焦面。在两散焦面之间，光波按驻波分布，其外，场沿径向按指数衰减。随着入射角 θ_1 增大，内焦面向外焦面逼近，极限情况下，两焦面重合，光纤端面的光线入射面与圆柱面相切（$\theta_1 = 90°$），在光纤中传导的光线成为一条与圆柱面相切的螺线。

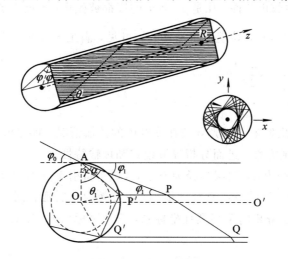

图 2-17　光纤波导中的偏射线

光线在 A 点以 φ_0 角入射，于 P、Q 等点发生全反射。直线 PP′、QQ′ 平行于直线 OO′，交端面圆周于 P′、Q′ 点，AP 与 PP′（即与轴线）交角为 φ_1，称为折射角（又称为轴线角）；AP 与端面夹角 $\alpha = \dfrac{\pi}{2} - \varphi_1$；入射面与子午面夹角为 γ；θ_1 为 AP 在界面的入射角，则

$$\cos\theta_1 = \cos\alpha \cos\gamma = \sin\varphi_1 \cos\gamma$$

θ_1 还满足

$$\cos\theta_1 = \sqrt{1 - \sin^2\theta_1} \leqslant \frac{1}{n_1}\sqrt{n_1^2 - n_2^2}$$

于是 φ_1 的最大允许值 $\varphi_{1m}^{(s)}$ 满足

$$\sin\varphi_{1m}^{(s)} = \frac{\cos\theta_{1m}}{\cos\gamma} = \frac{\sqrt{n_1^2 - n_2^2}}{n_1 \cos\lambda} = \frac{n_0 \sin\varphi_{0m}^{(m)}}{n_1 \cos\lambda} \tag{2.3.6}$$

因此

$$\sin\varphi_{0m}^{(s)} = \frac{n_1}{n_0} \sin\varphi_{1m}^{(s)} = \frac{\sin\varphi_{0m}^{(m)}}{\cos\gamma} \tag{2.3.7}$$

式中，$\varphi_{0m}^{(s)}$ 为偏射光线 m 阶模式的最大允许入射角，而 $\varphi_{0m}^{(m)}$ 为子午光线 m 阶模式的最大允许入射角。由于 $\cos\gamma < 1$，因而 $\sin\varphi_{0m}^{(s)} > \sin\varphi_{0m}^{(m)}$，可见满足当 $\theta_1 > \theta_c$ 时，φ_1 可依 γ 的取值不同而取直到 $\frac{\pi}{2}$ 的值；当 $\gamma = 0$ 时，$\sin\varphi_{1m}^{(s)}$ 取最小值 $\frac{n_0}{n_1} \sin\varphi_{0m}^{(m)}$；而 $\gamma = \arccos\left[\frac{n_0}{n_1} \sin\varphi_{0m}^{m}\right]$ 时，$\varphi_{1m}^{(s)}$ 为 $\frac{\pi}{2}$。因而 $\theta_1 > \theta_c$ 对 φ_1 没有限制。但是否使 $\theta_1 > \theta_c$ 的光都能形成光导波，还要受 φ_1 取值的限制。也就是说，$\theta_1 > \theta_c$ 的光线中，只有某部分 φ_1 相应的光线才能形成导波。

偏射光线的纵向传播常量为

$$\beta = k_0 n_1 \cos\varphi_1$$

若 $\varphi_1 > \frac{\pi}{2} - \theta_c$，则

$$\beta < k_0 n_1 \cos\left(\frac{\pi}{2} - \theta_c\right) = k_0 n_1 \sin\theta_1 = k_0 n_2$$

而 $\beta = k_0 n_2$ 正是导模的截止条件，凡是 $\beta \leqslant k_0 n_2$ 的模都被截止，不能形成导模。也就是说，一旦 $\varphi_1 > \frac{\pi}{2} - \theta_c$，即使 $\theta_1 > \theta_c$，导模都将被截止。可见，满足 $\theta_1 > \theta_c$ 并不一定满足传导条件，要形成导模还要满足 $\varphi_1 < \frac{\pi}{2} - \theta_c$。

3. 导波的场方程

下面从波动方程出发来分析光导波在光纤中的传播情况。首先求出均匀光纤中的导波的场方程，再推出特征方程，进而分析导波模式和传输特性。

阶跃光纤纤芯半径为 a，包层半径为 b，两区域中折射率分别为 n_1、n_2。由于包层中导波场衰减很快，在 $r \geqslant b$ 导波场已衰减到很小，可等效为包层延展到无限远处，这样的近似不会引起太大的误差。分析时采用圆柱坐标系，三个坐标为 r、θ、z。z 方向 E_z 分量的亥姆霍兹波动方程为

$$\nabla^2 E_z + k_0^2 n^2 E_z = 0$$
$$\nabla^2 H_z + k_0^2 n^2 H_z = 0$$

在圆柱坐标系可化为

$$\frac{\partial^2 E_z}{\partial r^2} + \frac{1}{r}\frac{\partial E_z}{\partial r} + \frac{1}{r^2}\frac{\partial^2 E_z}{\partial \theta^2} + \frac{\partial^2 E_z}{\partial z^2} + k_0^2 n^2 E_z = 0 \tag{2.3.8}$$

$$\frac{\partial^2 H_z}{\partial r^2} + \frac{1}{r}\frac{\partial H_z}{\partial r} + \frac{1}{r^2}\frac{\partial^2 H_z}{\partial \theta^2} + \frac{\partial^2 H_z}{\partial z^2} + k_0^2 n^2 H_z = 0 \tag{2.3.9}$$

采用分离变量法，令 $E_z = R(r)\Phi(\varphi)Z(z)$，则上式可化为三个独立的方程

$$\frac{1}{Z}\frac{\partial^2 Z}{\partial z^2} = \beta^2 \tag{2.3.10}$$

$$\frac{1}{\Phi}\frac{\partial^2 \Phi}{\partial \varphi^2} = -\nu^2 \tag{2.3.11}$$

$$r^2 \frac{\partial^2 R}{\partial r^2} + r \frac{\partial R}{\partial r} + R\left[(k_0^2 n^2 - \beta^2)r^2 - \nu^2\right] = 0 \tag{2.3.12}$$

由于设光波沿 z 向传播，因此由式(2.3.10)，并考虑无穷远处场有限这一边界条件，可得

$$Z(z) = A_1 \exp(-\mathrm{j}\beta z)$$

由于系统的圆柱对称性，稳定的电磁场沿 φ 向的分布是以 2π 为周期的函数(正弦或余弦)，故由式(2.3.11)并考虑边界条件 $\varphi = 0$ 处场有限，可直接得出

$$\Phi(\varphi) = A_2 \exp(\mathrm{j}\nu\varphi)$$

对于式(2.3.12)，令 $\xi^2 = (k_0^2 n^2 - \beta^2)r^2 = s^2 r^2, s^2 = k_0^2 n^2 - \beta^2$，可得

$$\xi^2 \frac{\mathrm{d}^2 R}{\mathrm{d}r^2} + \xi \frac{\mathrm{d}R}{\mathrm{d}r} + (\xi^2 + \nu^2)R = 0$$

它是典型的贝塞尔(Bessel)方程，其解为各类 Bessel 函数形式。至于是哪类 Bessel 函数，由 $s^2 = k_0^2 n^2 - \beta^2$ 的正负决定。当 $s^2 > 0$ 时，解为实宗量 Bessel 函数。当 $s^2 < 0$ 时，解为虚宗量 Bessel 函数。

根据上述场解存在的边界条件：$r = 0$ 和 $r \to \infty$ 处连续，且在 $r = a$ 处，E_z、H_z 对于任意 φ 及任意 z 均连续，可得：

(1) 当 $\beta > k_0 n_1$ 时，纤芯和包层中 s 均为虚数，Bessel 方程解为虚宗量 Bessel 函数。由于芯内场是有限的，因而为第一类虚宗量 Bessel 函数 $I_\nu(s_1 r)$，又由于在包层内当 $r \to \infty$ 时场有限，因而包层内场分布为第二类虚宗量 Bessel 函数 $k_\nu(s_2 r)$，由于无法做到两类函数在边界连续，因而没有物理意义。

(2) 当 $k_0 n_2 < \beta < k_0 n_1$ 时，在芯中 s 为实数，又由于在 $r = 0$ 处场有限，因而芯中场分布为第一类 Bessel 函数 $J_\nu(s_1 r)$；芯外 s 为虚数且 $r \to \infty$ 处场有限，因而取第二类虚 Bessel 函数 $K_\nu(s_2 r)$，即场分布沿径向指数衰减。这样就形成了芯内振荡、芯外指数衰减的导模分布。若 $\nu = 0$，则 E 与 φ 无关，导模为轴对称场，对应于子午光线；$k_0 n_2 < \beta < k_0 n_1$，对应于 $\theta_c < \theta_1 < \pi/2$；若 $\nu \neq 0$，则 E 沿 φ 向周期性变化，为偏射光；$k_0 n_2 < \beta < k_0 n_1$ 相当于 $0 < \varphi_1 < \pi/2 - \theta_c$。

(3) 当 $\beta < k_0 n_2$ 时，此时芯内外的 s 均为实数，由于 $r = 0$ 时 $E(r)$ 有限，因而芯内解为第一类 Bessel 函数 $J_\nu(s_1 r)$；包层中，由于 $r \to \infty$ 时，E 有限，而第一类 Bessel 函数 $J_\nu(s_1 r)$ 与第二类 Bessel 函数 $N_\nu(s_2 r)$ 均满足条件，因而场可取为 Hankel 函数(即第三类 Bessel 函数)此时，芯和包层中均为振荡场，光向包层辐射，形成连续辐射模。

4. 导波的特征方程

要确定光纤中导波的特性，就需要确定参数 u、w 和 β。前述得出了导模 $Z(z)$、$\Phi(\varphi)$ 和 $R(r)$ 的表达式，于是导模的解写为

$$\left.\begin{array}{l} E_{z1} = A_1 A_2 \exp(\mathrm{j}\nu\varphi) \exp(-\mathrm{j}\beta z) J_\nu(s_1 r) = A J_\nu\left(\frac{u}{a}r\right) \exp(\mathrm{j}\nu\varphi) \exp(-\mathrm{j}\beta z) \\[3mm] H_{z1} = B J_\nu\left(\frac{u}{a}r\right) \exp(\mathrm{j}\nu\varphi) \exp(-\mathrm{j}\beta z) \end{array}\right\} \quad (r \leqslant a)$$

$$\tag{2.3.13}$$

$$
\left.
\begin{aligned}
E_{z2} &= C K_v \left(\frac{w}{a} r \right) \exp(j\nu\varphi) \exp(-j\beta z) \\
H_{z2} &= D K_v \left(\frac{w}{a} r \right) \exp(j\nu\varphi) \exp(-j\beta z)
\end{aligned}
\right\} \quad (r \leqslant a) \qquad (2.3.14)
$$

式中

$$
u = s_1 a = \sqrt{k_0^2 n_1^2 - \beta^2}\, a
$$

$$
w = s_2 a = \sqrt{\beta^2 - k_0^2 n_2^2}\, a
$$

式中，u 是导波的径向归一化相位常数；w 是导波的径向归一化衰减常数，它们各表示在光纤的纤芯和包层中，导波场沿径向的变化情况。

令

$$
V^2 = u^2 + w^2 \qquad (2.3.15)
$$

于是有

$$
V = \sqrt{u^2 + w^2} = \sqrt{k_0^2 (n_1^2 - n_2^2) a^2} = k_0 a n_1 \sqrt{2\Delta}
$$

式中，V 是光纤的归一化频率，它包括了光纤结构（a、Δ、n）及工作波长（$\lambda = 2\pi/k$），是一个重要的综合参数。光纤的很多特性都与 V 有关。

以纵向磁场表达横向磁场，有

$$
E_r = -\frac{j}{k^2 - \beta} \left(\beta \frac{\partial E_z}{\partial r} + \frac{w\mu_0}{r} \frac{\partial H_z}{\partial \varphi} \right)
$$

$$
E_\varphi = -\frac{j}{k^2 - \beta} \left(\frac{\beta}{r} \frac{\partial E_z}{\partial \varphi} + w\mu_0 \frac{\partial H_z}{\partial r} \right)
$$

$$
H_r = -\frac{j}{k^2 - \beta} \left(\beta \frac{\partial H_z}{\partial r} + \frac{w\varepsilon}{r} \frac{\partial E_z}{\partial \varphi} \right)
$$

$$
H_\varphi = -\frac{j}{k^2 - \beta} \left(\frac{\beta}{r} \frac{\partial H_z}{\partial \varphi} + w\varepsilon \frac{\partial E_z}{\partial r} \right)
$$

将 E_z、H_z 代入，并考虑边界连续条件，得到导波的特征方程

$$
\beta^2 \nu^2 \left(\frac{1}{u^2} + \frac{1}{w^2} \right)^2 = \left[\frac{J_v'(u)}{uJ_v(u)} + \frac{K_v'(w)}{wK_v(w)} \right] \cdot \left[k_1^2 \frac{J_v'(u)}{uJ_v(u)} + k_2^2 \frac{K_v'(w)}{wK_v(w)} \right] \qquad (2.3.16)
$$

导波的特征方程也称为色散方程。对于子午射线 $\nu=0$，对于偏射线 $\nu\neq0$。

5. 导波的传输特性

1）导波的截止条件及单模传输

对于导波，场在纤芯外是衰减的，即 $w>0$；对于辐射模，场在纤芯外是振荡的，即 $w<0$。$w=0$ 为临界状态，此时参数记为 w_c、u_c、V_c。V_c 是光纤的归一化截止频率。由式（2.3.15）可得

$$
V_c = u_c
$$

以子午射线为例，此时 $\nu=0$，利用式（2.3.16），对于 TE、TM 模有

$$
\frac{J_1(u)}{uJ_0(u)} = -\frac{K_1(w)}{wK_0(w)}
$$

当 $w \to 0$ 时，可得

$$
\frac{J_1(u)}{uJ_0(u)} = -\frac{K_1(w)}{wK_0(w)} = \frac{1}{w^2} \to \infty
$$

即

$$J_0(u_c) = 0$$

u_c 是零阶贝塞尔函数的根。用 μ_{0n} 表示零阶贝塞尔函数的第 n 个根，可见

$$V_c = u_c = \mu_{0n}$$

对于 TE$_{01}$、TM$_{01}$，$V_c = 2.404\ 83$；对于 TE$_{02}$、TM$_{02}$，$V_c = 5.520\ 03$；对于 TE$_{03}$、TM$_{03}$，$V_c = 8.653\ 73$ 等。

　　每一模式都有对应的归一化截止频率，若 V 大于某一模式的 V_c，则该模式被导行；反之则被截止。即

导行条件：　　　　　　　　　　$V > V_c$

截止条件：　　　　　　　　　　$V < V_c$

临界条件：　　　　　　　　　　$V_c = V$

同理对于 EH 模有

$$V_c = u_c = \mu_{mn}$$

μ_{mn} 是 m 零阶贝塞尔函数的第 n 个根，$m \geqslant 1$，对应于每一组 m、n 的组合，可以得到一个相应的 EH 模，记作 EH$_{mn}$，通过查贝塞尔函数的根值有：对于 EH$_{11}$ 模，$V_c = 3.831\ 71$、对于 EH$_{21}$ 模，$V_c = 5.135\ 62$、对于 EH$_{12}$ 模，$V_c = 7.015\ 59$、对于 EH$_{22}$ 模，$V_c = 8.417\ 24$ 等。同样分析可得：对于 HE$_{11}$ 模，$V_c = 0$、对于 HE$_{12}$ 模，$V_c = 3.831\ 71$、对于 HE$_{21}$ 模，$V_c = 2.404\ 83$ 等。

　　可见，HE$_{11}$ 模的归一化截止频率最低。故要保证光纤中传输 HE$_{11}$ 单一模式，必须满足下列条件

$$0 < V < 2.404\ 83$$

在该条件下，利用 $V = \sqrt{2\Delta}ak_0n_1$，可以用来选择光纤的尺寸和材料。

　　2）标量模及其特性

　　对于一对确定的 m、n 值，有一个确定的 u 值，每一个 u 值对应一个模式，这种模式称为标量模，记为 LP$_{mn}$ 模，也是线极化波。反之对应一个 u 值，会有一个或多个模式与之对应，这些模式的归一化截止频率相同，也就是说传输参数相同。即 LP$_{mn}$ 是传输参数相同的模式集合，它包括四重兼并。只有 LP$_{0n}$ 模例外，它仅包含两个模式。

　　在 LP$_{mn}$ 模的表示法中，下标 m 代表贝塞尔函数的阶数、下标 n 代表根的序号。在光纤的场分布中，m、n 有着明确的物理意义，它们表示对应模式的场在光纤横截面上的分布规律。m 表示光场沿圆周的最大值有几对，n 表示光场沿半径的最大值的个数。

2.3.3　渐变型光纤理论分析

　　可以看到阶跃折射率分布光纤中，与光轴成不同倾角的光线，在通过同样的轴向距离时，光程是不同的。倾角大的光线光程长，倾角小的光线光程短。人们自然会想到，若使折射率随离轴的距离增加而减小，那么偏离光轴大的光线虽然走过的路程长，但由于途经的光纤的折射率小，这就会使大倾角光线的光程能得到某种程度的补偿，从而减小最大迟延差。这就产生了渐变折射率分布光纤。但由于分析的复杂性，我们只讨论平方律梯度光纤中光波的传播特性。

1. 平方律梯度光纤中的光线轨迹

　　平方律折射率分布光纤的 $n(r)$ 可表示为

$$n(r) = n_1 \sqrt{1 - 2\Delta \left(\frac{r}{a}\right)^2}$$

(2.3.17)

由光纤理论可以证明子午光线轨迹按正弦规律变化

$$r = r_0 \sin(\Omega z)$$

(2.3.18)

式中，r_0、Ω 由光纤参量决定。可见平方律梯度光纤具有自聚焦性质，又称为自聚焦光纤，其光线轨迹如图 2-18 所示。

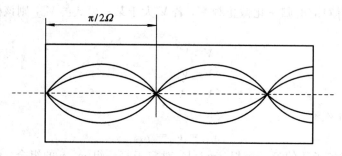

图 2-18　自聚焦光纤光线轨迹

自聚焦光纤与光学透镜作用相拟，可以会聚光线和成像。两者的不同之处在于，一个是靠球面的折射来弯曲光线；一个是靠折射率的梯度变化来弯曲光线。自聚焦光纤的特点是尺寸很小，可获得超短焦距，可弯曲成像等。这些都是一般透镜很难或根本不能做到的。可以证明，自聚焦光纤的焦距（焦点到主平面的距离）f 为

$$f = \frac{1}{n(0) \sin(\Omega z)}$$

(2.3.19)

2. 平方律折射率分布光纤中光线的时延特性

光线经过单位轴向长度所用的时间称为群时延，用 τ 表示。在非均匀介质中，光线的轨迹是弯曲的。沿光线轨迹经过距离 s 所用的时间 τ 为

$$\tau = \frac{1}{c} \int_0^s n \, \mathrm{d}s$$

(2.3.20)

式中，c 为真空中的光速；n 为折射率。

若光在轴向前进的距离为 L，对于传导模，传播常数 β 的大小在 $n_2 k_0$ 与 $n_1 k_0$ 之间取值。其最大的群时延差为

$$\Delta \tau = \tau_{max} - \tau_{min} = \frac{n_1 L}{2c} \Delta^2 = \tau_0 \frac{\Delta^2}{2}$$

(2.3.21)

式中，$\tau_0 = \frac{n_1 L}{c}$。与式(2.3.5)相比，可以看到，平方律分布光纤中的群时延只有阶梯折射率分布光纤的 $\Delta/2$。

2.3.4　光纤的损耗和色散

光信号在传播的过程中，会产生损耗和色散。损耗使信号减弱，当信号衰减到足够弱时就不能到达接收端，故损耗限制了信号的传输距离，直接关系到光纤通信系统的传输距离。色散会导致传输的脉冲展宽，进而形成脉冲间干扰，严重时使接收端不能正常接收。光纤的色散在限制光纤的传输距离的同时，还限制光纤传输光信号的带宽，从而限制了光纤的传输信息容量。

1. 光纤的损耗特性

形成光纤损耗的原因很多，有其自身的损耗，也有光纤与光源的耦合损耗，以及光纤之间的连接损耗。下面只讨论光在光纤中的传输损耗。

光波在光纤中传输时，由于光纤材料对光波的吸收和散射、光纤结构的缺陷和弯曲及光纤间的耦合不完善等原因，导致光功率随传输距离增大而衰减，这种现象称为光纤的传输损耗，简称损耗。光纤的损耗是光纤最重要的传输特性之一，光纤在传输中损耗大小由下式计算

$$\alpha = \frac{1}{L} 10 \lg \left(\frac{P_i}{P_o} \right) \tag{2.3.22}$$

式中，α 为单位长度光纤光功率衰减系数；P_i 为输入端光功率；P_o 为输出端光功率；L 为光纤长度；功率衰减的单位为 dB/km。

光纤损耗主要包括吸收损耗和散射损耗。吸收损耗与光纤材料有关，散射损耗则与光纤材料及光纤中的结构缺陷有关。

1）吸收损耗

光纤的吸收损耗，是由于光纤材料的量子跃迁致使一部分光功率转换为热量造成的传输损耗。光纤的吸收损耗包括本征吸收损耗、杂质吸收损耗和原子缺陷吸收损耗三种。

本征吸收是光纤材料（SiO_2）物质本身所固有的，主要是固有吸收区在红外和紫外波段的吸收引起的。本征吸收引起的损耗一般很小，约为（0.01～0.05）dB/km。其中，红外区的中心波长在（8～12）μm 范围内，紫外区中心波长在 0.16 μm 附近。当吸收很强时，尾端可延伸到（0.7～1.1）μm 的光纤通信波段，使得通信波段扩展受到一定的限制。

杂质吸收主要是由光纤材料的不纯净而引起的附加损耗。损耗的原因是分子振动跃迁引起的吸收。这些"杂质"主要包括金属离子（Fe^{3+}、Cu^{2+}、Ni^{2+}、Mn^{2+} 和 Cr^{1+} 等）和氢氧根负离子（OH^-）。金属离子含量越多，造成的损耗就越大。若使过渡金属的含量降到 10^{-9} 量级以下，就可以基本上消除金属离子引起的杂质吸收，目前通过改进生产工艺已可以生产出这种高纯度的石英材料。相比于金属离子，光纤中的氢氧根杂质则很难根除，其分子振动在 0.72 μm、0.95 μm、1.24 μm 和 1.39 μm 等波段形成吸收峰。图 2-19 给出了光纤的损耗谱曲线。

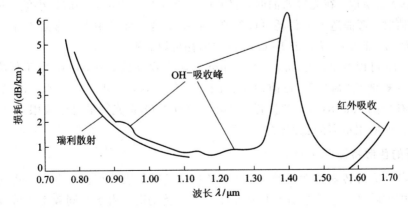

图 2-19 光纤损耗谱曲线

其上的三个吸收峰就是由氢氧根离子引起的。如果将氢氧根离子的含量减小到 10^{-9} 量

级以下时，可以使 1.39 μm 处的损耗降低到 0.4 dB/km 以下。

原子缺陷吸收损耗主要是由于强烈的热、光或射线辐射使光纤材料受激出现原子缺陷产生的损耗。适当选择材料，可使光纤不受辐射的影响。例如，掺锗的石英玻璃，对于 4300 rad 的辐射，仅在波长为 0.82 μm 处引起 16 dB/km 的损耗。

2）散射损耗

由于光纤制作工艺上的不完善，包括结构缺陷和材料的不均匀，例如，有微气泡、杂质、折射率密度不均匀以及有内应力等，光波在这些地方会发生散射，使光纤损耗增大。

光纤的散射损耗包括本征散射（也称为瑞利散射）和波导弯曲散射。本征散射是由生产熔制过程中造成的材料密度不均匀而致使折射率不均匀所引起的散射。该不均匀的变化尺度与波长相近，称为微观不均匀性。弯曲损耗是光纤波导弯曲造成的散射损耗。该种弯曲是光纤在使用时产生的弯曲（厘米级）和在生产过程中被覆护套绞制成光缆时产生的弯曲（毫米级），该弯曲尺寸比波长大得多，有时也称为宏观不均匀性。

该瑞利散射与波长的四次方成反比。瑞利散射引起的损耗为

$$\alpha_R = \frac{A}{\lambda^4}(1 + B\Delta) \qquad (2.3.23)$$

式中，α_R 表示由瑞利散射引起的衰减系数，λ 是工作波长，Δ 为纤芯与包层的相对折射率差，A、B 是与材料有关的常数。从式(2.3.23)可见，瑞利散射损耗随工作波长的减小而快速增大。例如，当 $\Delta = 0.3\%$，$\lambda = 1.55$ μm 时，由式(2.3.23)求得 SiO$_2$·GeO$_2$ 单模光纤（$A = 0.63$，$B = 180 \pm 35$）的瑞利散射损耗为 0.16 dB/km；当 λ 降至 1.3 μm 时，瑞利散射损耗增至 0.32 dB/km。

当入射到光纤中的光功率密度很大时，光纤会呈现非线性，以至于会产生受激拉曼（Raman）和受激布里渊（Brillouin）散射。这种散射在长距离积累下不可忽略，故在长距离通信或传输应用中避免使用过强的光输入。

弯曲损耗会使光的传播路径改变，使得光能渗透过包层向外泄漏而损失掉。设光纤弯曲处的曲率半径为 R，则由弯曲而产生的衰减系数为

$$\alpha_c = C_1 \exp(C_2 R) \qquad (2.3.24)$$

式中，C_1、C_2 是与曲率半径 R 无关的常数。由此式可见，衰减与曲率半径呈指数关系变化，R 越小，α_c 越大。所以，在光纤弯曲时，它的曲率半径有一个可允许的最小值，曲率半径大于这个允许值时，弯曲造成的损耗可以忽略，而小于这个允许值时，弯曲损耗将变得明显起来。一般认为，曲率半径大于 10 cm，弯曲损耗可以忽略。

从图 2-19 可以看出，在(0.8~0.9) μm 波段内损耗约 2 dB/km，属于低损耗区，这是光通信用的短波长"窗口"，目前使用在减少；在 1.3 μm 处有 0.5 dB/km 的损耗；在 1.55 μm 处有最低 0.2 dB/km 的损耗，已接近目前 SiO$_2$ 系光纤的理论极限，是最低损耗，也是光通信目前使用最多的长波长"窗口"。

2. 光纤的色散特性

光纤色散是光纤传输特性的另一个重要指标。光纤色散的存在将直接导致光信号在光纤传输过程中的畸变。它是指输入光脉冲在光纤中传输时，由于不同频率成分或不同模式的群速度不同，使到达光纤末端的信号有先有后，而引起的光脉冲展宽现象。在数字光纤通信系统中，光纤色散将使光脉冲在传输过程中逐渐展宽，进而引起脉冲信号互相干扰。

因此，光纤色散对光纤传输系统有着非常大的影响，限制了系统的传输速率，增加了传输距离。

光纤的色散主要包括材料色散、模式色散和波导色散三种。在单模光纤中只有基模传输，因此不存在模式色散，只有材料色散和波导色散。

色散的大小用时延差 $\Delta\tau$ 表示。时延是指信号传输单位长度所需要的时间，用 τ 表示。由电磁场理论的知识，可推导出时延表达式

$$\tau = \frac{1}{c} \cdot \frac{\mathrm{d}\beta}{\mathrm{d}k_0}\bigg|_f \tag{2.3.25}$$

式中，c 为光速；β 为轴向传播常数；k_0 为真空中的相位常数。

对于谱线宽度为 $\Delta\lambda$ 的光源在单位长度引起的时延差表示式为

$$\Delta\tau = -\frac{\Delta\lambda}{2\pi c}\left(2\lambda\frac{\mathrm{d}\beta}{\mathrm{d}\lambda} + \lambda^2\frac{\mathrm{d}^2\beta}{\mathrm{d}\lambda^2}\right) \tag{2.3.26}$$

从式中可以看出，信号的时延差与信号源的相对带宽 $\Delta\lambda$ 成正比，$\Delta\lambda$ 越小，$\Delta\tau$ 就越小，则色散就小。半导体发光二极管(LED)的光源谱线较宽，约为 40 nm，而半导体激光器(LD)的光源谱线较窄，小于 1 nm。

可以看出，时延差能表示色散的大小，时延差越大，色散就越严重。时延差的单位是 ps/km·nm。

1) 模式色散

在多模阶跃光纤中，入射角不同的光波在光纤内走过的路径长短不同，在临界角上传输的光路最长，沿光纤轴线传输的光路最短，由此引起时延差而产生模式色散。光纤越长，时延差越大。模式色散用 $\Delta\tau_{\max}$ 表示，在传输长度为 L 的光纤上的模式色散由式(2.3.5)可得

$$\Delta\tau_{\max} = \frac{Ln_1}{c} \cdot \Delta$$

式中，n_1 为纤芯折射率；Δ 为纤芯与包层的相对折射率差，它往往远小于 1；c 为真空中的光速。

梯度多模光纤可使模式色散大大减小。当折射率为平方律分布时，得到最大时延差为

$$\Delta\tau_{\max} = \frac{n_1 L}{2c}\Delta^2 = \frac{Ln_1\Delta}{c} \cdot \frac{\Delta}{2}$$

可见梯度多模光纤比阶跃光纤的模式色散小很多，就使光纤传输信号的容量增加很多。

2) 材料色散

由于折射率是随波长变化的，而光源都具有一定的波谱宽度，因而产生传播时延差，引起脉冲展宽。材料色散的脉冲展宽用下式近似计算

$$\Delta\tau_{\max} = \frac{\Delta\lambda}{c} \cdot \frac{\mathrm{d}n}{\mathrm{d}\lambda} \tag{2.3.27}$$

式中，$\Delta\lambda$ 是光源的波谱宽度。

可见光源的谱线越窄，其时延越小，也就是色散越小。当采用单一波长光源时，其色散就为零。

3) 波导色散

由于光纤几何结构的不完善，使得由某一波导模式的传播常数 β 随光信号角频率 ω 变

化，进而引起了传播信号脉冲的展宽，这种色散称为波导色散，也称为结构色散。这种色散主要由光纤的结构参数来决定。

　　波导色散的大小与纤芯直径、纤芯与包层之间的相对折射率差和归一化频率 V 等因素有关。这种色散在芯径和数值孔径都很小的单模光纤中表现很明显。一般波导色散随波长的增加而有增大的倾向。

　　光纤的总色散由上述三种色散之和决定。当折射率分布完全是理想状态时，模式色散影响减弱，这时材料色散占主导地位。而在单模光纤中，主要是材料色散和波导色散。由于没有模式色散，因此它的带宽很宽。

2.4　光缆的结构与性能

　　目前用于通信的光纤是石英光纤，而石英材料本身很脆容易断裂，虽然在光纤的拉制过程中已进行了两次涂敷处理，但外径仍然很细，很难承受施工过程中的拉伸、侧压等较强外力的作用。因此，在实际通信线路使用中，都将光纤制成不同形式的光缆，以增加其强度，以承受施工时的外力和环境的侵害，进而保证传输性能的稳定可靠。

2.4.1　光缆的结构

　　光缆一般由缆芯、强度元件和护套三部分组成，有时在护套外面还加有铠装。

1. 缆芯

　　缆芯通常包括被覆光纤（或称为芯线）和加强件两部分。被覆光纤的核心，决定着光缆的传输特性。加强件起着承受光缆拉力的作用，通常处在缆芯中心，有时配置在护套中。

　　光纤从高温拉制出来后，要立即用软塑料（如紫外固化的丙烯酸树脂）进行一次被覆盖和应力筛选，除去断裂光纤，并对成品光纤用硬塑料（如高强度聚酰胺塑料）进行二次被覆。即使进行应力筛选，软塑料一次被覆光纤的机械强度，对于成缆的要求还是不够的。因此要用硬塑料进行二次被覆。二次被覆光纤有紧套、松套、大套管和带状线光纤四种，如图 2-20 所示。

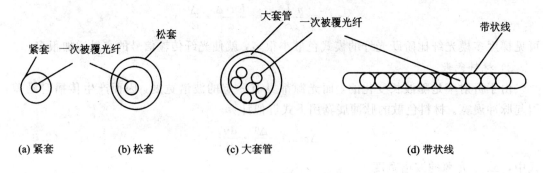

(a) 紧套　　　　　(b) 松套　　　　　(c) 大套管　　　　　(d) 带状线

图 2-20　二次被覆光纤（芯线）

　　把一次被覆光纤装入硬塑料套管内，使光纤与外力隔离是保护光纤的有效方法。在工程应用中，光缆不可避免要遭受一定的拉力而伸长，或者遭遇低温而收缩。因此松套管内的光纤要留有一定的余长，使光纤受拉力或压力的作用。

2. 强度元件

由于光纤材料比较脆，容易断裂，为了使光缆便于承受敷设安装时的外力等影响，因此在光缆内中心或四周要加一根或多根加强元件。加强件通常用杨氏模量大的钢丝或非金属材料（如芳纶纤维（Kevlar））制成。

3. 护套

护套起着对缆芯的机械保护和环境保护作用，要求具有良好的抗侧压力性能及密封防潮和耐腐蚀的能力。护套通常用聚乙烯或聚氯乙烯（PE 或 PVC）和铝带或钢带构成。不同使用环境和敷设方式对护套的材料和结构有不同的要求。根据使用条件，光缆又可以分为许多类型。

2.4.2 光缆的类型

光缆类型多种多样，图 2 - 21 给出光缆的基本结构的四种典型实例。

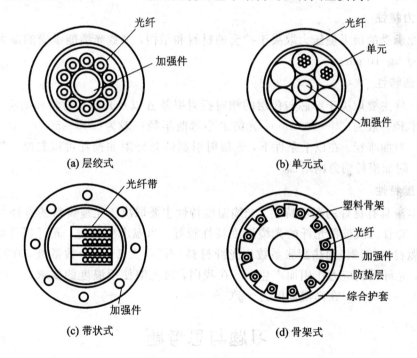

图 2 - 21 光缆的基本结构

根据缆芯结构特点，光缆可分为以下四种基本类型。

（1）层绞式。将松套光纤绕在中心加强件周围绞合而成。这种结构的缆芯制造设备简单，工艺相当成熟，得到广泛应用。采用松套光纤的缆芯可以增强抗拉强度，改善温度特性。

（2）单元式。将多根光纤集合成一个单元放入大套管中，再由数个单元组合在一起形成光缆，加强件配置在套管中心。该光缆的芯数一般在几十根左右。

（3）带状式。将带状光纤单元放入大套管内，形成中心管式结构，也可以把带状光纤单元放入骨架凹槽内或松套管内，形成骨架式或层绞式结构。带状式缆芯有利于制造容纳几百根光纤的高密度光缆，这种光缆已广泛应用于接入网。

（4）骨架式。将紧套光纤或一次被覆光纤放入中心加强件周围的螺旋形塑料骨架凹槽内而构成。这种结构的缆芯抗侧压力性能好，有利于对光纤的保护。

一般光缆有室内光缆、架空光缆和埋地光缆等。特种光缆常见的有：电力网使用的架空地线复合光缆（OPGW）、跨越海洋的海底光缆、易燃易爆环境下使用的阻燃光缆以及各种不同条件下使用的军用光缆等。

2.4.3 光缆特性

光缆的传输特性取决于被覆光缆。对光缆机械特性和环境特性的要求由使用条件确定。光缆生产出来后，对这些特性的主要项目，例如，拉力、压力、扭转、弯曲、冲击、振动和温度等，要根据国家标准的规定做例行试验。成品光缆一般要求给出下述特性，这些特性的参数都可以用经验公式进行分析计算，这里我们只做简单的定性说明。

1. 拉力特性

光缆能承受的最大拉力取决于加强件的材料和横截面积，一般要求大于 1 km 光缆的重量，多数光缆在（100～400）kg 范围。

2. 压力特性

光缆能承受的最大侧压力取决于护套的材料和结构，多数光缆能承受的最大侧压力为（100～400）kg/10 cm。

3. 弯曲特性

弯曲特性主要取决于纤芯与包层的相对折射率差 Δ 以及光缆的材料和结构。实用光纤最小弯曲半径一般为（20～50）mm，光缆最小弯曲半径一般为（200～500）mm，等于或大于光纤最小弯曲半径。在以上条件下，光辐射引起的光纤附加损耗可以忽略，若小于最小弯曲半径，附加损耗则急剧增加。

4. 温度特性

光纤本身具有良好的温度特性。光缆温度特性主要取决于光缆材料的选择及结构的设计，采用松套管二次被覆光纤的光缆温度特性较好。当温度变化时，光纤损耗增加，主要是由于光缆材料（塑料）的热膨胀系数比光纤材料（石英）大 2～3 个数量级，在冷缩或热膨胀过程中，光纤受到应力作用而产生的。在我国，对光缆使用温度的要求，一般在低温地区为 $-40℃～+40℃$，在高温地区为 $-5℃～+60℃$。

习题与思考题

1. 什么是光波导？平面介质光波导中几类模式各有何特点？

2. 几何光学和物理光学在分析平面介质光波导中光传输时各自的出发点是什么？

3. 推导三层平板波导 TM 模本征方程。

4. 用射线理论简述光纤的导波工作原理。

5. 目前的光纤通信为什么采用 0.85 μm、1.30 μm 和 1.55 μm 三个波长？光纤通信为什么向长波长、单模光纤方向发展？

6. 试简单分析光纤通信与其他通信方式相比的优点和特点，并分析玻璃光纤的色散与吸收损耗，说明光纤通信使用的波长范围和使用的光源。

7. 什么是单模光纤？成为单模光纤的条件是什么？

第 3 章　激 光 技 术

20 世纪四大发明之一的激光的出现，标志着信息光电子技术的产生。光电子技术是光子技术与电子技术相结合而形成的一门技术，是研究光与物质中的电子相互作用及其能量相互转换的相关技术。本章介绍激光产生的机理、常用激光器和常用激光技术等内容。

3.1　激光产生的机理与激光器的结构

3.1.1　激光产生的机理

激光的理论基础是美国科学家爱因斯坦于 1917 年发表的《关于辐射的量子理论》论文中第一次发表，论文揭示了光与物质相互作用的本质，提出光的受激辐射放大的概念。1954 年，美国的汤斯(C. H. Townes)在氨分子工作物质中，第一次实现了微波激射器(Maser)；1960 年，美国的梅曼(T. H. Maiman)在红宝石晶体工作物质中，第一次实现了可见光的受激辐射光放大，发明了激光器(Laser)。

1. 光辐射量子理论基础

在光辐射场与物质的共振相互作用中，将产生物质粒子的跃迁过程，跃迁过程包括自发辐射跃迁、受激吸收跃迁和受激辐射跃迁等三种类型。物质原子或分子的能量状态是量子化的，能量最低的状态称为基态，比基态高的能量状态称为激发态。我们来研究一个二能级系统，如图 3-1 所示，E_1 表示基态能级能量，E_2 表示激发态能级能量，当原子由 E_2 向 E_1 跃迁时，将辐射一个频率为 ν 的光子，满足

$$E_2 - E_1 = h\nu \tag{3.1.1}$$

其中，h 为普朗克常量，ν 为光辐射场的频率。假设 E_1、E_2 之间满足辐射跃迁定则，则在 E_1、E_2 之间将产生三种跃迁过程。

1）自发辐射跃迁

假设物质粒子起初位于能级 E_2，处于高能级 E_2 的一个物质粒子自发地向 E_1 跃迁，并发射一个能量为 $h\nu$ 的光子，这种过程称为自发辐射跃迁。它完全是一种随机过程，产生的光辐射称为自发辐射。如图 3-1 所示。对于单个粒子，这种过程的产生具有不确定性，但对由大量粒子组成的系统，则单位时间内从高能级 E_2 自发地向 E_1 跃迁的物质粒子数目是完全可以确定的。自发辐射跃迁过程用自发辐射跃迁几率 A_{21} 描述。A_{21} 定义为单位时间内，物质单位体积内 n_2 个高能级粒子中自发辐射跃迁的粒子数与 n_2 的比值为

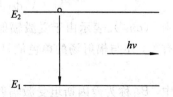

图 3-1　原子的自发辐射跃迁示意图

$$A_{21} = \left(\frac{\mathrm{d}n_{21}}{\mathrm{d}t}\right)_{\mathrm{sp}} \frac{1}{n_2} \qquad (3.1.2)$$

式中，$(\mathrm{d}n_{21})_{\mathrm{sp}}$ 表示由于自发辐射跃迁从 E_2 向 E_1 跃迁的粒子数。应该指出，自发辐射跃迁是一种只与粒子本身性质有关的自发过程，因此，A_{21} 只决定于粒子本身的性质。容易证明，A_{21} 就是粒子在高能级 E_2 的平均寿命 τ_2 的倒数。

　　自发辐射跃迁几率 A_{21} 只与粒子本身性质有关，对确定的能级 E_2、E_1，A_{21} 有确定值，又由于各个原子在自发辐射跃迁过程中彼此不相关，因而不同原子自发辐射跃迁产生的自发辐射光子状态彼此不相关，即光子的发射方向、位相、偏振态等没有确定的关系，大量原子的辐射光为非相干的荧光，这正是普通光源的发光机制。

　　2）受激吸收跃迁

　　假设物质粒子起初处于基态能级 E_1，在一个频率恰等于 ν 的外界光辐射场的作用下，吸收一个光子 $h\nu$ 后跃迁到高能级 E_2 上，这种过程称为受激吸收跃迁，如图 3-2 所示。受激吸收跃迁过程用受激吸收跃迁几率 W_{12} 描述，W_{12} 定义为单位时间内，物质单位体积内 n_1 个基态能级粒子中受激吸收跃迁的粒子数与 n_1 的比值为

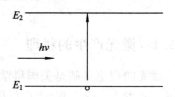

$$W_{12} = \left(\frac{\mathrm{d}n_{12}}{\mathrm{d}t}\right)_{\mathrm{st}} \frac{1}{n_1} \qquad (3.1.3)$$

图 3-2　原子的受激吸收跃迁示意图

式中，$(\mathrm{d}n_{12})_{\mathrm{st}}$ 表示由于受激吸收跃迁从 E_1 向 E_2 跃迁的粒子数。应该强调的是，受激吸收跃迁和自发辐射跃迁是本质不同的物理过程。反映在跃迁几率上，A_{21} 只与粒子本身性质有关，而 W_{12} 不仅与粒子本身性质有关，还与辐射场的单色能量密度 ρ_ν 成正比，即

$$W_{12} = B_{12}\rho_\nu \qquad (3.1.4)$$

式中，B_{12} 称为爱因斯坦受激吸收跃迁系数，仅与粒子性质有关。

　　3）受激辐射跃迁

　　处于激发态能级 E_2 的一个物质粒子，在频率为 ν 的光子的作用下，从高能级 E_2 向 E_1 跃迁，并发射一个能量为 $h\nu$ 的光子，这种过程称为受激辐射跃迁。如图 3-3 所示。受激辐射跃迁过程用受激辐射跃迁几率 W_{21} 描述，W_{21} 定义为单位时间内，物质单位体积内 n_2 个高能级粒子中受激辐射跃迁的粒子数与 n_2 的比值为

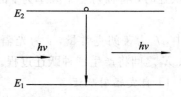

$$W_{21} = \left(\frac{\mathrm{d}n_{21}}{\mathrm{d}t}\right)_{\mathrm{st}} \frac{1}{n_2} \qquad (3.1.5)$$

图 3-3　原子的受激辐射跃迁示意图

式中，$(\mathrm{d}n_{21})_{\mathrm{st}}$ 表示由于受激辐射跃迁从 E_2 向 E_1 跃迁的粒子数。而 W_{21} 不仅与粒子本身性质有关，还与辐射场的单色能量密度 ρ_ν 成正比，即

$$W_{21} = B_{21}\rho_\nu \qquad (3.1.6)$$

式中，B_{21} 称为爱因斯坦受激辐射跃迁系数，仅与粒子性质有关。

2. A_{21}、B_{21}、B_{12} 的相互关系

　　现在根据光辐射场与物质的共振相互作用的物理模型分析绝对黑体的热平衡过程，从而推导出爱因斯坦系数 A_{21}、B_{21}、B_{12} 之间的关系。绝对黑体中辐射场 ρ_ν 与物质原子相互作

用的结果维持黑体处于温度为 T 的热平衡状态。这种热平衡状态的标志有：

（1）黑体内存在着由黑体辐射普朗克公式表示的热平衡辐射。

$$\rho_\nu = \frac{8\pi h\nu^3}{c^3} \cdot \frac{1}{e^{\frac{h\nu}{kT}} - 1} \tag{3.1.7}$$

（2）黑体内物质原子数按能级分布应服从玻耳兹曼分布。

$$\frac{n_2}{n_1} = \frac{f_2}{f_1} \exp\left(-\frac{E_2 - E_1}{kT}\right) \tag{3.1.8}$$

式中，f_1 和 f_2 分别为能级 E_1、E_2 的统计权重。

（3）在热平衡状态下，n_2（或 n_1）应保持不变，于是有：

$$\left(\frac{\mathrm{d}n_{21}}{\mathrm{d}t}\right)_{sp} + \left(\frac{\mathrm{d}n_{21}}{\mathrm{d}t}\right)_{st} = \left(\frac{\mathrm{d}n_{12}}{\mathrm{d}t}\right)_{st} \tag{3.1.9}$$

或

$$n_2 A_{21} + n_2 B_{21}\rho_\nu = n_1 B_{12}\rho_\nu \tag{3.1.10}$$

联立式（3.1.7）、式（3.1.8）和式（3.1.10）可得

$$\frac{c^3}{8\pi h\nu^3}\left(e^{\frac{h\nu}{kT}} - 1\right) = \frac{B_{21}}{A_{12}}\left(\frac{B_{12}f_1}{B_{21}f_2}e^{\frac{h\nu}{kT}} - 1\right) \tag{3.1.11}$$

比较等式两端有

$$B_{12}f_1 = B_{21}f_2 \tag{3.1.12}$$

$$\frac{A_{21}}{B_{21}} = \frac{8\pi h\nu^3}{c^3} \tag{3.1.13}$$

式（3.1.12）和式（3.1.13）就是爱因斯坦系数的基本关系。反映了自发辐射跃迁、受激吸收跃迁和受激辐射跃迁等三种过程的内在联系。当统计权重 $f_1 = f_2$ 时有

$$B_{12} = B_{21}$$

或

$$W_{12} = W_{21} \tag{3.1.14}$$

上述爱因斯坦系数关系式虽然是在热平衡情况下推导的，但由量子电动力学可以证明其普适性。

3. 受激辐射的相干性

最后我们要强调，受激辐射与自发辐射的极为重要的区别是相干性。自发辐射是原子在不受外界辐射场作用情况下的自发过程，因此大量原子的自发辐射场的相位是无规则分布的，因而自发辐射是不相干的。自发辐射场的传播方向和偏振方向也是无规则分布的。

受激辐射是原子受外界辐射场作用情况下的发光过程，因而容易设想各个原子的受激辐射的相位不再是无规则分布，而应具有与外界辐射场相同的相位。受激辐射的这一特性在上述爱因斯坦理论中是得不到证明的，因为那里使用的是唯象方法，没有涉及原子发光的具体物理过程。严格的证明只有依靠量子电动力学。在量子电动力学的基础上可以证明：受激辐射光子与入射（激励）光子属于同一光子态，或者说受激辐射场与入射辐射场具有相同的频率、相位、波矢（传播方向）和偏振，因而受激辐射场与入射辐射场属于同一光学模式。特别是大量原子在同一入射辐射场激励下产生的受激辐射处于同一光学模式或同一光子态，因而是相干的。受激辐射的这一重要特性就是现代量子电子学（包括激光和微波激射）的出发点，激光就是一种受激辐射相干光。

3.1.2　激光器的结构

激光器的基本结构包括激光工作物质、光学谐振腔和泵浦源等，其中，激光工作物质提供形成激光的工作粒子能级结构，光学谐振腔进行模式选择和提供轴向光学模式的反馈，泵浦源提供激发粒子的能源。激光器的基本结构如图3-4所示。

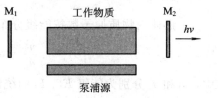

图3-4　激光器的基本结构

1.　激光工作物质

在物质处于热平衡状态时，各能级上的原子数（或集居数）服从玻耳兹曼统计分布率，

$$\frac{n_2}{n_1} = \exp\left(-\frac{E_2 - E_1}{kT}\right) \tag{3.1.15}$$

因为$E_2 > E_1$，所以$n_2 < n_1$，即在热平衡状态下，高能级集居数恒小于低能级集居数。当频率为ν的光子（$E_2 - E_1 = h\nu$）通过物质时，受激吸收光子数$n_1 W_{12}$恒大于受激辐射光子数$n_2 W_{21}$。因此物质表现为吸收光子。但是，在一定条件下，物质对光的吸收可以转化为光放大。显然，这个条件就是$n_2 > n_1$，称为集居数反转分布（粒子数反转分布），是产生激光的必要条件。

当物质中形成粒子数反转分布时，物质处于激活状态，具有光放大的能力，这种物质就称为增益介质或激光工作物质。到目前为止，激光工作物质已包括气体、液体、固体、半导体及自由电子等数百种。

2.　光学谐振腔

实现了粒子数反转分布的物质具有光放大的能力。要使一个微弱的初始光强I_0（某一特定模式或少数几个模式的光强）大大增加，就必须进行光波模式选择。利用类似法布里-珀罗干涉仪的开放式光学谐振腔来实现这一目标。在图3-4中，光学谐振腔是由激光工作物质两端置放的反射镜（M_1、M_2）构成，它在进行光波模式选择的同时，还对光轴方向的光波模式提供光反馈。由于在光学谐振腔总是存在原子中心频率ν_0附近的微弱的自发辐射光（相当于初始光强I_0），经过多次受激辐射放大，就有可能在轴向光波模式上产生自激振荡，这就是激光器。

激光器谐振腔内电磁场的本征态应由麦克斯韦方程组及腔的边界条件决定。一旦给定了腔的结构，则其中的振荡模的特征也就确定了。所谓模的特征，主要指模的电磁场分布，特别是在腔的横截面内的场分布、模的谐振频率、往返相对功率损耗和发散角等。

根据光学谐振腔的损耗大小，可以分为稳定腔、临界腔和非稳腔，关于光学谐振腔的振荡模式理论可阅览激光原理的相关内容。应该指出，光学谐振腔的作用是重要的，但并不是原则上不可缺少。对于某些增益系数很高的工作物质，不需要谐振腔就能得到激光振荡。

3.　泵浦源

一般地说，当物质处于热平衡状态时，物质中不存在粒子数反转分布。只有当外界向物质提供能量进行激励或泵浦，使物质处于非热平衡状态时，粒子数反转分布才可能实现。激励（或泵浦）过程是光放大的必要条件。不同种类的激光器采用不同的激励方式，已经采用的泵浦方式有光激励、放电激励、电子束激励、热激励、化学激励及核能激励等。

3.2　常用激光器

自 1960 年第一台红宝石激光器问世以来，激光器技术发展非常迅速。激光工作物质已包括晶体、玻璃、气体、液体、半导体、光纤、自由电子和单原子等数百种，输出波长覆盖了从真空紫外、可见光、近红外到远红外的范围。本节介绍气体激光器、固体激光器和半导体激光器等内容。

3.2.1　气体激光器

气体激光器是以气体或蒸汽为工作物质的激光器。根据气体工作物质的性质状态，可分为原子气体激光器、分子气体激光器、准分子气体激光器和离子气体激光器等，具有代表性的气体激光器有氦氖原子激光器、二氧化碳分子激光器和氩离子激光器等。

气体激光器的激励方式有气体放电激励、电子束激励、热激励、化学能激励、光激励、核能激励等，其中气体放电激励是气体激光器的主要激励手段。大多数气体激光器都采用平面反射镜凹面反射镜谐振腔，以获得较大的模体积和较好的发散角。

气体激光器是目前种类最多、波长分布范围最宽和应用最广的一类激光器。气体激光器的突出优点有：① 输出波长分布范围覆盖了真空紫外到远红外光谱区，并向 X 射线波段和毫米波段扩展；② 输出光束质量最好，单色性和发散度均优于固体和半导体激光器；③ 连续输出功率最大，二氧化碳激光器连续输出功率已达数十万瓦特；④ 转换效率高、结构简单、造价低廉和运行成本低等。因此，气体激光器被广泛应用于工业、农业、医疗、国防、教育和科研领域。

1. 氦氖激光器

氦氖激光器属于原子激光器，于 1960 年研制成功，是最早问世的气体激光器，也是最早实现商品化的激光器。证明了可以利用气体放电激励实现粒子数反转。氦氖激光器是连续波运转的，其激射波长在可见光及近红外有 100 多条谱线，通常运转的波长是 632.8 nm 谱线。其基本结构由放电管、光学谐振腔和电极电源组成，按照腔镜的构成方式可分为内腔式、外腔式、半内腔式、旁轴式、单毛细管式氦氖激光器等。内腔式氦氖激光器的结构如图 3-5 所示。

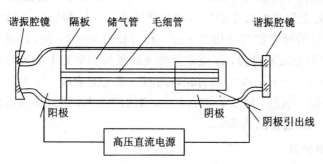

图 3-5　内腔式氦氖激光器的结构

放电管由放电毛细管与储气管构成，其中毛细管处于增益介质工作区，是决定着激光器输出性能的关键因素；光学谐振腔由一对高反射率的多层介质膜反射镜组成，一般采用平凹腔形式，平面镜为输出镜，透过率约为 $1\% \sim 2\%$，凹面镜为全反射镜，反射率接近 100%；电极有阳极和阴极，阴极多采用冷阴极方式，冷阴极材料多用阴极溅射率（效应）小，电子发射率高的铝或铝合金制成。

放电管中工作物质是氦原子气体和氖原子气体，其中，氦气是辅助气体，用作为氖原子的共振激发能量转移，而氖原子是产生激光跃迁的物质，氦氖气体按适当比例和气压封入放电管中。

氦原子和氖原子能级结构示意图如图 3-6 所示。氖原子三条激光谱线 632.8 nm，1.15 μm，3.39 μm 分别对应能级 $3s_2 \to 2p_4$，$2s_2 \to 2p_4$，$3s_2 \to 3p_4$ 之间的跃迁，其中 632.8 nm 和 3.39 μm 谱线共用同一激光的上能级 $3s_2$。

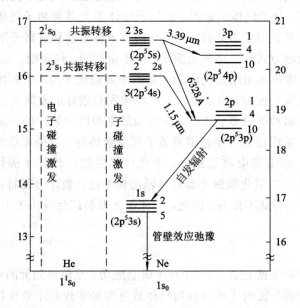

图 3-6 氦原子和氖原子能级结构示意图

由氦氖能级分布图可以看出，氦氖激光跃迁属于典型的四能级系统，其中泵浦能级为氦原子的亚稳态。激光上能级为氖原子的 $3s_2$、$2s_2$，激光下能级为 $2p_4$、$3p_4$，均为激发态，对于 $3s_2 \to 2p_4$ 的 632.8 nm 激光来说，其实现粒子数反转分布的相关能级（有光学联系的能级）采取电子碰撞激发和共振激发能量转移过程激发。理论和实验表明后一种过程是主要过程，其对粒子数反转分布的贡献相当于前一种过程的 60～80 倍，因此对粒子数反转分布建立过程主要考虑共振激发过程，即激光上能级的激发和激光下能级的激发。

氦氖激光器的 632.8 nm 和 3.39 μm 共用同一激光上能级，且 3.39 μm 谱线具有很高的增益，谱线竞争较为强烈，降低了 632.8 nm 谱线的功率，因此必须设法抑制 3.39 μm 的振荡以提高 632.8 nm 的输出功率。

2. 二氧化碳激光器

二氧化碳激光器属于分子激光器，于 1964 年研制成功，二氧化碳激光器具有输出功率大、能量转换效率高、输出波长处于大气窗口、能连续输出且能脉冲输出、运行费用低等众多优点，因此被广泛应用于激光加工、激光医疗、激光武器和大气通信等。

二氧化碳分子是一种线性对称排列的三原子分子（三原子排列成一直线，中央是碳原子，两端是氧原子），具有一条对称轴线（记为 C_∞）。二氧化碳分子所发射的 $(9\sim11)\mu m$ 光谱，是二氧化碳分子基态振动-转动能级间的跃迁所产生的。二氧化碳分子振动能级可能产生的跃迁很多，但其中最强的，最具实际价值的跃迁仅有两条：一条是 $00^0 1 \to 10^0 0$ 跃迁，波长约为 $10.6~\mu m$ 附近的谱带，另一条是 $00^0 1 \to 02^0 0$ 跃迁，波长约为 $9.6~\mu m$ 附近的谱带。能级 $00^0 1$，$10^0 0$，$02^0 0$ 的能量分别为 $0.291~eV$、$0.172~eV$ 和 $0.159~eV$，如图 3-7 所示。

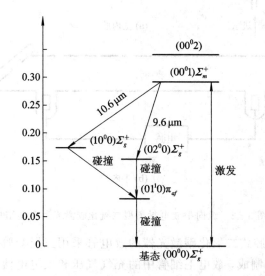

图 3-7　二氧化碳分子能级结构示意图

二氧化碳分子各能级的自发辐射寿命都较长，但激光上能级寿命比激光下能级寿命短。由粒子数反转阈值条件可知，依靠纯二氧化碳气体产生的激光，输出功率一定很小。在建立激光上、下能级粒子数反转分布的过程中，自发辐射并不起主导作用，理论分析和实验研究表明，起主导作用的是分子间的碰撞激发和弛豫过程。目前使用的二氧化碳分子激光器，其激光上、下能级的平均寿命不完全依赖于自发辐射寿命，而是决定于各辅助气体分子共振转移激发对它们的贡献，如 N_2、H_2O 和 H_2 等。辅助气体的作用是加强激光上级能级的激发和激光下能级的弛豫。

虽然有这么多条荧光谱线，但在激光器中能同时形成激光振荡的只有 1 至 3 条。这是因为同一振动能级的各转动子能级之间靠得很近，能级转移很快（$(10^{-7}\sim10^{-8})$s），一旦某一转动能级上的粒子跃迁后，其他能级上的粒子（就会立即按玻尔兹曼分配律），转移到这个能级上来，这就是转动能级的竞争效应。由于这种竞争效应，如果工作条件使得某条谱线的增益系数较大，则此谱线首先起振，同时抑制其他谱线振荡。因此在二氧化碳分子激光器中如果没有波长选择装置，通常只出现 $10.6~\mu m$ 谱线振荡。

自1964年问世以来，封离型、流动型、气动型、大气压型、横向激励型和波导型等各种形式的二氧化碳分子激光器相继出现，在此介绍封离型二氧化碳分子激光器的结构，封离型二氧化碳分子激光器的基本结构分为全内腔、半内腔和全外腔三种形式，基本结构由放电毛细管、谐振腔、电极及电源等四部分构成，纵向放电封离型二氧化碳激光器典型结构如图3-8所示。

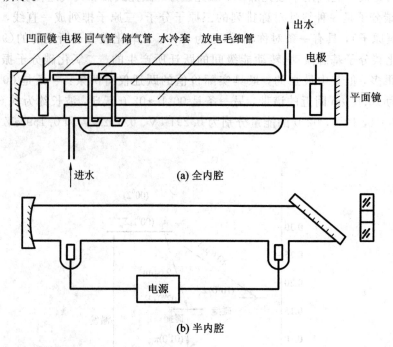

图3-8 纵向中放电封离型二氧化碳激光器典型结构

图3-8(a)为全内腔式二氧化碳激光器的放电管采用三层套管结构,最里面是放电毛细管,大多由硬质玻璃制成,放电毛细管中的充气气压和放电电流均高于氦氖激光器,故毛细管外有一个水冷套,以防止发热而影响器件的输出功率和使用寿命;最外一层是储气管,以增大工作气体的体积,提高器件输出功率的稳定性及寿命,在放电毛细管和储气管之间通过一根回气管连通。回气管的作用是为了消除和减轻气体放电过程产生的电泳现象(在直流放电激励过程中,由于管壁的双极扩散效应,在气体内会产生一种使气体从阴极向阳极迁移的力,而使阳极端气压高于阴极端气压,并沿放电毛细管轴线形成气体密度梯度分布,这种现象称为电泳现象)。

谐振腔最多采用的是平凹腔,以增大模体积和输出功率,由于CO_2激光器的增益较高,因此大曲率半径谐振腔的高调整精度已不是主要矛盾。腔镜中全反射镜一般是光学玻璃或金属片为基底,镀以金、银或铝等,在$10.6\ \mu m$附近的反射率达98%以上,大功率器件采用金属基片,以增加散热,避免腔镜变形或损伤。输出镜一般采用能透射$10.6\ \mu m$的光学材料为基底,在其表面镀上多层介质膜而制成。

3. 氩离子激光器

氩离子激光器是目前可见光连续输出功率最大的激光器件,被广泛地应用于全息术、信息处理、光谱分析、激光电视、激光医学及激光加工等领域。氩离子是惰性气体氩原子被电离后(电离能15.760 eV)形成的,其电子组态为:$1s^2 2s^2 2p^6 3s^2 3p^5$,即3p子壳层上的一个电子被剥离。与氩离子激光器的几条主要激光谱线相关的跃迁能级结构示意图如图3-9所示:其中两条最强的激光谱线为

$(3p^4 4p)^4 D_{\frac{5}{2}} \rightarrow {}^2 P_{\frac{3}{2}}(3p^4 4s),\ 514.5\ nm$　（绿光）

$(3p^4 4p)^2 D_{\frac{5}{2}} \rightarrow {}^2 P_{\frac{3}{2}}(3p^4 4s),\ 488.0\ nm$　（蓝光）

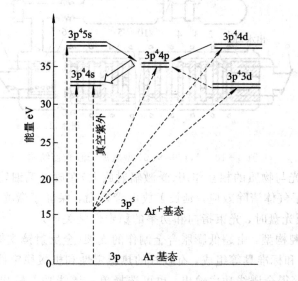

图 3-9　氩离子能级结构示意图

激发机理为：Ar^+ 的激光上能级的激发（粒子数反转分布的建立）主要是依靠电子碰撞过程（第一类非弹性碰撞），可有两种过程：

① 一步过程：高能电子将氩原子电离激发到 Ar^+ 的 $3p^4 4p$ 态，即

$$Ar(3p^6) + \bar{e} \rightarrow Ar^+(3p^4 4p) + 2e \qquad (3.2.1)$$

其中，快电子（$\bar{e}$）的能量要求达到 35.5 eV 只有在低气压、脉冲放电器件中才能达到。因此，对连续器件，一步过程不是主要的激发过程。

② 二步过程：高能电子将氩原子电离形成基态 Ar^+，基态 Ar^+ 与电子碰撞被激发，即

$$Ar(3p^6) + \bar{e} \rightarrow Ar^+(3p^5) + 2e \qquad (3.2.2)$$

$$Ar^+(3p^5) + \bar{e} \rightarrow Ar^+(3p^4 4p) + e \qquad (3.2.3)$$

其中，氩原子电离能为 15.760 eV。因此，将快电子的能量控制在 (16～20) eV，就可实现二步过程，并且由基态 Ar^+ 到激发态 Ar^+ 的电子碰撞被激发速率与电流密度的平方成正比，即反转粒子数密度和输出功率密度与电流密度的平方成正比。这是氩离子激光器的主要特征，二步过程是连续氩离子激光器激光上能级的激发的主要过程。当电子能量大于 20 eV 时，也可将基态 Ar^+ 激发到 $3p^4 5s$，$3p^4 4d$ 等高能级上，然后通过辐射跃迁到达 $3p^4$ 4p 上，这一过程称为联级跃迁。可见二步过程所需电子能量比一步过程的要求低一些。

由于氩离子激光器所需电子能量在 (16～20) eV，因此只能在低气压下工作，只有这样才能获得高的电子温度 T_e。再加上大电流要求，使氩离子激光器的结构较其他气体激光器复杂许多。

氩离子激光器一般由放电管、谐振腔、轴向磁场和电源等组成，以南京电子管厂生产的 Ar1393NL01 型氩离子激光器为例，其结构如图 3-10 所示。电源采用直流稳流电源，满足了激光器低气压、大电流弧光放电的工作要求，同时设有过电流、过电压保护，水流开关，水过热保护等。

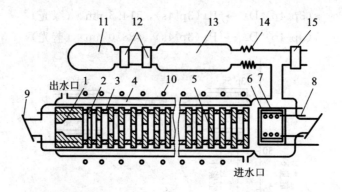

图 3-10 Ar1393NL01 型氩离子激光器结构

轴向磁场保证光与物质的相互作用(受激辐射放大)在放电毛细管内进行,提高了输出功率和效率,减轻了气体清除效应,延长了放电管寿命,保证了激光器输出方向和功率的稳定(如在刻录母版光盘时,光束指向和功率的稳定性是关键)。

谐振腔为平凹腔构型,由超低膨胀合金制作的支架(全反射镜支架、输出镜支架、标准具支架等)、点火器和标准具等组成,有较好的热稳定性和机械稳定性。配备的标准具作为波长选择器,既能获得全谱线功率输出,也可选择单一谱线功率输出。腔内光路采用全密封设计,杜绝了环境污染。

放电管是氩离子激光器最关键的部分,核心是放电毛细管。放电管外壳选用石英、氧化铍陶瓷等制作;放电毛细管用分段石墨管、分段钨盘结构,既产生等离子体,又起到镇气、回气的作用。由于放电毛细管承受电流密度高达 750 A/cm²,热流密度高达 250 W/cm²,管壁温度在 1000℃ 以上激励能量在 35.5 eV 以上或(16～20)eV,这样能保证激光振荡谱线的紫外光、紫光、蓝光和绿光功率输出,因此要求用做放电毛细管的材料要耐高温、导热性好、气密性好、吸收率低和机械强度高等,陶瓷-钨盘结构的氩离子激光器目前只有在世界上少数几家公司和我国南京电子管厂的激光研究所能够生产。

氩离子激光器的工作过程为:在电源弧光放电激励下,激光管中电子与氩原子发生非弹性碰撞,使氩原子电离;氩离子再次与电子发生非弹性碰撞被激发,实现粒子数反转分布;处于激发态的氩离子向低能级跃迁而产生光辐射,在受激辐射光放大的过程中,通过谐振腔的光学反馈,在腔内形成激光振荡,形成一定能量分布和频谱结构的激光输出。

氩离子激光器每一振荡波长都有对应的阈值电流。对放电管长度为 77 cm,内径 φ4 的几条主要谱线的阈值电流如表 3-1 所示。

表 3-1 氩离子激光器振荡波长对应的阈值电流

波长/nm	488.0	514.5	476.5	496.5	501.7	472.7
阈值电流/A	4.5	7		9	12	14

由表 3-1 可见:488.0 nm 和 514.5 nm 谱线的阈值电流最低,最容易形成激光振荡。一般情况下,不采取任何波长选择措施,连续氩离子激光器总是以这两条谱线输出。

3.2.2 固体激光器

固体激光器是以少量掺杂离子掺入基质材料(晶体或玻璃)组成的固体为工作物质的激

光器,世界上第一台激光器是 1960 年由美国的梅曼研制的红宝石脉冲激光器,它标志着激光技术、光电子技术的诞生。目前固体激光工作物质已达百余种,激光谱线数千条,脉冲能量达到几千焦耳或几万焦耳,最高峰值功率达 10^{13} W,与之相关的激光技术得到迅速发展,如调 Q 技术、锁模技术及各种调制器的发展成熟。

固体激光器的优点是能量大、峰值功率高和坚固可靠等,广泛地应用于工农业、医疗、科研和军事技术等领域。但固体激光器体积庞大、能量转换效率低等缺点,曾一度被气体激光器所取代,随着激光二极泵浦技术的发展,固体激光器又增添了活力,得到了很大的发展。

固体激光器的基本组成有工作物质、泵浦光源和谐振腔等三部分,另外还有电源、聚光腔和冷却系统等,如图 3-11 所示。

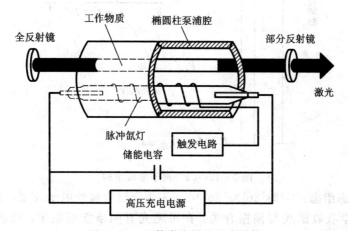

图 3-11　固体激光器的基本结构

工作物质由基质材料(晶体或玻璃)和少量掺杂离子组成。基质材料决定工作物质的物理性能,如光学、机械、热性能、物理化学稳定性、基质离子的大小以及原子价与掺杂离子匹配等;掺杂离子(激活离子)的能级结构决定工作物质的光谱特性。

中小型器件采用光泵激励,有连续泵浦和脉冲泵浦两种形式。由于能量转换环节多,固体激光器的工作效率较低。为改善能量转换效率,加速研究小型化固体激光器,采用的新技术有:

(1) 长寿命泵浦光源,如激光二极管列阵泵浦、太阳能泵浦等。

(2) 采用新型结构,如小型面泵浦薄膜激光器、光纤激光器等。

(3) 采用高掺杂浓度的高增益晶体。

(4) 采用新的冷却方式和结构,减小器件的体积和重量。

随着激光技术的发展,固体激光器将有更广阔的发展前景。泵浦光源是形成粒子数反转分布的外部条件,工作物质是实现反转分布构成激光器的内在因素,谐振腔是造成反馈和选模作用的主要条件。

1. 红宝石激光器

红宝石激光器工作物质是掺杂离子 Cr^{3+} 掺入 $a-Al_2O_3$,晶体(基质材料)构成的红宝石晶体,红宝石晶体为负单轴晶体,对红光(700 nm)的寻常光折射率为 $n_o=1.763$,非常光折射率 $n_e=1.755$,$Cr^{3+}:Al_2O_3$ 中 Cr^{3+} 离子能级结构如图 3-12 所示,它是一个典型的三能级系统。

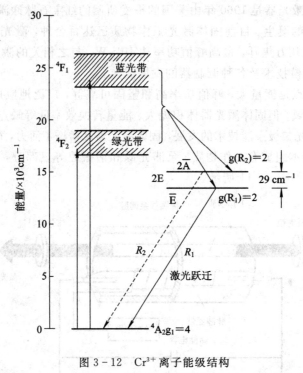

图 3-12 Cr^{3+} 离子能级结构

　　Cr^{3+} 离子基态组态：$1s^2 2s^2 2p^6 3s^3 3p^6 3d^3$，未满壳层为最外电子壳层，受晶格场的影响很大。表现在光学吸收谱线与偏振有关。在可见光有两条强吸收带，峰值波长分别位于 410 nm 和 550 nm 处，前者对应紫色光，称为 u 带，吸收系数分别为 $\alpha_{\parallel} = 2.8$ cm^{-1}，$\alpha_{\perp} = 3.2$ cm^{-1}，后者对应黄绿色光，称为 Y 带，带宽均为 100 nm 左右。因此常用脉冲氙灯发出的强可见光辐射进行泵浦激励，以实现粒子数反转，红宝石的两个强吸收带分别对应 Cr^{3+} 从基态（$^4A_2$）向两个较为激发能带 $^4F_1$ 和 $^4F_2$ 之间的吸收跃迁，25 000 cm^{-1}，17 000 cm^{-1}。处于激光能带 $^4F_1$ 和 $^4F_2$ 的 Cr^{3+} 极不稳定，很快通过非辐射跃迁的形式驰豫到较低的亚稳能级 ^2E 上，驰豫时间为 10^{-9} s，在 ^2E 能级上，粒子数得到聚集，当 Cr^{3+} 从 $^2E \rightarrow {}^4A_2$ 跃迁时，便产生波长为 694.3 nm 和 692.9 nm 的荧光谱线。即 R 荧光线，分别记为 R_1 线和 R_2 线，有

$$R_1 \text{线：} \overline{E} \rightarrow {}^4A_2, 694.3 \text{ nm} \qquad R_2 \text{线：} 2\overline{A} \rightarrow {}^4A_2, 692.9 \text{ nm}$$

其中，R_1 线的强度比 R_2 线强度更大。一般激光振荡只发生在 R_1 线，而 R_2 线则被抑制。这是由于在室温热平衡下，R_1 线比 R_2 线具有更高的增益和更高的自发辐射跃迁几率。粒子数密度 $N(R_2) : N(R_1) \approx 0.87$。故当光泵浦足够强时，$R_1$ 线首先达到阈值而形成激光振荡。

2. 钕激光器

　　钕激光器工作物质是掺杂离子 Nd^{3+} 掺入基质材料晶体或玻璃中组成。基质晶体有钇铝石榴石（YAG）、铝酸钇（YAP）等，基质玻璃有硅酸盐玻璃、硼酸盐玻璃、磷酸盐玻璃和氟酸盐玻璃等。

　　由于掺入三价钕离子的未满电子壳层是内壳层，被外层电子所屏蔽。所以晶体中晶格场和玻璃中的配位场对它的影响较小，钕玻璃中 Nd^{3+} 的能级结构接近自由离子的能级结构，但线宽有改变，增加约 250 cm^{-1}，比 Nd^{3+}：YAG 晶体宽得多。这种差异是由于有序

的晶格场对各个掺杂离子的影响基本相同，使离子谱线加宽线形呈现均匀加宽，而玻璃的网络是无序结构，各个 Nd^{3+} 在玻璃中所处的位置和所受到的配位场作用各不相同，形成缺陷加宽（属于非均匀加宽），谱线线宽增加，增益较低，阈值较高。钕激光器在 1.06 nm 附近的激光运转具有典型的四能级结构，如图 3-13 所示。

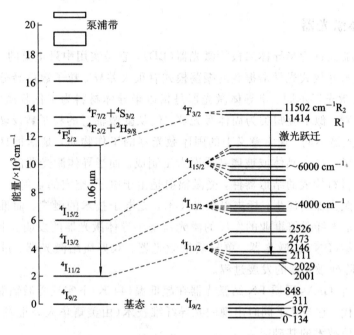

图 3-13 Nd^{3+}：YAG 晶体的能级结构

3. 钛宝石激光器

红宝石激光器和钕激光器产生的激光具有固定的波长。近十年来迅速发展起来的掺钛宝石激光器则是一种可调谐固体激光器，其突出特点是在很宽的波长范围内（（660～1180）nm）连续可调。

钛宝石（Ti：Al_2O_3）中，少量 Ti^{3+}（约为 1.2%）取代了 Al_2O_3 晶体中的 Al^{3+}。自由有一个五重简并的最低能级 ^2D，在晶体中由于晶格势场的作用，^2D 将分裂为两个能级 $^2T_{2g}$（基态）和 ^2E_g（激发态），激光跃迁正是发生在这两个能级之间。处于基态 $^2T_{2g}$ 的 Ti^{3+} 吸收泵浦光子后跃迁到激发态 ^2E_g 的较高振动态，经无辐射跃迁转移到较低振动态，于是低振动态与基态的一系列振动态之间形成粒子数反转分布。Ti：Al_2O_3 晶体的能级结构如图 3-14 所示。激光波长取决于基态的哪一个振动态作为终端能级。处于终端能级的 Ti^{3+} 通过快速声子驰豫返回低振动态。由此可见，钛宝石激光器是一种终端声子激光器。

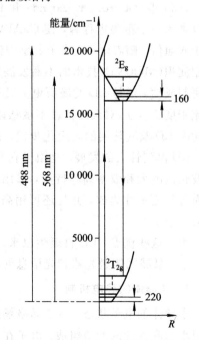

图 3-14 Ti：Al_2O_3 晶体的能级结构

由于钛宝石的激光跃迁上能级寿命仅有 $3.8~\mu s$，为了获得足够高的泵浦速率，钛宝石激光器大多采用光泵浦，通过在谐振腔中插入波长选择元件来实现波长调谐。由于它具有很宽的荧光谱，它构成的锁模激光器具有极窄的脉宽，自锁模钛宝石激光器产生的光脉冲宽度窄至 11 fs。

3.2.3　半导体激光器

半导体激光器又称为半导体二极管激光器(LD)，它是实用中最重要的一类激光器。它的激光振荡模式与开放式光学谐振腔的振荡模式有很大差异，粒子数反转分布的表达方式也与其他种类的激光器不同。半导体激光器是指以半导体材料为工作物质的一类激光器。从工作物质形态看，似乎应归类为固体激光器，但从受激辐射的粒子数反转分布条件及建立，它与固体激光器不同。通常意义上的固体激光器的工作物质，是指把具有能产生受激辐射作用的金属离子掺入晶体或玻璃基质而人工制成。而半导体激光器的工作物质是采用直接带隙半导体材料构成的结形器件，受激辐射是由于电子-空穴的辐射产生的。

红宝石固体激光器的诞生，标志着激光技术，光电子技术的诞生，而推动光电子技术蓬勃发展，特别是光纤通信事业的发展的激光器是半导体激光器的发明。半导体激光器的发展经历了同质结(PN 结)激光器、单异质结激光器、双异质结激光器、量子阱(QWLD)激光器、半导体阵列激光器的发展过程。

1962 年第一个 GaAs 同质 PN 结激光器在超低温(44 K)下实现受激辐射，开辟了半导体激光器的新时代。它与几乎同时出现的光导纤维技术(由美籍华人高锟发明)一起，奠定了今天的光纤通信技术的基础。

1963 年 Akferor、Kazarinov 和 Kroemer 提出的双异质结概念，是继半导体激光器发明以来的一个重要里程碑，使 GaAlAs/GaAs 激光器的性能得到显著的改善，1978 年开始用于光通信。随着电子，光子分别限制概念的提出，分子束外延(MBE)及金属有机物化学表相淀积(MOCVD)技术的不断发展和完善，导致了 1980 年 GaAlAs/GaAs 量子阱激光器的研制成功，这是 LD 发展历史上又一个里程碑。QWLD 与双异质结 LD 具有更低的阈值电流密度 J_{th}，J_{th} 对温度依赖不敏感以及窄增益谱。因而受到广泛重视，大大加快了特别是大功率 LD 及其阵列的实用化步伐，并逐步形成了高技术产业。

LD 得到惊人的发展，是由于它具有一系列的独特的特点：它具有体积小、寿命长、辐射波长范围大和效率高等特点，采用注入电流的方式激励，其工作电流与集成电路兼容，因而可与之单片集成，并且还可用高达 30 GHz 的频率直接进行电流调制以获得高速调制的激光输出。

由于这些优点，LD 自诞生以来，已被广泛应用于光纤通信、激光打印、激光焊接、激光医学、泵浦固体激光器和光信息处理等方面。

1. 半导体的导电机制

半导体的电子状态，由于晶格场的作用，表现为一系列的能带。每一能带有大量的间隔很小的准连续的能级组成。电子在各能级的分布用费米能级 E_F 表征。服从费米-狄拉克统计规律，构成 PN 结。由于非平衡 PN 结中载流子的复合，形成了一系列特性(单向导电性)，特别是辐射特性。

在由大量原子（$(10^{22} \sim 10^{23})$ cm^{-3}）构成的晶体中，原子中的电子将进行共有化运动。在绝对零度下，完全填满的能带称为价带，随着温度的升高，由于本征激发，价电子被激发至较高的一个能级上，绝对零度下为空带（未被电子填充）通常称为导带。在绝对零度下导带为空带，价带为满带。满带电子不导电。导带底和价带顶的能带间的间隙是禁带宽度 E_g。

在一定温度下，价带顶部附近有少量电子被激发到导带底部附近，在外电场下导带中的电子参与导电，价带因缺少一些电子而表现出导电性，价带电子的导电作用常用空穴导电来描写，半导体能带结构如图 3-15 所示。

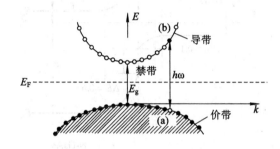

图 3-15　半导体能带结构

当价带顶部附近一个电子被激发至导带后，价带中就留下一个空状态，这相当于共价键上缺少一个电子而出现一个空状态。可以认为这个空状态带有正电荷（半导体电中性条件要求），价带电子的总电流，就为同一个带正电荷的粒子运动所产生的电流。因此将价带中的空状态看成是带正电荷的粒子，就可以简便地描述价带的电流。这种空状态称为空穴。空穴不仅带有正电荷，而且还有正的有效质量。实践证明，引入空穴概念后，就可以把价带大量电子对电流的贡献用少量空穴表示出来，这样做不仅是方便的，而且是具有实际意义的。

因此，半导体导电除导带电子作用外，还有价带空穴的作用。这就是半导体的导电机制。（与金属导电的最大差异）。正是由于这种奇异的导电机制，才使半导体表现出许多奇异的特性，可用来制造各式各样、形形色色的器件。半导体激光器是以直接带隙半导体晶体构成的 PN 结或 PIN 结而形成的半导体发光器件。

2. 平衡态突变 PN 异质结的能带结构

当 P 型半导体和 N 型半导体相互接触时，在其交接面处便形成 PN 结，P 型半导体和 N 型半导体分别为不同的半导体单晶材料时，就形成反型异质结。在平衡状态下，由于载流子浓度梯度存在，P 区和 N 区费米能级最终达到相同的水平，形成平衡状态的 PN 异质结能带结构如图 3-16 所示：由两块半导体材料的交界面及其附近的能带可反映出两个特点：其一是能带发生了弯曲。N 型半导体的导带底和价带顶的弯曲量为 qV_{d2}，而且导带底在交接面处形成一向上的"尖峰"；P 型半导体的导带底和价带顶的弯曲量为 qV_{d1}，导带底在交接面处形成一向下的"凹陷"。其二是能带在交接面处不连续，有一突变。正是由于这两个特征，使异质结具有优异的性质。

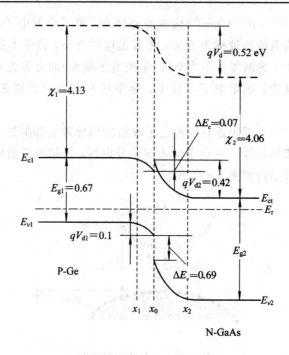

图 3-16   PN 异质结的平衡能带结构

3. 半导体激光器的工作原理

就基本原理而论，LD 与其他类型的激光器没有根本区别，都是基于受激辐射光放大。必须满足受激辐射光放大的必要条件和充分条件。

1) 结构

半导体激光器（LD）基本结构由工作物质、泵浦源和谐振腔组成。如图 3-17 所示。

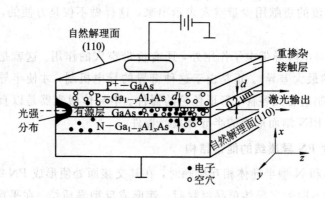

图 3-17   双异质结 LD 的基本结构

工作物质。直接带隙半导体晶体（Ⅲ-Ⅴ 族 Ⅳ-Ⅵ 族 Ⅱ-Ⅳ 族化合物半导体）构成的 PN 结或 PIN 结，经历了同质结、单异质结、双异质结、分别限制的双异质结和分别限制的量子阱结构的发展历程。目前工作物质使用最多的材料有两类：一类是 GaAlAs/GaAs 材料（(0.8～0.9)μm）（短波长激光器）；另一类是 InGaAsP/InP，InGaAs/GaInP 材料（(1.30～1.35)μm，(1.5～1.65)μm）。

泵浦源。目前，绝大多数 LD 的泵浦方式是电注入，即给 PN 结加正向电压，也就是给二极管加正向偏压，因此常把 LD 称为半导体激光二极管，除此外，还有电子束、光、碰撞电离激励等。

谐振腔。由晶体的自然解理面(110)形成的 F－P 腔，通常在不出光的一端镀上高反膜，在发光一面镀上减反膜。双异质结 LD 的基本结构如图 3－17 所示。有 SiO₂ 的部分电流通不过，只有中间的窄条能通过电流，所以这种激光管称为条形激光管，制作条形激光管的主要目的是为了散热，后面我们会看到，LD 的阈值电流密度随温度增加而迅速增加，因此必须限制电流，以便抑制温升。在管芯的 P 型面和 N 型面分别制作它的欧姆接触，接触电阻越小越好。

2) 粒子数反转分布条件

当未加正向偏压时，PN 结的 P 区和 N 区的费米能级相等(平衡 PN 结)。N 区电子向 P 区扩散，P 区空穴向 N 区扩散与内建电场中的电子从 P 区向 N 区漂移，空穴从 N 区向 P 区漂移达到动态平衡。在有正向偏压作用时(非平衡 PN 结)，P 区和 N 区的费米能级发生分裂，分别用准费米能级 E_{cF} 和 E_{vF} 描述载流子分布，此时电子不断向 P 区注入，空穴不断向 N 区注入，在有源区发生辐射复合，发出荧光，辐射光子能量等于禁带宽度 E_g，在一定条件下发出激光。由于电子的迁移速度比空穴的迁移速度快，因此有源区大部分在 P 区一边。

半导体的电子依照费米分布函数 $f(E)$ 表示的统计规律而分布在价带和导带之中的不同能态上，这是电子的正常分布，其特点是：依电子优先占据能量较低状态的所谓"能量最小原理"，从低能量到高能量状态分布。当 $E=E_F$ 时电子占据低能级的几率为 0.5；当 $E<E_F$ 时，$f(E)>\dfrac{1}{2}$；当 $E>E_F$ 时 $f(E)<\dfrac{1}{2}$；当 $E-E_F\gg kT$ 时，则电子该能级基本上未被电子占据，特别当 $E-E_F\gg kT$ 时，电子服从玻尔兹曼分布。

$$f(E) = \frac{1}{e^{\frac{E-E_F}{kT}} + 1} \tag{3.2.4}$$

$$f_B(E) = e^{-\frac{E-E_F}{kT}} \tag{3.2.5}$$

在只有能带结构的半导体有源介质中沿用气体、固体激光器的粒子数反转条件是令人费解的。因为价带电子的有效质量比导带电子的高一个数量级，因而其电子态密度也要比导带高得多。很难用某种方法使导带的电子数多于价带的电子数。这就是为什么尽管早在50 年代就有人预言能在半导体中产生受激辐射，但 LD 却是在红宝石激光器、氦氖激光器等出现后才问世的。

1961 年伯纳德(Berbard)与杜拉福格(Duraffourg)利用准费米能级的概念推导在半导体有源介质中实现粒子数反转条件。这一条件对次年 LD 的研制成功起到非常重要的理论指导作用。

为了方便起见，我们不去考虑电子跃迁的严格 k(动量)选择定则，而独立地考虑导带电子态密度 ρ_c 和价带电子态密度 ρ_v，由此推导出的粒子数反转条件与考虑电子跃迁的严格 k 选择定制所得出的结论是一致的。

在半导体有源区，形成的导带电子向价带跃迁受激辐射的同时，也存在价带电子受激吸收而跃迁至导带。因此要产生受激辐射光放大，必须满足受激辐射速率大于受激吸收速率，即净受激辐射必须大于零。

设半导体有源区辐射场能量密度为 $\rho(\nu)$，在 $\rho(\nu)$ 的作用下，价带电子在光子 $h\nu$ 的外界

光子作用下由价带向导带跃迁电子受激吸收跃迁速率为

$$r_{12} = B_{12} f_v \rho_v (1 - f_c) \rho(\nu) \tag{3.2.6}$$

其中，B_{12} 为受激吸收跃迁几率，f_v、f_c 分别是电子占据价带、导带能级的几率。ρ_v、ρ_c 分别是价带、导带电子态密度。而电子从导带向价带的受激辐射跃迁速率为

$$r_{21} = B_{21} f_c \rho_v \rho_c (1 - f_v) \rho(\nu) \tag{3.2.7}$$

其中，B_{21} 为受激辐射跃迁几率，同时电子从导带至价带的自发辐射速率为

$$r_{sp} = A_{21} f_c \rho_v \rho_c (1 - f_v) \tag{3.2.8}$$

由爱因斯坦系数关系式有 $B_{21} = B_{12}$，如果忽略 LD 中本来很小的 r_{sp}，则要得到净的受激辐射必须有

$$r_d = r_{21} - r_{12} > 0 \tag{3.2.9}$$

代入 r_{21}、r_{12}，则有

$$f_c > f_v \tag{3.2.10}$$

即要产生净的受激辐射，必须使电子在导带的占据几率大于在价带的占据几率。代入费米分布函数，并考虑到 $E_c - E_v = h\nu$，则有

$$E_{cF} - E_{vF} > h\nu \geqslant E_g \tag{3.2.11}$$

式(3.2.11)已考虑到带间跃迁的受激辐射须满足 $h\nu \geqslant E_g$，式(3.2.10)和式(3.2.11)都称为半导体有源介质的粒子数反转条件。其物理意义为，若要在半导体有源介质中实现粒子数反转，需使导带和价带的准费米能级之差大于或等于禁带宽度。这一条件称为伯纳德-杜拉福格条件，如图 3-18 所示。这就意味着同质 PN 结激光器中，要通过重掺杂来使 E_{cF} 和 E_{vF} 分别进入其导带和价带。

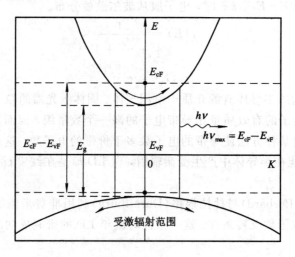

图 3-18　伯纳德-杜拉福格条件示意图

　　这一指导性结论使同质结 LD 于 1962 年分别在美国的几个实验室同时获得成功。重掺杂要求 N 型半导体中，施主杂质浓度需在 10^{18} cm^{-3} 以上，P 型半导体需受主杂质浓度在 10^{17} cm^{-3} 以上。后面将看到，由于双异质结 LD 可以利用异质结势垒很好的将注入的载流子限制在有源区中而得到高的非平衡电子浓度，无须重掺杂就可以满足伯纳德-杜拉福格条件。

　　由图 3-18 还可看到，由于重空穴价带的有效质量大，因而态密度高，价带内参与受

激辐射的能级很少为空穴占据，表现在衡量空穴分布的准费米能级处于价带顶上。为满足伯纳德-杜拉福格条件，势必要提高注入载流子浓度，这样会使 LD 的阈值电流增大。

3）LD 有源介质增益系数和阈值增益

由粒子数反转条件可知，一旦在半导体有源介质中实现了粒子数反转条件，该介质就具有正增益，即具有对内部和外部的光子进行谐振放大的能力。增益系数可表示为

$$g(\nu) = \frac{\Gamma n}{c} r_d = \frac{\Gamma n}{c} B_{21} \rho_c \rho_v (f_c - f_v) \rho(\nu) \tag{3.2.12}$$

其中，n 为介质的折射率；Γ 为模场限制因子。此式中已包含了粒子数反转条件。如果 $f_c < f_v$，即未到达粒子数反转，增益系数为负值，有源介质处于损耗状态；如果 $f_c > f_v$ 介质的损耗与增益刚好持平，此时注入的载流子浓度 N_0 称为透明载流子浓度。只有当 $f_c > f_v$，增益才为正值。因此增益系数并非有源介质本身的属性，与 LD 的注入电流或注入载流子浓度相关。小信号增益系数可表示为

$$g_P(\nu) = a(N - N_0) \quad \text{cm}^{-1} \quad \text{或} \quad g_P(\nu) = A(I - I_0) \quad \text{cm}^{-1} \tag{3.2.13}$$

其中，N 为载流子浓度；I_0 为透明电流强度，与 N_0 的物理意义一致。a 为 g_P - N 曲线的梯度常数。饱和增益为

$$g_m = \frac{g_P(\nu)}{1 + \dfrac{I}{I_{\nu s}}} \tag{3.2.14}$$

式中，A 为增益常数，代表 g_P - I 关系曲线的斜率（微分）增益。

如果要形成激光振荡，增益系数要大于损耗，增益阈值 g_{th} 为

$$g_{th} = \alpha_i + \alpha_0 \tag{3.2.15}$$

其中，α_i 为增益介质的内部损耗（受激吸收和散射损耗）；α_0 为 LD 的输出损耗。由于电流易被测量，故阈值电流 I_{th} 是表征 LD 质量优劣的一个重要参数。

$$I_{th} = ed \left(\frac{dN}{dt} \right)_{th} \tag{3.2.16}$$

式中，e 为电子电荷量；d 为激光器介质层厚度；$\left(\dfrac{dN}{dt} \right)_{th}$ 为注入载流子浓度速率。

4. 半导体激光器的输出特性

由于 PN 结 LD 体积小、结构简单和性能可靠，在集成光路和光纤信号传输应用中是一种极好的光源，因而 LD 有比其他激光器多得多的性能参数。在诸多参数中，制造商和用户有不同的侧重点。本节对其中与输出特性相关的参数进行分析，主要涉及功率效率、量子效率、光谱特性、光谱模式、发散角和线宽等。

LD 是一种高效率的电子-光子转换器件，与气体、固体激光器相比其有很高的转换效率。标志 LD 质量水平的一个重要特征是转换效率，通常用功率效率和量子效率来量度 LD 的工作效率。

1）功率效率

表征激光器输入的电能（电功率）转换为输出激光能量（光功率）的效率，定义为

$$\eta_p = \frac{\text{激光器输出的光功率}}{\text{激光器消耗的电功率}} = \frac{P_{ex}}{IU + I^2 r_s} = \frac{P_{ex}}{I E_g / e + I^2 r_s} \tag{3.2.17}$$

式中，P_{ex} 为输出的光功率；I 为工作电流；U 为正向压降；r_s 为串联电阻（包括半导体材料

的体电阻与电极的欧姆接触电阻）。对于理想的 LD，在正向偏压 U 下的电流可表示为

$$I = I_0(T)\left[\exp\left(\frac{eU}{kT}\right) - 1\right] \tag{3.2.18}$$

由此可见，降低 r_s，特别是制备良好的低电阻率的欧姆接触是提高功率效率的关键。改善管芯散热环境，降低工作温度也有利于功率效率的提高。功率效率随温度的上升而下降；若输入电流给定，输出光功率随温度的上升而下降。

2）量子效率

内量子效率表征激光器有源区注入的电子-空穴对数转换为有源区辐射的光子数的效率（考虑非辐射复合损耗），定义为

$$\eta_i = \frac{有源区内每秒辐射的光子数}{有源区内每秒注入的电子\text{-}空穴对数} \tag{3.2.19}$$

由于有源区内存在杂质缺陷和异质结界面态的非辐射复合和长波长激光器中的俄歇复合等因素，使得注入有源区的电子空穴对不能 100％的产生辐射复合，即 $\eta_i < 1$，但 η_i 一般也有 70％左右，是转换效率很高的器件。

有源区辐射的光子数，由于腔内损耗（受激吸收、散射等），使输出的光子数少于有源区辐射的量子数。用外量子效率表征激光器有源区注入电子-空穴对数转换为输出光子数的效率，定义为

$$\eta_{ex} = \frac{有源区每秒输出的光子数}{有源区每秒注入的电子\text{-}空穴对数} = \frac{P_{ex}/h\nu}{I/e} \tag{3.2.20}$$

由于 $h\nu$，代入有

$$\eta_{ex} = \frac{P_{ex}}{IU}$$

由定义可知：η_{ex} 是考虑到有源区内产生的光子并不能全部发射出去，腔内光子会遭受散射、衍射、吸收及腔镜端面损耗等。图 3-19 是不同温度下激光器输出功率 P_{ex} 随电流 I 的变化关系。由于阈值特性，所以当 $I < I_{th}$ 时，η_{ex} 很小，$P_{ex} = 0$；当 $I > I_{th}$ 时，P_{ex} 直线上升，所以外量子效率 η_{ex} 是电流的函数，在比较器件效率时需要图 3-19 中直线的斜率。

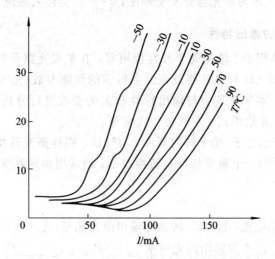

图 3-19   不同温度下激光器 P_{ex} 随 I 的变化关系

3）外微分量子效率 η_{d}

从图 3-19 所示的 P_{em}-I 特征曲线的线性部分，可确定另一个参量——外微分量子效率，定义为

$$\eta_{\mathrm{d}} = \frac{(P_{\mathrm{ex}} - P_{\mathrm{th}})/h\nu}{(I - I_{\mathrm{th}})/e} \tag{3.2.21}$$

式中，P_{th} 是对应阈值电流 I_{th} 的输出光功率。因 $P_{\mathrm{th}} \ll P_{\mathrm{ex}}$，故上式可近似为

$$\eta_{\mathrm{d}} = \frac{(P_{\mathrm{ex}} - P_{\mathrm{th}})/h\nu}{(I - I_{\mathrm{th}})/e} = \frac{P_{\mathrm{ex}} e}{(I - I_{\mathrm{th}}) E_{\mathrm{g}}} \tag{3.2.22}$$

实际上 η_{d} 是 P_{ex}-I 关系曲线阈值以上的线性部分的斜率，故亦称为斜率效率，与电流无关，仅是温度的函数。η_{d} 可直观地比较不同激光器之间性能的优劣。η_{d} 与 η_{i} 的关系为

$$\eta_{\mathrm{d}} = \frac{\eta_{\mathrm{i}}}{1 - \dfrac{\alpha_{\mathrm{i}} L}{\ln \sqrt{R_1 R_2}}} \tag{3.2.23}$$

由此可见，要得到高的外微分量子效率，首先要提高内量子效率，即尽量减少载流子的非辐射损耗，同时降低阈值电流强度（密度）也有利于提高 η_{d}。一般 η_{d} 可达 50% 左右。但 η_{d} 不是越高越好，η_{d} 太高，P_{ex} 随注入电流 I 变化灵敏度太高，器件极易损坏。

4）光谱特性

对于 LD 来说，激光工作物质是具有直接带隙跃迁的 Ⅱ-Ⅵ 族或 Ⅲ-Ⅴ 族化合物半导体晶体，其禁带宽度 E_{g} 决定着光发射波长 λ（最大值）。发射波长为

$$\lambda = \frac{1.24}{E_{\mathrm{g}}} \, \mu\mathrm{m} \tag{3.2.24}$$

其中，E_{g} 的单位为 eV。然而，这一波长还必须满足谐振腔内的驻波条件

$$2\bar{n}L = m\lambda \quad (m = 1, 2, 3, \cdots)$$

谐振条件决定着激光波长的精细结构，或纵横模谱。纵横间隔 $\Delta\lambda$ 及相应的频率间隔分别为

$$\Delta\lambda = \frac{\lambda^2}{2\bar{n}L} \tag{3.2.25}$$

$$\Delta\nu = \frac{c}{2\bar{n}L} \tag{3.2.26}$$

其中，$\bar{n}$ 为有源介质的折射率。一般的 LD 纵横间隔为 $(0.1 \sim 1)$ nm，GaAs 激光器的模间隔典型值约为 0.3 nm。而激光介质的增益谱宽为数十纳米（随 I 增大而增大）。因而有可能出现多纵模振荡。实际上，典型的结型 LD 的光谱特性比较宽，发射的光波中包含着若干个模的组合。形成这种多模特性主要有两个原因：一是有源区粒子数反转分布在空间是不均匀的，腔内驻波的波腹和波节处形成粒子数反转分布的空间烧孔效应，这是参与辐射的载流子浓度空间分布不均匀的结果；二是光谱空间烧孔效应，即对给定频率的增益降低，对应于新的粒子数反转分布，另一个有利模式被激励的几率增加了。

用高分辨率的时分办法可以测量光谱特性，实验结果证实了上述解释。测量时观察到跳模现象，在的短时间内，光谱特性部分为单模，然后又激励出一个单模，但并不像原先的那样。多模特性通常是由许多个这样的瞬间单模按时间平均产生的。

5）LD 的空间模式及发散角（空间相干性）

可以将 LD 的模式分为空间模和纵模，纵模表示频谱分布，反映发射光功率在不同波

长上的分布，而空间模描述围绕输出光束轴线某处的光强分布，或是空间几何位置上的光强分布。二者都可能是单模或出现多个模式（多模）。

采用边发射的 LD 具有非圆对称的波导结构，而且在垂直于 PN 结平面方向（横向）和平行于 PN 结平面方向（侧向）有不同的波导结构和光场限制情况，因而 LD 的空间模式有正横模和侧横模（垂直横模、水平横模）之分，如图 3-20 所示。这两种模式由于有源层厚度 d 很小（约为 0.15 μm），能保证单横模工作；而在侧向，由于宽度相对较宽，可能出现多侧模。如果在这两个方向都可能以单模（基模）工作，则为理想的 TEM_{00} 模。这种光束的发散角最小，亮度最高，能与光纤有效地耦合。相反，若有源区宽度较宽，则发光面上的光场分布在侧向表现出多模现象

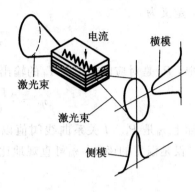

图 3-20　LD 的空间模式

（近场远场）。辐射场的空间分布分别用激光在平行于结平面方向的发散角——水平方向发散角 $\theta_{\parallel}$ 和垂直于结平面的发散角——垂直方向发散角 $\theta_{\perp}$ 来描述这种空间分布（全角）。

高斯光束光强的 $\dfrac{1}{e^2}$（13.5%）处定义为腰斑半径 w_0，则发散角全角为

$$\theta_0 = \frac{4\lambda}{\pi w_0} = \frac{1.27\lambda}{w_0} \tag{3.2.27}$$

LD 的远场并非严格的高斯分布，有较大的且在横向和侧向不对称的光束发散角。由于 LD 有源层厚度 d 较小，因而在横向有较大的发散角 $\theta_{\perp}$（$d<0.15$ μm）。

$$\theta_{\perp} = \frac{4.05(n_1{}^2 - n_2{}^2)^{\frac{1}{2}} \dfrac{d}{\lambda}}{1 + \left[\dfrac{4.05(n_1{}^2 - n_2{}^2)}{1.2}\right]\left(\dfrac{d}{\lambda}\right)^2} = \frac{\dfrac{Ad}{\lambda}}{1 + \left(\dfrac{A}{1.2}\right)\left(\dfrac{d}{\lambda}\right)^2} \tag{3.2.28}$$

式中，n_1 为限制层的折射率；n_2 为有源层的折射率；$A = 4.05(n_1^2 - n_2^2)$；$(n_1^2 - n_2^2)^{\frac{1}{2}}$ 为 LD 的有效数值孔径。

(1) 由于 d 很小，$\theta_{\perp}$ 可写为 $\theta_{\perp} = \dfrac{Ad}{\lambda}$。此式说明：$\theta_{\perp}$ 随 d 的增加而增加。实际原因是，随着 d 的减小，光场向有源层两侧进行扩展，等效于加厚了有源层，而使 $\theta_{\perp}$ 减小。这种结构称为泄露 DH 激光器。（似乎与衍射理论相反！）

(2) 当 d 与 λ 相比拟，但仍工作在基横模时，（有源区很厚）可以忽略 $\theta_{\perp}$ 分母中的因子 1，近似为

$$\theta_{\perp} = \frac{1.2\lambda}{d}$$

式中，$\theta_{\perp}$ 与 θ_0 的一致性说明：在一定的有源层厚度范围内，$\theta_{\perp}$ 随 d 的增加而减小，可以用衍射理论解释。

由于 LD 在侧向具有较大的有源层宽度 W，其发散角较小，并可表示为

$$\theta_{\parallel} = \frac{\lambda}{W}$$

例如，当 $W=1$ μm，$\lambda=0.8$ μm 时，则 $\theta_{\parallel}=0.8$ rad。由于沿宽度方向传播模式的数目随有

源区厚度 d 和两个侧面腔壁折射率 $(n_1、n_2)$ 突变的增大而增多，也随宽度 W 增大而增多，因此，器件在宽度方向往往出现高阶模式振荡，此时仍用基模发散角计算公式，结果会出现很大的误差，所以一般借助实验测量。

　　6）LD 的光谱线宽（时间相干性）

　　表征 LD 时间相干性的光谱的通常是用它的光谱线宽来定量的表示，定义为光谱曲线半峰值处的全宽（FWHM）。LD 在阈值以下的谱宽达 60 nm 左右，而阈值以上的谱线压缩至 $(2\sim3)$ nm，甚或更小，因而在 LD 出现的初期，光谱宽度曾用来作为测定激光器阈值的一种手段。因为阈值以上的激光谱线宽度很小，故常称之为线宽，用（或）来表示。

　　由于高速光纤通信要求 LD 在动态单纵模工作，因而用 -3 dB 谱宽达不到要求，而需用 -20 dB 的谱线来衡量其在高速下抗光纤色散影响的能力。目前，量子阱（DFB）激光器的线宽可优于 0.3 nm。

　　LD 的线宽比其他光体或固体激光器宽得多，究其原因主要是由于腔长短，腔面反射率低，因而其品质因素 Q 值低；由于有源区内载流子浓度的变化引起的折射率变化，增加了激光输出中相位的随机起伏（或相位噪声）。

　　LD 线宽 $\Delta\nu$ 与输出功率 p 的关系可以推导为

$$\Delta\nu = \frac{\upsilon_g^2 h\nu g n_{sp}\alpha_m(1+\alpha^2)}{8\pi p} \tag{3.2.29}$$

其中，$\alpha_m = -\dfrac{l_u R}{L}$ 为输出损耗；υ_g 为群速度；g 为增益（可用阈值 g_t 表示）；n_{sp} 为反映不完全的粒子数反转的自发辐射因子，有

$$n_{sp} = \frac{1}{1 - \exp\left(\dfrac{h\nu - \Delta E_F}{kT}\right)} \tag{3.2.30}$$

一般室温下，$n_{sp} = 2.5\sim3$；ΔE_F 为有源材料的准费米能级之差；α 为 LD 所特有的线宽提高因子；$\alpha = 2\sim5$（不同材料）。

　　（1）由 $\Delta\nu$ 可知：$\Delta\nu$ 与 p 成反比，而二者都是评价 LD 的主要性能参数，故用 $p\Delta\nu$ 来对激光器进行综合评价；

　　（2）对某些输出功率很大的激光器，表现出与功率无关的线宽 $\Delta\nu_0$，在 $\Delta\nu$ 应考虑 $\Delta\nu_0$ 的影响。分析表明 $\Delta\nu_0$ 的来源有：有源区中载流子浓度的统计起伏或导带、价带中载流子占据态的热起伏；调频噪声谱中的 $1/f$ 噪声；多模激光器中由模式竞争引起的交叉耦合或拍频。

　　比较一下就可知道，激光器线宽 $\Delta\nu$ 与激光振荡模式之间既有联系，又有区别。首先在形成机理上，线宽主要由激光模场相位随机起伏（相位噪声）所致，而振荡模式是光子在谐振腔内反馈振荡的结果；其次振荡模式越少，线宽就越小，因而减少模式的压缩线宽所采取的措施是一致的，然而即使同是单纵模工作的不同结构和工作条件下的激光器，其线宽也存在差异。单纵模激光器的线宽应存在一个极限（自发辐射）。

　　以上讨论半导体激光器的四个输出特性，除此以外，还有动态特性、热特性、可靠性和像散等输出特性，在此不一一列举。

3.3　常用激光技术

　　从一台简单激光器出射的激光束，其性能往往不能满足应用的要求，因此不断地发展

了旨在控制和改善激光器输出特性的各种单元技术。为了改善激光器输出光束的时间相干性或空间相干性，发展了模式选择、稳频及注入锁定技术等，为了获得窄脉冲宽度和高脉冲峰值功率的激光束，发展了调 Q、锁模、增益开关及腔倒空技术等，本节介绍以上控制和改善激光器输出特性的各种单元技术的原理及方法。

3.3.1 选模技术

激光的许多应用领域要求激光束具有很高的光束质量（即方向性、单色性和相干性很好），但是一般的激光器难以满足这种要求。进一步提高光束质量的方法是，进行谐振腔振荡模式的选择。

从激光原理可知，所谓横模，就是指在谐振腔的横截面内激光光场的分布。图 3-21 所示的是几个低阶横模的光场强度分布照片，图 3-21(a)为方形镜共焦腔的强度分布，图 3-21(b)为圆形镜共焦腔的强度分布。不难看出，横模阶数越高，光强分布就越复杂且分布范围越大，因而其光束发散角越大。基模（TEM_{00}）的光强分布图案呈圆形且分布范围很小，其光束发散角最小，功率密度最大，因此亮度也很高，而且这种模的径向强度分布是均匀的。所谓纵模，就是指沿谐振腔轴线方向上的激光光场分布。对于一般腔长的激光器，往往同时产生几个甚至几百个纵模振荡，纵模个数取决于激光的增益曲线宽度及相邻两个纵模的频率间隔。有许多应用（如精密干涉测长、全息照相、高分辨率光谱学等）均要求单色性、相干性极好的激光作为光源，即需要单频激光，而纵模选择技术则是单频激光运转的必要手段。

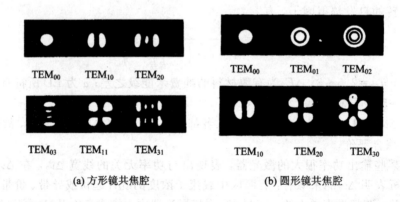

TEM$_{00}$ TEM$_{10}$ TEM$_{20}$ TEM$_{00}$ TEM$_{01}$ TEM$_{02}$

TEM$_{03}$ TEM$_{11}$ TEM$_{31}$ TEM$_{10}$ TEM$_{20}$ TEM$_{30}$

(a) 方形镜共焦腔   (b) 圆形镜共焦腔

图 3-21 不同横模的光场强度分布

模式选择技术可分为两大类：一类是横模选择技术，它能从振荡模式中选出基横模 TEM_{00}，并抑制其他高阶模振荡，基模衍射损耗最小，能量集中在腔轴附近，使光束发散角得到压缩，从而改善其方向性；另一类是纵模选择技术，它能限制多纵模中的振荡频率数目，选出单纵模振荡，从而改善激光的单色性。

1. 横模选择原理

由激光原理可知，激光器的谐振腔中可能有若干个稳定的振荡模，只要某一模的单程增益大于其单程损耗，即满足激光振荡阈值条件，该模式就有可能起振。设谐振腔两端反射镜的反射率分别为 r_1、r_2，单程损耗为 δ，单程增益系数为 G，激光工作物质长度为 L，则初始光强为 I_0 的某个横模（TEM_{mn}）的光在谐振腔内经过一次往返后，由于增益和损耗两种因素的影响，其光强变为

$$I = I_0 r_1 r_2 (1 - \delta)^2 \exp(2GL) \qquad (3.3.1)$$

阈值条件为

$$I \geqslant I_0 \qquad (3.3.2)$$

由此得出

$$r_1 r_2 (1 - \delta)^2 \exp(2GL) \geqslant 1 \qquad (3.3.3)$$

现在考察两个最低阶次的横模 TEM_{00} 和 TEM_{10} 模的情况，它们的单程损耗分别用 δ_{00} 和 δ_{10} 表示，并认为激活介质对各横模的增益系数相同，当同时满足下列两个不等式

$$\sqrt{r_1 r_2} (1 - \delta_{00}) \exp(GL) > 1 \qquad (3.3.4)$$

$$\sqrt{r_1 r_2} (1 - \delta_{10}) \exp(GL) < 1 \qquad (3.3.5)$$

此时，激光器即可实现基横模（TEM_{00}）运转。

那么，如何才能满足上述条件呢？谐振腔存在两种不同性质的损耗，一种是非选择性损耗，与横模阶数无关的损耗，如腔镜的透射损耗，腔内元件的吸收、散射损耗等。另一种则是选择性损耗，与横模阶数密切相关的衍射损耗，在稳定腔中，基模的衍射损耗最小，随着横模阶数的增高，其衍射损耗也逐渐增大。谐振腔对不同阶横模有不同衍射损耗的性能是实现横模选择的物理基础。

为了有效地选择横模，还必须考虑两个问题：其一，横模选择除了考虑各横模衍射损耗的绝对值大小之外，还应考虑横模的鉴别能力，即基模与较高横模的衍射损耗的差别必须足够大（即 δ_{10}/δ_{00} 比值大），才能有效地把两个模区分开来，以易于实现选模，否则，选模就比较困难。其二，衍射损耗在模的总损耗中必须占有重要地位，达到能与其他非选择性损耗相比拟的程度。为此，必须尽量减小腔内各元件的吸收、散射等损耗，从而相对增大衍射损耗在总损耗中的比例。另外，通过减小腔的菲涅耳数 N 也可以达到这一目的。

2. 横模选择的方法

横模选择方法可分为两类：一类是改变谐振腔的结构和参数以获得各模衍射损耗的较大差别，提高谐振腔的选模性能；另一类是在一定的谐振腔内插入附加的选模元件来提高选模性能。气体激光器大都采用前类方法，常在设计谐振腔时，适当选择腔的类型及腔参数 g 和 N 的值，以实现基模输出。固体激光器则要采用后类方法，因固体工作物质口径较大，为减小菲涅耳数 N，则必须在腔内插入选模元件。主要的方法有谐振腔参数 g 和 N 的选择法、小孔光阑法选模、腔内插入透镜选横模、"猫眼谐振腔"的选模方法、非稳腔选模等。以小孔光阑法选模为例说明选模过程。

采用小孔光阑作为选模元件插入腔内是固体激光器中常用的选模方法，如图 3-22 所示。对于共芯腔 $R_1 + R_2 = L$，这种方法尤其有效。由于高阶横模的光腰比基模的大，如果光阑的孔径选择得适当，就可

图 3-22 小孔光阑选模

以将高阶横模的光束遮住一部分，而基模则可顺利通过。再由衍射理论可知，腔内插入小孔光阑相当于减小腔镜的横截面积，即减小了腔的菲涅耳数 N，因而各阶模的衍射损耗加大。只要小孔光阑的孔径选择适当，TEM_{00} 模和 TEM_{10} 模的都满足式（3.3.4）和式（3.3.5），便可选出基模。图 3-23 表示出了在共芯腔中心处加不同孔径的光阑对 TEM_{00} 模和 TEM_{10} 模衍射损耗的影响。曲线上标明的 N 是反射镜半径对应的菲涅耳数。由图 3-23 可知，当

小孔光阑孔径 r 很小时，两种模式的损耗都很大，两者差别也很小，随着 r 增加，两模式的 δ_{10}/δ_{00} 值增加，在当 $\frac{ra}{\lambda L}=0.3$ 时，达到最大（a 为圆形反射镜的半径），这时 TEM_{10} 模损耗约 20%，而基模仅损耗 1%，这时光阑孔径为最佳值。若光阑孔径再增大，两模式损耗都减小，比值也下降，当 $\frac{ra}{\lambda L}>0.5$ 时，模式损耗与不加光阑时基本相同。

图 3-24 表示出了在同一个谐振腔中两个最低阶模衍射损耗比值（δ_{10}/δ_{00}）与菲涅耳数 N 的关系。由图可以看出，对固定的 N 值，δ_{10}/δ_{00} 值对某一个光阑孔径有一个极大值，利用此孔径选模最为有利。对于 $N=2.5\sim20$ 的共芯腔，$\frac{ra}{\lambda L}$ 为 $0.28\sim0.36$ 更为合适。

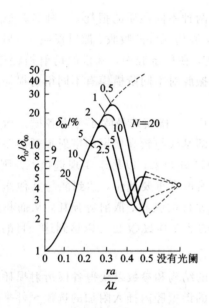

图 3-23　共芯腔两低阶模衍射损耗与光阑孔径的关系

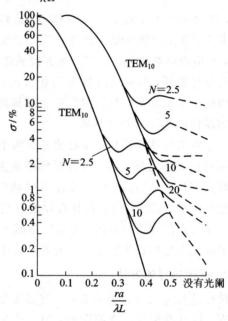

图 3-24　谐振腔 δ_{10}/δ_{00} 与菲涅耳数 N 的关系

在实际工作中，往往是根据理论，先选一个小孔半径，再通过实验确定小孔光阑的尺寸，或用可变光阑根据具体要求选择合适的小孔。小孔光阑选模虽然结构简单、调整方便，但受小孔限制，腔内基模体积小，工作物质的体积不能得到充分利用，输出的激光功率比较小，腔内功率密度高时，小孔易损坏。

3. 纵模选择原理

激光器的振荡频率范围是由工作物质的增益曲线的宽度决定的，而产生多纵模振荡数则是由增益线宽和谐振腔两相邻纵模的频率间隔决定的，即在增益线宽内，只要有几个纵模同时达到振荡阈值，一般都能形成振荡。如以 $\Delta\nu_0$ 表示增益曲线高于阈值部分的宽度，相邻纵模的频率间隔为 $\Delta\nu_q$，则可能同时振荡的纵模数

$$n=\frac{\Delta\nu_0}{\Delta\nu_q}$$

$$(3.3.6)$$

对于一般稳定腔来说，由衍射理论可知，不同的横模（TEM_{mn}）具有不同的谐振频率

数，故参与振荡的横模数越多，总的振荡频谱结构就越复杂；当腔内只存在单横模（TEM$_{00}$）振荡时，其振荡频谱结构才较简单，其频率间隔为 $\Delta\nu=c/(2nL)$。

如果激光工作物质具有多条激光谱线，为了实现单纵模选择，首先必须减少工作物质可能产生激光的荧光谱线，使之只保留一条荧光谱线，所以必须用频率粗选法抑制不需要的谱线；其次用横模选择方法选出 TEM$_{00}$ 模，然后在此基础上进行纵模选择。

纵模选择的基本思想：激光器中某一个纵模能否起振和维持振荡主要取决于这一个纵模的增益与损耗值的相对大小，因此，控制这两个参数之一，使谐振腔中可能存在的纵模中只有一个满足振荡的条件，那么激光器即可以实现单纵模运转。对于同一个横模的不同纵模而言，其损耗是相同的，但是不同纵模间却存在着增益差异，因此，利用不同纵模之间的增益差异，在腔内引入一定的选择性损耗（如插入标准具），增大各纵模间净增益差异，只有中心频率附近的少数增益大的纵模建立起振荡。这样在激光形成的过程中，通过多纵模间的模式竞争机制，最终形成并得到放大的是增益最大的中心频率所对应的单纵模。

4. 纵模选择的方法

选择纵模的方法主要有色散腔粗选频率、短腔法、法布里-珀罗（F-P）标准具法、复合腔法、环形行波腔选纵模法和 Q 开关选单纵模法等，在此介绍 F-P 标准具法。

图 3-25 所示的是 F-P 标准具选纵模装置示意图。F-P 标准具对不同波长的光束具有不同的透过率，可以表示为

$$T(\nu) = \frac{1}{1 + F\sin^2\left(\dfrac{\varphi}{2}\right)} = \frac{1}{1 + F\sin^2\left(\dfrac{2\pi d}{\lambda}\right)} \tag{3.3.7}$$

式中，$F = \dfrac{\pi\sqrt{R}}{1-R}$ 为标准具的精细度；R 为标准具对光的反射率；d 为标准具的厚度（即两平行面的间隔）；φ 是标准具中参与多光束干涉效应的相邻两出射光线的相位差，即 $\varphi = \dfrac{2\pi}{\lambda}2nd\cos a'$（式中，$n$ 为标准具介质的折射率；a' 为光束进入标准具后的折射角，一般很小，$\cos a' \approx 1$）。$T(\nu)$ 是 λ、φ 或 R 的函数，图 3-26 表示出了当 R 取不同值时，$T(\nu)$ 与 φ 的变化曲线。由图 3-26 可以看出，标准具有反射率 R 越大，则透射曲线越窄，选择性就越好。相邻两透过率极大值的间隔为

$$\Delta\nu_m = \frac{c}{2nd\ \cos a'} \approx \frac{c}{2nd} \tag{3.3.8}$$

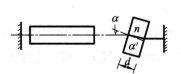

图 3-25 F-P 标准具选纵模装置

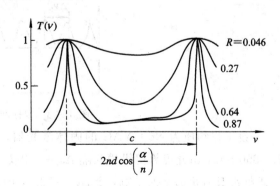

图 3-26 F-P 标准具的透过率

式(3.3.8)通常称为标准具的自由光谱区。可见，标准具的厚度 d 比谐振腔的长度 L 小得多，因此它的自由光谱区比谐振腔的纵模间隔大得多。这样，在激光器的谐振腔内插入标准具，并选择适当的厚度和反射率，使 $\Delta\nu_m$ 与激光工作物质的增益线宽相当，如图 3-27 所示。由图 3-27 可见，处于中心频率的纵模与标准具最大透过率处的 ν_m 相一致，故该模损耗最小，即 Q 值最大，可以起振，而其余的纵模则由于附加损耗太大，Q 值过低而不能形成激光振荡。调节标准具的倾斜角以改变 a，即可使 ν_m 与不同纵模的频率重合，就可以获得不同频率的单纵模激光输出。

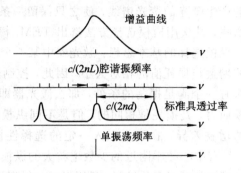

图 3-27 F-P 标准具法选单纵模

F-P 标准具选纵模的优点在于标准具平行平面板间的厚度可以做得很薄，因而对增益线宽很宽的激光工作物质，如 Ar^+、Nd：YAG 和红宝石等激光器，均能获得单纵模振荡，且由于腔长没有缩短，输出功率仍可很大。

气体激光器的荧光线宽一般比较窄，用标准具法选纵模时，只要一个标准具就可以实现；但是对于固体激光器，由于荧光线宽很宽，只用一个标准具往往难以实现，原因是其精细度受工艺因素的限制不可能有很大的数值；当激光器腔长较长时纵模间隔较小，如果标准具的自由光谱区很大，它的带宽也就比较宽，因而就难以保证单纵模振荡，所以不得不再插入第二个自由光谱区较小的标准具才能获得单纵模（如图 3-28 所示）。下面举例说明。

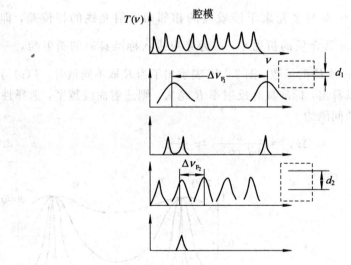

图 3-28 双标准具选单纵模

设工作物质为 Nd：YAG 的固体激光器，其荧光线宽 $\Delta\nu_0$ 为 2×10^{11} Hz，谐振腔长 $L=850$ mm，由此可算得纵模间隔 $\Delta\nu_q=c/2nL=1.7\times10^8$ Hz（设 $n=1$）。为选出单纵模，要求标准具有足够窄的带宽，令 $\Delta\nu_{t_1}=2\Delta\nu_q$，即 $\Delta\nu_{t_1}=3.14\times10^8$ Hz，设标准具的表面平整度为 $\lambda/100$，反射率 $R=94\%$，则 $F_p=m/2=100/2=50$，$F_r=\pi\sqrt{R}/(1-R)\approx50$，由公式

$\dfrac{1}{F_1^2} = \dfrac{1}{F_r^2} + \dfrac{1}{F_p^2}$（$F_r$ 是由标准具反射率决定的精细度，F_p 是由标准具的平整度 m 决定的精细度）可算出 $F_1 = 35$，此标准具的自由光谱区 $\Delta\nu_{m_1} = F_1 \cdot \Delta\nu_{t_1} = 35 \times 3.14 \times 10^8$ Hz $\approx$ 1.2×10^{10} Hz，由此可求出标准具的厚度（设 $n = 1.5$）为

$$d_1 = \frac{c}{2n\Delta\nu_{m_1}} = \frac{3 \times 10^{11}}{2 \times 1.5 \times 1.2 \times 10^{10}} \text{ mm} = 0.83 \text{ mm}$$

选择第二个标准具时，应有 $\Delta\nu_{t_2} \leqslant 2\Delta\nu_{m_1}$。取 $\Delta\nu_{t_2} = 2\Delta\nu_{m_1} = 2.4 \times 10^{10}$ Hz，令 $\Delta\nu_{m_2} = \Delta\nu_0$，则 $F_2 = \Delta\nu_{m_2}/\Delta\nu_{t_2} = \Delta\nu_0/\Delta\nu_{t_2} \simeq 10$，能满足选单纵模条件。求出第二个标准具的表面平整度为 $\lambda/30$，$R_2 = 75\%$，则标准具厚度 $d_2 = c/(2n\Delta\nu_{m_2}) = 0.41$ mm。

由上面的实例分析，得到如下结果：

（1）第一个标准具的参数为：厚度 $d_1 = 0.83$ mm（可选 1 mm），平整度为 $\lambda/100$，$R = 94\%$。

（2）第二个标准具的参数为：厚度 $d_2 = 0.41$ mm（可选 0.5 mm），平整度为 $\lambda/30$，$R_2 = 75\%$。

以上的计算都是在一定假设条件下进行的。实际上，还必须通过实验，对一些参数进行修改，才能符合实际的要求。

3.3.2 锁模技术

超短脉冲技术是物理学、化学、生物学、光电子学及激光光谱学等学科对微观世界进行研究和揭示新的超快过程的重要手段。超短脉冲技术的发展经历了主动锁模、被动锁模、同步泵浦锁模、碰撞锁模（CPM）以及 90 年代出现的加成脉冲锁模（APM）、耦合腔锁模（CCM）或自锁模等阶段。自 60 年代实现激光锁模以来，锁模光脉冲宽度为皮秒（10^{-12} s）量级，70 年代，脉冲宽度达到亚皮秒（10^{-13} s）量级，到 80 年代则出现了一次飞跃，即在理论和实践上都有一定的突破。1981 年，美国贝尔实验室的 R. L. Frok 等人提出碰撞锁模理论，并在六镜环形腔中实现了碰撞锁模，得到稳定的 90 fs 的光脉冲序列。采用光脉冲压缩技术后，获得了 6 fs 的光脉冲。90 年代自锁模技术的出现，在掺钛蓝宝石自锁模激光器中得到了 8.5 fs 的超短光脉冲序列。以下将讨论超短脉冲激光器的原理、特点和实现的方法。

1. 多模激光器的输出特性

为了更好地理解锁模的原理，先讨论未经锁模的多纵模自由运转激光器的输出特性。腔长为 L 的激光器，其纵模的频率间隔为

$$\Delta\nu_q = \nu_{q+1} - \nu_q = \frac{c}{2L} \tag{3.3.9}$$

自由运转激光器的输出一般包含若干个超过阈值的纵模，如图 3-29 所示。这些模的振幅及相位都不固定，激光输出随时间的变化是它们无规则叠加的结果，是一种时间平均的统计值。

假设在激光工作物质的净增益线宽内包含有 N 个纵模，那么激光器输出的光波电场是 N 个纵模电场的和，即

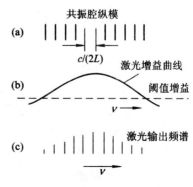

图 3-29 激光增益曲线与谐振腔纵模

$$E(t) = \sum_{q=0}^{N} E_q \cos(\omega_q t + \phi_q) \tag{3.3.10}$$

式中，$q=0，1，2，\cdots，N$，它是激光器内 N 个振荡模中第 q 个纵模的序数；ω_q 和 ϕ_q 是纵模序数为 q 的模的角频率及相位；E_q 是纵模序数为 q 的场强。在一般情况下，这 N 个纵模的相位 ϕ_q 之间是无关的，即它们之间在时间上相互没有关联，完全是独立、随机的，这可表示为 $\phi_{q+1}-\phi_q\neq$ 常数。另一方面，各纵模的相位本身受到激光工作物质及腔长的热变形，泵浦能量的变动等各种不规则扰动的影响，还会产生各自的漂移，即它们各自的相位在时间轴上是不稳定的，ϕ_q 本身并非常数，这样就破坏了各纵模之间的相干条件，所以激光输出的总光场是各个不同频率光场的无规则叠加的结果，其光场强度也随时间无规则起伏。图 3 - 30 给出了时间描述和频率描述的非锁模激光脉冲和完全锁模激光脉冲两种情况的图形。

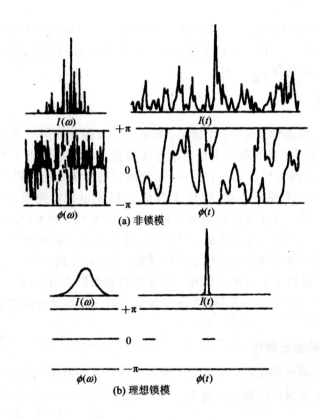

图 3 - 30 非锁模与理想锁模激光器的信号结构模

　　如果采用适当的措施使这些各自独立的纵模在时间上同步，即把它们的相位相互联系起来，使之有一确定的关系（$\phi_{q+1}-\phi_q=$ 常数），那么就会出现一种与上述情况有质的区别而有趣的现象；激光器输出的将是脉宽极窄、峰值功率很高的光脉冲，如图 3 - 30(b)所示。这就是说，该激光器各模的相位已按照 $\phi_{q+1}-\phi_q=$ 常数的关系被锁定，这种激光器称为锁模激光器，相应的技术称为"锁模技术"。

2. 锁模的基本原理

　　要获得窄脉宽、高峰值功率的光脉冲，只有采用锁模的方法，即使各纵模相邻频率间

隔相等并固定为 $\Delta\nu_q=\dfrac{c}{2L}$，这一点在单横模的激光器中是能够实现的。

下面分析激光输出与相位锁定的关系。为运算方便，设多模激光器的所有振荡模均具有相等的振幅 E_0，超过阈值的纵模共有 $2N+1$ 个，处在介质增益曲线中心的模，其角频率为 ω_0，初相位为 0，其模序数 $q=0$，即以中心模作为参考，各相邻模的相位差为 α，模频率间隔为 $\Delta\omega$，假定第 q 个振荡模为

$$E_q(t) = E_0 \cos(\omega_q t + \phi_q) = E_0[(\omega_0 + q\Delta\omega)t + qa] \qquad (3.3.11)$$

式中，q 为腔内振荡纵模的序数。激光器输出的总光场是 $2N+1$ 个纵模相干的结果，则

$$
\begin{aligned}
E(t) &= \sum_{q=-N}^{N} E_0 \cos[(\omega_0 + q\Delta\omega)t + qa] \\
&= E_0 \cos\omega_0 t \{1 + 2\cos(\Delta\omega t + a) + 2\cos[2(\Delta\omega t + a)] \\
&\quad + \cdots + 2\cos[N(\Delta\omega t + a)]\}
\end{aligned}
$$

利用三角函数关系

$$\cos\beta + \cos(2\beta) + \cdots + \cos(N\beta) = \frac{\sin\left(\dfrac{1}{2}N\beta\right)\cos\left[\dfrac{1}{2}(N+1)\beta\right]}{\sin\dfrac{1}{2}\beta}$$

可得

$$E(t) = E_0 \cos(\omega_0 t) \frac{\sin\left[\dfrac{1}{2}(2N+1)(\Delta\omega t + a)\right]}{\sin\left[\dfrac{1}{2}(\Delta\omega t + a)\right]} = A(t)\cos(\omega_0 t) \qquad (3.3.12)$$

$$A(t) = E_0 \frac{\sin\left[\dfrac{1}{2}(2N+1)(\Delta\omega t + a)\right]}{\sin\left[\dfrac{1}{2}(\Delta\omega t + a)\right]} \qquad (3.3.13)$$

由式(3.3.11)、式(3.3.12)和式(3.3.13)可知，$2N+1$ 个振荡的模经过锁相以后，总的光场变为频率为 ω_0 的调幅波。振幅 $A(t)$ 是一随时间变化的周期函数，光强 $I(t)$ 正比于 $A^2(t)$，也是时间的函数，光强受到调制。按傅里叶分析，总光场由 $2N+1$ 个纵模频率组成，因此激光输出脉冲是包括 $2N+1$ 个纵模的光波。

图 3-31 给出了 7 个振荡模的输出光强曲线。由上面分析可知，只要知道振幅 $A(t)$ 的变化情况，即可了解输出激光的特性。为讨论方便，假定 $\alpha=0$，则

$$A(t) = E_0 \frac{\sin\left[\dfrac{1}{2}(2N+1)\Delta\omega t\right]}{\sin\left(\dfrac{1}{2}\Delta\omega t\right)} \qquad (3.3.14)$$

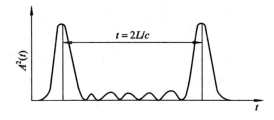

图 3-31　7 个振荡模的输出光强分布曲线

式中，分子、分母均为周期函数，因此 $A(t)$ 也是周期函数。只要得到它的周期、极值、零点，即可以得到 $A(t)$ 的变化规律。

由式(3.3.14)可求出 $A(t)$ 的周期为 $2L/c$，在一个周期内有 $2N$ 个零值点及 $2N+1$ 个极值点。

当 $t=0$ 和 $t=2L/c$ 时，$A(t)$ 取极大值。由于 $A(t)$ 的分子、分母同时为零，利用罗彼塔法则可求得此时振幅为 $(2N+1)E_0$。

当 $t=L/c$ 时，$A(t)$ 取极小值 $\pm E_0$，当 N 为偶数时，$A(t)=E_0$，N 为奇数时，$A(t)=-E_0$。除了 $t=0$，L/c 及 $2L/c$ 点之外，$A(t)$ 具有 $2N-1$ 个次极大值。

由于光强正比于 $A^2(t)$，因此在 $t=0$ 和 $t=2L/c$ 时的极大值，称为主脉冲。在两个相邻主脉冲之间，共有 $2N$ 个零点，并有 $2N-1$ 个次极大值，称为次脉冲。由于在锁模激光器中，一般被锁定的纵模数量很多，所以次脉冲的值通常可忽略不计。而两个主脉冲的间隔 $\tau=2L/c$ 恰好是一个光脉冲在腔内往返一次所用的时间，所以锁模振荡也可以理解为只有一个光脉冲在腔内来回传播。

由上述的简要分析可知，激光器多个纵模锁模的结果，出现了下列有意义的现象：

(1) 激光器的输出是间隔为 $\tau=2L/c$ 的规则脉冲序列。

(2) 每个脉冲宽度 $\Delta\tau=\dfrac{1}{2N+1}\dfrac{1}{\Delta\nu_q}$，即近似等于振荡线宽的倒数。主脉冲的宽度 $\Delta\tau$ 定义为由脉冲峰值下降到第一个零值的时间间隔。因为振荡线宽不会超过激光器净增益线宽 $\Delta\nu_g$，因此在极限情况下，$\Delta\tau_{\min}=1/\Delta\nu_g$。可见增益线宽越宽，越可能得到窄的锁模脉宽。如钕玻璃光器，$\Delta\nu_g=(20\sim30)$nm，用它进行锁模可以得到 $(10^{-12}\sim10^{-13})$ s 量级的窄脉冲。但在气体激光器中，一般 $\Delta\nu_g$ 很小，如对于氦氖激光器，$\Delta\nu_g=2\times10^{-3}$ nm，所以不能获得比 1 ns 更窄的脉冲。

(3) 输出脉冲的峰值功率正比于 $E_0^2(2N+1)^2$，而自由运转的激光器的平均功率正比于 $E_0^2(2N+1)$。因此，由于锁模，峰值功率提高了 $2N+1$ 倍。在固体激光器中，振荡模数量可达 $10^3\sim10^4$，所以单个脉冲的峰值功率可以很高。

(4) 多模 $(\omega_0+q\Delta\omega_q)$ 激光器相位锁定的结果，实现了 $\phi_{q+1}-\phi_q=$ 常数，导致输出一个峰值功率高，脉冲宽度窄的序列脉冲。因此多纵模激光器锁模后，各振荡模发生功率耦合而不再独立。每个模的功率应看成是所有振荡模提供的。

3. 锁模的方法

锁模最早是在氦氖激光器内用声光调制器实现的，后在氩离子、二氧化碳、红宝石和钇铝石榴石等其他激光器中都使用内调制方法实现了锁模。以后又出现了可饱和吸收染料锁模。随着锁模技术的发展，推动了超短脉冲测试技术的发展，后者反过来又推动了锁模技术的发展。1968 年开始了横模锁定的研究，稍后又进行了纵横模同时锁定的研究。70 年代后发展了主动加被动、双锁模(损耗调制加相位调制)、锁模加调 Q 及同步锁模等技术，后来又实现了碰撞锁模、自锁模等。本节主要讨论振幅调制主动锁模。

主动锁模采用的是周期性调制谐振腔参量的方法。即在激光谐振腔内插入一个受外部信号控制的调制器，用一定的调制频率周期性地改变谐振腔内振荡模的振幅或相位。当选择的调制频率与纵模间隔相等时，对各个模的调制会产生边频，其频率与两个相邻纵横的频率一致。由于模之间的相互作用，使所有的模在足够的调制下达到同步，形成锁模序列脉冲。

主动锁模是在激光腔内插入一个调制器,调制器的调制频率应精确地等于纵模间隔,这样可以得到重复频率为 $f=c/2L$ 的锁模脉冲序列。

根据调制的原理,可分为相位调制(PM)(或频率调制 FM)锁模及振幅调制(或称为损耗调制)锁模。下面讨论振幅调制锁模原理及实现的方法。

利用声光或电光调制器均可实现振幅调制锁模。因损耗调制的频率为 $c/2L$,所以调制的周期正好是光脉冲在腔内来回一周所需的时间。因此,谐振腔中往返运行的激光束在其通过调制器的行程中总是处在相同的调制周期部分内。如将调制器放在腔的一端,设在某时刻 t_1 通过调制器的光信号受到的损耗为 $a(t_1)$,则在脉冲往返一周(t_1+2L/c 时),这个光信号将受到同样的损耗,$a(t_1+2L/c)=a(t_1)$。如 $a(t_1)\neq0$,则这部分信号在谐振腔内每往返一次就受到一次损耗,若损耗大于腔内的增益,这部分光波最后就会消失。而在损耗 $a(t_1)=0$ 时刻通过调制器的光,每次都能无损耗地通过,并且该光波在腔内往返通过工作物质时会不断得到放大,使振幅越来越大。如果腔内的损耗及增益控制得适当,那么将形成脉宽很窄、周期为 $2L/c$ 的脉冲序列输出。

现以最简单的正弦调制情况为例,从频率特性来讨论振幅调制的基本原理。设调制信号

$$a(t) = A_m \sin\left(\frac{1}{2}\omega_m t\right) \tag{3.3.15}$$

式中,A_m 和 $\frac{1}{2}\omega_m$ 分别为调制信号的振幅和角频率。在调制信号为零值时腔内损耗最小,而调制信号等于正负最大时,腔内损耗均为最大值,所以损耗变化的频率为调制信号频率的两倍,损耗率为

$$a(t) = a_0 - \Delta a_0 \cos(\omega_m t) \tag{3.3.16}$$

式中,a_0 为调制器的平均损耗;Δa_0 为损耗变化的幅度;ω_m 为腔内损耗变化的角频率,其频率等于纵模频率间隔 $\Delta\nu_q$,调制器的透过率为

$$T(t) = T_0 + \Delta T_0 \cos(\omega_m t) \tag{3.3.17}$$

式中,T_0 为平均透过率;ΔT_0 为透过率变化的幅度。调制器放入腔内,未加调制信号时,调制器的损耗为

$$a = a_0 - \Delta a_0 \tag{3.3.18}$$

式中,a 为常数,它表示调制器的吸收、散射、反射等损耗。透过率为

$$T = T_0 + \Delta T_0 \tag{3.3.19}$$

并且

$$a + T = 1 \tag{3.3.20}$$

假定调制前腔内的光场为

$$E(t) = E_c \sin(\omega_c t + \varphi_c) \tag{3.3.21}$$

受到调制以后,腔内的光场则变为

$$E(t) = E_c T(t) \sin(\omega_c t + \varphi_c) = E_c(T_0 + \Delta T_0 \cos\omega_m t) \sin(\omega_c t + \varphi_c)$$
$$= A_c [1 + m \cos(\omega_m t)] \sin(\omega_c t + \varphi_c) \tag{3.3.22}$$

式中,$A_c = E_c T_0$,它为光波场的振幅;$m = \dfrac{E_c \Delta T_0}{A_c}$,它为调制器的调制系数。为保证无失真

调制，应取 $m<1$。图 3-32 为时域内损耗调制锁模原理波形图。图 3-32(a)为调制信号的波形；图 3-32(b)为腔内损耗的波形，其频率为调制信号频率的两倍；图 3-32(c)为调制器透过率波形；图 3-32(d)为腔内未调制的光波电场；图 3-32(e)为腔内经过调制后的光波电场；图 3-32(f)为锁模激光器输出的光脉冲。

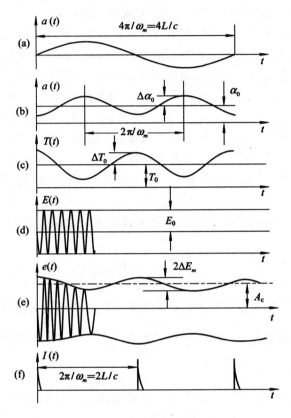

图 3-32　损耗调制锁模原理示意图

下面从频率域讨论锁模原理。现将式(3.3.22)展开得

$$E(t) = A_c \sin(\omega_c t + \varphi_c) + \frac{1}{2}mA_c \sin[(\omega_c + \omega_m)t + \varphi_c]$$

$$+ \frac{1}{2}mA_c \sin[(\omega_c - \omega_m)t + \varphi_c] \tag{3.3.23}$$

式(3.3.23)说明：一个频率为 ω_c 的光波，经过外加频率为 $\frac{1}{2}\omega_m$ 的调制信号调制后，其频谱包括了 3 个频率，即 ω_c、上边频 $(\omega_c + \omega_m)$ 和下边频，而且这 3 个频率的光波的相位均相同。由此可见，损耗是以频率 $f_m = \omega_m/2\pi = \Delta\nu_q$ 变化的，因此，第 q 个振荡模里会出现其他模的振荡。损耗调制的结果把各个纵模联系起来了，其锁模过程如下：

假设处于增益曲线中心的纵模频率为 ν_0，由于它的增益最大，首先开始振荡，因此电场表达式为

$$E(t) = E_0 \cos\omega_0 t \tag{3.3.24}$$

当该光波通过腔内的调制器时，受到损耗调制，调制的结果产生了两个边频分量 $\nu_0 \pm \nu_m$。当损耗变化的频率 ν_m 和腔内纵模的频率间隔相等时，有

$$\nu_m = \frac{c}{2L} = \Delta\nu_q$$

则

$$\nu_1 = \nu_0 + \frac{c}{2L} = \nu_0 + \nu_m$$

$$\nu_{-1} = \nu_0 - \frac{c}{2L} = \nu_0 - \nu_m$$

由调制激发的边频实际上是与 ν_0 相邻的两个纵模频率，这样使得与它相邻的两个纵模开始振荡，它们具有确定的振幅和与 ν_0 相同的相位关系。而后，ν_1 和 ν_{-1} 通过增益介质被放大，并通过调制器得到调制，调制的结果又激发新的边频 $\nu_2 = \nu_1 + \frac{c}{2L}$ 和 $\nu_{-2} = \nu_{-1} - \frac{c}{2L}$ 及 $\nu_3 = \nu_2 + \frac{c}{2L}$ 和 $\nu_{-3} = \nu_{-2} - \frac{c}{2L}$ 等。此过程继续进行，直到落在激光线宽内的所有纵模被激发为止，如图 3-33 所示。

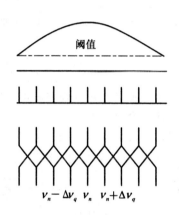

图 3-33　损耗调制时纵模耦合过程示意图

另外，由式(3.3.23)可知，当 $t=0$ 时，三个分量的振幅都是最大，同时，它们与原来的中心纵模具有相同的相位。当这两个边频的光通过调制器时，又受到调制，出现 $\omega_0 \pm 2\omega_m$ 的振荡模。经过多次调制后，所产生的频率为 $\omega_0 \pm N\omega_m$ 的各振荡模都将具有相同的初相位，且其频率也是等间隔的，从而达到了锁模的目的。这些纵模相干叠加起来，发生强烈的耦合，形成了强而窄的光脉冲序列。

3.3.3　倍频技术

自弗兰肯(Franken)等人在 1961 年用红宝石激光通过石英晶体检测到倍频光后，一些科学工作者又观察到了两束激光之间的混频现象(和频、差频)。乔特迈(Giordmine)和马克尔(Maker)等人提出了相位匹配技术，使光倍频和光混频技术得到了飞跃式的发展，成为激光技术中频率转换的重要手段。例如，通过倍频技术可将波长 1.064 μm 的激光转换成波长 0.532 μm 的绿光，再通过倍频，则可得到波长 0.266 μm 的紫外光。波长 1.064 μm 的激光分别与波长 0.532 μm 和 0.266 μm 激光混频，可获得三次谐波(0.353 μm)和五次谐波(0.212 μm)的激光。这些波段的激光，可用于激光医学、海洋探潜和核聚变等方面，还可作为可调谐染料激光器、掺钛蓝宝石激光器、光参量振荡器或受激拉曼(Raman)散射频移器的泵浦源。

1. 光倍频及光混频的稳态小信号解

设由频率为 ω_1 和 ω_2 的光波混频产生 $\omega_3 = \omega_1 + \omega_2$ 频率的光波。根据小信号近似，可认为在光波混频过程中，频率为 ω_1 和 ω_2 的光波场强的改变量足够小，小到它们在三波耦合过程中可视为常数。那么稳态三波耦合波方程组中只有如下的关于频率 ω_3 的光波的一个方程

$$\frac{dE_3}{dz} = i\frac{\omega_3^2}{k_3 c^2}x_{\text{eff}}E_1 E_2 \exp(i\Delta kz) \tag{3.3.25}$$

设非线性介质长为 L，并认为入射端 $(z=0) E_3=0$，则对上式积分，有

$$E_3 = \int_0^L \mathrm{i}\, \frac{\omega_3^2}{k_3 c^2} x_{\text{eff}} E_1 E_2 \exp(\mathrm{i}\Delta kz)\, \mathrm{d}z$$

以 $\omega_3=2\pi c/\lambda_3$，$k_3=2\pi n_3/\lambda_3$ 代入上式，得

$$E_3 = \mathrm{i}\, \frac{2\pi x_{\text{eff}}}{\lambda_3 n_3} L E_1 E_2 \left[\sin\left(\frac{\Delta kL}{2}\right)\Big/\frac{\Delta kL}{2}\right] \exp\left(\mathrm{i}\Delta k \frac{L}{2}\right) \tag{3.3.26}$$

在介质中，每单位面积的光功率(即功率密度)$I=\frac{1}{2}nc\varepsilon_0 |E|^2$，因此光功率密度表示为

$$|I_3| = \frac{2\pi^2 L^2 x_{\text{eff}}^2}{n_1 n_2 n_3 \lambda_3^2 c\varepsilon_0} |I_1||I_2| \left[\sin\left(\frac{\Delta kL}{2}\right)\Big/\frac{\Delta kL}{2}\right]^2 \tag{3.3.27}$$

式(3.3.27)是对和频过程而言的。对于差频过程，只要以 $-\omega_2$ 代替 ω_2，以 E_2^* 代替 E_2，就可以得到完全类似的结果。

当 $\omega_1=\omega_2=\omega$，$\omega_3=2\omega$ 时，就是倍频过程。通常把频率为 ω 的光波称为基波，频率为 2ω 的光波称为倍频波或二次谐波。倍频的光功率密度为

$$|I_{2\omega}| = \frac{8\pi^2 L^2 d_{\text{eff}}^2}{n_\omega^2 n_{2\omega} \lambda_\omega^2 c\varepsilon_0} |I_\omega|^2 \left[\sin\left(\frac{\Delta kL}{2}\right)\Big/\frac{\Delta kL}{2}\right]^2 \tag{3.3.28}$$

式中，d_{eff} 为有效非线性系数。

用输出的倍频光功率密度 $|I_{2\omega}|$ 与基波光功率密度 $|I_\omega|$ 之比表征转换效率，称为倍频效率 η_{shg}，即

$$\eta_{\text{shg}} = \frac{|I_{2\omega}|}{|I_\omega|} = \frac{8\pi_2 L_2 d_{\text{eff}}^2}{n_\omega^2 n_{2\omega} \lambda_\omega^2 c\varepsilon_0} |I_\omega| \left[\sin\left(\frac{\Delta kL}{2}\right)\Big/\frac{\Delta kL}{2}\right]^2 \tag{3.3.29}$$

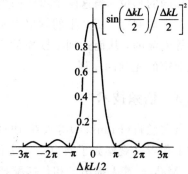

图 3-34　$\left[\sin\left(\frac{\Delta kL}{2}\right)\right]^2$ 函数曲线图

式(3.3.26)、式(3.3.27)和式(3.3.28)说明：若相关因子 $\sin\left(\frac{\Delta kL}{2}\right)\Big/\frac{\Delta kL}{2}=1$，则光波混频所产生的新频率的光功率(或倍频波光功率)与两输入光波功率的乘积(或基波功率的平方)成正比；当输入光功率(或基波功率)一定时，则与非线性介质的长度 L 和有效非线性系数(d_{eff})的平方成正比。图 3-34 所示的是函数 $\left[\sin\left(\frac{\Delta kL}{2}\right)\Big/\frac{\Delta kL}{2}\right]^2$ 与 $\frac{\Delta kL}{2}$ 之间的关系曲线。当 $\Delta k=0$ 时，相位因子才能等于 1，称为相位匹配条件；而当 $\Delta k \neq 0$ 时，相位因子小于 1，称为相位失配。只有在相位匹配条件下，才可获得最高的转换效率。

2. 相位匹配技术

1) 相位匹配原理

以倍频过程为例。设基波为 $E=E_\omega \cos(\omega t-k_1 z)$，若忽略基波在非线性介质内的幅度衰减，则在介质中产生的二阶非线性极化强度为

$$P_{2\omega} \propto E_\omega^2 \cos(2\omega t-2k_1 z)$$

由上式可看出，二阶非线性极化强度的频率是 2ω，能够发射频率为 2ω 的倍频波，而其空

间变化是由两倍的基波传播常数 $2k_1$ 决定，而不是由倍频波的传播常数 k_2 决定。图 3-35 所示的距入射端 z 处的厚度为 dz 的一薄层介质，在输出端所产生的倍频波场强为

$$dE_{2\omega} \propto E_\omega^2 \cos[2\omega(t-t') - 2k_1 z]dz$$

式中，t' 是频率 2ω 的倍频波传播距离 $(L-z)$ 所需的时间，

$$t' = \frac{L-z}{v_2} = \frac{(L-z)k_2}{2\omega}$$

整个非线性介质长度是全部 dz 薄片的总和，那么介质输出端总的倍频波场强是所有薄片贡献的总和，即

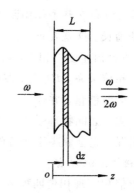

图 3-35　倍频过程相位匹配示意图

$$\begin{aligned}
E_{2\omega}(L,t) &= \int_0^L dE_{2\omega} \propto E_\omega^2 \int_0^L \cos[2\omega(t-t') - 2k_1 z] \, dz \\
&= E_\omega^2 \int_0^L \cos[2\omega t - \Delta kz - k_2 L) \, dz \\
&= E_\omega^2 L \left[\sin\left(\frac{\Delta kL}{2}\right) \middle/ \frac{\Delta kL}{2} \right] \cos\left(2\omega t - \frac{2k_1 + k_2}{2} L\right)
\end{aligned}$$

由此可得介质输出端总的倍频波强度

$$I_{2\omega} \propto E_{2\omega}^2 \propto \frac{\sin^2\left[\frac{1}{2}\Delta kL\right]}{\left[\frac{1}{2}\Delta kL\right]^2} I_\omega^2 L^2$$

此结果与式(3.3.28)完全一致。

由于介质的正常色散，$\Delta k (= 2k_1 - k_2)$ 一般不等于 0，因此 $dE_{2\omega}$ 的相位因子是 z 的函数，这意味着所有 dz 薄片贡献的倍频波不能同相位叠加，有时甚至相互抵消，使总的倍频波强度输出很小。只有当 $\Delta k = 0$ 时，此相位因子才与 z 无关，这时，不同坐标 z 处的薄片发射的倍频波在输出端能同相位叠加，而使总的倍频波功率输出达到最大值。$\Delta k = 0$ 称为相位匹配。

当 $\Delta k \neq 0$ 时，$\frac{1}{2}\Delta kL = \frac{1}{2}(2k_1 - k_2)L = \frac{\omega}{c}(n_\omega - n_{2\omega})L \neq 0$，其实质是在介质内传播距离上，后一时刻和前一时刻产生的倍频波之间有相位差。观察相邻 Δz 的两个小区域，当相位差 $\frac{\omega}{c}(n_\omega - n_{2\omega})\Delta z = m\pi$ 时，此两个小区域辐射的倍频波恰好反相而互相抵消。只有 $\frac{\omega}{c}(n_\omega - n_{2\omega})\Delta z = \frac{(2m+1)\pi}{2}$ 时，两小区域辐射的倍频波才是互相加强的。我们定义，当 $\frac{\Delta kL}{2} = \frac{\omega}{c}(n_\omega - n_{2\omega})L = \frac{\pi}{2}$ 时，

$$L = \frac{\lambda_\omega}{4(n_\omega - n_{2\omega})} = L_c \tag{3.3.30}$$

式中，L 称为相干长度。在正常色散情况下，L_c 约为几十微米至一百微米。

上面是以电磁波相干叠加说明相位匹配原理，对此也可以从能量转换来理解。在倍频过程中，基波的能量是通过介质的非线性极化不断转换（耦合）到谐波，即基波在介质内产生非线性极化 $P_{2\omega}^{nl}$，$P_{2\omega}^{nl}$ 发射谐波。在介质入射端，$P_{2\omega}^{nl}$ 与发射的谐波之间有一个合适的相倍

关系。显然只有在整个作用距离内始终保持此相位关系，$P_{2\omega}^{nl}$ 才能不断发射谐波，谐波能量才会不断增长。这就要求谐波与非线性极化波的相速度必须相等，即 $\Delta k = 2k_\omega - k_{2\omega} = 0$，若 $\Delta k \neq 0$，两者相速度不相等，则传播一段距离后，两者的相对相位发生变化，不能保持初始时合适的相位关系，$P_{2\omega}^{nl}$ 发射受阻碍。当它们之间相位发生 180° 变化时，$P_{2\omega}^{nl}$ 不再发射能量，而是吸收谐波能量，并通过 $P_{2\omega}^{nl}$ 发射基波（ω）的电磁能，将谐波能量通过非线性极化反转换到基波中去，如同物理学中周期运动的单摆与同频率的外力作用，是外力对单摆作功还是相反的情况，完全取决于两者的相位关系。

2）相位匹配方法

对于倍频实现相位匹配的条件是 $\Delta k = 0$，即基波与倍频波的折射率相等，$n_\omega = n_{2\omega}$。对于一般光学介质而言，其折射率随频率而变。在透明区，频率高的光波折射率总是较高，即 $n_{2\omega} > n_\omega$。利用各向异性晶体的双折射特性，并使基波与倍频波有不同的偏振态，可以得到 $n_\omega > n_{2\omega}$。例如，负单轴晶体 KDP 的 n_o 和 n_e 的色散曲线如图 3-36 所示。在倍频过程中，若取 0.6328 μm 基波为 o 光偏振，其折射率为 n_o^ω，介于 0.3164 μm 倍频波的两个主折射率（$n_o^{2\omega}$ 和 $n_e^{2\omega}$）之间，因此，只要选择合适的传播方向，便可实现相位匹配。从图 3-37 所示负单轴晶体折射率面可更清楚地看出来。图 3-37 所示的虚线为倍频波（e 光）的折射率面，实线为基频波（o 光）的折射率面。由图 3-37 可见，基波的 o 光折射率面和倍频的 e 光折射率面有两个圆交线（在图中看到四个点），若交点 P 对应的方向与光轴 oz 方向的夹角为 θ_m，恰好也是入射晶体的基波法线方向与光轴方向的夹角，就有 $n_o^\omega = n_e^{2\omega}(\theta_m)$。$\theta_m$ 称为相位匹配角。因为这种相位匹配是通过选择特定角度实现的，故称为角度相位匹配，又称为临界相位匹配。

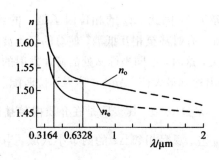

图 3-36　KDP 晶体的色散曲线

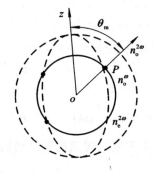

图 3-37　负单轴晶体折射率椭球 yoz 截面

按照入射基波的偏振态，可将角度匹配方式分为两类：一类是入射的基波取单一的线偏振光（如 o 光），而倍频波为另一状态的线偏振光（如 e 光）。这种情况通常称为第 I 类相位匹配方式。如上面所分析的负单轴晶体，其相位匹配条件为 $n_o^\omega = n_e^{2\omega}(\theta_m)$，表示两束波矢方向与光轴成 θ_m 角，频率为 ω 的 o 偏振光，通过非线性晶体互作用，产生的波矢仍在 θ_m 方向的频率为 2ω 的 e 偏振光（倍频波）。这一倍频过程用符号 o+o→e 表示；另一类是基波取两种偏振态，而倍频波为单一偏振态（如 e 光），这通常称为第 II 类相位匹配方式，记作 e+o→e。

对于第 II 类匹配方式，在非线性极化过程中，由于基波的 o 光和 e 光的折射率不同，故其 k_1 也不同，这时相位匹配条件为 $\Delta k = k_{1o} + k_{1e} - k_{2e} = 0$ 或 $\Delta k = k_{1o} + k_{1e} - k_{2o} = 0$。单轴

晶体的两类方式的匹配条件如表 3-2 所示。两类角度匹配方式的匹配角是可以计算的。由晶体光学可知，负单轴晶体的 n_e 与方向的关系是

$$\frac{1}{n_e^2(\theta)} = \frac{\cos^2\theta}{n_o^2} + \frac{\sin^2\theta}{n_e^2} \tag{3.3.31}$$

故

$$\frac{1}{(n_e^{2\omega})^2(\theta)} = \frac{\cos^2\theta}{(n_o^{2\omega})^2} + \frac{\sin^2\theta}{(n_e^{2\omega})^2}$$

当满足相位匹配条件 $n_e^{2\omega}(\theta_m) = n_o^\omega$ 时，有

$$\frac{1}{(n_o^\omega)^2} = \frac{\cos^2\theta_m}{(n_o^{2\omega})^2} + \frac{\sin^2\theta_m}{(n_e^{2\omega})^2}$$

则就可得到负单轴晶体第 I 类方式匹配角计算公式为

$$\theta_m^{I-} = \arcsin\left[\left(\frac{n_e^{2\omega}}{n_o^\omega}\right)\frac{(n_o^{2\omega})^2 - (n_o^\omega)^2}{(n_o^{2\omega})^2 - (n_e^{2\omega})^2}\right]^{1/2} \tag{3.3.32}$$

同理，正单轴晶体第 I 类方式匹配角计算公式为

$$\theta_m^{I+} = \arcsin\left[\left(\frac{n_e^\omega}{n_o^{2\omega}}\right)^2\frac{(n_o^\omega)^2 - (n_o^{2\omega})^2}{(n_o^\omega)^2 - (n_e^\omega)^2}\right]^{1/2} \tag{3.3.33}$$

用同样方法可推导出单轴晶体第 II 类相位匹配角计算公式为

$$\theta_m^{II+} = \arcsin\left\{\frac{[n_o^\omega/(2n_o^{2\omega} - n_o^\omega)]^2 - 1}{(n_o^\omega/n_e^\omega)^2 - 1}\right\}^{1/2} \tag{3.3.34}$$

$$\theta_m^{II-} = \arcsin\left\{\frac{[2n_o^{2\omega}/n_e^{2\omega} + n_o^\omega]^2 - 1}{(n_o^{2\omega}/n_e^{2\omega})^2 - 1}\right\}^{1/2} \tag{3.3.35}$$

表 3-2　单轴晶体的相位匹配条件

晶体种类	第 I 类相位匹配		第 II 类相位匹配	
	偏振性质	相位匹配条件	偏振性质	相位匹配条件
正单轴	e+e→o	$n_e^\omega(\theta_m) = n_o^{2\omega}$	o+e→o	$\frac{1}{2}[n_o^\omega + n_e^\omega(\theta_m)] = n_o^{2\omega}$
负单轴	o+o→e	$n_o^\omega = n_e^{2\omega}(\theta_m)$	e+o→e	$\frac{1}{2}[n_e^\omega(\theta_m) + n_o^\omega] = n_e^{2\omega}(\theta_m)$

除角度相位匹配方法外，还可利用各向异性晶体的 n_e 随温度而变的特点，调节其温度来实现（此时令 $\theta_m = 90°$），此过程称为非临界相位匹配。

以上讨论了单轴晶体的相位匹配方法。双轴晶体的相位匹配、匹配方向，也是根据基波和倍频波的折射率面的交点来确定的。但在双轴晶体中，相位匹配方向不仅与 θ 角有关，而且与方位角 φ 有关，其折射率需用方程为

$$\frac{\sin^2\theta \cos^2\varphi}{n^{-2} - n_x^{-2}} + \frac{\sin^2\theta \sin^2\varphi}{n^{-2} - n_y^{-2}} + \frac{\cos^2\varphi}{n^{-2} - n_x^{-2}} = 0 \tag{3.3.36}$$

并借助计算机进行计算，得出相位匹配的轨迹。式中，n_x、n_y 和 n_z 是晶体的 3 个主折射率，并规定 $n_x < n_y < n_z$。例如，对具有 $n_{2z} > n_{1z}$，$n_{2y} > n_{1y}$，$n_{2x} > n_{1x}$ 以及 $n_{2x} > \frac{1}{2}(n_{1x} + n_{1y})$，$n_{2y} < \frac{1}{2}(n_{1y} + n_{1z})$ 的双轴晶体的第 I 和 II 类相位匹配的方向，如图 3-38 所示。第 I 类相位匹配

方向在围绕光轴的锥面内；第Ⅱ类相位匹配方向则在围绕光轴和 z 轴的锥面内。图3-38右上角所示的为相位匹配方向在 $x-z$ 平面内的轨迹。

应该注意的是，相位匹配角 θ_m 是指基波在晶体中相对于光轴 z 的方向的夹角，而不是入射角。一般为了减少反射损失和便于调整，使基波正入射晶体表面，在加工时，总是将晶体切成使晶面法线方向与光轴的夹角为 θ_m，如图 3-39 所示。

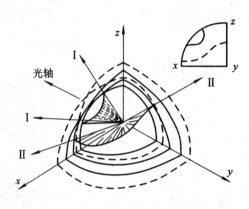

图 3-38　双轴晶体相位匹配的方向示意图

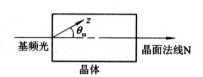

图 3-39　非线性晶体的切割

3.3.4　调 Q 技术

调 Q 技术的出现和发展，是激光发展史上的一个重要突破，它是将激光能量压缩到宽度极窄的脉冲中发射，从而使光源的峰值功率可提高几个数量级的一种技术。调 Q 技术自1962 年出现以来，发展极为迅速。现在，若要获得峰值功率在兆瓦级（10^6 W）以上、脉宽为纳秒级（10^{-9} s）的激光脉冲已并不困难。这种强的相干辐射光与物质相互作用，会产生一系列具有重大意义的新现象和新技术，如非线性光学的出现；同时也推动了诸如激光测距、激光雷达、高速全息照相等应用技术的发展。

1. 脉冲固体激光器的输出特性

将普通脉冲固体激光器输出的脉冲，用示波器进行观察、记录，发现其波形并非一个平滑的光脉冲，而是由许多振幅、脉宽和间隔作随机变化的尖峰脉冲序列组成的，如图3-40(a)所示。每个尖峰的宽度约为（0.1~1）μs，间隔为数微秒，脉冲序列的长度大致与闪光灯泵浦持续时间相等。图 3-40(b)所示为红宝石激光器输出的尖峰。这种现象称为激光器弛豫振荡。

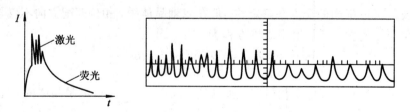

(a) 脉冲固体激光器输出的脉冲　　　　(b) 红宝石激光器输出的尖峰

图 3-40　脉冲固体激光器输出的尖峰脉冲序列

产生弛豫振荡的主要原因是：当激光器的工作物质被泵浦，反转粒子数超过阈值条件时，即产生激光振荡，受激辐射使腔内光子数密度增加，而发射激光。随着激光的发射，上能级粒子数被大量消耗，导致粒子反转数降低，当低于阈值时，激光振荡就停止，由于损耗使腔内光子数密度减少。这时，由于光泵的继续抽运，反转粒子数重新积累，当超过阈值时，又产生第二个脉冲，如此不断重复上述过程，直到泵浦停止才结束。可见，每个尖峰脉冲都是在阈值附近产生的，因此脉冲的峰值功率水平较低。同时从这个作用过程可以看出，增大泵浦能量也无助于峰值功率的提高，而只会使小尖峰的个数增加。

弛豫振荡产生的物理过程，可以用图 3-41 来描述。它表示出了在弛豫振荡过程中反转粒子数 Δn 和腔内光子数 ϕ 的变化，每个尖峰可以分为四个阶段(在 t_1 时刻之前，由于泵浦作用，反转粒子数 Δn 增长，但尚未到达阈值 Δn_t，因而不能形成激光振荡。)：

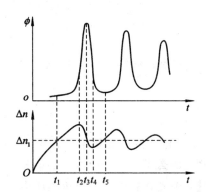

图 3-41　腔内光子数与反转粒子数随时间的变化

第一阶段($t_1 \sim t_2$)：激光振荡刚开始时，$\Delta n = \Delta n_t$，$\phi = 0$；由于光泵作用，Δn 继续增加，与此同时，腔内光子数 ϕ 也开始增加，由于 ϕ 的增长而使 Δn 减小的速率小于泵浦使 Δn 增加的速率，因此 Δn 一直增加到最大值。

第二阶段($t_2 \sim t_3$)：Δn 到达最大值后开始下降，但仍然大于 Δn_t，因此光子数 ϕ 继续增长，而且增长非常迅速，达到最大值。

第三阶段($t_3 \sim t_4$)：$\Delta n < \Delta n_t$，增益小于损耗，光子数 ϕ 减少并急剧下降。

第四阶段($t_4 \sim t_5$)：光子数减少到一定程度，泵浦又起主要作用，于是 Δn 又开始回升，到 t_5 时刻 Δn 又达到阈值 Δn_t，于是又开始产生第二个尖峰脉冲。因为泵浦的抽运过程的持续时间要比每个尖峰脉冲宽度大得多，于是上述过程周而复始，产生一系列尖峰脉冲。泵浦功率越大，尖峰脉冲形成越快，因而尖峰脉冲的时间间隔越小。

2. 调 Q 的基本原理

由于脉冲激光器的输出是由若干无规则的尖峰脉冲构成，而每一个尖峰脉冲都在阈值附近发生，而且脉宽又非常短(只有微秒量级)，激光器输出的能量分散在这样一串脉冲中，因而不可能有很高的峰值功率。这是因为通常的激光器谐振腔的损耗是不变的，一旦光泵浦使反转粒子数达到或略超过阈值时，激光器便开始振荡，于是激光上能级的粒子数因受激辐射而减少，致使上能级不能积累很大的反转粒子数，只能被限制在阈值反转数附近。这是普通激光器峰值功率不能提高的原因。

既然激光上能级最大粒子反转数受到激光器阈值的限制，那么，要使上能级积累大量的粒子，可以设法通过改变激光器的阈值来实现，具体地说，就是当激光器开始泵浦初期，设法将激光器的振荡阈值调得很高，抑制激光振荡的产生，这样激光上能级的反转粒子数便可积累得很多。当反转粒子数积累到最大时，再突然把阈值调到很低，此时积累在上能级的大量粒子便雪崩式的跃迁到低能级，于是在极短的时间内将能量释放出来，就获得峰值功率极高的巨脉冲激光输出。

由此可见，改变激光器的阈值是提高激光上能级粒子数积累的有效方法。那么改变什么参数可以改变阈值呢？我们从"激光原理"得知，激光振荡的阈值条件可表示为

$$\Delta n_{\mathrm{th}} \geqslant \frac{g}{A_{21}} \cdot \frac{1}{\tau_{\mathrm{c}}} \tag{3.3.37}$$

而

$$\tau_{\mathrm{c}} = \frac{Q}{2\pi\nu}$$

所以

$$\Delta n_{\mathrm{th}} \geqslant \frac{g}{A_{21}} \cdot \frac{2\pi\nu}{Q} \tag{3.3.38}$$

式中，g 为模式数目；A_{21} 为自发辐射几率；τ_{c} 是光子在腔内的寿命；Q 值为品质因数，它表示为

$$Q = 2\pi\nu_0 \left(\frac{\text{腔内存储的能量}}{\text{每秒损耗的能量}} \right)$$

式中，ν_0 为激光的中心频率。用 W 表示腔内存储的能量，δ 表示光在腔内传播单次能量的损耗率，那么光在一个单程中的能量损耗为 δW。设 L 为谐振腔腔长，n 为介质折射率，c 为光速，则光在腔内走一个单程所需的时间为 nL/c。由此，光在腔内每秒钟损耗的能量为 $\frac{\delta W}{nL/c}$。这样，Q 值可表示为

$$Q = 2\pi\nu_0 \frac{W}{\delta Wc/nL} = \frac{2\pi nL}{\delta\lambda_0} \tag{3.3.39}$$

式中，λ_0 为真空中激光中心波长。由式(3.3.39)可见，当 λ_0 和 L 一定时，Q 值与谐振腔的损耗成反比，即损耗大，Q 值就低，阈值高，不易起振；当损耗小，Q 值就高，则阈值低，易于起振。由此可见，要改变激光器的阈值，可以通过突变谐振腔的 Q 值(或损耗 δ)来实现，乃是有效而简便的方法。

调 Q 技术就是通过某种方法使腔的 Q 值随时间按一定程序变化的技术。在泵浦开始时使腔处于低 Q 值状态，即提高振荡阈值使振荡不能形成，上能级的反转粒子数就可以大量积累，能量可以储存的时间决定于激光上能级的寿命；当积累到最大值(饱和值)时，突然使腔的损耗减小，Q 值突增，激光振荡迅速建立起来，在极短的时间内上能级的反转粒子数被消耗，转变为腔内的光能量，从腔的输出端以单一脉冲形式释放出来，于是就获得峰值功率很高的巨脉冲。

调 Q 激光脉冲的建立过程，各参量随时间的变化情况，如图 3-42 所示。图 3-42(a)表示泵浦速率 W_{p} 随时间的变化；图 3-42(b)表示腔的 Q 值是时间的阶跃函数；图 3-42(c)表示粒子反转数 Δn 的变化；图 3-42(d)表示腔内光子数 ϕ 随时间的变化。

在泵浦过程的大部分时间里谐振腔处于低 Q 值(Q_0)状态，故阈值很高不能起振，从而激光上能级的粒子数不断积累，直至 t_0 时刻，粒子数反转达到最大值 Δn_{i}，在这一时刻，Q 值突然升高(损耗下降)，振荡阈值随之降低，于是激光振荡开始建立。由于 $\Delta n_{\mathrm{i}} \gg \Delta n_{\mathrm{t}}$(阈值粒子反转数)，因此受激辐射增强非常迅速，激光介质存储的能量在极短的时间内转变为受激辐射场的能量，结果产生了一个峰值功率很高的窄脉冲。

由图 3-42 还可看出，调 Q 脉冲的建立有个过程，当 Q 值阶跃上升时开始振荡，在振

荡开始建立至以后一个较长的时间过程中,光子数 ϕ 增长十分缓慢,如图 3-43 所示,其值始终很小($\phi \approx \phi_i$),受激辐射几率很小,此时仍是自发辐射占优势。只有振荡持续到 $t = t_D$ 时刻,ϕ 增长到了 ϕ_D,雪崩过程才形成,ϕ 才迅速增大,受激辐射才迅速超过自发辐射而占优势。因此,调 Q 脉冲从振荡开始建立到巨脉冲激光形成需要一定的延迟时间 Δt(也就是 Q 开关开启的持续时间)。光子数的迅速增长,使 Δn_i 迅速减少,到 $t = t_P$ 时刻,光子数达到最大值 ϕ_m 之后,由于 $\Delta n < \Delta n_i$,则 ϕ 迅速减少,此时 $\Delta n = \Delta n_f$,为振荡终止后工作物质中剩余的粒子数。可见,调 Q 脉冲的峰值是发生在反转粒子数等于阈值反转粒子数($\Delta n_i = \Delta n_t$)的时刻。

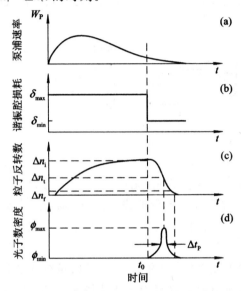

图 3-42 调 Q 激光脉冲的建立过程   图 3-43 巨脉冲激光形成过程

综上所述,谐振腔的 Q 值与损耗 δ 成反比,如果按照一定的规律改变谐振腔的 δ 值,就可以使 Q 值发生相应的变化。

3. 实现调 Q 的方法

凡能使谐振腔的损耗发生突变的元件都能用做 Q 开关。谐振腔的损耗一般包括有:反射损耗、衍射损耗、吸收损耗等。用不同的方法控制不同类型的损耗变化,就可以形成不同的调 Q 技术。如控制反射损耗的变化有机械转镜调 Q、电光调 Q 技术,控制衍射损耗的变化有声光调 Q 技术,控制吸收损耗的变化则有染料调 Q 技术,控制谐振腔储能变化有脉冲透射式调 Q 技术等。

我们以电光调 Q 为例说明调 Q 过程,利用某些晶体的电光效应可以做成电光 Q 开关器件。电光调 Q 具有开关时间短(约为 10^{-9} s),效率高、调 Q 时间可以精确控制、输出脉冲宽度窄($(10\sim 20)$ ns)和峰值功率高(几十兆瓦以上)等优点,因此它是目前应用比较广泛的一种调 Q 技术。

当给晶体加上一纵向电压后,由于泡克尔斯效应产生的两偏振光经过晶体后,产生了相应差 δ 为

$$\delta = \frac{2\pi \nu \eta_0^3 \gamma_{63}}{C} U \qquad (3.3.40)$$

其中，η_0 为晶体对 o 光的折射率；γ_{63} 为晶体的电光系数；U 为晶体两端电压，$U=Ed$；对于 KD*P 晶体，$\gamma_{63}=23.3\times10^{-12}$（m/V）。当 $\delta=\pi/2$ 时，相应的电压称为四分之一波电压 $U_{\lambda/4}$。

可利用的晶体除 KD*P 晶体外，还有 KDP 晶体（KH_2PO_4）、ADP 晶体（$NH_4H_2PO_4$）、LiNbO$_3$ 晶体及 BSO 晶体等。

图 3-44 所示是电光晶体调 Q 装置的工作原理图。激光工作物质是 Nd：YAG 晶体，偏振器采用方解石空气隙格兰-付克棱镜（简称格兰棱镜），调制晶体是 KD*P（磷酸二氘钾 KD$_2$PO$_4$）单轴晶体，它是 z-0°切割的（使通光面与 z 轴垂直），利用其 γ_{63} 的纵向电光效应。将调制晶体两端的环状电极与调 Q 电源相接。

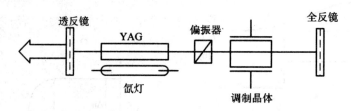

图 3-44 电光调 Q 装置的工作原理图

电光调 Q 过程是：YAG 晶体在氙灯的光泵下发射自然光（无规偏光），通过偏振棱镜后，变成沿 x 方向的线偏振光，若调制晶体上未加电压，光沿轴线方向（光轴）通过晶体，其偏振状态不发生变化，经全反射镜反射后，再次（无变化）通过调制晶体和偏振棱镜。电光 Q 开关处于“打开”状态。

如果在调制晶体上施加 $\lambda/4$ 电压，由于纵向电光效应，当沿 x 方向的线偏振光通过晶体后，两分量之间便产生 $\pi/2$ 的相位差，则从晶体出射后合成为相当于圆偏振光；经全反射镜反射回来，再次通过调制晶体，又会产生 $\pi/2$ 的相位差，往返一次总共累积产生 π 相位差，合成后得到沿 y 方向振动的线偏振光，相当于偏振面相对于入射光旋转了 90°，显然，这种偏振光不能再通过偏振棱镜，此时，电光调 Q 开关处于“关闭”状态。因此，如果在氙灯刚开始点燃时，事先在调制晶体上加上 $\lambda/4$ 电压，使谐振腔处于“关闭”的低 Q 值状态，阻断激光振荡的形成。待激光上能级反转的粒子数积累到最大值时，突然撤去晶体上的 $\lambda/4$ 电压，使激光器瞬间处于高 Q 值状态，产生雪崩式的激光振荡，就可输出一个巨脉冲。

由电光调 Q 基本原理可知，要获得高效率调 Q 的关键之一是精确控制 Q 开关“打开”的延迟时间，即从氙灯点燃开始延迟一段时间，当工作物质上能级反转的粒子数达到最大时，立即“打开”开关的效果最好。如果 Q 开关打开早了，上能级反转粒子数尚未达到最大时就开始起振，显然输出的巨脉冲动率会降低，而且还可能出现多脉冲。如果延时过长，即 Q 开关打开得迟了，则由于自发辐射等损耗，也会影响巨脉冲的功率。

图 3-45 所示的为电光调 Q 的工作程序示意图。其过程是：① 先开主电源对电容 C 充电，并接于氙灯电极，但不导通，因此电容 C 不被点燃；② 开动晶体电源给 KD*P 晶体加电压，使腔处于关闭状态；③ 由单结晶体管振荡器产生一脉冲时标信号输入到控制电路，再由控制电路将该信号分别送往激光主电源，使其停止对电容充电，同时输送到触发器，使氙灯点燃，给工作物质能量，使反转粒子数大量积累。但此时由于 KD*P 晶体上加有

$U_{\lambda/4}$电压,所以谐振腔损耗最大,不能形成激光振荡。当粒子数反转到最大时,通过延时电路的信号加到闸流管的栅极上(使之导通),将 KD* P 晶体上的电压瞬时退掉,使谐振腔 Q值突增,形成激光振荡,输出巨脉冲。可通过实验,精确调节延时电路,直到输出激光最强为止。

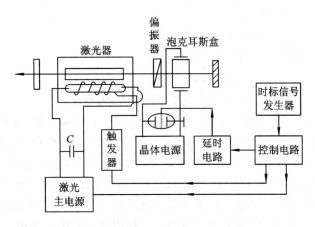

图 3-45 电光调 Q 的工作程序示意图

欲使带偏振器的电光调 Q 装置得到理想的开关效果的关键之一是必须严格保持格兰棱镜的起偏方向与调制晶体的 x 轴(或 y 轴)方向一致,以保证起偏方向与调制晶体的感应主轴 x'、y' 成 $45°$。简便的调试方法是,在调制晶体加电压的状态下,转动格兰棱镜和晶体的相对方位,直到激光不能振荡为止。

对调制晶体的要求是:$\lambda/4$ 电压低、消光比高、激光波长处吸收系小、能承受的功率密度高;目前使用较多的是 KD* P 晶体,它对应 1.06 μm 的激光,$U_{\lambda/4}$ 约为($3000 \sim$ 4000) V,比 KDP 晶体低。铌酸锂($LiNbO_3$)晶体是另一种常用的调制晶体,它的特性是不存在纵向电光效应,只能横向方式工作,其最佳运用方式是,电场沿 x 轴(或 y 轴)方向加到晶体上,而光束沿 z 轴(即光轴)方向通过,这种运用方式既避免了自然双折射造成的不良影响,而且半波电压低,它的 $U_{\lambda/4}$ 约为($2000 \sim 3000$) V,不潮解,但承受高功率激光性能差,这使它的应用受到一定限制。

4. 调 Q 技术的其他功能

调 Q 技术无论是工作物质储能的 PRM 式运转,还是腔内储能的 PTM 式运转,其最后的结果都是获得压缩脉宽的高峰值功率巨脉冲输出。但是通过研究发现,由于调 Q 激光器能有效地控制激光器的损耗与增益(增益 Q 开关),即能有效地控制激光器的净增益,因而,一个调 Q 激光器不仅能有效地控制激光的能量(或功率)特性,而且也可以控制激光的空间(横模)特性和频率(纵模)特性以及输出稳定性等。

1)横模的功能

基于不同横模之间存在的损耗差异,通过插入腔内的调 Q 激光器来控制腔的损耗,开始时使激光器运行于高阈值、低增益的临界振荡状态(称为"预激光"技术),在一定泵浦功率强度下,只有损耗最小的横模(TEM_{00}模)建立振荡,其余损耗较大的横模都被抑制而不能振荡,这样便产生了单横模"种子"。为了得到大的能量输出,接着将 Q 开关完全打开,使种子激光得到充分放大,那么最终输出的便是功率足够高的基横模激光。选横模调 Q 的实验装置如图 3-46 所示。

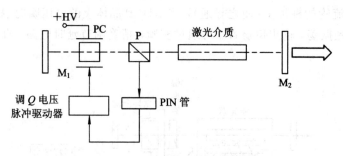

图 3-46　选横模调 Q 的实验装置

图 3-46 中的 M_1，M_2 为腔镜；PC 为泡克尔斯盒；P 为偏振器，KD^*P 晶体两电极上分别加电压 U_1、U_2，其中，U_1 为常加电压，U_2 为方波电压，工作程序如图 3-47 所示。U_{12} 为 KD^*P 晶体上合成电压；U_{os} 为一定泵浦功率下对应于腔损耗最小横模之临界振荡条件下晶体上所需的常加电压值，电压 U_1 值略低于 U_{os} 值，仅仅使损耗最小的横模能建立振荡。U_2 方波宽度的选取应以使损耗最小的横模激光能得到充分放大，而其余横模均不能形成激光为准，所以只要方波电压 U_2 的宽度选择合适，使损耗最小的基横模得到充分放大，而其他横模还未形成激光之前及时"关闭" Q 开关，则输出到腔外的仅是损耗最小横模的激光。

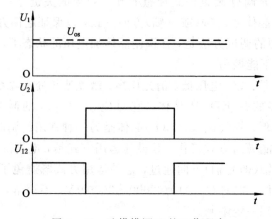

图 3-47　选横模调 Q 的工作程序

2）选单纵模的功能

选单纵模的 Q 调制技术是在单横模的基础上，利用不同纵模之间存在的增益差异进行的。开始时，使 Q 开关处于不完全关闭状态，通过 Q 开关控制腔的损耗，使之在一定泵浦功率下，仅靠近中心频率 ν_0 附近少数增益较大的纵模能建立起振荡，而且由于这少数纵模是在阈值附近振荡，激光形成所需的时间较长，不同纵模之间的模式竞争比较充分，故最终形成并得到充分放大的仅是增益最大的单纵模。当单纵模激光形成后，将 Q 开关完全打开，即可获得单纵模脉冲激光输出。

选单纵模 Q 调制的工作程序与图 3-47 基本相同。所不同的是，电压 U_{os} 是在一定泵浦功率下对应于增益最大纵模（中心频率 ν_0）之临界振荡条件下晶体上应加的电压。由于靠近中心频率附近各纵模之间增益差异甚小，故在腔内插入一个 F-P 标准具平板（反射率 $R=8\%$），使中心频率附近各纵模之间同时存在损耗差异，增大各纵模之间的增益差异，使调 Q 激光器对纵模的选择作用更为有效。

Q 调制技术还有锁模、削波等功能。可见,多功能 Q 调制技术的发展,将是激光单元技术上的一个突破,可以大大提高调 Q 激光器的实用性。

习题与思考题

1. 有一多纵模激光器的纵模数是 1000 个,激光器腔长 1.5 m,输出的平均功率为 1 W,认为各纵模振幅相等。

(1) 试求在锁模情况下,光脉冲的周期、宽度和峰值功率各是多少?

(2) 采用电光调制元件锁模时,调制器上加电压 $U(t)=U_m \cos\omega_m t$,试问 ω_m 是多少?

2. 有一 YAG 激光器振荡线宽 $\Delta\nu_{osc}=12\times10^{10}$ Hz,腔长 $L=0.5$ m,试计算激光器参数:(1) 纵模频率间隔;(2) $\Delta\nu_g$ 内可容纳纵模数;(3) 假设各纵模振幅相等。

3. 试述实现倍频过程的相位匹配条件,并解释倍频过程相位匹配的物理实质。

4. 在 1961 年第一个倍频实验中,用石英晶体对红宝石的 $\lambda_1=694.3$ nm 激光进行倍频,已知石英的折射率 $n_1=1.457$,$n_2=1.466(\lambda_2=347.1$ nm),在没有实现相位匹配时,试计算相干长度,并解释其物理意义。

5. 说明利用调 Q 技术获得高峰值功率巨脉冲的原理,并简单说明调 Q 脉冲形成过程中各参量随时间的变化。

6. 作为调 Q 激光器的工作物质,应具有哪些条件? 为什么?

7. 有一带偏振棱镜的电光调 Q 的 YAG 激光器,试回答或计算下列问题:

(1) 画出调 Q 激光器的结构示意图,并标出偏振镜的偏振轴和电光晶体各主轴的相对方向。

(2) 怎样调整偏振棱镜的起偏方向和晶体的相对位置才能得到理想的开关效果?

(3) 计算 1/4 波长电压 $U_{\lambda/4}(l=25$ mm,$n_o=n_e=1.05$,$\gamma_{63}=23.6\times10^{-17}$ m/V)。

8. 声光调 Q 为什么运转于行波工作状态,一般只适用于连续激光器的高重复频率运行? 加到电声换能器上的高频信号还要用频率为 f 的脉冲电压进行调制?

第 4 章 光辐射的调制

4.1 光辐射调制原理

激光是一种光频电磁波，具有良好的相干性，并与无线电波相似。要用激光作为信息的载体，就必须解决如何将信息加到激光上的问题。这种将信息加载于激光的过程称为调制，完成这一过程的装置称为调制器。其中，激光称为载波，有控制作用的低频信息称为调制信号。

光波的电场强度为

$$E(t) = A_c \cos(\omega_c t + \varphi_c) \tag{4.1.1}$$

式中，A_c 为振幅；ω_c 为调频率；φ_c 为相位角。既然光束具有振幅、频率、相位、强度和偏振等参量，如果能够应用某种物理方法改变光波的这些参量之一，使其按照调制信号的规律变化，那么激光束就受到了信号的调制，达到"运载"信息的目的。

实现激光束调制的方法，根据调制器与激光器的关系可以分为内调制（直接调制）和外调制两种。内调制是指加载信号是在激光振荡过程中进行的，以调制信号改变激光器的振荡参数，从而改变激光器输出特性以实现调制。内调制主要用在光通信的注入式半导体光源中。外调制是指激光形成之后，在激光器的光路上放置调制器，用调制器信号改变调制器的物理性能，当激光束通过调制器时，使光波的某个参量受到调制。

光束调制按其调制性质可分为调幅、调频、调相和强度调制等。下面介绍这几种调制的概念。

4.1.1 振幅调制

振幅调制就是载波的振幅随调制信号的规律而变化的振荡，简称调幅。若调制信号是一时间的余弦函数，即

$$a(t) = A_m \cos\omega_m t \tag{4.1.2}$$

式中，A_m 为调制信号的振幅；ω_m 为调制信号的角频率。在进行激光束振幅调制之后，式（4.1.1）中的振幅不再是常量，而与调制信号成正比。调幅波的表达式为

$$E(t) = A_c [1 + m_a \cos\omega_m t] \cos(\omega_c t + \varphi_c) \tag{4.1.3}$$

利用三角函数公式将式（4.1.3）展开，得到调幅波的频谱公式，即

$$E(t) = A_c \cos(\omega_c t + \varphi_c) + \frac{m_a}{2} A_c \cos[(\omega_c + \omega_m)t + \varphi_c] + \frac{m_a}{2} A_c \cos[(\omega_c - \omega_m)t + \varphi_c]$$

$$\tag{4.1.4}$$

式中，$m_a = A_m / A_c$ 称为调制系数。由式（4.1.4）可知，调幅波的频谱由三个频率成分组成，第一项是载频分量，第二、三项是因调制产生的新分量，称为边频分量，如图 4-1 所示。

上述分析是余弦信号调制的情况。如果调制信号是一复杂的周期信号，则调幅波的频率将由载频分量和两个边频带组成。

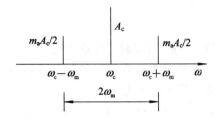

图 4-1 调幅波频谱

4.1.2 频率调制和相位调制

调频或调相就是光载波的频率或相位随着调制信号的变化规律而改变的振荡。因为这两种调制波都表现为总相位角 $\Psi(t)$ 的变化，因此统称为角度调制。

对频率调制来说，就是式(4.1.1)中的角频率 ω_c 不再是常数，而是随调制信号变化的量，即

$$\omega(t) = \omega_c + \Delta\omega(t) = \omega_c + k_f a(t) \tag{4.1.5}$$

若调制信号仍为一余弦函数，则调频波的总相位角为

$$\Psi(t) = \int \omega(t)\, dt + \varphi_c = \int [\omega_c + k_f a(t)]\, dt + \varphi_c = \omega_c t + \int k_f a(t)\, dt + \varphi_c \tag{4.1.6}$$

则调制波的表达式为

$$E(t) = A_c \cos(\omega_c t + m_f \sin\omega_m t + \varphi_c) \tag{4.1.7}$$

式中，k_f 为频率比例系数；$m_f = \Delta\omega/\omega_m$ 为调频系数。

同样，相位调制就是式(4.1.1)中的相位角 φ_c 随调制信号的变化规律而变化的，调相波的总相角为

$$\Psi(t) = \omega_c t + k_\varphi a(t) + \varphi_c = \omega_c t + k_\varphi \sin\omega_m t + \varphi_c \tag{4.1.8}$$

则调相波的表达式为

$$E(t) = A_c \cos(\omega_c t + m_\varphi \sin\omega_m t + \varphi_c) \tag{4.1.9}$$

式中，k_φ 为相位比例系数；$m_\varphi = k_\varphi A_m$ 为调相系数。

由于调频和调相实质上最终都是调制总相角，因此可写成统一的形式：

$$E(t) = A_c \cos(\omega_c t + m_\varphi \sin\omega_m t + \varphi_c) \tag{4.1.10}$$

将式(4.1.10)按三角公式展开，并应用

$$\cos(m \sin\omega_m t) = J_0(m) + 2\sum_{n=1}^{\infty} J_{2n}(m) \cos(2n\omega_m t)$$

$$\sin(m \sin\omega_m t) = 2\sum_{n=1}^{\infty} J_{2n-1}(m) \sin[(2n-1)\omega_m t]$$

可以得到

$$E(t) = A_c J_0(m) \cos(\omega_c t + \varphi_c) + A_c \sum_{n=1}^{\infty} J_n(m)[\cos(\omega_c + n\omega_m)t$$

$$+ \varphi_c + (-1)^n \cos(\omega_c - n\omega_m)t + \varphi_c] \tag{4.1.11}$$

由此可见，在单频余弦调制时，其角度调制波的频谱是由光载频与在它两边对称分布的无穷多边频组成的。显然，若调制信号不是单频余弦波，则其频谱将更为复杂。

4.1.3　强度调制

强度调制是光载波的强度（光强）随调制信号规律变化的激光振荡，如图 4-2 所示。光束调制多采用强度调制形式，这是因为接收器一般都是直接响应其所接收的光强变化。光束强度定义为光波电场的平方，其表达式为

$$I(t) = E^2(t) = A_c^2 \cos^2(\omega_c t + \varphi_c) \tag{4.1.12}$$

于是，强度调制的光强可表示为

$$I(t) = \frac{A_c^2}{2}[1 + k_p a(t)] \cos^2(\omega_c t + \varphi_c) \tag{4.1.13}$$

式中，k_p 为光强比例系数，仍设调制信号是单频余弦波，则

$$I(t) = \frac{A_c^2}{2}[1 + m_p \cos\omega_m t] \cos^2(\omega_c t + \varphi_c) \tag{4.1.14}$$

式中，$m_p = k_p A_m$ 为强度调制系数。强度调制波的频谱可用前面所述的类似方法求得，其结果与调幅波略有不同，其频谱分布除了载频及对称分布的两边频之外，还有低频 ω_m 和直流分量。

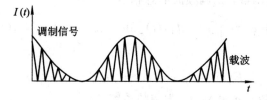

图 4-2　强度调制

4.1.4　脉冲调制

以上几种调制方式所得到的调制波都是一种连续振荡波，统称为模拟调制。另外，目前广泛采用一种不连续状态下进行调制的脉冲调制和数字式（脉冲编码调制）。我们一般是先进行电调制，再对光载波进行光强度调制。

脉冲调制是用间歇的周期性脉冲序列作为载波，并使载波的某一参量按调制信号规律变化的调制方法。即先用模拟调制信号对一个电脉冲序列的某参量（幅度、宽度、频率和位置等）进行电调制，使之按调制信号规律变化，成为已调脉冲序列，如图 4-3 所示。然后再用这一已调电脉冲序列对光载波进行强度调制，就可以得到相应变化的光脉冲序列。

脉冲调制有脉冲幅度调制、脉冲宽度调制、脉冲频率调制和脉冲位置调制等。例如用调制信号改变电脉冲序列中每一个脉冲产生的时间，则其每个脉冲的位置与其未调制时的位置有一个与调制信号成比例的位移，这种调制称为脉位调制，如图 4-3(e) 所示。进而再对光载波进行调制，便可以得到相应的光脉位调制波，其表达式为

$$E(t) = A_c \cos(\omega_c t + \varphi_c) \quad （当 t_n + \tau_d \leqslant t \leqslant t_n + \tau_d + \tau）$$

$$\tau_d = \frac{\tau_p}{2}[1 + M(t_n)] \tag{4.1.15}$$

式中，$M(t_n)$ 为调制信号的振幅；τ_d 为载波脉冲前沿相对取样时间 τ_n 的延迟时间。为了防止脉冲重叠到相邻的样品周期上，脉冲的最大延迟时间必须小于样品周期 τ_p。

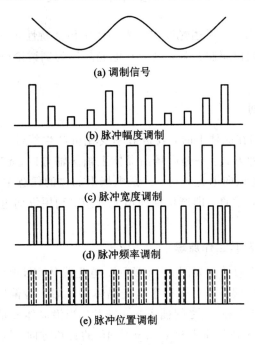

(a) 调制信号

(b) 脉冲幅度调制

(c) 脉冲宽度调制

(d) 脉冲频率调制

(e) 脉冲位置调制

图 4-3 脉冲调制形式

4.1.5 脉冲编码调制

脉冲编码调制是把模拟信号先变成电脉冲序列，进而变成代表信号信息的二进制编码，再对光载波进行强度调制。要实现脉冲编码调制，必须进行三个过程：抽样、量化和编码。

（1）抽样。抽样就是把连续信号波分割成不连续的脉冲波，用一定的脉冲列来表示，且脉冲列的幅度与信号波的幅度相对应。也就是说，通过抽样，原来的模拟信号变成一脉幅调制信号。按照抽样定理，只要取样频率比所传递信号的最高频率大两倍以上，就能复原信号。

（2）量化。量化就是把抽样后的脉幅调制信号进行分级取"整"处理，用有限个数的代表值取代抽样值的大小，再通过量化过程将其变成数字信号。

（3）编码。编码是把量化后的数字信号变成相应的二进制码的过程。即用一组等幅度、等宽度的脉冲作为"码子"，用"有"脉冲和"无"脉冲分别表示二进制码的"1"和"0"。再将这一系列反映数字信号规律的电脉冲加到一个调制器上，以控制激光的输出，由激光载波的极大值代表二进制编码的"1"，而用激光载波的零值代表"0"。这种调制方式具有很强的抗干扰能力，在数字激光通信中得到了广泛的应用。

尽管光束调制方式不同，但其调制的工作原理都是基于电光、声光、磁光等各种物理效应。因此，下面分别讨论电光调制、声光调制、磁光调制和直接调制的原理与方法。

4.2 电光调制

电光调制就是根据 2.3 节所述光波在电光晶体中传播特性实现光束调制的。利用电光效应可实现强度调制和相位调制。本节以 MP 电光晶体为例讨论电光调制的基本原理和电光调制器的结构。

4.2.1 电光强度调制

如前所述，当电场加在晶体上时，其折射率变化可产生线性电光效应或克尔效应。在晶体上加电场通常有两种方式：一是电场沿晶体主轴 z 轴方向（光轴方向），使电场方向与光束传播方向平行，产生纵向电光效应；二是电场沿晶体的任意主轴 x，y 或 z 方向，而光束的传播方向与电场方向垂直，即产生横向电光效应。利用纵向电光效应和横向电光效应均可实现电光强度调制。

1. 纵向电光调制器及其工作原理

纵向电光强度调制器的结构如图 4-4 所示。电光晶体（KDP）置于两成正交的偏振器之间，其中，起偏器 P_1 的偏振方向平行于电光晶体的 x 轴，检偏器 P_2 的偏振方向平行于电光晶体的 y 轴，并在晶体和 P_2 之间插入 $\lambda/4$ 波片。当沿晶体 z 轴方向加电场后，晶体的感应主轴 x' 和 y' 分别旋转到与原主轴 x 和 y 成 $45°$ 的夹角方向。因此沿 z 轴入射的光束经起偏器变为平行于 x 方向的线偏振光，进入晶体后（$z=0$）被分解为沿 x' 和 y' 方向的两个分量，其振幅和相位都相同，分别为

$$E_{x'}(0) = A \cos\omega_c t$$
$$E_{y'}(0) = A \cos\omega_c t$$

或采用复数表示为

$$E_{x'}(0) = A \exp(i\omega_c t)$$
$$E_{y'}(0) = A \exp(i\omega_c t)$$

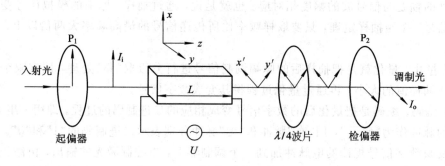

图 4-4　纵向电光强度调制器的结构

由于光强正比于电场的平方，因此入射光强度为

$$I_o \propto E \cdot E^* = |E_{x'}(0)|^2 + |E_{y'}(0)|^2 = 2A^2 \tag{4.2.1}$$

当光通过长度为 L 的晶体之后，由于电光效应，$E_{x'}$ 和 $E_{y'}$ 两个分量之间产生了一相位差 $\Delta\varphi$，则有 $E_{x'}(L)=A$，$E_{y'}(L)=Ae^{-i\Delta\varphi}$。那么，通过检偏器后的总电场强度是 $E_{x'}(L)$ 和

$E_{y'}(L)$ 在 y 轴方向的投影之和，即 $(E_y)_0 = \dfrac{A}{\sqrt{2}}(\mathrm{e}^{-\mathrm{i}\Delta\varphi} - 1)$ 与之相应的输出光强为

$$I_o \propto [(E_y) \cdot (E_y^*)_0] = \frac{A^2}{2}(\mathrm{e}^{-\mathrm{i}\Delta\varphi} - 1)(\mathrm{e}^{\mathrm{i}\Delta\varphi} - 1) = 2A^2 \sin^2\left(\frac{\Delta\varphi}{2}\right) \qquad (4.2.2)$$

应用电光晶体的相关知识，可得到调制器的透过率为

$$T = \frac{I_o}{I_i} = \sin^2\left(\frac{\Delta\varphi}{2}\right) = \sin^2\left(\frac{\pi}{2}\frac{U}{U_\pi}\right) \qquad (4.2.3)$$

根据上述关系可以画出光强调制特性曲线，如图 4-5 所示。

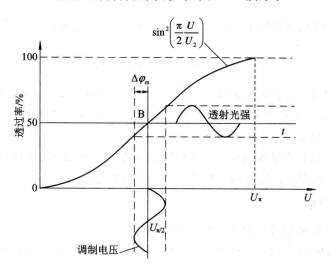

图 4-5　电光调制特性曲线

由图 4-5 可见，在一般情况下，调制器的输出特性与外加电压的关系是非线性的。若调制器工作在非线性区，则调制光强将发生畸变。为了获得线性调制，可以通过引入一个固定的 $\pi/2$ 相位延迟，使调制器的电压偏值在 $T = 50\%$ 的工作点上。常用的办法有两种：其一，在调制晶体上除了施加信号电压之外，再附加一个 $U_{\pi/2}$ 的固定偏压，但此法会增加电路的复杂性，而且工作点的稳定性也差；其二，图 4-4 中，在调制器的光路上插入一个 $\lambda/4$ 波片，其快慢轴与晶体的主轴 x 成 $45°$。从而使 $E_{x'}$ 和 $E_{y'}$ 各分量之间产生 $\pi/2$ 的固定相位差。于是式 (4.1.18) 中的总像位差为

$$\Delta\varphi = \frac{\pi}{2} + \pi\frac{U_m}{U_\pi}\sin\omega_m t = \frac{\pi}{2} + \Delta\varphi_m \sin\omega_m t$$

式中，$\Delta\varphi_m = \pi U_m / U_\pi$ 是相应于外加调制信号电压 V_m 的相位差。因此，调制的透过率可表示为

$$T = \frac{I_o}{I_i} = \sin^2\left(\frac{\pi}{4} + \frac{\Delta\varphi_m}{2}\sin\omega_m t\right) = \frac{1}{2}[1 + \sin(\Delta\varphi_m \sin\omega_m t)] \qquad (4.2.4)$$

利用贝塞尔函数将上式中的 $\sin(\Delta\varphi_m \sin\omega_m t)$ 展开得

$$T = \frac{1}{2} + \sum_{n=0}^{\infty}\{J_{2n+1}(\Delta\varphi_m)\sin[(2n+1)\omega_m t]\} \qquad (4.2.5)$$

可见，输出的调制光中含有高次谐波分量，使调制光发生畸变。为了获得线性调制，必须将高次谐波控制在允许的范围内。设基频波和高次谐波的幅度值分别为 I_1 和 I_{2n+1}，则高次

谐波与基频波成分的比值为

$$\frac{I_{2n+1}}{I_1} = \frac{J_{2n+1}(\Delta\varphi_{\mathrm{m}})}{J_1(\Delta\varphi_{\mathrm{m}})} \quad (n = 0, 1, 2, \cdots) \tag{4.2.6}$$

若取 $\Delta\varphi_{\mathrm{m}} = 1$ rad，则 $J_1(1) = 0.44$，$J_3(1) = 0.02$，$\frac{I_3}{I_1} = 0.045$，即三次谐波为基频波的 5%。在这个范围内可近似为线性调制，因而有

$$\Delta\varphi_{\mathrm{m}} = \pi \frac{U_{\mathrm{m}}}{U_{\pi}} \leqslant 1 \text{ rad} \tag{4.2.7}$$

式中，$\Delta\varphi_{\mathrm{m}}$ 作为线性调制的判据。此时 $J_1(\Delta\varphi_{\mathrm{m}}) \approx \frac{1}{2}\Delta\varphi_{\mathrm{m}}$，代入式(4.2.5)得

$$T = \frac{I_{\mathrm{o}}}{I_{\mathrm{i}}} \approx \frac{1}{2}[1 + \Delta\varphi_{\mathrm{m}} \sin\omega_{\mathrm{m}}t] \tag{4.2.8}$$

故为了获得现行调制，要求调制信号不宜过大（小信号调制），那么输出光强调制波就是调制信号 $U = U_{\mathrm{m}} \sin\omega_{\mathrm{m}}t$ 的线性复现。如果 $\Delta\varphi_{\mathrm{m}} \leqslant 1$ rad 的条件不能满足（大信号调制），则光强调制波就要发生畸变。

纵向电光调制器具有结构简单、工作稳定及不存在自然双折射的影响的优点。其缺点是半波电压太高，特别是在调制频率较高时，功率损耗比较大。

2. 横向电光调制

横向光电调制的运用可以分为三种不同形式：

(1) 沿 z 轴方向加电场，通光方向垂直于 z 轴，并与 y 轴成 45°夹角（晶体为 45°-z 切割）。

(2) 沿 x 轴方向加电场（即电场垂直于光轴），通光方向垂直于 x 轴，并与 z 轴成 45°夹角（晶体为 45°-x 切割）。

(3) 沿 y 轴方向加电场（即电场垂直于光轴），通光方向垂直于 y 轴，并与 z 轴成 45°夹角（晶体为 45°-z 切割）。在此仅以 KDP 晶体的第一类运用方式代表进行分析。

横向电光调制如图 4-6 所示。因为外加电场沿 z 轴方向，因此和纵向应用一样，$E_x = E_y = 0$，$E_z = E$，晶体的主轴旋转 45°至 x'，y'。但此时的通光方向与 z 轴垂直，并沿 y' 方向入射（入射光偏振方向与 z 轴成 45°夹角）。进入晶体后，将分解为沿 x' 和 z 轴方向振动的两个方量，其折射率分别为 $n_{x'}$ 和 n_z。若通光方向的晶体长度为 L，厚度（两电极间的距离）为 d，外加电压 $U = Ed$，则晶体出射两光波的相位差为

$$\Delta\varphi = \frac{2\pi}{\lambda}(n_{x'} - n_z)L = \frac{2\pi}{\lambda}\left[(n_{\mathrm{o}} - n_{\mathrm{e}})L - \frac{1}{2}n_0^3\gamma_{63}\left[\left(\frac{L}{d}\right)U\right]\right] \tag{4.2.9}$$

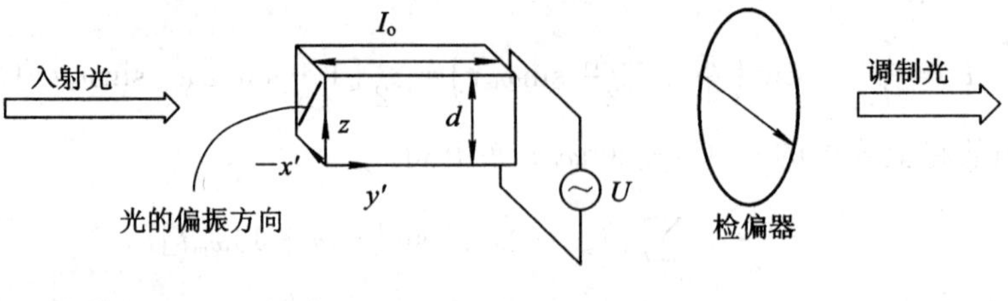

图 4-6　横向电光调制

可见，KDP 晶体的 γ_{63} 横向电光效应使光波通过晶体后的相位延迟包括两项：第一项是与外加电场无关的晶体本身的自然双折射引起的相位延迟，这一项对调制器的工作没有什么贡献，而且当晶体温度变化时，还会带来不利影响，应设法消除。第二项是外加电场作用产生的相位延迟，它与外加电压 U 和晶体的尺寸 L/d 有关，若适当地选择晶体的尺寸，则可以降低半波电压。

KDP 晶体横向电光调制的主要缺点是存在自然双折射引起的相位延迟，这意味着在没有外加电场时，通过晶体的线偏振光的两偏振分量之间就有相位差存在，当晶体的温度变化而引起折射率 n_o 和 n_e 的变化，两光波的相位差发生漂移。实验证明：KDP 晶体的折射率差随温度的变化率为 $\Delta(n_o - n_e)/\Delta T \approx 1.1 \times 10^{-5}/℃$。如设 $L = 30$ mm，则通过波长 $\lambda = 632.8$ nm 的光，当 $\Delta T = 1℃$ 时，引起的附加相位差为 $\Delta\varphi = \dfrac{2\pi}{\lambda}\Delta n L = 1.1\pi$。

因此，在 KDP 晶体横向调制器中，自然双折射的影响会导致调制光发生畸变，甚至使调制器不能工作。所以在实际应用中，除了尽量采用一些措施(如散热、恒温等)以减少晶体的温度漂移之外，主要是采用一种"组合调制器"的结构予以补偿。常用的补偿方法有两种：一种是将两块尺寸、性能完全相同的晶体的光轴互相成 90° 串联排列，即一块晶体的 y' 和 z 轴分别与另一块晶体的 z 和 y' 轴平行；另一种方法是将两块晶体的 y' 和 z 轴互相反向平行排列，中间放置 $\lambda/2$ 波片。这两种方法的补偿原理是相同的。外加电场沿 z 轴(光轴)方向，但在两块晶体中电场相对于光轴反向，当偏振光沿 y' 轴方向入射到第一块晶体时，电矢量分解为沿 z 方向的 e_1 光和沿 x' 方向的 o_1 光两个分量。当它们经过第一块晶体之后，两束光的相位差为

$$\Delta\varphi_{m1} = \varphi_{x'} - \varphi_z = \frac{2\pi}{\lambda}\left(n_o - n_e + \frac{1}{2}n_0^3\gamma_{63}E_z\right)L$$

经过 $\lambda/2$ 波片后，两束光的偏转方向各旋转 90°，经过第二块晶体后，原来的 e_1 光变成了 o_2 光，o_1 光变成了 e_2 光，则它们经过第二块晶体后，其相位差为

$$\Delta\varphi_{m2} = \varphi_z - \varphi_{x'} = \frac{2\pi}{\lambda}\left(n_e - n_o + \frac{1}{2}n_0^3\gamma_{63}E_z\right)L$$

于是，通过两块晶体之后的总相位差为

$$\Delta\varphi = \Delta\varphi_1 + \Delta\varphi_2 = \frac{2\pi}{\lambda}n_0^2\gamma_{63}U\frac{L}{d} \tag{4.2.10}$$

因此，若两块晶体的尺寸、性能及外界环境完全相同，则自然双折射的影响即可得到补偿。

根据式(4.2.10)，当 $\Delta\varphi = \pi$ 时，半波电压 $U_\pi = \left(\dfrac{\lambda}{2n_0^3\gamma_{63}}\right)\dfrac{L}{d}$，其中，$\dfrac{\lambda}{2n_0^3\gamma_{63}}$ 是纵向电光效应的半波电压，所以 $(U_\pi)_横 = (U_\pi)_纵\dfrac{L}{d}$。可见，横向半波电压是纵向半波电压的 d/L 倍。减小 d，增加长度 L 可以降低半波电压。但是这种方法必须用两块晶体，所以结构复杂，而且对其尺寸加工的要求极高；对 KDP 晶体而言，若长度差为 0.1 mm，当温度变化 1℃时，相位变化则为 0.6℃(对波长 632.8 μm)，故对 KDP 类晶体一般不采用横向调制方式。在实际应用中，由于 $\overline{4}3$m 族 GaAs 晶体($n_o = n_e$) 和 3m 族 LiNbO$_3$ 晶体(x 方向加电场，z 方向通光)均无自然双折射的影响，故可采用横向电光调制。

4.2.2　电光相位调制

电光相位调制的原理图如图 4-7 所示，电光相位调制器由偏振器和电光晶体组成。偏振器的偏振方向平行于晶体的感应主轴 x'（或 y'），此时入射到晶体的线偏振光不再分解沿 x'、y' 的两个分量，而是沿 x'（或 y'）轴一个方向偏振，故外加电场不改变出射光的偏振状态，仅改变其相位，相位的变化为

$$\Delta\varphi_{x'} = -\frac{\omega_c}{c}\Delta n_{x'}L \tag{4.2.11}$$

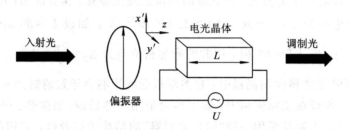

图 4-7　电光相位调制原理图

因为光波只沿 x' 方向偏振，相应的折射率为 $n_{x'} = n_0 - \frac{1}{2}n_0^3\gamma_{63}E_z$。若外加电场是 $E_z = E_m\sin\omega_m t$，在晶体入射面（$z=0$ 处）的光场为 $E_i = E_c\sin\omega_c t$，则输出光场（$z=L$ 处）就变为

$$E_0 = A_c\cos\left[\omega_c t - \frac{\omega_c}{c}\left(n_0 - \frac{1}{2}n_0^3\gamma_{63}E_m\sin\omega_m t\right)L\right]$$

省略式中相角的常数项（它对调制效果没有影响），则上式可写成

$$E_0 = A_c\cos[\omega_c t + E_\varphi\sin\omega_m t) \tag{4.2.12}$$

式中，$m_\varphi = \dfrac{\omega_c n_0^3\gamma_{63}E_m L}{2c} = \dfrac{\pi n_0^3\gamma_{63}E_m L}{\lambda}$，它为相位调制系数。利用贝塞尔函数展开式 (4.2.12)，便得到式 (4.2.11) 的形式。

4.2.3　电光调制器的电学性能

对电光调制器来说，我们总是希望获得高的调制效率及满足要求的调制带宽。下面分析一下电光调制器在不同调制频率情况下的工作特性。

前面对电光调制的分析，均认为调制信号频率远远低于光波频率（也就是调制信号波长 $\lambda_m = \lambda$），并且 λ_m 远大于晶体的长度 L，因而在光波通过晶体长度 L 的渡越时间（$\tau_d = n/c$）内，调制信号电场在晶体各处的分布是均匀的，则光波在各部位所获得的相位延迟也都相同，即光波在任一时刻不会受到不同强度或反向调制电场的作用。在这种情况下，装有电极的调制晶体可以等效为一个电容，即可以看成是电路中的一个集总元件，通常称为集总参量调制器。集总参量调制器的频率特性主要受外电路参数的影响。

1. 外电路对调制带宽的限制

调制带宽是电光调制器的一个重要参量，对于电光调制器来说，晶体的电光效应本身不会限制调制器的频率特性，因为晶格的谐振频率可以达 1 THz（10^{12} Hz），所以，调制器的调制带宽主要是受其外电路参数的限制。

电光调制器的等效电路如图 4-8 所示。其中，U_s 和 R_s 分别表示调制电压和调制电源内阻，C_0 为调制器的等效电容，R_e 和 R 分别为导线电阻和晶体的直流电阻。由图 4-8 可知，作用到晶体上的实际电压为

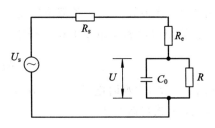

图 4-8 电光调制的等效电路图

$$U = \frac{U_s\left[\dfrac{1}{(1/R) + i\omega C_0}\right]}{R_s + R_e + \dfrac{1}{(1/R) + i\omega C_0}}$$

$$= \frac{U_s R}{R_s + R_e + R + i\omega C_0 (R_s R + R_e R)}$$

在低频调制时，一般有 $R \gg R_s + R_e$，$i\omega C_0$ 也较小，因此信号电压可以有效地加到晶体上。但是，当调制频率增高时，调制晶体的交流阻抗变小，当 $R_s' > (\omega C_0)^{-1}$ 时，大部分调制电压就降在 R_s 上，调制电源与晶体负载电路之间阻抗不匹配，这时调制效率就要大大降低，甚至不能工作。实现阻抗匹配

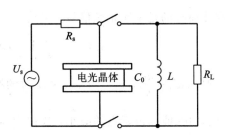

图 4-9 调制器的并联谐振回路

的办法是在晶体两端并联一电感 L，构成一个并联谐振回路，其谐振频率为 $\omega_0^2 = (LC_0)^{-1}$，另外再并联一个分流电阻 R_L，其等效电路如图 4-9 所示。当调制信号频率 $\omega_m = \omega_0$ 时，此电路的阻抗就等于 R_L，若选择 $R_L > R_s$，就可使调制电压大部分加到晶体上。但是，这种方法虽然能提高调制效率，可是谐振回路的带宽是有限的。它的阻抗只在频率间隔 $\Delta\omega \approx 1/(R_L C_0)$ 的范围内才比较高。因此，欲使调制波不发生畸变，其最大可容许调制带宽（即调制信号占据的频带宽度）必须小于 Δf，Δf 为

$$\Delta f = \frac{\Delta\omega}{2\pi} \approx \frac{1}{2\pi R_L C_0} \tag{4.2.13}$$

实际上，对调制器带宽的要求取决于具体的应用。此外，还要求有一定的峰值相位延迟 $\Delta\varphi_m$，与之相应的驱动峰值调制电压为

$$U_m = \frac{\lambda}{2\pi n_0^3 \gamma_{63}} \tag{4.2.14}$$

对于 KDP 晶体，为得到最大的相位延迟所需要的驱动功率为

$$P = \frac{U_m^2}{2R_L} \tag{4.2.15}$$

由式(4.2.13)和式(4.2.15)可得

$$P = U_m^2 \pi \left(\frac{\varepsilon A}{L}\right) \Delta f_m = \frac{\lambda^2 \varepsilon A \Delta\varphi_m^2}{4\pi L n_0^6 \gamma_{63}^2} \Delta f_m \tag{4.2.16}$$

式中，L 为晶体长度；A 为垂直于 L 的截面积；ε 为介电系数。由式(4.2.16)可知，当调制晶体的种类、尺寸、激光波长和所要求的相位延迟确定之后，其调制功率与调制带宽成正比关系。

2. 高频调制对渡越时间的影响

当调制频率极高时，在光波通过晶体的渡越时间内，电场可能发生较大的变化，即晶体中不同部位的调制电压不同，特别是当调制周期($2\pi/\omega_m$)与渡越时间 $\tau_d(= nL/c)$ 可以相

比拟时，光波在晶体中各部位所受到的调制电场是不同的，相位延迟的积累受到破坏，这时总的相位延迟应由以下积分得出

$$\Delta\varphi(L) = \int_0^L aE(t')\,\mathrm{d}z \tag{4.2.17}$$

式中，$E(t')$ 为瞬时电场；$a = 2\pi n_0^3 \gamma_{63}$。光波通过晶体的时间为 $\tau_\mathrm{d}(=nL/c)$；$\mathrm{d}z = (c/n)\,\mathrm{d}t$，因此，上式可改写为

$$\Delta\varphi(L) = \frac{ac}{n} \int_{t-\tau_\mathrm{d}}^{t'} E(t')\,\mathrm{d}t' \tag{4.2.18}$$

设外加电场是单频余弦信号，于是

$$\Delta\varphi(t) = \frac{ac}{n} \int_{t-\tau_\mathrm{d}}^{t'} E(t')\,\mathrm{d}t' = \Delta\varphi_0 \left(\frac{1-\mathrm{e}^{-\mathrm{i}\omega_\mathrm{m}\tau_\mathrm{d}}}{\mathrm{i}\omega\tau_\mathrm{d}}\right)\mathrm{e}^{-\mathrm{i}\omega_\mathrm{m}t} \tag{4.2.19}$$

式中，$\Delta\varphi_0 = \frac{ac}{n}A_0\tau_\mathrm{d}$ 是当 $\omega_\mathrm{m}\tau_\mathrm{d} \ll 1$ 时的峰值相位延迟。因子 $\gamma = \dfrac{1-\mathrm{e}^{-\mathrm{i}\omega_\mathrm{m}\tau_\mathrm{d}}}{\mathrm{i}\omega\tau_\mathrm{d}}$ 是表征因渡越时间引起的峰值相位延迟的减小，故称为高频相位延迟缩减因子。只有当 $\omega_\mathrm{m}\tau_\mathrm{d} \ll 1$，即 $\tau_\mathrm{d} \ll \dfrac{T_\mathrm{m}}{2\pi}$ 时，$\gamma = 1$，即无缩减作用。这说明光波在晶体内的渡越时间必须远小于调制信号的周期，才能使调制效果不受影响。这意味着对于电光调制器，存在一个最高调制频率的限制。例如，若取 $|\gamma| = 0.9$ 处为调制限度（对应 $\omega_\mathrm{m}\tau_\mathrm{d} = \pi/2$），则调制频率的上限为

$$f_\mathrm{m} = \frac{\omega_\mathrm{m}}{2\pi} = \frac{1}{4\tau_\mathrm{d}} \frac{c}{4nL} \tag{4.2.20}$$

对于 KDP 晶体，若取 $n = 1.5$，长度 $L = 1$ cm，则得 $f_\mathrm{m} = 1.5 \times 10^9$ Hz。

4.2.4 电光波导调制器

前面讨论的电光调制器都是具有较大体积尺寸的分离器件，一般称为"体调制器"。其缺点在于要给整个晶体施加外电场，要改变晶体的光学性能，需要加相当高的电压，从而使通过的光波受到调制。利用光波导器件则可以把光波限制在微米量级的波导区中，并使其沿一定方向传播。光波导调制器主要采用由介质构成的平面波导，如图 4-10 所示。其电光、声光等物理效应对光参数的控制过程，有与体调制器相同的一面，即能使介质的介电张量（折射率）产生微小变化，从而使两传播模之间有相位差；也有不同的一面，即由于外场的作用导致波导中本征模传播特性的变化以及两不同模之间的耦合。

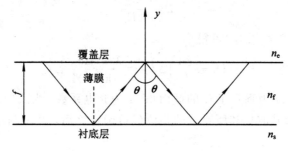

图 4-10 平面波导的横截面

1. 电光波导调制器的调制原理

电光波导调制器的物理基础仍是晶体介质的线性电光效应。当波导上加电场时，产生

介电张量（折射率）的微小变化，引起波导中本征模传播特性的变化或不同模式之间功率的耦合转换。在波导坐标系中，电场引起介电张量变化的各个元素与不同模之间的功率有一一对应关系，如果只含有对角线介电张量元素 $\Delta\varepsilon_{xx}$ 或 $\Delta\varepsilon_{yy}$，则会引起 TE 模之间或 TM 模之间的自耦合，并只改变其各自的相位，从而产生相对相位延迟。这种情况与体电光相位调制相似。如果在波导坐标系中，介电张量含有非对角线张量元素 $\Delta\varepsilon_{xy}$，则引起 TE 模和 TM 模之间的耦合，导致模式之间的功率转换。即一个输入 TE 模（或 TM 模）的功率转换到输出 TM 模（或 TE 模）上去，相应的耦合方程为

$$\frac{\mathrm{d}A_m^{\mathrm{TE}}}{\mathrm{d}z} = -\mathrm{i}kA_l^{\mathrm{TM}}\exp\left[-\mathrm{i}(\beta_m^{\mathrm{TE}}-\beta_l^{\mathrm{TM}})z\right]$$
$$\frac{\mathrm{d}A_l^{\mathrm{TM}}}{\mathrm{d}z} = -\mathrm{i}kA_m^{\mathrm{TE}}\exp\left[\mathrm{i}(\beta_m^{\mathrm{TE}}-\beta_l^{\mathrm{TM}})z\right]$$

(4.2.21)

式中，A_m^{TE}，A_l^{TM} 分别为第 m 阶和第 l 阶模振幅；β_m^{TE}，β_l^{TM} 分别为两个模的传播常数；k 为模耦合系数，其表达式为

$$k = \frac{\omega}{4}\int_{-\infty}^{\infty}\Delta\varepsilon_{xy}E_y^{(m)}(x)E_x^{(l)}(x)\,\mathrm{d}x$$

(4.2.22)

式(4.2.21)描述了 TE 模和 TM 模间的同向耦合，并表明每个模的振幅变化是介电张量（折射率）变化、模场分布以及其他模的振幅的函数。

　　设波导层电光材料是均匀的而且电场分布也是均匀的，TE 模和 TM 模完全限制在波导层中，且具有相同的阶次（$m=l$）时，式(4.2.22)的积分取最大值，TE 模和 TM 模的场分布几乎相同，仅电矢量的方向不同，同时 $\beta_m^{\mathrm{TE}}\approx\beta_l^{\mathrm{TM}}=\beta=k_0n_0$，则耦合系数近似为

$$k \approx -\frac{1}{2}n_0^3k_0\gamma_{ij}E$$

(4.2.23)

　　在相位匹配条件下，$\beta_m^{\mathrm{TE}}=\beta_l^{\mathrm{TM}}$，若光波以单一模式输入，$A_m=A_0$，$A_l=0$，则式(4.2.21)的解为

$$A_m^{\mathrm{TE}}(z) = -\mathrm{i}A_0\sin kz$$
$$A_l^{\mathrm{TM}}(z) = A_0\cos kz$$

(4.2.24)

由式(4.2.23)可见，在长度为 $L(z=L)$ 的波导中，要获得完全的 TE 模到 TM 模的功率转换，必须满足 $kL=\pi/2$。此时光波导的长度为

$$L = \frac{\pi}{2k}$$

(4.2.25)

而功率转换为零时，对应的波导长度为

$$L = \frac{n\pi}{k} \quad (n=0,1,2,\cdots)$$

(4.2.26)

一般情况下，耦合系数 k 小于式(4.2.23)之值，因此为了获得完全功率转换所需的 E、L 值要相应增大。

2. 电光波导相位调制

　　图 4-11 所示为 $LiNbO_3$ 电光波导相位调制器的结构。以 $LiNbO_3$ 为衬底，Ti 扩散形成平面波导，用溅射的方法沉积一对薄膜电极。图 4-11 中 x、y 和 z 轴为波导坐标系；a、b 和 c 轴为 $LiNbO_3$ 晶体的晶轴取向。当电极上施加调制电压时，如果波导中传播的是 TM 模，电场矢量沿 z 轴（对应晶体的 c 轴），主要电场分量是 E_z，由于波导折射率因电光效应

发生变化，因而导波光通过电极区后，其相位随调制电压而变化，即

$$\Delta\varphi = \frac{\pi n_0^3 \gamma_{33} E_z l}{\lambda} \qquad (4.2.27)$$

式中，E_z 是平面电极在缝隙中产生的沿 c 轴方向的电场分量；l 为电极的长度；γ_{33} 为电光系数。

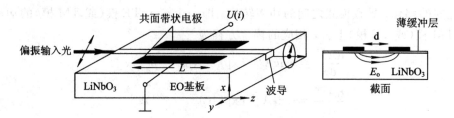

图 4-11　LiNbO₃ 电光波导相位调制器的结构

对于电光波导相位调制，不涉及不同模之间的互耦合，其模式的振幅方程为

$$\frac{\mathrm{d}A_\mathrm{m}(x)}{\mathrm{d}x} = -\,\mathrm{i}\kappa_{mm} A_\mathrm{m}(x) \qquad (4.2.28)$$

其解为 $A_\mathrm{m}(x) = A_\mathrm{m}(0)\exp(-\mathrm{i}\kappa_{mn}x)$。如 E_y 入射波对应于 TM 模，其模场可表示为

$$E_y(x,y,z) = A_y(0)E_y(y,z)\exp\{\mathrm{i}[\omega t - (\kappa_{yy} + \beta_y)x]\} \qquad (4.2.29)$$

式中的自耦合系数为

$$\kappa_{yy} = \frac{\omega}{4}\iint \Delta\varepsilon_{\mathrm{TM\text{-}TM}} E_y E_y^* \; \mathrm{d}y \, \mathrm{d}z \qquad (4.2.30)$$

式中，$\Delta\varepsilon_{\mathrm{TM\text{-}TM}}$ 为 $\Delta\varepsilon_{22}$。另外，引入平面波导 TM 模功率归一化表达式为

$$\frac{\varepsilon_0 \omega n^2}{2\beta} \int_{-\infty}^{\infty} E_y E_y^* \; \mathrm{d}y = 1$$

代入式(4.2.30)，即可确定自耦合系数 κ_{yy}。

3. 电光波导强度调制

电光波导强度调制器的结构类似于"马赫-曾德"（MZ）干涉仪。MZ 干涉仪型电光波导强度调制器如图 4-12 所示。它是在 LiNbO₃ 晶体的衬底上，用射频溅射刻蚀法制造的 Ti 扩散分叉条状波导构成的，其中分叉条状波导被制作成表面电极。这种器件是由两个线偏

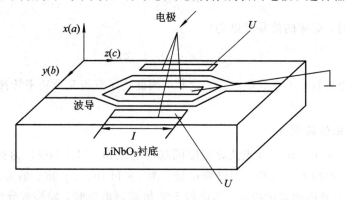

图 4-12　MZ 干涉仪型电光波导强度调制器

振的调相波相干合成而实现强度调制功能的。假定在波导的输入端激励一个 TE 模，在外加电场的作用下，在分叉的波导中传输的导模由于受到一个大小相等、符号相反的电场 E_c 的作用(因为两分支波导结构完全对称)，则分别产生 $\Delta\varphi$ 和 $-\Delta\varphi$ 的相位变化。设电极长度为 l，两电极间距离为 d，则两导模的相位差为 $2\Delta\varphi=2\pi n_0^3\gamma_{33}E_z l/\lambda$。在输出的第二个分叉汇合处，两束光相干合成的光强将随相位差的不同而异，从而获得强度调制。

在 MZ 干涉仪型强度调制器中，为了提高其调制深度及降低插入损耗，必须采取以下措施：

(1) 分支张角不宜太大(一般为 1°左右)，因为张角越大，辐射损耗越大。

(2) 波导必须设计成单模，防止高阶模被激励。

(3) 波导和电极在结构上应严格对称，使两个调相波的固定相位差等于零。

用 Ti 扩散 LiNbO$_3$ 波导制成的 MZ 干涉型调制器，其调制深度可达 80%，半波电压约为 3.6 V，功耗为 35 μW/MHz 左右，调制带宽可达 17 GHz。

此外，电光波导强度调制器还有走向耦合调制器、折射率分布调制器、电光光栅调制器等类型，在此不再一一介绍，需要者可参阅有关光波导器件的书籍。

4.3　声光调制

声光调制是基于声光效应而实现的。声光调制器由声光介质、电-声换能器、吸声(或反射)装置及驱动电源等组成，其结构如图 4-13 所示。

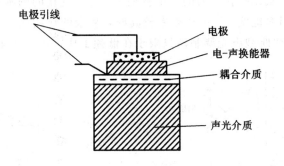

图 4-13　声光调制器的结构

声光介质是指声光相互作用的区域。当一束光通过变化的声场时，由于光和超声场的相互作用，其出射光就具有随时间而变化的各级衍射光，利用衍射光的强度随超声波强度的变化而变化的性质，就可以制成光强度调制器。

电-声换能器(又称超声发生器)可以利用某些压电晶体(如石英、LiNbO$_3$ 等)或压电半导体(如 CdS、ZnO 等)的反压电效应，在外加电场作用下产生机械振动而形成超声波，因此它起着将调制的电功率转换成声功率的作用。

吸声(或反射)装置放置在超声源的对面，用以吸收已通过介质的声波(工作于行波状态)，以免返回介质产生干扰，但要使超声场为驻波状态，则需要将吸声装置换成声反射装置。

驱动电源用以产生调制电信号施加于电声换能器的两端电极上，驱动声光调制器(换能器)工作。

4.3.1　声光调制器的工作原理

声光调制是利用声光效应将信息加载于光频载波上的一种物理过程。调制信号是以电信号(调幅)形式作用于电声换能器上,再转化为以电信号形式变化的超声场,当光波通过声光介质时,由于声光作用,使光载波受到调制而成为"携带"信息的强度调制波。

由前面分析可知,无论是拉曼-纳斯衍射,还是布拉格衍射,其衍射效率均与附加相位延迟因子 $\upsilon = \dfrac{2\pi}{\lambda}\Delta nL$ 有关,而其中声致折射率差 Δn 正比于弹性应变 S 幅值,而 S 正比于声功率 P_s,故当声波场受到信号的调制使声波振幅随之变化时,衍射光强也将随之做相应的变化。布拉格声光调制特性曲线与电光强度调制相似,如图 4-14 所示。由图 4-14 可以看出:衍射效率 η_s 与超声功率 P_s 是非线性调制曲线形式,为了使调制波不发生畸变,则需要加超声偏置,使其工作在线性较好的区域。

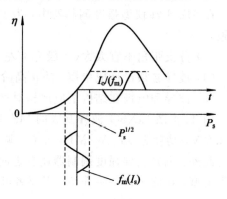

图 4-14　声光调制特性曲线

对于拉曼-纳斯型衍射,工作声源率低于 10 MHz,图 4-15(a)示出了这种调制器的工作原理,其各级衍射光强为 $J_n^2(\upsilon)$ 的倍数。若取某一级衍射光作为输出,可利用光阑将其他各级的衍射光遮挡,则从光阑孔出射的光束就是一个随 υ 变化的调制光。由于拉曼-纳斯型衍射效率低,光能利用率也低,当工作频率较高时,乘余的作用区长度 L 太小,要求的声功率很高,因此拉曼-纳斯型声光调制器只限于在低频工作,只具有有限的带宽。

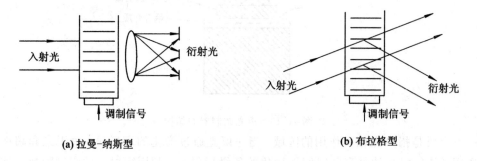

(a) 拉曼-纳斯型　　　　　　　　　　　　**(b) 布拉格型**

图 4-15　声光调制器

对于布拉格型衍射,其衍射效率由 $\eta_s = \sin^2\left(\dfrac{\upsilon}{2}\right)$ 给出。布拉格型声光调制器工作原理如图 4-15(b)所示。在声功率 P_s(或声强 I_s)较小的情况下,衍射效率 η_s 随声强度 I_s 单调地增加(呈线性关系),则

$$\eta_s \approx \frac{\pi^2 L^2}{2\lambda^2 \cos^2\theta_b} M_2 I_s \tag{4.3.1}$$

式中,$\cos\theta_b$ 因子是考虑了布拉格角对声光作用的影响。由此可见,若对声强加以调制,衍射光强也就受到了调制。布拉格衍射必须使光束以布拉格角 θ_b 入射,同时在相对于声波阵面对称方向接收衍射光束时,才能得到满意的结果。布拉格衍射由于效率高,且调制带宽

较宽，故多被采用。

4.3.2　调制带宽

调制带宽是声光调制器的一个重要参量，它是衡量能否无畸变地传输信息的一个重要指标，它受到布拉格带宽的限制。对于布拉格型声光调制器而言，在理想的平面光波和声波情况下，波矢量是确定的，因此对给定入射角和波长的光波，只能有一个确定频率和波矢的声波才能满足布拉格条件。当采用有限的发散光束和声波场时，波束的有限角将会扩展，因此，在一个有限的声频范围内才能产生布拉格衍射。根据布拉格衍射方程，得到允许的声频带宽 Δf_s 与布拉格角的可能变化量 $\Delta\theta_\mathrm{b}$ 之间的关系为

$$\Delta f_\mathrm{s} = \frac{2nv_\mathrm{s}\cos\theta_\mathrm{b}}{\lambda}\Delta\theta_\mathrm{s} \qquad (4.3.2)$$

式中，$\Delta\theta_\mathrm{b}$ 是由于光束和声束的发散所引起的入射角和衍射角的变化量，也就是布拉格角允许的变化量。设入射光束的发散角为 $\delta\theta_\mathrm{i}$，声波束的发散角为 $\delta\varphi$，对于衍射受限制的波束，这些波束发散角与波长和束宽的关系分别近似为

$$\delta\theta_\mathrm{i} \approx \frac{2\lambda}{\pi n w_0}, \quad \delta\varphi \approx \frac{\lambda_\mathrm{s}}{D} \qquad (4.3.3)$$

式中，w_0 为入射光束束腰半径；n 为介质的折射率；D 为声束宽度。显然入射角（光波矢 k_i 与声波矢 k_s 之间的夹角）覆盖范围应为

$$\Delta\theta = \delta\theta_\mathrm{i} + \delta\varphi \qquad (4.3.4)$$

若将角内传播的入射（发散）光束分解为若干不同方向的平面波（即不同的波矢 κ_i），对于光束的每个特定方向的分量在 $\delta\varphi$ 范围内就有一个适当频率和波矢的声波可以满足布拉格条件。而声波束因受信号的调制同时包含许多中心频率的声载波的傅里叶频谱分量。因此，对每个声频率，具有许多波矢方向不同的声波分量都能引起光波的衍射。于是，相应于每一确定角度的入射光，就有一束发散角为 $2\delta\varphi$ 的衍射光，如图 4-16 所示。

而每一衍射方向对应不同的频移，故为了恢复衍射光束的强度调制，必须使不同频移的衍射光分量在平方律探测器中混频。因此，要求两束最边界的衍射光（如图 4-16 中的 OA' 和 OB'）有一定的重叠，这就要求 $\delta\varphi \approx \delta\theta_\mathrm{i}$，若取 $\delta\varphi \approx \delta\theta_\mathrm{i} = \dfrac{\lambda}{\pi n w_0}$，则由 2.3 节的知识可得到调制带宽为

$$(\Delta f)_\mathrm{m} = \frac{1}{2}\Delta f_\mathrm{s} = \frac{2nv_\mathrm{s}}{\pi w_0}\cos\theta_\mathrm{b} \qquad (4.3.5)$$

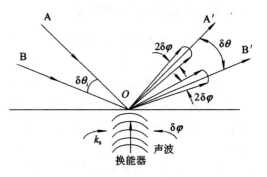

图 4-16　具有波束发散的布拉格衍射

式(4.3.5)表明，声光调制器的带宽与声波穿过光束的渡越时间（w_0/v_s）成反比，即与光束直径成反比，用宽度小的光束可得到大的调制带宽。但是光束发散角不能太大，否则，0 级和 1 级衍射光束将有部分重叠，会降低调制器的效果。因此，一般要求 $\delta\theta_\mathrm{i} < \delta\varphi$，于是可得

$$\frac{(\Delta f)_\mathrm{m}}{f_\mathrm{s}} \approx \frac{\Delta f}{f_\mathrm{s}} < \frac{1}{2} \qquad (4.3.6)$$

即最大的调制带宽$(\Delta f)_{\mathrm{m}}$近似等于声频率f_{s}的一半。因此，大的调制带宽要采用高频布拉格衍射才能得到。

4.3.3　声光调制器的衍射效率

声光调制器的另一重要参量是衍射效率。根据声光晶体的相关知识，要得到100%的调制所需要的声强度为

$$I_{\mathrm{s}} = \frac{\lambda^2 \cos^2\theta_{\mathrm{b}}}{2M_2 L^2} \tag{4.3.7}$$

若要表示所需的声功率，则为

$$P_{\mathrm{s}} = HLI_{\mathrm{s}} = \frac{\lambda^2 \cos^2\theta_{\mathrm{b}}}{2M_2}\left(\frac{H}{L}\right) \tag{4.3.8}$$

可见，声光材料的品质因数M_2越大，欲获得100%的衍射效率所需要的声功率越小。而且电-声换能器的截面应做得长(L大)而窄(H小)。然而，长度L的增大虽然对提高衍射效率有利，但会导致调制带宽的减小(因为声束发散角$\delta\varphi$与L成反比，$\delta\varphi$值小意味着小的调制带宽)。令$\delta\varphi = \dfrac{\lambda_{\mathrm{s}}}{2L}$，带宽可写成

$$\Delta f = \frac{2n v_{\mathrm{s}} \lambda_{\mathrm{s}}}{\lambda L}\cos\theta_{\mathrm{b}} \tag{4.3.9}$$

由式(4.3.9)解出L，并应用声光晶体的相关知识可得

$$2\eta_{\mathrm{s}} f_0 \Delta f = \left(\frac{n^7 P^2}{\rho v_{\mathrm{s}}}\right)\frac{2\pi^2}{\lambda^2 \cos\theta_{\mathrm{b}}}\left(\frac{P_{\mathrm{s}}}{H}\right) \tag{4.3.10}$$

式中，f_0为声中心频率($f_0 = v_{\mathrm{s}}/\lambda_{\mathrm{s}}$)。引入因子$M_1 = \dfrac{n^7 P^2}{\rho v_{\mathrm{s}}} = (n v_{\mathrm{s}}^2)M_2$，$M_1$为表征声光材料的调制带宽特性的品质因数。$M_1$值越大，声光材料制成的调制器所允许的调制带宽越大。

4.3.4　声束和光束的匹配

由于入射光束具有一定宽度，并且声波在介质中是以有限的速度传播的，因此，声波穿过光束需要一定的渡越时间。光束的强度变化对于声波强度变化的响应就不可能是瞬时的。为了缩短其渡越时间以提高其响应速度，调制器工作时用透镜将光束聚焦在声光介质中心，使光束成为极细的高斯光束，从而减小其渡越时间。事实上，为了充分利用声能和光能，认为声光调制器比较合理的情况是工作于声束和光束的发散角比$\alpha \approx 1$($\alpha = \Delta\theta_{\mathrm{i}}$(光束发散角)$/\Delta\varphi$(声束发散角))，这是因为声束发散角大于光束发散角时，其边缘的超声能量就浪费了；反之，如果光发散角大于声发散角，则边缘光线因不满足布拉格条件而不能被衍射。所以在设计声光调制器时，应比较精确地确定二者的比值。一般的光束发散角$\Delta\theta_{\mathrm{i}} = 4\lambda/\pi d_0$，$d_0$为聚焦在声光介质中的高斯光束腰部直径，超声波束发散角$\Delta\varphi = \lambda_{\mathrm{s}}/L$，$L$为换能器长度，于是得到比值

$$\alpha = \frac{\Delta\theta_{\mathrm{i}}}{\Delta\varphi} = \frac{4}{\pi}\frac{\lambda L}{d_0 \lambda_{\mathrm{s}}} \tag{4.3.11}$$

实验证明，调制器在$\alpha = 1.5$时性能最好。

此外，对于声光调制器，为了提高衍射光的消光比，希望衍射光尽量与0级光分开，

调制器还必须采用严格分离条件，即要求衍射光中心和 0 级光中心之间的夹角大于 $2\Delta\varphi$，即大于 $8\lambda/(\pi d_0)$。由于衍射光和 0 级光之间的夹角（即偏转角）等于 $\frac{\lambda}{v_s}f_s$，因此可分离条件为

$$f_s \geqslant \frac{8v_s}{\pi d_0} = \frac{8}{\pi\tau} \approx \frac{2.55}{\tau} \tag{4.3.12}$$

因为 $f_s = v_s/\lambda_s$，上式亦可写成

$$\frac{1}{d_0} \leqslant \frac{\pi}{8\lambda_s} \tag{4.3.13}$$

把式(4.3.13)代入式(4.3.12)，得

$$\alpha = \frac{\lambda L}{2\lambda_s^2} \approx \frac{L}{2L_0} \tag{4.3.14}$$

当调制器最佳性能条件 $\alpha = 1.5$ 满足时，则

$$L = 3L_0 \tag{4.3.15}$$

由此确定换能器的长度 L_0，在利用式(4.3.12)可求得聚焦在声光介质中激光束的腰部直径为

$$d_0 = v_s\tau = \frac{2.55v_s}{f_s} \tag{4.3.16}$$

这样就可以选择合适的聚焦透镜焦距。

4.3.5 声光波导调制器

这里我们将讨论声光布拉格衍射型波导调制器，如图 4-17 所示。

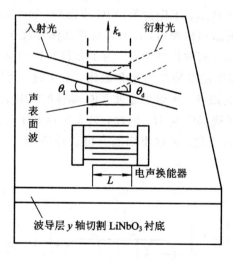

图 4-17 声光布拉格波导调制器

它由平面波导和交叉电极换能器组成。为了在波导内有效地激起表面弹性波，波导材料一般采用压电材料（如 ZnO 等），其衬底可以是压电材料，也可以是非压电材料。图 4-17 中衬底是 y 轴切割的 LiNbO$_3$ 压电晶体材料，波导为 Ti 扩散的波导。用光刻法在表面做成交叉电极的电声换能器，整个波导器件可以沿 y 轴旋转，使波导光与电极板条间的夹角可以调节到布拉格角。当入射光经棱镜（高折射率的金红石棱镜）耦合通过波导时，换

能器产生的超声波会引起波导及衬底折射率的周期变化，因而相对于在声波波前以 θ_b 入射的波导光波穿过输出棱镜，得到与入射光束成 $2\theta_b$ 角的一级衍射光，其光强为

$$I_1 = I_i \sin^2\left(\frac{\Delta\varphi}{2}\right) = I_i \sin BU \tag{4.3.17}$$

式中，$\Delta\varphi$ 是在电场作用下，导波光通过长度为 L 距离的相位延迟；B 是比例系数，它取决于波导的有效折射率 n_{eff} 等因素。式(4.3.17)表明，衍射光强 I_1 随电压 U 的变化而变化，从而可实现对波导光的调制。

4.4　磁　光　调　制

　　磁光调制主要是应用法拉第旋转效应，它使一束线偏振光在外加磁场作用下的介质中传播时，其偏振方向发生旋转，这个旋转角度 θ 的大小与沿光束方向的磁场强度 H 和光在介质中传播的长度 L 之积成正比，即

$$\theta = VHL \tag{4.4.1}$$

式中，V 为韦尔德(Verdet)常数，它表示在单位磁场强度下，线偏振光通过单位长度的磁光介质后偏振方向旋转的角度。

4.4.1　磁光体调制器

　　磁光调制与电光调制、声光调制一样，也是把要传递的信息转换成光载波的强度(振幅)等参数随时间的变化。所不同的是磁光调制是将电信号先转换成与之对应的交变磁场，由磁光效应改变在介质中传输的光波的偏振态，从而达到改变光强度等参量的目的。磁光体调制器的结构如图 4-18 所示。工作物质(YIG 或掺 Ga 的 YIG 棒)置于沿 z 轴方向的光路上，它的两端放置了起偏器和检偏器，高频螺旋形线圈环绕在 YIG 棒上，受驱动电源的控制，用以提供平行于 z 轴方向的信号磁场。为了获得线性调制，在垂直于光传播的方向上加一恒定磁场 H_{dc}，其强度足以使晶体饱和磁化。工作时，高频信号电流通过线圈就会感生出平行于光传播方向的磁场，入射光通过 YIG 晶体时，由于法拉第旋转效应，其偏振面发生旋转，旋转角正比于磁场强度 H。因此，只要用调制信号控制磁场强度的变化，就会使光的偏振面发生相应的变化，但这里因加有恒定磁场 H_{dc}，且与通光方向垂直，故旋转角与 H_{dc} 成反比，于是

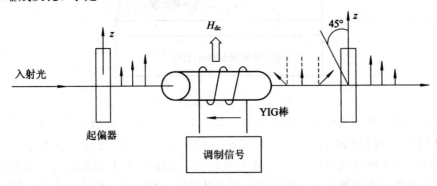

图 4-18　磁光体调制器的结构

$$\theta = \theta_s \frac{H_0 \sin\omega_H t}{H_{dc}} L_0 \qquad (4.4.2)$$

式中，θ_s 是单位长度饱和的法拉第旋转角；$H_0 \sin\omega_H t$ 是调制磁场。如果再通过检偏器，就可以获得一定强度变化的调制光。

4.4.2　磁光波导调制器

在这里我们以磁光波导模式转换调制器为例讨论磁光波导调制器的原理。图 4-19 为磁光波导模式转换调制器的结构，圆盘形的钆镓石榴石（$Gd_3Ga_5O_{12}$-GGG）衬底上，外延生长掺 Ga、Se 的钇铁石榴石（YIG）磁性膜作为波导层（厚度 $d = 3.5~\mu m$，折射率 $n = 2.12$），在磁性膜表面用光刻方法制作一条金属蛇形线路，当电流通过蛇形线路时，蛇形线路中某一条通道中的电流沿 y 轴方向，则相邻通道中的电流沿 $-y$ 轴方向，该电流可产生 $+z$、$-z$ 轴方向交替变化的磁场，磁性薄膜内便可出现沿 $+z$、$-z$ 轴方向交替饱和磁化。蛇形磁场变化的周期（即蛇形结构的周期）为

$$T = \frac{2\pi}{\Delta\beta} \qquad (4.4.3)$$

式中，$\Delta\beta$ 为 TE 模和 TM 模传播常数之差。由于薄膜与衬底之间晶格常数和热膨胀的失配，易磁化的方向处于薄膜平面内，故采用较小的磁化就可以使磁化强度 M 在薄膜平面内转动。若激光由两个棱镜耦合器输入输出，入射是 TM 模时，由于法拉第磁旋光效应，随着光波在光波导薄膜中沿 z 轴方向（磁化方向）的传播。原来处于薄膜平面内的电场矢量（x 轴方向）就转向薄膜的法线方向（y 轴方向），即 TM 模逐渐转换成 TE 模。由于磁光效应的磁化强度 M 与在光传播方向 z 轴上的分量 M_z 成正比，因此在 z 轴和 y 轴之间 45°方向上加一直流磁场 H_{dc} 后，改变蛇形线路中的电流，就可以改变 M_z 的大小，从而可以改变 TM 模和 TE 模的转换效率。当输入到蛇形线路的电流大到使 M 沿 z 轴方向饱和时，转换效率达到最大。由此可达到光束调制的目的。若器件的蛇形电路的周期 $T = 2.5~\mu m$，在蛇形电路中输入 0.5 A 直流电流，磁光相互作用长度 $L = 6~mm$，则可将输入 TM 模的（$\lambda = 1.52~\mu m$）52% 的功率转换到 TE 模上去。磁光波导模式转换调制器的输出耦合器一般使用具有高双折射的金红石棱镜，使输出的 TE 和 TM 模分成两条光束。蛇形电路中的电流频率在（0~80）MHz，均可观察到两模式的光强度被调制的情况。

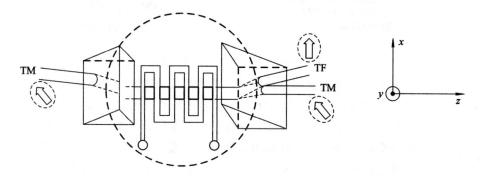

图 4-19　磁光波导模式转换调制器

4.5　直　接　调　制

　　直接调制是把要传递的信息转变为电流信号注入半导体光源(半导体激光器 LD 或半导体发光二极管 LED),从而获得调制光信号。由于它是在光源内部进行的,因此又称为内调制。它是目前光纤通信系统普遍采用的实用化调制方法。根据调制信号的类型,直接调制又可以分为模拟调制和数字调制两种,前者是用连续的模拟信号(如电视、语音等信号)直接对光源进行光强度调制,后者是用脉冲编码调制的数字信号对光源进行强度调制。我们下面介绍这两种调制方法。

4.5.1　半导体激光器(LD)的调制特性

　　半导体激光器是电子与光子相互作用并进行能量直接转换的器件。图 4-20 表示出了砷镓铝双异质结注入式半导体激光器的输出光功率与驱动电流的关系曲线。半导体激光器有一个阈值电流 I_t,当驱动电流密度小于 I_t 时,激光器基本上不发光或只发出很弱的、谱线宽度很宽、方向性较差的荧光;当驱动电流密度大于 I_t 时,则开始发射激光,此时谱线宽度、辐射方向显著变窄,强度大幅度增加,而且随电流的增加呈线性增长,如图 4-21 所示。由图 4-20 可以看出,发射激光的强弱直接与驱动电流的大小有关。若把调制信号加到激光器电源上,就可以直接改变(调制)激光器输出光信号的强度,由于这种调制方式简单,能工作在高频,并能保证良好的线性工作区和带宽,因此在光纤通信、光盘和光复印等方面得到了广泛应用。

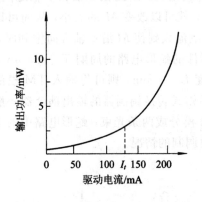

图 4-20　半导体激光器的输出特性

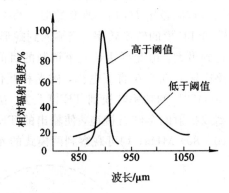

图 4-21　半导体激光器的光谱特性

　　图 4-22 所示的是半导体激光器的调制,包括其调制原理图以及输出光功率与调制信号的关系曲线。为了获得线性调制,使工作点处于输出特性曲线的直线部分,必须在加调制信号电流的同时加一适当的偏置电流 I_b,这样就可以使输出的光信号不失真。但是必须注意的是,要把调制信号源与直流偏置隔离,避免直流偏置电源对调制信号源产生影响,当频率较低时,可用电容和电感线圈串接来实现,当频率很高(大于 50 MHz)时,则必须采用高通滤波电路。另外,偏置电源直接影响 LD 的调制性能,通常应选择 I_b 在阈值电流附近而且略低于 I_t,这样 LD 可获得较高的调制速率。因为在这种情况下,LD 连续发射光信号不需要准备时间(即延迟时间很小),其调制速率不受激光器中载流子平均寿命的限制,

同时也会抑制张弛振荡。但 I_b 选得太大，又会使激光器的消光比变坏，所以在选择偏置电流时，要综合考虑其影响。

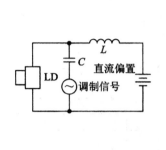

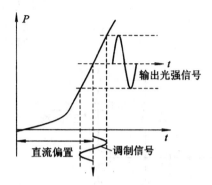

(a) 调制原理图　　　　　　　　(b) 输出光功率与调制信号的关系曲线

图 4 - 22　半导体激光器的调制

　　半导体激光器处于连续调制工作状态时，无论有无调制信号，由于有直流偏置，所以功耗较大，甚至引起温升，会影响或破坏器件的正常工作。双异质结激光器的出现，使激光器的阈值电流密度比同质结大大降低，可以在室温下以连续调制方式工作。

　　要使半导体激光器在高频调制下工作不产生调制畸变，最基本的要求是输出功率要与阈值以上的电流呈良好的线性关系；另外，为了尽量不出现张弛振荡，应采用带宽较窄结构的激光器。另外，直接调制会使激光器主模的强度下降，而次模的强度相对增加，从而使激光器谱线加宽，而调制所产生的脉冲宽度 Δt 与谱线宽度 $\Delta \nu$ 之间相互制约，构成所谓傅里叶变换的带宽限制，因此，直接调制的半导体激光器的能力受到 $\Delta t \cdot \Delta \nu$ 的限制，故在高频调制下宜采用量子阱激光器或其他外调制器。

4.5.2　半导体发光二极管(LED)的调制特性

　　半导体发光二极管由于不是阈值器件，它的输出光功率不像半导体激光器那样会随注入电流的变化而发生突变，因此，LED 的 P - I 特性曲线的线性比较好。图 4 - 23 给出了 LED 与 LD 的 P_{out} - I 特性曲线的比较。由图可见，其中 LED_1 和 LED_2 是正面发光型发光二极管的 P - I 特性曲线。LED_3 和 LED_4 是端面发光型发光二极管的 P - I 特性曲线，可见，发光二极管的 P - I 特性曲线明显优于半导体激光器。所以它在模拟光纤通信系统中得到广泛应用。但在

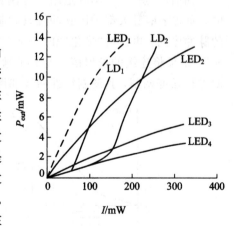

图 4 - 23　LED 与 LD 的 P_{out} - I 曲线比较

数字光纤通信系统中，因为它不能获得很高的调制速率(最高只能达到100 Mb/s)而受到限制。

4.5.3　半导体光源的模拟调制

　　无论是使用 LD 或 LED 作为光源，都要施加偏置电流 I_b，使其工作点处于 LD 或 LED

的 P-I 特性曲线的直线段，如图 4-24 所示。其调制线性好坏与调制深度 m 有关，即

$$\text{LD：} m = \frac{\text{调制电流幅度}}{\text{偏置电流} - \text{阈值电流}}$$

$$\text{LED：} m = \frac{\text{调制电流幅度}}{\text{偏置电流}}$$

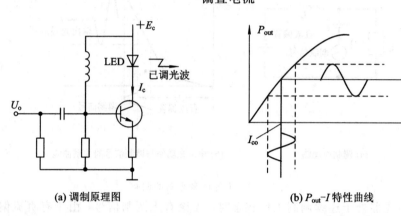

(a) 调制原理图   (b) P_{out}-I 特性曲线

图 4-24   模拟调制特性

当 m 值大时，调制信号幅度大，则线性较差；当 m 值小时，虽然线性好，但调制信号幅度小。因此，应选择合适的 m 值。另外，在模拟调制中，光源器件本身的线性特性是决定模拟调制好坏的主要因素。所以在线性要求较高的应用中，需要进行非线性补偿，即用电子技术校正光源引起的非线性失真。

4.5.4   半导体光源的数字调制

如前所述，数字调制是用二进制数字信号"1"码和"0"码对光源发出的光波进行调制的。而数字信号大都采用脉冲编码调制，即先将连续的模拟信号通过"抽样"变成一组调幅的脉冲序列，再经过"量化"和"编码"过程，形成一组等幅度、等宽度的矩形脉冲作为"码元"，结果将连续的模拟信号变成了脉冲编码数字信号。然后，再用脉冲编码数字信号对光源进行强度调制，其调制特性曲线如图 4-25 所示。

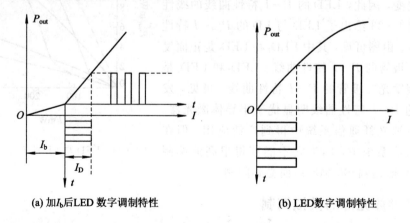

(a) 加 I_b 后 LED 数字调制特性   (b) LED 数字调制特性

图 4-25   数字调制特性

由于数字光通信的突出优点，所以其有很好的应用前景。首先因为数字光信号在信道上传输过程中引进的噪声和失真，可采用间接中继器的方式去掉，故抗干扰能力强；其次对数字光纤通信系统的线性要求不高，可充分利用光源（LD）的发光功率；另外，数字光通信设备便于和脉冲编码电话终端、脉冲编码数字彩色电视终端和电子计算机终端相连接，从而组成既能传输电话语音和彩色电视信号，又能传输计算机数据的多媒体综合通信系统。

4.6　光束扫描技术

　　光束扫描技术是激光应用（如激光显示、传真和光存储等）的基本技术之一。它可以用机械方法、电光效应和声光效应等来实现。根据应用目的的不同可以分为两种类型：一种是光的偏转角连续变化的模拟式扫描，它能描述光束的连续位移；另一种是不连续的数字扫描，它是在选定空间的某些特定位置上使光束的空间位置"跳变"。前者主要用于各种显示，后者则主要用于光存储。

4.6.1　机械扫描

　　机械扫描是目前最成熟的一种扫描方法。如果只需要改变光束的方向，即可采用机械扫描方法。机械扫描方法是利于反射镜或棱镜等光学元件的旋转或振动来实现光束扫描的。图 4 - 26 为简单的机械扫描装置，激光束入射到一可转动的平面反射镜上，当平面镜转动时，经平面镜反射的激光束的方向就会发生改变，达到光束扫描的目的。

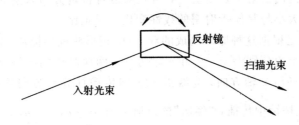

图 4 - 26　机械扫描装置

　　机械扫描方法虽然原始且扫描速度慢，但其扫描角度大而且受温度影响小，光的损耗小，而且适用于各种光波长的扫描。因此，机械扫描方法在目前仍是一种常用的光束扫描方法。它仅可以用在各种显示技术中，而且还可用在微型图案的激光加工装置中。

4.6.2　电光扫描

　　电光扫描是利用电光效应来改变光束在空间的传播方向，其原理如图 4 - 27 所示。光束沿 y 轴方向入射到长度为 L、厚度为 d 的电光晶体，如果晶体的折射率是坐标 x 的线性函数，即

$$n(x) = n + \frac{\Delta n}{d}x \tag{4.6.1}$$

式中，n 是 $x = 0$（晶体下面）处的折射率；Δn 是在厚度 d 上折射率的变化量，则在 $x = d$（晶体上面）处的折射率是 $n + \Delta n$。当一平面波经过晶体时，光波的上部（A 线）和下部（B 线）所

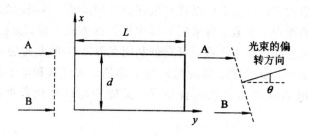

图 4-27　电光扫描原理图

"经受"的折射率不同,通过晶体所需的时间也就不同,分别为

$$T_A = \frac{L}{c}(n+\Delta n), \quad T_B = \frac{L}{c}n$$

由于通过晶体的时间不同而导致光线 A 相对于 B 要落后一段距离 $\Delta y = \frac{c}{n}(T_A - T_B)$。

这就意味着光波到达晶体出射面时,其波阵面相对于传播轴线偏转了一个小角度,其偏转角(在输出端晶体内)为 $\theta' = -\frac{\Delta y}{d} = -L\frac{\Delta n}{nd} = -L\frac{dn}{dx}$,则可以用折射率的线性变化 $\frac{dn}{dx}$ 代替了 $\frac{\Delta n}{d}$,那么光束射出晶体后的偏转角 θ 根据折射定律 $\frac{\sin\theta}{\sin\theta'} = n$ 求得。设 $\sin\theta \approx \theta \ll 1$,有

$$\theta = n\sin\theta' = -L\frac{\Delta n}{nd} = -L\frac{dn}{dx} \tag{4.6.2}$$

式中,负号是由坐标系引进的,即 θ 内 y 转向 x 为负。由以上讨论可见,只要晶体在电场的作用下,沿某些方向的折射率发生变化,当光束沿着特定方向入射时,就可以实现光束扫描。光束偏转角的大小与晶体折射率的线性变化率成正比。

图 4-28 所示的是根据这种原理制成的双 KDP 楔形棱镜扫描器。它由两块 KDP 直角棱镜组成,棱镜的三个边分别沿 x'、y' 和 z 轴方向,两块晶体的 z 轴反向平行,其他两个轴的取向均相同,电场沿 z 轴方向;光线沿 y' 方向传播且沿 x' 方向偏振。在这种情况下,上部的 A 线完全在上棱镜中传播,"经历"的折射率为 $n_A = n_0 - \frac{1}{2}n_0^3 r_{63}E_z$。而在下棱镜中,

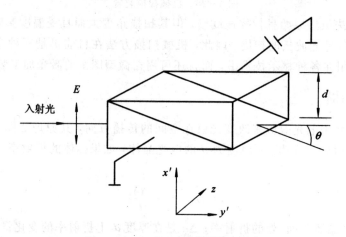

图 4-28　双 KDP 楔形棱镜扫描器

因电场相对于 z 轴反向，故 B 线"经历"的折射率为 $n_B = n_0 - \frac{1}{2} n_0^3 r_{63} E_z$。于是上、下折射率之差（$\Delta n = n_B - n_A$）为 $n_0^3 r_{63} E_z$。将其代入式（4.6.2），即得

$$\theta = \frac{L}{d} n_0^3 r_{63} E_z \tag{4.6.3}$$

例如，取 $L = d = h = 1$ cm，$r_{63} = 10.5 \times 10^{-12}$ m/V，$n_0 = 1.51$，$U = 1000$ V，则得 $\theta = 35 \times 10^{-7}$ rad。可见电光偏转角是很小的，很难达到实用的要求。为了使偏转角加大，而电压又不至于太高，因此常将若干个 KDP 棱镜在光路上串联起来，构成长为 mL、宽为 d、高为 h 的偏转器，如图 4-29 所示。两端的两块有一个顶角为 $\beta/2$，中间的几块顶角为 β 的等腰三角棱镜，它们的 z 轴垂直于图面，棱镜的宽度与 z 轴平行，前后相邻的二棱镜的光轴反向，电场沿 z 轴方向。各棱镜的折射率交替为 $n - \Delta n$ 和 $n + \Delta n$，其中，$\Delta n = \frac{1}{2} n_0^3 r_{63} E$。故光束通过扫描器后，总的偏转角为每级（一对棱镜）偏转角的 m 倍，即

$$\theta_\text{总} = m\theta = \frac{mL n_0^3 r_{63} U}{hd} \tag{4.6.4}$$

一般 m 的值为 $4 \sim 10$，m 不能无限增加的主要原因是激光束有一定的尺度，而棱镜高 h 的大小有限，光束不能偏出 h 之外。

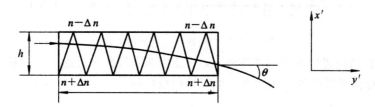

图 4-29　多级棱镜扫描器

数字式电光扫描器由电光晶体和双折射晶体组合而成，其结构原理如图 4-30 所示。

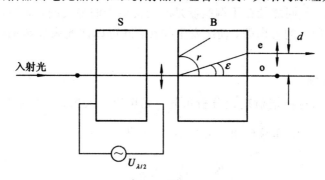

图 4-30　数字式电光扫描原理

图 4-30 中 S 为 KDP 晶体，B 为方解石双折射晶体（分离棱镜），它能使线偏振光分成互相平行、振动方垂直的两束光，其间隔 b 为分裂度，ε 为分裂角（也称为离散角），γ 为入射光法线方向与光轴间的夹角。MP 电光晶体 S 的 x 轴（或 y 轴）平行于双折射晶体 B 的光轴与晶面法线所组成的平面。若一束入射光的偏振方向平行于 S 的 x 轴（对 B 而言，相当于 o 光），当 S 上未加电压时，光波通过 S 之后偏振态不变，则它通过 B 时方向仍保持不

变；当 S 上加半波电压时，则入射光的偏振而将旋转 90°而变成了 e 光。我们知道，不同偏振方向光波对光轴的取向不同，其传播的光路也是不同的，所以此时通过 B 的 e 光相对于入射方向就偏折了一个 ε 角，从 B 出射的 e 光与 o 相距为 d。由物理光学已知，当 n_o 和 n_e 确定后，对应的最大分裂角为 $\varepsilon_{max} = \arctan \dfrac{n_e^2 - n_o^2}{2n_e^2 n_o^2}$。以方解石为例，它的 $\varepsilon_{max} \approx 6°$（在可见光和近红外光波段）。上述电光晶体和双折射晶体就构成了个一级数字扫描器，入射的线偏振光随电光晶体上加和未加半波电压两种情况而分别占据两个"地址"之一，分别代表"0"和"1"状态。若把 n 个这样的数字偏转器组合起来，就能做到 n 级数字式扫描。图 4-31 所示为一个三级数字式电光扫描器，以及使入射光分离为 2^3 个扫描点的情况。光路上的短线"|"表示偏振面与纸面平行，"."表示与纸面垂直。最后射出的光线中，"1"表示某电光晶体上加了电压，"0"表示未加电压。

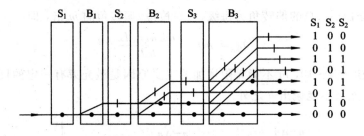

图 4-31   三级数字式电光扫描器

要使可扫描的位置分布在二维方向上，只要用两个彼此垂直的 n 级扫描器组合起来就可以实现。这样就可以得到 $2^n \times 2^n$ 个二维可控扫描位置。

4.6.3   声光扫描

声光效应的另一个重要用途是用来进行光束扫描偏转。声光扫描器的结构与布拉格声光调制器基本相同，不同之处在于调制器是改变衍射光的强度的，而扫描器则是通过改变声波频率来改变衍射光的方向的，使之发生偏转，既可以使光束连续偏转，也可以使分离的光点扫描偏转。

1. 声光扫描原理

从前面的声光布拉格衍射理论分析可知，光束以 θ_i 入射，产生衍射极值应满足条件 $\sin\theta_b = \dfrac{\lambda}{2n\lambda_s}$，$\theta_i = \theta_d = \theta_b$。布拉格角一般很小，可写为

$$\theta_b = \frac{\lambda}{2n\lambda_s} = \frac{\lambda}{2nv_s}f_s \tag{4.6.5}$$

故衍射光与入射光间的夹角（偏转角）等于布拉格角 θ_b 的 2 倍，即

$$\theta = \theta_i + \theta_d = 2\theta_b = \frac{\lambda}{nv_s}f_s \tag{4.6.6}$$

由式（4.6.4）可以看出：改变超声波的频率 f_s，就可以改变其偏转角 θ，从而达到控制光束传播方向的目的。即超声频率改变 Δf_s 引起光束偏转角的变化为

$$\Delta\theta_b = \frac{\lambda}{nv_s}f_s \tag{4.6.7}$$

这可用图 4-32 所示的声光扫描原理及声光波矢关系予以说明。设声波频率为 f_s 时，声光衍射满足布拉格条件，则声光波矢图为闭合等腰三角形，衍射极值沿着与超声波面成 θ_d 角的方向。若声波频率变为 $f_s + \Delta f_s$ 时，则根据 $k_s = \dfrac{2\pi}{v_s} f_s$ 的关系，声波波矢量将有 $\Delta k_s = \dfrac{2\pi}{v_s} \Delta f_s$ 的变化。由于入射角 θ_i 不变，衍射光波矢大小也不变，则声光波矢图不再闭合。光束将沿着 OB 方向衍射，相应的光束偏转为 θ。因为 θ 和 $\Delta\theta$ 都很小，因而可近似认为 $\Delta\theta = \dfrac{\Delta k_s}{v_s} = \dfrac{\lambda}{n v_s} \Delta f_s$，所以偏转角与声频的改变成正比。

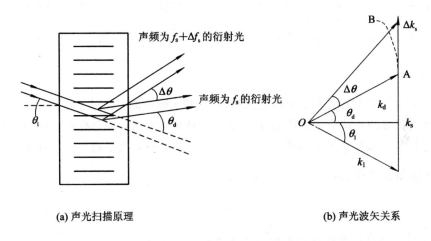

(a) 声光扫描原理　　　　　　　　(b) 声光波矢关系

图 4-32　声光扫描原理及声光波矢关系

2. 声光扫描器的主要性能参量

声光扫描器的主要性能参量有 3 个，即可分辨点数(它决定描器的容量 N)、偏转时间 τ(其倒数决定扫描器的速度)和衍射效率 η_s(它决定偏转器的效率)。衍射效率前面已经讨论过，下面主要讨论可分辨点数、扫描速度和工作带宽问题。

对一个声光扫描器来说，不仅要看偏转角 $\Delta\theta$ 的大小，还要看其可分辨点数 N。可分辨点数 N 定义为偏转角 $\Delta\theta$ 和入射光束本身发散角 $\Delta\varphi$ 之比，即

$$N = \frac{\Delta\theta}{\Delta\varphi} \quad (\Delta\varphi = R\lambda\omega) \tag{4.6.8}$$

式中，ω 为入射光束的宽度(光束的直径)；R 为常数，其值决定于所用光束的性质(均匀光束或高斯光束)和可分辨判据(瑞利判据或可分辨判据)。例如，显示或记录用扫描器采用瑞利判据，$R = 1.3 \sim 1.8$；光存储器用扫描器，则采用可分辨判据，$R = 1.8 \sim 2.5$，则扫描可分辨点数为

$$N = \frac{\Delta\theta}{\Delta\varphi} = \frac{\omega}{v_s} \frac{\Delta f_s}{R} \tag{4.6.9}$$

式中，$\dfrac{\omega}{v_s}$ 为超声波渡越时间，记为 τ，也就是扫描器的偏转时间。故式(4.6.9)可以写为

$$N \frac{1}{\tau} = \frac{1}{R} \Delta f_s \tag{4.6.10}$$

式中，$N \dfrac{1}{\tau}$ 称为声光扫描器的容量——速度积，它表征单位时间内光束可以指向的可分辨

位置的数目，式(4.6.10)表明，它仅取决于工作带宽 Δf_s，而与介质的性质无关。因而当光束宽度和声速确定后，参数也就确定了。只有增加带宽才能提高扫描器的分辨率。例如，入射光束直径 $\omega = 1$ cm，声速 $v_s = 4 \times 10^5$ cm/s，则 $\tau = 2.5$ μs，若要求 $N = 200$ 时，则 Δf_s 为 100 Hz～200 MHz。

声光扫描器带宽受两种因素的限制，即受换能器带宽和布拉格带宽的限制。因为当声频改变时，相应的布拉格角也要改变，其变化量为

$$\Delta\theta_b = \frac{\lambda}{2nv_s}\Delta f_s \tag{4.6.11}$$

因此要求声束和光束具有匹配的发散角。声光扫描器一般采用准直的平行光束，其发射角很小，所以要求声波的发散角 $\delta\varphi \geqslant \delta\theta_b$。取 $\delta\varphi = \dfrac{\lambda_s}{L}$，再考虑到式(4.6.11)，得

$$\frac{\Delta f_s}{f_s} \leqslant \frac{2n\lambda_s^2}{\lambda L} \tag{4.6.12}$$

实际上，工作带宽的选取是由给定的指标 N 和 τ 确定的，此时工作频带的中心频率也已确定。因为正常的布拉格器件的 Q 值一般不容易做得很大，故总存在一些剩余的高级衍射，此外还有各种非线性因素和驱动电源谐波分量的影响，为了避免在工作频带内出现假点，要求工作带宽的中心频率 $f_{s0} \geqslant \dfrac{3}{2}\Delta f_s$ 或

$$\frac{\Delta f_s}{f_{s0}} \leqslant \frac{3}{2} = 0.667 \tag{4.6.13}$$

式(4.6.13)是设计布拉格声光扫描带宽的基本关系式。

要使布拉格声光衍射扫描器有良好的带宽特性，即能在比较大的频率范围内产生布拉格衍射，尽量减小对布拉格条件的偏离，就要求在较宽的角度范围内提供方向合适的超声波。设法使超声波的波面随频率的变化而发生相应的倾斜转动，使超声波的传播主方向始终平分入射光方向和衍射光方向，这样超声方向自动跟踪布拉格角(称为超声跟踪)。实现超声跟踪的方法一般是采用一种所谓"列阵换能器"，即将换能器分成数片，使之进入声光介质的超声波是各换能器发出的超声波叠加合成，形成一个倾斜的波面，合成超声波的主方向是随声波频率的改变而改变的。这种结构就可以保证布拉格条件在较大频率范围内得以满足。阵列换能器的形式分为阶梯式和平面式两种。阶梯式结构如图 4-33(a)所示，它是把声光介质磨成一系列阶梯，各阶梯的高差为 $\lambda_s/2$，阶梯的宽度为 S，各片换能器粘接在各个阶梯上，相邻两换能器间的相位差为 π，因而每个换能器所产生的超声波波面间也

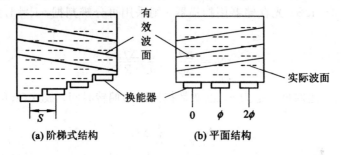

(a) 阶梯式结构   **(b) 平面结构**

图 4-33   阵列换能器

有 π 弧度的相位差,使在介质中传播的声波等相面随之发生倾斜转动,其转动的角度是随频率而改变的。这样就相当于改变了入射光束的角度,使之满足布拉格条件。还有一种是平面结构,如图 4-33(b)所示。它的工作原理和前者基本相同,这里不再赘述。

4.7　空间光调制器

前面所介绍的各种调制器是对一束光的"整体"进行作用,而且对与光传播方向相垂直的 $x-y$ 平面上的每一点其效果相同。空间光调制器可以形成随 $x-y$ 坐标变化的振幅(或强度)透过率 $A(x,y)=A_0T(x,y)$,或者形成随机坐标变化的相位分布 $A(x,y)=A_0Te^{i\varphi(x,y)}$,或者形成随坐标变化的不同的散射状态。顾名思义,这是一种对光波的空间分布进行调制的器件。空间光调制器含有许多独立单元,它们在空间排列成一维或二维阵列,每个单元都可以独立地接受光信号或电信号的控制,并按此信号改变自身的光学性质(如透过率、反射率、折射率等),从而对通过它的光波进行调制;控制这些单元光学性质的信号称为"写入信号",写入信号可以是光信号也可以是电信号,射入器件并被调制的光波称为"读出光";经过空间光调制器后的输出光波称为"输出光"。显然,写入信号应含有控制调制器各单元的信息,并把这些信息分别传送到调制器相应的各单元位置上改变其光学性质;若写入信号是光学信号时,通常表现为一个二维的光强分布的图像,通过一光学系统成像在空间光调制器的单元平面上,这个过程称为"编址"。当读出光通过调制器时,其光学参量(如振幅、强度、相位或偏振态)就受到空间光调制器各单元的调制,结果变成了一束具有新的光学参量空间分布的输出光。这种器件可以应用于光学信息处理和光计算机中作为图像转换、显示、存储、滤波。特别是为获得光学信息处理的优点,进行实时的二维并行处理就更需要实时的空间光调制器。本节简要介绍几种典型的空间光调制器。

4.7.1　泡克尔读出光调制器

泡克尔读出光调制器(PROM)是一种利用电光效应制成的光学编址型空间光调制器。其性能比较好,目前已得到实际的应用。

1. 泡克尔读出光调制器的结构

为了满足实时处理的要求,陆续出现了多种结构原理的器件,有的是把光敏薄膜与铁电晶体结合起来;有的则利用本身具有光敏性能的光致导电晶体制成。其中硅酸铋晶体材料制成的空间光调制器得到了较快的发展,BSO 是一种非中心对称的立方晶体(23 点群),它不但具有光电导效应,而且还具有线性光电效应。它的半波电压比较低,对 $\lambda=(400\sim450)$ nm 的蓝光较灵敏(光子能量大),而对 600 nm 的红光(光子能量较小)的光电导效应很微弱。由于光敏特性随波长的剧烈变化,材料对蓝光敏感,对红光不敏感,因此可用蓝光作为写入光,用红光作为读出光,从而可减少读出光和写入光之间的互相干扰。

反射式硅酸铋(BSO-PROM)空间光调制器的结构如图 4-34 所示。在 BSO 晶体的两侧涂有 3 μm 厚的绝缘层,最外层镀上双色反射层用以反射红光而投射蓝光,就构成反射式的器件。反射式结构不但能降低半波电压,而且消除了晶体本身旋光性的影响。

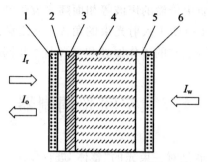

1，6—透明电极；2，5—绝缘层；
3—双色反射层；4—硅酸铋晶体

图 4 - 34　反射式硅酸铋（BSO - PROM）空间光调制器的结构
1，6—透明电极；2，5—绝缘层；3—双色反射层；4—硅酸铋晶体

2. BSO - PROM 空间光调制器的工作原理

　　BSO - PROM 空间光调制器是把图像的光强分布转化为加在 BSO 晶体上电压的空间分布，从而把图像传递到读出光束上去。前者是利用晶体的光电导性质，后者是利用晶体的泡克尔电光效应。具体的工作过程是：当在透明电极上加上工作电压而无光照时，晶体的光学性质并不发生变化，因为此时光敏层电阻的阻值很大，大部分电压降到光敏层上。如果用较强的蓝光照射光敏层，光子被激发，使电子获得足够的能量越过禁带而进入导带，就会有大量自由电子和空穴参与导电，于是光敏层的电阻就减到很小（称为光电导效应），这时绝大部分电压就加到了 BSO 晶体上，由于光敏层的电阻层是随外界入射光的强弱发生变化，故晶体的电光效应也随入射光的强弱做相应的变化。例如，用一束携带图像信息的激光作为写入信号 I_w，从图的右方通过透镜照射到 BSO 晶体上，由于光电效应在晶体内激发电子-空穴对，电子被拉向正极，而空穴按写入光的图像形状分布引起电位的空间变化，这样，写入光的照度分布通过光电效应转化成 BSO 晶体内的电场分布，将图像存储下来。在读取图像时，用长波光，如 633 nm 的红光作为读出光 I_r，通过起偏器（x 轴方向）从图的左方照射器件，由电光效应而变成椭圆偏振光，其椭圆率取决于晶体中电压的空间变化，因此，从检偏器（图的左方，与起偏器正交放置）输出光 I_o 的光强分布将正比于图像的明暗分布，即实现了光的空间调制。

　　上述电光空间调制器的工作程序如图 4 - 35 所示。其中图 4 - 35(a)、图 4 - 35(b)和图 4 - 35(c)所示为写入前的准备阶段。图 4 - 35(a)所示为在晶体的两个电极间加电压 V_o；图 4 - 35(b)所示为用均匀的灯光照射光敏层，使之产生电子-空穴对，并在在外电场作用下向晶体的电极界面漂移，使晶体中电场为零，即清除原来存储的图像（因为 BSO 晶体的暗电阻很大，存储的图像可以保持很长时间）；图 4 - 35(c)所示为把电压反转，使晶体上的电压升高为 $2V_o$；图 4 - 35(d)表示写入阶段的情况，用较短波长的蓝光携带图像信息作为写入光 I_w 成像在 BSO 晶体的表面上，通过光电效应转变成 BSO 晶体内的电场分布，再通过电光效应而转变成双折射率分布；图 4 - 35(e)表示读出时的情况，用长波长的线偏振红光作为读出光 I_r，选择红光作为读出光是因为它基本不对 BSO 晶体产生光电效应，不会破坏原先写入的电场图像。它入射晶体后，由于双折射而分解成两个相垂直的偏振分量，两者之间有一相位差，故其合成光的偏振态随之发生变化，因此从检偏器输出的光 I_o 为振幅（强度)受到调制的光。在记录屏上的亮区，因是 BSO 晶体未曝光区，故晶体的双折射效应很弱，光束在这个区域的偏振态几乎没有改变，故无图像显示。

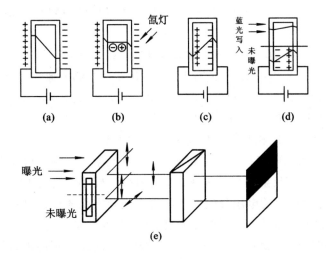

图 4-35　BSO-PROM 空间光调制器的工作程序

4.7.2　液晶空间光调制器

普通的晶体从固态转变为液态有一定的熔点。在熔点以下是固态；熔点以上是液态，并且失去了晶体的性质。但是有些物质不是直接由固态变为液态，而是经过一个过渡相态，这时，它一方面具有液体的流动性质，同时又有晶体的特性(如光学、力学和热学的各向异性)，这种过渡相态称之为"液晶"。

液晶是一种有机化合物，一般由棒状柱形对称的分子构成，具有很强的电偶极矩和容易极化的化学团。对这种物质施加外场(如电、热或磁等)，液晶分子的排列方向和液晶分子的流动位置就会发生变化，即能改变液晶的物理状态。如对液晶施加电场，它的光学性质就发生变化，这就是液晶的电光效应。

比较典型的液晶空间光调制器是硫化镉(Cds)液晶光阀，其结构如图 4-36 所示。其中平板玻璃是为了保持器件的固定形状，透明电极材料为氧化姻(In_3O_3)和氧化锡(Sn_2O_3)的混合材料——铟锡氧化物(ITO)。液晶分子取向膜层材料是 SiO_2，它使与之接触的液晶分

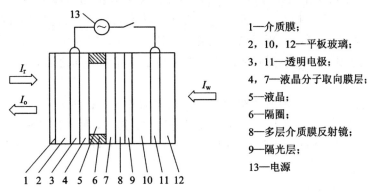

1—介质膜；
2，10，12—平板玻璃；
3，11—透明电极；
4，7—液晶分子取向膜层；
5—液晶；
6—隔圈；
8—多层介质膜反射镜；
9—隔光层；
13—电源

图 4-36　硫化镉液晶光阀的结构

子薄层按沿面排列；多层介质膜反射镜，反射率约 90％，它同时还用做两透明电极之间的电绝缘体，以防止直流电流流经液晶层；隔光层的材料是 CdTe，它使自右侧入射的写入光 I_w 不能射向隔光层左侧，使写入光与读出光隔离；光导层的材料是 CdS，其作用我们下面介绍。

这种液晶光阀的主要功能是实现图像的非相干/相干转换。其工作过程是，将待转换的一非相干图像通过一光学系统（作为写入光 I_w）从器件右侧成像到光导层上，同时有一束线偏振相干光（作为读出光 I_r）从器件左侧射向液晶层，其偏振方向与液晶层左端的分子长轴方向一致，由于高反射膜的作用，这束光将两次通过液晶层，最后从左方出射，通过一个偏振轴方向与 I_r 偏振方向相垂直的检偏器，得到输出光。

当电源通过两个透明电极把电压加在液晶层、高反射膜、隔光层和光导层相串联的整体上时，因为隔光层和高反射膜层都很薄，交流阻抗比较小，故电压主要降落在液晶层和光导层上。显然，这两层上的电压分配比例取决于光导层受光照的情况，对入射光图像上暗的地方，光导层没有受到光照，则电导率很低（即电阻很大），电压主要分配在光导层上，液晶层获得的电压较小，不足以产生明显的电光效应，因此在相应的位置上，液晶仍然处于原有状态（即具有扭曲 45° 的排列结构），读出光通过该处后，其输出光强 I_o 为零。对入射光图像上照度最大的位置，由于内光电效应，光导层的阻抗急剧变小。电压的大部分都降落在液晶层的相应位置上，于是产生明显的电光效应，读出光通过该处时，输出光 I_o 最大，那么，对入射光图像上其他照度的位置，相应的 I_o 值在零和极大值之间变化，这样，输出光强度（或振幅）的空间分布便被写入光图像的空间分布所调制。实现了图像的非相干/相干转换。

4.7.3 其他类型的空间光调制器

1. 声光空间光调制器

声光空间光调制器是利用声光效应来进行光调制的器件。在声光调制器中（其结构详见本章 4.3.1 节），是把写入信号的电信号通过电-声换能器转换成载有写入信息的超声波，这个超声波作用于声光介质，产生内应力场分布，通过光弹效应，超声波又转化成介质折射率的变化分布，构成一种"相位光栅"，读出光通过时因受到这种"光栅"的作用而被调制。由前面声-光相互作用原理得知，其衍射光强度可以由超声波的功率，或者说由电-声换能器的电驱动功率来控制，因而通过改变超声功率就可以获得光强调制。若利用声光器件的频率调制功能又可以实现对读出光的相位调制，这是因为光波相位随时间变化的速率与角频率 ω 成正比，因此不同频率的光波在传播了相同的时间之后，其相位改变量是不一样的。

声光空间光调制器与前面所介绍的空间光调制器相比，有两个不同点：其一，写入信息的空间分布不是固定的，而是以声速在缓慢地运动；其二，写入信息只沿着一维空间（平行于声波的传播方向）分布，因此声光调制器最适宜用来进行一维图像（或信息）的光学并行处理。

2. 磁光空间光调制器

磁光空间光调制器是利用对铁磁材料的诱导磁化来记录写入信息，利用磁光效应来实现对读出光的调制。

1）写入信息的记录

我们知道，有些磁性材料在外磁场的诱导下即被磁化，当撤去外磁场后，材料的磁感应强度并不恢复为零，而仍有一"剩磁"。这时，即使有一个反方向的外磁场，只要其强度不超过临界值，上述剩磁强度方向仍不会改变，只有当反向外磁场的大小超过临界值之后，剩磁强度方向才会随之改变。因此，可以利用磁性材料稳定的剩磁强度的方向"记忆"原来的外磁场方向；若要使它发生变化，则必须施加足够大的反向磁场才行。由于稳定的剩磁方向有两个，因此记录的信息是二元的，如果把磁性材料做成薄膜形状，并分成大量互相独立的像元（被蚀成矩形像元阵列），在各像元之间制作正交的编址电极，便可以记录一个以二进制数字表示的二维数据阵列。

具体进行数据记录的方法是，利用一种所谓矩阵编址方法，通过在电极上施加电流，在某个需要改变剩磁方向的单元处产生较强的局部反向磁场，达到使指定像元发生剩磁方向反转的效果。当电流通过两正交方向的编址电极时，电极交叉处的像元即被编址（究竟是交叉点周围的 4 个像元中哪个像元被编址，由磁光薄膜的设计及电极中电流的方向而定），薄膜的磁化状态随编址磁场而发生变化。这样，利用逐行写入的方式，便能把二元的写入信号的电信号转变成按二维阵列排列的以剩磁方向表征的信息阵列。

2）信息的读出

在磁光调制器中，对读出光的调制是通过磁光效应来实现的。即当一束线偏振光通过磁光介质时，如果存在着沿光传播方向的磁场，则由于法拉第效应，入射光的偏振方向将随着光的传播而发生旋转，旋转的方向取决于磁场的方向，这样，我们就可以利用把记录在上述磁性薄膜中的剩磁方向分布的信息转换成输出光的偏振态的不同分布，若再通过检偏器，便可完成二元的振幅调制或相位调制。

具体调制过程可用图 4 - 37 来说明。如调制器的两个像元"1"和"2"已被写入信号调制成具有相反方向的剩磁强度（图中用箭头方向表示，其中"1"表示薄膜磁化方向与光束方向相同；"2"相反）。由于法拉第效应，沿 y 轴方向偏振的线偏光 P 通过这两个单元后，其偏振方向将分别旋转一个 θ 和 $-\theta$ 角，得到 P_1 和 P_2 两个出射光（一个顺时针旋转 θ 角，一个逆时针旋转 θ 角），如果再在器件后面设置一个检偏器 A，其透光方向与 y 轴成 φ 角，则 P_1 通过 A 之后，光强正比于 $\cos^2(\varphi-\theta)$；而 P_2 通过 A 之后，光强正比于 $\cos^2(\varphi+\theta)$，实现了

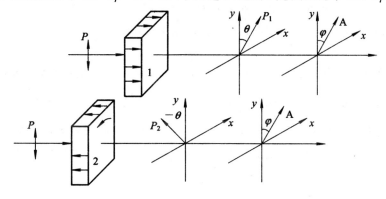

图 4 - 37　磁光调制器的信息读出

二元的振幅调制。若适当选取 φ 角，使 $\varphi - \theta = \pm 90°$，便能得到全对比输出，即一个像元处于"关态"，无光通过，而另一像元的光则可部分或全部透过，即处于"开态"。

以上介绍的是基于电光、声光和磁光效应的空间光调制器。此外，近几年还出现有铁电陶瓷（PLZI）调制器、微通道板（MSLM）调制器和多量子阱调制器等多种串联式空间光调制器，在此不再一一介绍。

习题与思考题

1. 一纵向运用的 KDP 电光调制器，长为 2 cm，折射率 $n = 2.5$，工作频率为 1000 kHz。试求此时光在晶体中的渡越时间及引起的衰减。

2. 在电光调制器中，为了得到线性调制，在调制器中插入一个 $\lambda/4$ 波片，波片的轴向如何设置最好？若旋转 $\lambda/4$ 片，它所提供的直流偏置有何变化？

3. 为了降低电光调制器的半波电压，用 4 块 z 轴切割的 KDP 晶体连接（光路串联，电路并联）成纵向串联式结构，试求：

（1）为了使 4 块晶体的电光效应逐块叠加，各晶体的 x 和 y 轴应如何取向？

（2）若 $\lambda = 0.628\ \mu m$，$r_{63} = 23.6 \times 10^{-12}$ m/V，计算半波电压，并与单块晶体调制器比较。

4. 如果一个纵向电光调制器没有起偏器，入射的自然光能否得到光强度调制？为什么？

5. 一个 $PbMoO_4$ 声光调制器，对 He－Ne 激光进行调制。已知声功率 $P_s = 1$ W，声光相互作用长度 $L = 1.8$ mm，换能器宽度 $H = 0.8$ mm，$M_2 = 36.3\ s^3 \times 10^{15}$/kg，试求 $PbMoO_4$ 声光调制的布拉格衍射效率。

6. 一个驻波超声场会对布拉格衍射光场产生什么影响？给出它所造成的频移和衍射方向。

7. 用 $PbMoO_4$ 晶体做成一个声光扫描器，取 $n = 2.48$，$M_2 = 37.75 \times 10^{-15}\ s^3$/kg，换能器宽度 $H = 0.5$ mm。声波沿光轴方向传播，声频 $f_s = 150$ MHz，声速 $v_s = 3.99 \times 10^5$ cm/s，光束宽度 $d = 0.85$ cm，光波长 $\lambda = 0.5\ \mu m$。

（1）证明此扫描器只能产生正常布拉格衍射。

（2）为获得 100% 的衍射效率，声功率 P_s 应为多大？

（3）若布拉格带宽 $\Delta f = 125$ MHz，衍射效率降低多少？

（4）求可分辨点数 N。

8. 在电光晶体的纵向应用中，如果光波偏离 z 轴一个小角度 θ（$\theta \ll 1$）传播，证明由于自然双折射引起的相位延迟为 $\Delta\phi = \dfrac{\omega L}{2c} n_0 \left(\dfrac{n_0^2}{n_e^2} - 1 \right) \theta^2$，式中，$L$ 为晶体长度。

9. 一束线偏振光经过长 $L = 25$ cm，直径 $D = 1$ cm 的实心玻璃，玻璃外绕 $N = 250$ 匝导线，通有电流 $I = 5$ A。取韦尔德常数为 $V = 0.25 \times 10^{-5}$ rad/cm・T，试计算光的旋转角 θ。

第 5 章　光电探测技术

5.1　光电探测器的物理效应

光电探测器的物理效应通常分为两大类：光子效应和光热效应。在每一大类中又可分为若干细项，如表 5 - 1 所示。

表 5 - 1(a)　光子效应的分类

	效　　　　应	相应的探测器
外光电效应	① 光阴极发射光电子 ② 光电子倍增； 　打拿极倍增； 　通道电子倍增	光电管 光电倍增管、像增强管
内光电效应	① 光电导(本征和非本征) ② 光生伏特 　PN 结和 PIN 结(零偏)； 　PN 结和 PIN 结(反偏)； 　雪崩； 　肖特基势垒 ③ 光电磁； 　光子牵引	光导管或光敏电阻 光电池 光电二极管 雪崩光电二极管 肖特基势垒光电二极管 光电磁探测器 光子牵引探测器

表 5 - 1(b)　光热效应的分类

效　　　　应	相应的探测器
① 测辐射热计 　负电阻温度系数； 　正电阻温度系数； 　超导 ② 温差电 ③ 热释电 ④ 其他	 热敏电阻测辐射热计 金属测辐射热计 超导远红外探测器 热电偶、热电堆 热释电探测器 高莱盒、液晶等

5.1.1　光子效应和光热效应

在具体说明各种物理效应之前，首先说明光子效应和光热效应的物理实质有什么不同。

所谓光子效应，是指单个光子的性质对产生的光电子起直接作用的一类光电效应。探测器吸收光子后，直接引起原子或分子的内部电子状态的改变。光子能量的大小，直接影响内部电子状态改变的大小。因为，光子能量是 $h\nu$（h 是普朗克常数，ν 是光波频率），所以，光子效应就对光波频率表现出选择性，在光子直接与电子相互作用的情况下，其响应速度一般比较快。

光热效应和光子效应完全不同。探测器件吸收光辐射能量后，并不直接引起内部电子状态的改变，而是把吸收的光能变为晶格的热运动能量，引起探测器件温度上升，温度上升的结果又使探测器件的电学性质或其他物理性质发生变化。所以，光热效应与单光子能量 $h\nu$ 的大小没有直接关系。原则上，光热效应对光波频率没有选择性。只是在红外波段上，材料的光吸收率高，光热效应也就更强烈，所以光热效应广泛用于红外线辐射探测。因为温度升高是热积累的作用，所以光热效应的响应速度一般比较慢，而且容易受环境温度变化的影响。值得注意的是，以后将要介绍的一种所谓热释电效应与材料的温度变化率有关，比其他光热效应的响应速度要快得多，并已获得了十分广泛的应用。

5.1.2　光电发射效应

在光照下，物体向表面以外的空间发射电子（即光电子）的现象，称为光电发射效应。能产生光电发射效应的物体称为光电发射体，在光电管中光电发射体又称为光阴极。

著名的爱因斯坦方程描述了该效应的物理原理和产生条件。爱因斯坦方程是

$$E_k = h\nu - E_\varphi \tag{5.1.1}$$

式中，$E_k = \dfrac{1}{2}mv^2$ 是电子离开发射体表面时的动能；m 是电子质量；v 是电子离开时的速度；$h\nu$ 是光子能量；E_φ 是光电发射体的功函数。

式(5.1.1)的物理意义是：如果发射体内的电子所吸收的光子的能量 $h\nu$ 大于发射体的功函数 E_φ 的值，那么电子就能以相应的速度从发射体表面逸出。光电发射效应发生的条件为

$$v \geqslant \frac{E_\varphi}{h} \equiv v_c \tag{5.1.2}$$

用波长 λ 表示时有

$$\lambda \leqslant \frac{hc}{E_\varphi} \equiv \lambda_c \tag{5.1.3}$$

式中，大于和小于符号表示电子逸出表面的速度大于 0；等号则表示电子以零速度逸出，即静止在发射体表面上。这里 ν_c 和 λ_c 分别为产生光电发射的入射光波的截止频率和截止波长。我们注意到

$$h = 6.6 \times 10^{-34}\ \text{J} \cdot \text{s} = 4.13 \times 10^{-15}\ \text{eV} \cdot \text{s}$$
$$c = 3 \times 10^{14}\ \mu\text{m/s} = 3 \times 10^{17}\ \text{nm/s}$$

则有

$$\lambda_c = \frac{1.24}{E_\varphi}$$

式中，λ_c 的单位是 μm；E_φ 的单位是 eV。

或

$$\lambda_c = \frac{1240}{E_\varphi} \tag{5.1.4}$$

式中，λ_c 的单位是 nm；E_φ 的单位是 eV。可见，E_φ 小的发射体才能对波长较长的光辐射产生光电发射效应。

5.1.3　光电导效应

光电导效应只发生在某些半导体材料中，金属没有光电导效应。在说明光电导效应之前，先讨论一下半导体材料的电导概念。

金属之所以导电，是由于金属原子形成晶体时产生了大量的自由电子。自由电子浓度 n 是个常量，不受外界因素影响。半导体和金属的导电机制完全不同，在温度为 0K 时，导电载流子浓度为 0。在温度为 0K 以上时，由于热激发而不断产生热生载流子（电子和空穴），在扩散过程中它们又受到复合作用而消失。在热平衡下，单位时间内热生载流子的产生数目正好等于因复合而消失的热生载流子的数目。因此，在导带和价带中维持着一个热平衡的电子浓度 n 和空穴浓度 p，它们的平均寿命分别用 τ_n 和 τ_p 表示。无论何种半导体材料，以下式子恒成立，即

$$np = n_i^2 \tag{5.1.5}$$

式中，n_i 是相应温度下本征半导体中的本征热生载流子浓度。这说明，N 型或 P 型半导体中的电子和空穴浓度，一种浓度增大，另一种浓度减少，但绝对不会减少到 0。

在外电场 E 作用下，载流子产生漂移运动，漂移速度 v 和 E 之比定义为载流子迁移率 μ，即有

$$\begin{cases} \mu_n = \dfrac{v_n}{E} = \dfrac{v_n l}{U} & \text{（单位为 cm}^2/\text{V} \cdot \text{s）} \\[2mm] \mu_p = \dfrac{v_p}{E} = \dfrac{v_p l}{U} & \text{（单位为 cm}^2/\text{V} \cdot \text{s）} \end{cases} \tag{5.1.6}$$

式中，U 是外电压，l 是电压方向的半导体长度。载流子的漂移运动效果用半导体的电导率 σ 来描述，定义为

$$\sigma = en\mu_n + ep\mu_p \quad \text{（单位为 } \Omega \cdot \text{cm)}^{-1} \tag{5.1.7}$$

式中，e 是电子电荷量。如果半导体的截面积是 A，则其电导（亦称为热平衡暗电导）G 为

$$G = \sigma \frac{A}{l} \tag{5.1.8}$$

所以半导体的电阻 R_d（亦称暗电阻）为

$$R_d = \frac{l}{\sigma A} = \rho \frac{l}{A} \tag{5.1.9}$$

式中，ρ（单位为 $\Omega \cdot$ cm）是其电阻率。

光电导的原理图如图 5-1 所示，光照射在外加电压的半导体上，如果光波长 λ 满足如下条件，即

$$\lambda \leqslant \lambda_c = \frac{1.24}{E_g}\text{（本征）} = \frac{1.24}{E_i}\text{（杂质）} \tag{5.1.10}$$

式中，λ_c 的单位是 nm；E_g 是禁带宽度；E_i 是杂质能带宽度。那么光子将在其中激发出新的载流子（电子和空穴）。这就使半导体中的载流子浓度在原来平衡值上增加了一个量 Δn 和

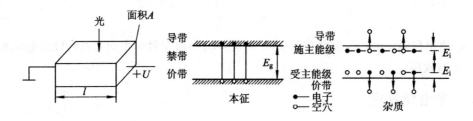

图 5-1　光电导的原理图

Δp。这个新增加的部分在半导体物理中称为非平衡载流子,光电子学中称之为光生载流子。显然,Δn 和 Δp 将使半导体的电导增加一个量 ΔG,称为光电导。相应于本征和杂质半导体就分别称为本征和杂质光电导。

对于本征情况,如果光辐射每秒产生的电子-空穴对数为 N,则

$$\Delta n = \frac{N}{Al}\tau_n \tag{5.1.11}$$

$$\Delta p = \frac{N}{Al}\tau_p \tag{5.1.12}$$

式中,Al 为半导体总体积;τ_n 和 τ_p 为电子和空穴的平衡寿命。于是由式(5.1.8)有

$$\Delta G = \Delta\sigma\frac{A}{l} = e(\Delta n\mu_n + \Delta p\mu_p)\frac{A}{l} = \frac{eN}{l^2}(\mu_n\tau_n + \mu_p\tau_p)$$

式中,eN 表示光辐射每秒激发的电荷量。另一方面,由于 ΔG 的增量将使外回路电流产生增量 Δi,即

$$\Delta i = U\Delta G = \frac{eNU}{l^2}(\mu_n\tau_n + \mu_p\tau_p) \tag{5.1.13}$$

式中,U 是外电压。从式(5.1.13)可见,电流增量 Δi 不等于每秒光激发的电荷量,于是定义

$$M = \frac{\Delta i}{eN} = \frac{U}{l^2}(\mu_n\tau_n + \mu_p\tau_p) \tag{5.1.14}$$

M 称为光电导体的电流增益。以 N 型半导体为例,可以清楚地看出它的物理意义。式(5.1.14)变为

$$M = \frac{U}{l^2}\mu_n\tau_n \tag{5.1.15}$$

并将式(5.1.6)代入式(5.1.15),有

$$M = \frac{v_n}{l}\tau_n = \frac{\tau_n}{t_n} \tag{5.1.16}$$

式中,t_n 是电子在外电场作用下渡越半导体长度 l 所花费的时间,称为渡越时间。如果渡越时间 t_n 小于电子平均寿命 τ_n,则 $M > 1$,就有电流增益效果。

5.1.4　光伏效应

如果光导现象是半导体材料的"体"效应的表现,那么光伏现象则是半导体材料的"结"效应的表现。实现光伏效应需要有内部电势垒,当照射光激发出电子-空穴对时,电势垒的内建电场将把电子-空穴对分开,从而在势垒两侧形成电荷堆积,形成光伏效应。

这个内部电势垒可以是 PN 结、PIN 结、肖特基势垒结和异质结等。这里主要讨论 PN 结的光伏效应，它不仅最简单，而且是讨论光伏效应的基础。

　　PN 结的基本特征是它的电学不对称性，在结区有一个从 N 区指向 P 区的内建电场存在。热平衡下，多数载流子(N 区的电子和 P 区的空穴)与少数载流子的作用(N 区的空穴和 P 区的电子)由于内建电场的漂移而相抵消，没有净电流通过 PN 结。用电压表测量不出 PN 结两端有电压，称为零偏状态。如果 PN 结正向电压偏置(P 区接正，N 区接负)，则有较大正向电流流过 PN 结。如果 PN 结反向电压偏置(P 区接负，N 区接正)，则有一很小的反向电流通过 PN 结，这个电流在反向击穿前几乎不变，称为反向饱和电流 I_{s0}。PN 结及其伏安特性如图 5-2 所示。图 5-2 中还给出了 PN 结电阻随偏置电压的变化曲线。PN 结的伏安特性为

$$i_d = I_{s0}(e^{eu/kT} - 1) \tag{5.1.17}$$

式中，i_d 是暗(无光照)电流；I_{s0} 是反向饱和电流；指数因子中的 e 是电子电荷量；u 是偏置电压(正向偏置为正，反向偏置为负)；k 是玻耳兹曼常数；T 是热力学温度。

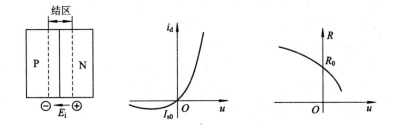

图 5-2　PN 结及其伏安特性

　　在零偏情况下，PN 结的电阻 R_0 为

$$R_0 = \frac{du}{di}\bigg|_{u=0} = \frac{kT}{eI_{s0}} \tag{5.1.18}$$

此时 $i=0$，所以 PN 结的开路电压为 0。

　　在零偏条件下如果照射光的波长 λ 满足条件

$$\lambda_c = \frac{1.24}{E_i} \tag{5.1.19}$$

式中，λ_c 的单位是 μm；E_i 的单位是 eV。可见，无论光照 N 区或 P 区，都会激发出光生电子-空穴对。例如，光照 P 区，光生伏特效应如图 5-3 所示。由于 P 区的多数载流子是空穴，光照前热平衡空

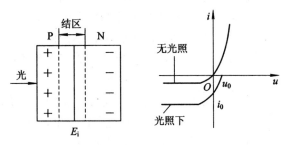

图 5-3　光生伏特效应

穴浓度本来就比较大。因此光生空穴对 P 区空穴浓度影响很小。相反，光生电子对 P 区的电子浓度影响很大，从 P 区表面(吸收光能多、光生电子多)向区内自然形成电子扩散趋势。如果 P 区的厚度小于电子扩散长度，那么大部分光生电子都能扩散进 PN 结，一进入 PN 结，就被内电场扫向 N 区。这样，光生电子-空穴对就被内电场分离开来，空穴留在 P 区，电子通过扩散流向 N 区。这时用电压表就能测量出 P 区正 N 区负的开路电压 u_0。如果

用一个理想电流表接通 PN 结，则有电流 i_0 通过，称为短路光电流。显然

$$u_0 = R_0 i_0 \qquad (5.1.20)$$

综上所述，光照零偏 PN 结产生开路电压的效应，称为光伏效应。这也是光电池的工作原理。

当在光照且 PN 结反偏的条件下时，光电信号是光电流，而不是光电压，这便是结型光电探测器的工作原理。从这个意义上说，反偏 PN 结在光照下好像是以光电导方式工作，但实质上两者的工作原理是根本不同的。反偏 PN 结通常称为光电二极管。

以上说明了三种光子效应，下面再说明两种常用的光热效应。

5.1.5　温差电效应

当两种不同的配偶材料（可以是金属或半导体）两端并联熔接时，如果两个接头的温度不同，并联回路中就产生电动势，称为温差电动势，在温差电动势的作用下，回路中就有电流流通，如图 5-4 所示。如果把冷端分开并与一个电流表连接，那么当光照熔接端（称为电偶接头）时，熔接端（电

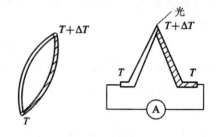

图 5-4　温差电效应

偶接头）吸收光能使其温度升高，电流表就有相应的电流读数，电流的数值间接反映了光照能量大小。这就是用热电偶来探测光能的原理。实际中为了提高测量灵敏度，常将若干个热电偶串联起来使用，称为热电堆，它在激光能量计中获得应用。

5.1.6　热释电效应

热释电效应是通过所谓的热释电材料实现的，热释电材料首先是一种电介质，是绝缘体。再详细一点说，它是一种结晶对称性很差的压电晶体，因而在常态下会自发电极化（即具有固有电偶极矩）。由电磁理论可知，在垂直电极化矢量 P_s 的材料表面上存在面束缚电荷，而电荷密度 $\sigma_s = |P_s|$。由于晶体内部自发电极化矢量排列混乱，因而总的 P_s 并不大。再加上材料表面附近分布的外部自由电荷的中和作用，通常觉察不出有面电荷存在。如果对热电体施加直流电场，自发极化矢量将趋向于一致排列（形成单畴极化），总的 P_s 加大。当电场去掉后，总的 P_s 若能保持下来，这种热电体便称为热电-铁电体。它是实现热释电现象的理想材料。

现在来说明什么是热释电现象。热电体的 $|P_s|$ 决定了面电荷密度 σ_s 的大小，当 P_s 发生变化时，面电荷密度也跟着变化。经过单畴化的热电体，保持有较大的 $|P_s|$。这个 $|P_s|$ 值是温度的函数（如图 5-5 所示）。温度升高，$|P_s|$ 减小。升高到 T_c（居里温度）值时，自发极化突然消失。在 T_c 温度以下才有热释电现象。当强度变化的光照射热电体时，热电体的温度发生变化，P_s 亦发生变化，面电荷从原来的平衡值跟着发生变化。十分重要的是，热释电体表面附近的自由电荷对面电荷的中和作用比较缓慢，一般为 $(1\sim1000)$ s。对于好的热电

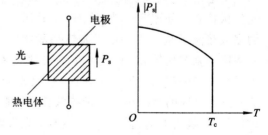

图 5-5　热释电效应

体，这个过程很慢。在来不及中和之前，热释电体表面就呈现出相应于温度变化的面电荷变化，这就是热释电现象。如果把热释电体放进一个电容器极板之间，把一个电流表与电容两端相接，就会有电流流过电流表，这个电流称为短路热释电流，如果极板面积为 A，则电流为

$$i = A \frac{\mathrm{d}P_\mathrm{s}}{\mathrm{d}t} = A \frac{\mathrm{d}P_\mathrm{s}}{\mathrm{d}T} \cdot \frac{\mathrm{d}T}{\mathrm{d}t} = A\beta \frac{\mathrm{d}T}{\mathrm{d}t} \tag{5.1.21}$$

式中，$\beta \dfrac{\mathrm{d}T}{\mathrm{d}t}$ 称为热释电系数。很显然，如果照射光是恒定的，那么 T 为恒定值，$|P_\mathrm{s}|$ 亦为恒定值，电流为 0。所以热释电探测器是一种交流或瞬时响应的器件。

5.1.7 光电转换定律

大家已经知道，对于光电探测器而言，一边是光辐射量，另一边是光电流量。把光辐射量转换为光电流量的过程称为光电转换。光通量（即光功率）可以理解为光子流，光子能量 $h\nu$ 是光能量 E 的基本单元；光电流是光生电荷 Q 的时变量；电子电荷 e 是光生电荷的基本单元。为此，有

$$p(t) = \frac{\mathrm{d}E}{\mathrm{d}t} = h\nu \frac{\mathrm{d}n_1}{\mathrm{d}t} \tag{5.1.22}$$

$$i(t) = \frac{\mathrm{d}Q}{\mathrm{d}t} = e \frac{\mathrm{d}n_2}{\mathrm{d}t} \tag{5.1.23}$$

式中，n_1 和 n_2 分别为光子数和电子数。式中所有变量都应理解为统计平均量。由基本物理观点可知，i 应该正比于 P。写成等式时，引进一个比例系数 D，即

$$i(t) = DP(t) \tag{5.1.24}$$

式中，D 又称为探测器的光电转换因子。把式(5.1.22)和式(5.1.23)代入式(5.1.24)，有

$$D = \frac{e}{h\nu}\eta \tag{5.1.25}$$

式中

$$\eta = \frac{\mathrm{d}n_2/\mathrm{d}t}{\mathrm{d}n_1/\mathrm{d}t} \tag{5.1.26}$$

称为探测器的量子效率，它表示探测器吸收的光子数和激发的电子数之比，它是探测器物理性质的函数。再把式(5.1.25)代回式(5.1.24)后有

$$i(t) = \frac{e\eta}{h\nu}p(t) \tag{5.1.27}$$

这就是基本的光电转换定律。由此可知：

（1）光电探测器对入射功率有响应，响应量是光电流。因此，一个光子探测器可视为一个电流源。

（2）因为光功率 P 正比于光电场的平方，故常常把光电探测器称为平方律探测器，或者说，光电探测器本质上是一个非线性器件。

5.2 光电探测器的特性参数

光电探测器和其他器件一样，有一套根据实际需要而制定的特性参数，它是在不断总

结各种光电探测器的共性基础上而给出的科学定义，因此，这一套性能参数科学地反映了各种探测器的共性。依据这套参数，人们就可以评价探测器性能的优劣，比较不同探测器之间的差异，从而达到根据需要合理选择和正确使用光电探测器的目的。显然，了解各种性能参数的物理意义是十分重要的。

5.2.1　积分灵敏度 R

积分灵敏度也常称为响应度，它是光电探测器光电转换特性的量度。光电流 i 或光电压 u 和入射光功率 P 之间的关系 $i=f(P)$ 称为探测器的光电特性，灵敏度 R 定义为这个曲线的斜率，即

$$R_i = \frac{\mathrm{d}i}{\mathrm{d}P} = \frac{i}{P} \quad （线性区内）\quad （单位为 A/W） \tag{5.2.1}$$

$$R_u = \frac{\mathrm{d}u}{\mathrm{d}P} = \frac{u}{P} \quad （线性区内）\quad （单位为 V/W） \tag{5.2.2}$$

式中，R_i 和 R_u 分别称为电流和电压灵敏度，i 和 u 均为万用表测量的电流和电压有效值。光功率 P 是指分布在某一光谱范围内的总功率。因此，这里的 R_i 和 R_u 又分别称为积分电流灵敏度和积分电压灵敏度。

5.2.2　光谱灵敏度 R_λ

如果把光功率 P 换成波长可变的光功率谱密度 P_λ，由于光电探测器的光谱选择性，因此在其他条件不变的情况下，光电流将是光波长的函数，记为 i_λ（或 u_λ），于是光谱灵敏度 R_λ 定义为

$$R_\lambda = \frac{i_\lambda}{\mathrm{d}P_\lambda} \tag{5.2.3}$$

如果 R_λ 是常数，则相应的探测器称为无选择性探测器（如光热探测器）。光子探测器则是选择性探测器。式(5.2.3)的定义在测量上是困难的，通常给出的是相对光谱灵敏度 s_λ，定义为

$$S_\lambda = \frac{R_\lambda}{R_{\lambda m}} \tag{5.2.4}$$

式中，$R_{\lambda m}$ 是指 R_λ 的最大值，相应的波长称为峰值波长，S_λ 是无量纲的百分数，S_λ 随 λ 变化的曲线称为探测器的光谱灵敏度曲线。

为说明 R 和 R_λ 与 S_λ 的关系，引入相对光谱功率密度函数 $f_{\lambda'}$，它的定义为

$$f_{\lambda'} = \frac{P_{\lambda'}}{P_{\lambda'm}} \tag{5.2.5}$$

把式(5.2.4)和式(5.2.5)代入式(5.2.3)，只要注意到 $\mathrm{d}P_{\lambda'} = P_{\lambda'}\mathrm{d}\lambda'$ 和 $\mathrm{d}i = i_\lambda \mathrm{d}\lambda'$，就有

$$\mathrm{d}i = S_\lambda R_{\lambda m} \cdot f_{\lambda'} P_{\lambda'm} \cdot \mathrm{d}\lambda' \cdot \mathrm{d}\lambda$$

积分上式，有

$$i = \int_0^\infty \mathrm{d}i = \left[\int_0^\infty S_\lambda R_{\lambda m} P_{\lambda'm} f_{\lambda'}\,\mathrm{d}\lambda'\right]\mathrm{d}\lambda = R_{\lambda m}\,\mathrm{d}\lambda P_{\lambda'm}\frac{\int_0^\infty S_\lambda f_{\lambda'}\,\mathrm{d}\lambda'}{\int_0^\infty f_{\lambda'}\,\mathrm{d}\lambda'}\left[\int_0^\infty f_{\lambda'}\,\mathrm{d}\lambda'\right]$$

式中

$$\int_0^\infty f_{\lambda'} \, d\lambda' = \frac{1}{P_{\lambda'm}} \int_0^\infty P_{\lambda'} \, d\lambda' = \frac{P}{P_{\lambda'm}}$$

并注意到 $R_{im} = R_{\lambda m} \, d\lambda$，由此可得

$$R = \frac{i}{P} = R_{\lambda m} \, d\lambda K = R_{im} K \quad (5.2.6)$$

式中

$$K = \frac{\displaystyle\int_0^\infty S_\lambda f_{\lambda'} \, d\lambda'}{\displaystyle\int_0^\infty f_{\lambda'} \, d\lambda'} \quad (5.2.7)$$

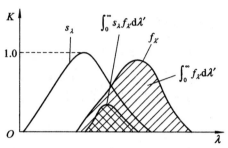

图 5-6　光谱匹配系数 K 的说明

称为光谱利用系数，它表示入射光功率能被响应的百分比。把式(5.2.7)用图形(如图 5-6 所示)表示，就能明显看出光电探测器和入射光功率的光谱匹配是多么重要。

5.2.3　频率灵敏度 R_f(响应频率 f_c 和响应时间 τ)

如果入射光是强度调制的，在其他条件不变下，光电流 i_f 将随调制频率 f 的升高而下降，这时的灵敏度称为频率灵敏度 R_f，定义为

$$R_f = \frac{i_f}{P} \quad (5.2.8)$$

式中，i_f 是光电流时变函数的傅里叶变换，通常

$$i_f = \frac{i(f = 0)}{\sqrt{1 + (2\pi f \tau)^2}} \quad (5.2.9)$$

式中，τ 称为探测器的响应时间或时间常数，由材料、结构和外电路决定，把式(5.2.9)代入式(5.2.8)，得

$$R_f = \frac{R_0}{\sqrt{1 + (2\pi f \tau)^2}} \quad (5.2.10)$$

这就是探测器的频率特性，R_f 随 f 升高而下降的速度与 τ 值大小关系很大。一般规定，R_f 下降到 $R_0/\sqrt{2} = 0.707 R_0$ 时的频率 f_c 为探测器的截止响应频率或响应频率。从式(5.2.10)可知

$$f_c = \frac{1}{2\pi\tau} \quad (5.2.11)$$

当 $f < f_c$ 时，认为光电流能线性再现光功率 P 的变化。

如果是脉冲形式的入射光，则常用响应时间来描述。探测器对突然光照的输出电流，要经过一定时间才能上升到与这一辐射功率相应的稳定值 i。当辐射突然降去后，输出电流也需要经过一定时间才能下降到 0。一般而论，上升和下降时间相等，时间常数近似地由式(5.2.11)决定。

综上所述，光电流是电压 u、光功率 P、光波长 λ、光强调制频率 f 的函数，即

$$i = F(u, P, \lambda, f) \quad (5.2.12)$$

式中，以 u, P, λ 为参量的关系称为光电频率特性，相应的曲线称为频率特性曲线。同样，$i = F(P)$ 及曲线称为光电特性曲线。$i = F(\lambda)$ 及其曲线称为光谱特性曲线。而 $i = F(u)$ 及其曲线称为伏安特性曲线。当这些曲线给出时，灵敏度 R 的值就可以从曲线中求出，而且

还可以利用这些曲线,尤其是伏安特性曲线来设计探测器的应用电路。这一点在实际应用中往往是十分重要的。

5.2.4　量子效率 η

如果说灵敏度 R 是从宏观角度描述了光电探测器的光电、光谱以及频率特性,那么量子效率 η 则是对同一个问题的微观-宏观描述。量子效率的意义在上节已经讨论过了,这里把量子效率和灵敏度联系起来。为此,利用式(5.1.25)和式(5.2.1),有

$$\eta = \frac{h\nu}{e}R_i \tag{5.2.13}$$

注意到式(5.2.3)和式(5.2.4),又有光谱量子效率

$$\eta_\lambda = \frac{hc}{e\lambda}R_\lambda \tag{5.2.14}$$

式中,c 是材料中的光速。可见,量子效率正比于灵敏度而反比于波长。

5.2.5　通量阈 P_{th} 和噪声等效功率 NEP

从灵敏度 R_i 的定义可见,如果 $P=0$,应有 $i=0$。实际情况是,当 $P=0$ 时,光电探测器的输出电流并不为0。这个电流称为暗电流或噪声电流,记为 $I_n = \overline{(i_n^2)}^{1/2}$,它是瞬时噪声电流的有效值。显然,这时的灵敏度 R 已失去意义,必须定义一个新参量来描述光电探测器的这种特性。

当考虑到以上因素之后,一个光电探测器完成光电探测的过程模型如图5-7所示。图5-7中的光功率 P_s 和 P_b 分别为信号和背景光功率。可见,即使 P_s 和 P_b 都为0,也会有噪声输出。噪声的存在,限制了探测器探测微弱信号的能力。通常认为,如果信号光功率产生的信号光电流 i_s 等于噪声电流 i_n,那么就认为刚刚能探测到光信号存在。依照这一判据,利用式(5.2.1),并令 $i_s = i_n$,定义探测器的通量阈 P_{th} 为

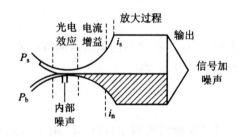

图5-7　包含噪声在内的光电探测过程

$$P_{th} = \frac{i_n}{R_i} \tag{5.2.15}$$

例如,若 $R_i = 10\ \mu A/\mu W$,$i_n = 0.01\ \mu A$,则通量阈 $P_{th} = 0.001\ \mu W$。也就是说,小于0.001 μW 的光信号功率不能被探测器探测到。所以,通量阈是探测器所能探测的最小光信号功率。

同一个问题,还有另一种更通用的表述方法,这就是噪声等效功率 NEP。它定义为单位信噪比时的光信号功率。信噪比 SNR 定义为

$$SNR = \frac{i_s}{i_n} \quad (\text{电流信噪比})$$

$$SNR = \frac{u_s}{u_n} \quad (\text{电压信噪比}) \tag{5.2.16}$$

于是由式(5.2.15)有

$$NEP = P_{th} = P_s \big|_{(SNR)_i = 1} \tag{5.2.17}$$

显然，NEP 越小，表明探测器探测微弱信号的能力越强。因此，NEP 是描述光电探测器探测能力的参数。

5.2.6 归一化探测度 D^*

NEP 越小，探测器探测能力越强，不符合人们"越大越好"的习惯，于是取其倒数并定义为探测度 D，即

$$D = \frac{1}{\mathrm{NEP}} \tag{5.2.18}$$

这样，D 值大的探测器就表明其探测能力高。

实际使用中，经常需要在同类型的不同探测器之间进行比较，发现"D 值大的探测器其探测能力一定好"的结论并不一定正确。究其原因，主要是探测器光敏面积 A 和测量带宽 Δf 对 D 值影响很大。探测器的噪声功率 $N \propto \Delta f$，所以 $i_n \propto (\Delta f)^{1/2}$，于是由 D 的定义知 $D \propto (\Delta f)^{-1/2}$。另一方面，探测器的噪声功率 $N \propto A$（注：通常认为探测器噪声功率 N 是由光敏面 $A = n A_n$ 中每一单元面积 A_n 独立产生的噪声功率 N_n 之和，$N = n N_A = \left(\dfrac{A}{A_n}\right) N_n$，而 N_A / A_n 对同一类型探测器来说是个常数，于是 $N \propto A$），所以 $i_n \propto (A)^{1/2}$，又有 $D \propto (A)^{1/2}$。把两种因素一并考虑，$D \propto (A \Delta f)^{-1/2}$。为了消除这一影响，定义

$$D^* = D \sqrt{A \Delta f} \quad （单位为 \ \mathrm{cm \cdot Hz^{1/2}/W}） \tag{5.2.19}$$

并称为归一化探测度。这时就可以说 D^* 大的探测器其探测能力一定好。考虑到光谱的响应特性，一般给出 D^* 值时注明响应波长 λ，光辐射调制频率 f 及测量带宽 Δf，即 $D^*(\lambda, f, \Delta f)$。

5.2.7 光电探测器的噪声

依据噪声产生的物理原因，光电探测器的噪声可大致分为散粒噪声、电阻热噪声和低频噪声三类。

1. 散粒噪声

从本质上讲，光电探测器的光电转换过程是一个光电子计数的随机过程，在 5.1 节中，给出的式(5.1.27)是这一随机过程的统计平均结果。由于随机起伏单元是电子电荷量 e，故称为散粒噪声，可以证明，散粒噪声功率谱

$$g(f) = eIM^2 \tag{5.2.20}$$

式中，I 是指流过探测器的平均电流；M 是探测器内增益。于是，散粒噪声电流 i_n 或电压 u_n 为

$$I_n = \sqrt{\overline{i_n^2}} = \sqrt{2ei\Delta f M^2} \tag{5.2.21}$$

$$U_n = I_n R_L = \sqrt{2ei\Delta f R_L^2 M^2} \tag{5.2.22}$$

按照式中平均电流 I 产生的具体物理过程，有

$$I = I_d + I_b + I_s \tag{5.2.23}$$

式中，I_d 是热激发暗电流 I_b 和 I_s 分别为背景和信号光电流并服从式(5.1.27)的转换关系。它们分别又称为暗电流噪声、背景噪声和信号光子噪声。

如果用背景光功率 P_b 和信号光功率 P_s 表示，则有

$$I_n = \left[Se\left(i_d + \frac{e\eta}{h\nu}P_b + \frac{e\eta}{h\nu}P_s \right)M^2 \Delta f \right]^{1/2} \tag{5.2.24}$$

式中，S 的取值与过程有关，$S=2$ 表示光电发射、光伏产生过程）；当 $S=4$ 时，光电导包含产生、复合两个过程；$M=1$ 表示光伏；$M>1$ 表示光导、光电倍增和雪崩等。

2. 电阻热噪声

我们已经知道，光电探测器本质上可用一个电流源来等价，这就意味着探测器有一个等效电阻 R，电阻中自由电子的随机热（碰撞）运动将在电阻器两端产生随机起伏电压，称为热噪声。可以证明，电阻 R 的热噪声电流功率谱 $g(f)$ 为

$$g(f) = \frac{2kT}{R} \tag{5.2.25}$$

于是

$$\overline{i_n^2} = \frac{4kT\Delta f}{R} \tag{5.2.26}$$

相应的热噪声电压为

$$\overline{u_n^2} = R^2 \overline{i_n^2} = 4kTR\Delta f \tag{5.2.27}$$

有效噪声电压和电流分别为

$$U_n = \sqrt{\overline{u_n^2}} = \sqrt{4kTR\Delta f} \tag{5.2.28}$$

$$I_n = \sqrt{\overline{i_n^2}} = \sqrt{\frac{4kT\Delta f}{R}} \tag{5.2.29}$$

一个电阻 R 在其噪声等效电路中，可以等效为电阻 R 与一个电压源 U_n 的串联，也可以等效为电阻 R 与一个电流源 I_n 相并联。

3. $1/f$ 噪声

几乎在所有探测器中都存在这种噪声。它主要出现在大约 1 kHz 以下的低频频域，而且与光辐射的调制频率 f 成反比，故称为低频率噪声或 $1/f$ 噪声。实验发现，探测器表面的工艺状态（缺陷或不均匀）对这种噪声的影响很大，所以有时也称为表面噪声或过剩噪声。$1/f$ 噪声的经验公式为

$$\overline{i_n^2} = \frac{Ai^\alpha \Delta f}{f^\beta} \tag{5.2.30}$$

式中，A 为与探测器有关的比例系数；i 为流过探测器的总直流电流，$\alpha \approx 1$，$\beta \approx 2$，于是

$$I_n = \sqrt{\frac{Ai^2 \Delta f}{f}} \tag{5.2.31}$$

一般说，只要限制低频端的调制频率不低于 1 kHz，这种噪声就可以防止。

5.2.8 其他参数

光电探测器还有其他一些特性参数，在使用时必须注意。例如光敏面积、探测器电阻和电容等。正常使用时不允许超过这些指标，否则会影响探测器的正常工作，甚至使探测器损坏。通常规定的工作电压、电流、温度以及光照功率允许范围等，使用时要特别加以注意。

5.3　光电导探测器——光敏电阻

利用光电导效应工作的探测器称为光电导探测器。光电导效应是半导体材料的一种体效应，无需形成 PN 结，故又常称为无结光电探测器。这种器件在光照下会改变自身的电阻率，光照愈强，元件自身的电阻愈小，因此常常又称为光敏电阻或光导管。本征型光敏电阻一般在室温下工作，适用于可见光和近红外辐射探测；非本征型光敏电阻通常必须在低温条件下工作，常用于中、远红外辐射探测。由于光敏电阻没有极性，只要把它作为电阻值随光照强度而变化的可变电阻器对待即可，因此在电子电路、仪器仪表、光电控制、计量分析、光电制导、激光外差探测等领域中获得了十分广泛的应用。

常用的光敏电阻材料有 CdS、CdSe、PbS 和 TeCdHg 等。其中，CdS 是工业上应用最多的，而 PbS 主要用于军事装备。

5.3.1　光电转换原理

以非本征 N 型材料为例，分析模型如图 5-8 所示。图中 u 表示外加偏置电压，L、W、H 分别表示材料的长、宽、高，光功率 P 沿 x 方向均匀入射。现在来求上述条件下，它所产生的光电流 i。

如果光电导材料的吸收系数为 α，表面反射率为 R，那么光功率在材料内部沿 x 方向的变化规律为

$$P(x) = Pe^{-\alpha x}(1 - R) \tag{5.3.1}$$

因为 $L \times W$ 面光照均匀，所以光生面电流密度 J 也沿 x 方向变化，有

$$J = ev_n n(x) \tag{5.3.2}$$

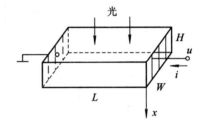

图 5-8　光敏电阻分析模型

式中，e 是电子电荷量；$v_n = \mu_n u/L$ 是电子沿外电场方向的漂移速度；$n(x)$ 为电子在 x 处的体密度。流过电极的总电流 i 为

$$i = \int_0^H JW \, \mathrm{d}x = ev_n W \int_0^H n(x) \, \mathrm{d}x \tag{5.3.3}$$

利用稳态下电子产生率和复合率相等即可求出 $n(x)$。如果电子的平均寿命为 τ，那么电子的复合率为 $n(x)/I$，而电子的产生率等于单位面积、单位时间吸收的光子数乘以量子效率 η，即 $\alpha\eta P(x)/(h\nu WL)$，于是

$$n(x) = \frac{\alpha \cdot (1 - R)\eta \cdot \tau \cdot Pe^{-\alpha x}}{h\nu \cdot WL} \tag{5.3.4}$$

把式(5.3.4)代入式(5.3.3)

$$i = \frac{e\eta'}{h\nu} M \cdot P \tag{5.3.5}$$

式中

$$\eta' = \alpha\eta(1 - R)\int_0^H \mathrm{e}^{-\alpha x} \, \mathrm{d}x \tag{5.3.6}$$

$$M = \frac{\mu_n u}{L^2}\tau = \frac{\tau}{\tau_p} \tag{5.3.7}$$

式中，η' 为有效量子效率；M 为电荷放大系数，亦称为光电导体的光电流内增益。在 5.1 节中，曾把 M 解释为载流子平均寿命与载流子渡越时间之比。如果 $M>1$，则说明载流子已经渡越完毕，但载流子的平均寿命还未中止。这种现象可以这样理解：光生电子向正极运动，空穴向负极运动。可是空穴的移动可能被晶体缺陷和杂质形成的俘获中心——陷阱所俘获。因此，当电子到达正极消失时，陷阱俘获的正电中心（空穴）仍留在体内，它又会将负电极的电子感应到半导体中来，被诱导进来的电子又在电场中运动到正极，如此循环直到正电中心消失。这就相当于放大了初始的光生电流。

式(5.3.5)所表明的光电导光电转换关系和式(5.1.27)给出的光电转换定律是一致的。式(5.3.5)只是说明光电导探测器是一个具有电流内增益的探测器，内增益 M 的大小主要由探测器类型，外偏压 u 和结构尺寸 L 决定。

CdS 光敏电阻的结构和偏置电路如图 5-9 所示。掺杂半导体薄膜沉积在绝缘基底上，然后在薄膜面上蒸镀 Au 或 In 等金属，形成梳状电极结构。这种排列使得间距很近（即 L 小，M 大）的电极之间，具有较大的光敏面积，从而获得高的灵敏度。为了防止潮湿对灵敏度的影响，整个管子采用密封结构。

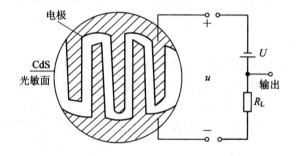

图 5-9   CdS 光敏电阻的结构和偏置

5.3.2   光敏电阻的工作特性

光敏电阻的性能由其光谱响应特性、照度和伏安特性、频率响应和温度特性来表明。在实际应用中可以依据这些特性合理地选用光敏电阻。

1. 光谱响应特性

光敏电阻对各种光的响应灵敏度随入射光的波长变化而变化的特性称为光谱响应特性。光谱响应特性通常用光谱响应曲线、光谱响应范围以及峰值响应波长来描述。峰值响应波长取决于制造光敏电阻所用半导体材料的禁带宽度，其值可由下式估算

$$\lambda_m = \frac{hc}{E_g} = \frac{1.24}{E_g} \times 10^3 \tag{5.3.8}$$

式中，λ_m 为峰值响应波长(nm)；E_g 为禁带宽度(eV)。峰值响应波长的光能把电子直接由价带激发到导带。在光电半导体中，杂质和晶格缺陷所形成的能级与导带间的禁带宽度比价带与导带间的主禁带宽要窄得多，因此波长比峰值响应波长长的光将把这些杂质能级中的电子激发到导带中去，从而使光敏电阻的光谱响应向长波方向有所扩展。另外，由于光敏电阻对波长短的光的吸收系数大，使得表面层附近形成很高的载流子浓度。这样一来，自由载流子在表面层附近复合的速度也快，从而使光敏电阻对波长短于峰值响应波长的光的

响应灵敏度降低。综合这两种因素，光敏电阻具有一定响应范围的光谱响应特性。

利用半导体的掺杂以及用两种半导体材料按一定比例混合并烧结形成固溶体技术，可使光敏电阻的光谱响应范围、峰值响应波长获得一定程度的改善，从而满足某种特殊需要。

图 5-10 给出了 CdS、CdSe 和 PbS 三种光敏电阻的典型光谱响应特性曲线。

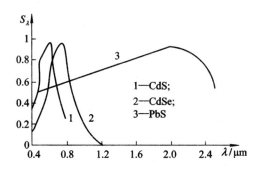

图 5-10　三种光敏电阻的光谱响应特性

2. 照度特性和伏安特性

式(5.3.5)是理想情况下的光敏电阻的光电转换关系式，由于许多实际因素的影响，光敏电阻(在一定偏压 u 条件下)的光照特性呈非线性关系，即

$$i = Ku^{\beta}P^{\gamma} \qquad (5.3.9)$$

式中，K、β、γ 均为常数，K 与元件的材料、尺寸、形状以及载流子寿命有关；电压指数 β 的值一般在 1.0～1.2 之间，在烧结体中主要受接触电阻等因素影响；γ 是照度指数，由杂质的种类及数量决定，其值约在 0.5～1.0 之间。在低偏压(几伏到几十伏)、弱光照 $((10^{-1}\sim10^{3})\text{lx})$ 条件下，通常可取($\beta=1$，$\gamma=1$)。于是式(5.3.9)变为

$$i = KuP \qquad (5.3.10)$$

这样无论是照度特性(i-P 关系)还是伏安特性(i-u 关系)都认为是线性特性。

CdS 的照度特性曲线如图 5-11 所示，从图 5-11 中可以看出明显的非线性特性。其伏安特性曲线如图 5-12 所示。

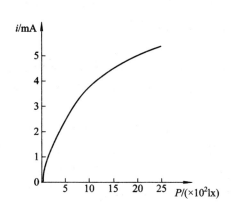

图 5-11　CdS 照度特性曲线

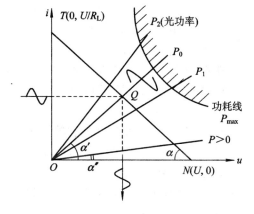

图 5-12　CdS 的伏安特性曲线

图 5-12 中的三个角度 α、α'、α'' 分别为

$$\alpha = \arctan \frac{1}{R_L} \tag{5.3.11}$$

$$\alpha' = \arctan \frac{1}{R_g} \tag{5.3.12}$$

$$\alpha'' = \arctan \frac{1}{R_d} \tag{5.3.13}$$

式中，R_L 是负载电阻；R_g 是工作点亮电阻；R_d 是暗电阻。

一般地说，光敏电阻的暗电阻在 10 MΩ 以上。光照后，电阻值显著降低，外回路电流明显变大，亮电阻和暗电阻之比在 $10^{-2} \sim 10^{-6}$ 之间，这一比值越小，光敏电阻的灵敏度越高。光敏电阻工作电路如图 5-13 所示。从图 5-13 中可知，光敏电阻两端的电压 u 为

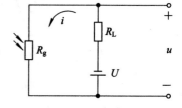

图 5-13 光敏电阻工作电路

$$u = U - iR_L \tag{5.3.14}$$

由负载电阻 R_L 决定的负载线为图 5-12 上的 $N-T$ 线。R_g 为光照时的亮电阻。当光照发生变化时，R_g 变为 $R_g + \Delta R_g$，则电流 i 变为 $i + \Delta i$，这样

$$i + \Delta i = \frac{U}{R_L + R_g + \Delta R_g} \tag{5.3.15}$$

$$i = \frac{U}{R_L + R_g} \tag{5.3.16}$$

把式(5.3.15)与式(5.3.16)相减，并在分母中近似有 $R_L + R_g + \Delta R_g \approx R_L + R_g$，则

$$\Delta i = -\frac{U \Delta R_g}{(R_L + R_g)^2} \tag{5.3.17}$$

式中，负号表示 P 增大，R_g 减小 $\Delta R_g < 0$，Δi 增大。

电流的变化，将引起电压 u 的变化，即式(5.3.14)变为

$$u + \Delta u = U - (i + \Delta i)R_L \tag{5.3.18}$$

把式(5.3.18)与式(5.3.14)相减，并利用式(5.3.17)，则有

$$\Delta u = -\Delta i R_L = \frac{U \Delta R_g R_L}{(R_L + R_g)^2} \tag{5.3.19}$$

从式(5.3.19)可见，输出电压 Δu 并不随负载电阻线性变化，要想使 Δu 最大，将式(5.3.19)对 R_L 求导，并令其等于 0，即可求出使 Δu 为最大的条件为

$$R_L = R_g \tag{5.3.20}$$

R_g 是工作点 Q 处(如图 5-12 所示)的亮电阻。这种状态称为匹配工作状态。显然，当入射功率在较大的动态范围变化时，要始终保持匹配工作是困难的，这是光敏电阻的不利因素之一。

在图 5-13 所示的电路中，省掉了极间电容 C_d，所以上述分析只适用于低频情况。当入射光功率变化频率较高时，在等效电路中一定不能省去 C_d。从前面讨论知道，为了得到较大的电流增益 M，总是设法减小材料尺寸 L。但这又使 C_d 增大，导致器件的时间常数增大，使响应频率减小。所以一般说，光敏电阻的响应频率比较低，响应时间较长，这也是它的不利因素之一。

下面讨论一下光敏电阻偏置电压 U 的选取原则问题。从式(5.3.16)可见，在一定光照下，有一固定电流 i 流过光敏电阻，这个电流将在 R_g 上产生热损耗功率为 $i^2 R_g$。每一光敏

电阻都有额定的最大耗散功率(图 5-12 中的双曲线),工作时如果超过这一值,光敏电阻将很快损坏。所以,光敏电阻工作在任何光照下都必须满足

$$i^2 R_g \leqslant P_{\max} \tag{5.3.21}$$

把式(5.3.16)代入式(5.3.21),就可以求出偏置电压 U 必须满足的条件,即

$$U < \left(\frac{P_{\max}}{R_g}\right)^{1/2} \cdot (R_L + R_g) \tag{5.3.22}$$

在匹配条件下

$$U < (4R_g P_{\max})^{1/2} \tag{5.3.23}$$

例如,若 $R_L = R_g = 1\ \text{M}\Omega$, $P_{\max} = 0.1\ \text{W/cm}^2$,光敏面积为 $1\ \text{cm}^2$,则 U 不能超过 632 V,若光敏面积为 $0.01\ \text{cm}^2$,则 U 不允许超过 63 V。

3. 时间响应特性

光敏电阻受光照后或被遮光后,回路电流并不立即增大或减小,而是有一响应时间。图 5-14 所示为光敏响应特性的测定电路及其示波器波形。光敏电阻的响应时间常数是由电流的上升时间 t_r 和衰减时间 t_f 表示的。图 5-14 中给出了 t_r 和 t_f 的定义。通常,CdS 光敏电阻的响应时间约为几十毫秒到几秒;CdSe 光敏电阻的响应时间约为 $(10^{-2} \sim 10^{-3})$ s;PbS 光敏电阻的响应时间约为 10^{-4} s。

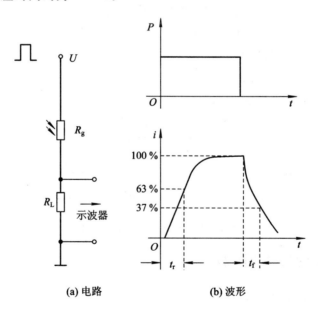

(a) 电路　　　　　　　(b) 波形

图 5-14　响应特性测定电路及其波形

值得注意的是,光敏电阻的响应时间与入射光的照度、所加电压、负载电阻及照度变化前电阻所经历的时间(称为前历时间)等因素有关。一般来说,照度越强,响应时间越短;负载电阻越大,t_r 越短且 t_f 延长;暗处放置时间越长,响应时间也相应延长。实际应用中,可尽量提高使用照明度、降低所加电压、施加适当偏置光照,使光敏电阻不是从完全黑暗的状态下开始受光照,以使光敏电阻的时间响应特性得到一定改善。

4. 稳定特性

一般说,光敏电阻的阻值随温度变化而变化的变化率,在弱光照和强光照时都较大,

而中等光照时，则较小。例如，CdS 光敏电阻的温度系数在 10 lx 照度时约为 0；照度高于 10 lx 时，温度系数为正；照度低于 10 lx 时，温度系数反而为负；照度偏离 10 lx 越多，温度系数也越大。

另外，当环境温度在 0℃～60℃的范围内时，光敏电阻的响应速度几乎不变；而在低温环境下，光敏电阻的响应速度变慢。

最后，光敏电阻的允许功耗随着环境温度的升高而降低，这些特性都是实际使用中应注意的。

5. 噪声特性

光敏电阻的噪声主要是复合噪声、热噪声和 $1/f$ 噪声。总的方均噪声电流按照 5.2 节的讨论可写为

$$\overline{i_n^2} = 4eiM^2\Delta f \cdot \frac{1}{1+4\pi^2 f^2\tau^2} + i^2 \cdot \frac{A\Delta f}{f} + \frac{4kT\Delta f}{R_L} \tag{5.3.24}$$

其有效值为

$$I_n = \left\{ 4eiM^2\Delta f \cdot \frac{1}{1+4\pi^2 f^2\tau^2} + i^2 \cdot \frac{A\Delta f}{f} + \frac{4kT\Delta f}{R_L} \right\}^{1/2} \tag{5.3.25}$$

式中，$i = i_d + i_b + i_s$；τ 为载流子寿命；R_L 为探测器的等效电阻。

当 $f \ll 2\pi\tau$ 时，产生—复合噪声项不再与频率有关；当 $f \gg 1/2\pi\tau$ 时，复合噪声明显减小，主要存在热噪声。当 $f > 1$ kHz 时，$1/f$ 噪声项中的比例系数 $A \approx 10^{-11}$，这一噪声项可以忽略不计。如图 5-15 所示。

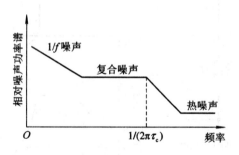

图 5-15　光敏电阻的噪声特性

5.3.3　几种典型的光敏电阻器

1. CdS 和 CdSe 光敏电阻器

CdS 和 CdSe 光敏电阻器是两种低造价的可见光光敏电阻器，它们的主要特点是高可靠性和长寿命，因而广泛应用于自动化技术和摄影机中的光计量。这两种器件的光电导增益比较高（$10^3 \sim 10^4$），但响应时间比较长。

2. PbS 光敏电阻器

PbS 光敏电阻器是一种性能优良的近红外光敏电阻器，其波长响应范围在（1～3.4）μm，峰值响应波长为 2 μm，内阻（暗电阻）大约为 1 $M\Omega$，响应时间约 200 μs，室温工作时能提供较大的电压输出。它广泛应用于遥感技术和各种武器的红外制导技术。

3. InSb 光敏电阻器

InSb 光敏电阻器是一种良好的近红外光敏电阻器，它虽然也能在室温下工作，但噪声较大。其峰值响应波长为 5 μm，与 PbS 光敏电阻器显著的不同在于：内阻低（大约为 50 Ω），而响应时间短（大约为 50×10^{-9} s），因而适用于快速红外信号探测。

4. $Hg_x Cd_{1-x} Te$ 光敏电阻器

$Hg_x Cd_{1-x} Te$ 光敏电阻器是一种化合物本征型光敏电阻器，它是由 HgTe 和 GdTe 两种材料混在一起的固溶体，其禁带宽度随组分 x 呈线性变化，当 $x=0.2$ 时，响应波长为 （8～14）μm。内阻低，内电流增益约为 500，广泛用于 10.6 μm 的 CO_2 激光探测。几种光敏电阻器的典型特性如表 5-2 所示。

表 5-2　几种光敏电阻器的典型特性

种　　类	灵敏度/(A/lm)	响应时间/μs	光谱响应范围/μm
CdS	0.1(单晶) 50.0(多晶)	$10^3 \sim 10^8$	0.3～0.8(常温)
CdSe	50	$500 \sim 10^8$	0.5～0.8(常温)
PbS	在约 10^{-12} W 时，$S=N$	100	1～3(常温)
PbSe	在约 10^{-11} W 时，$S=N$	100	1～5(常温)，≈7(90 K)
PbTe	在约 10^{-12} W 时，$S=N$	10	≈4(常温)，≈5(90 K)
InSb	在约 10^{-11} W 时，$S=N$	0.4	5～7(常温，77 K)
Ge∶Hg	—	30～1000	≈14(27 K)
Ge∶Au	在约 10^{-13} W 时，$S=N$	10	≈10(77 K)
HgCdTe	—	<1	8～14(77 K)
PbSbTe	—	15×10^{-3}	11～20(77 K)
Ge	在约 10^{-13} W 时，$S=N$	10	—

注：$S=N$ 表示光敏电阻器外接负载中的信号等于内部噪声。

5.3.4　光敏电阻器使用注意事项

（1）用于测光的光源光谱特性必须与光敏电阻器的光敏特性相匹配。

（2）要防止光敏电阻器受杂散光的影响。

（3）要防止使光敏电阻器的电参数(电压、功耗)超过允许值。

（4）根据不同用途，选用不同特性的光敏电阻器。一般说，用于数字信息传输时，选用亮电阻与暗电阻差别大的光敏电阻器为宜，且尽量选用光照指数 γ 大的光敏电阻器；用于模拟信息传输时，则以选用 γ 值小的光敏电阻器为好，因为这种光敏电阻器的线性特性好。

5.4　光伏探测器

在 5.1 节中已经讨论过 PN 结的光伏效应。利用 PN 结的光伏效应制作的光电探测器称为光伏探测器。和光电导探测器不同，光伏探测器的工作特性要复杂一些，通常有光电池和光电二极管之分。也就是说，光伏探测器有着不同的工作模式。因此，在具体讨论光伏探测器的工作特性之前，首先必须弄清楚它的工作模式问题。

5.4.1 光电转换原理

为了便于理解在后面将要引入的光伏探测器的等效电路，首先讨论一下光伏探测器的光电转换原理。

光伏探测器的典型结构及作用原理如图 5-16 所示。为了说明光功率转换成光电流的关系，设想光伏探测器两端被短路，并用理想电流表记录光照下流过回路的电流，这个电流常常称为短路光电流。假定光生电子-空穴对在 PN 结的结区（即耗尽区）内产生。由于内电场 E_i 的作用，电子向 N 区、空穴向 P 区漂移，被内电场分离的电子和空穴就在外回路中形成电流 i_φ。就光电流形成的过程而言，光伏探测器和光电导探测器有十分类似的情况。为此，可把讨论光电导探测器光电转换关系所导出的式(5.3.3)改写为

$$i_\varphi = \int_0^L eM_n \frac{P}{h\nu} \cdot \eta\alpha(1-R)e^{-\alpha x}\, dx = \int_0^L Q \frac{P}{h\nu}\eta\alpha(1-R)e^{-\alpha x}\, dx \qquad (5.4.1)$$

式中，$Q=eM_n$ 是光电导探测器中一个光生电子所贡献的总电荷量。

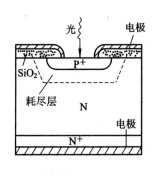

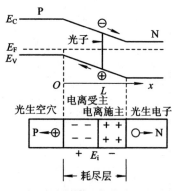

(a) 光伏探测器典型结构   (b) 作用原理

图 5-16   光伏探测器典型结构及作用原理

从式(5.4.1)可见，除了 Q 项外，光伏和光导的其他物理量都可以用一种形式描述。因此，现在的问题是在光伏情况下，一个光生电子-空穴对所贡献的总电荷量应该是多少？

从图 5-16(b)所示可知，在耗尽区中 x 处产生的光生电子-空穴对，空穴向左漂移 x 距离到达 P 区，而电子向右漂移 $(L-x)$ 距离到达 N 区。电子和空穴在漂移运动时对外回路贡献各自的电流脉冲，若空穴和电子的漂移时间用 t_p 和 t_n 表示，则空穴和电子电流脉冲的强度分别为 e/t_p 和 e/t_n，它们所贡献的电荷量分别为

$$Q_p = \frac{ex}{L} \qquad (5.4.2)$$

$$Q_n = \frac{e(L-x)}{L} \qquad (5.4.3)$$

式中，L 是耗尽层宽度，式中假定空穴和电子的漂移速度恒定。因此，一个电子-空穴对所贡献的总电荷量为

$$Q = Q_p + Q_n = e \qquad (5.4.4)$$

于是，式(5.4.1)变为

$$i_\varphi = \frac{e\eta}{h\nu}P \qquad (5.4.5)$$

从这个结果可知，光伏探测器的内电流增益等于 1，这是和光电导探测器明显不同的地方。

5.4.2　光伏探测器的工作模式

现在可以说，一个光伏探测器可等效为一个普通二极管和一个恒流源（光电流源）的并联，如图 5-17 所示。它的工作模式则由外偏压回路决定。在零偏压时（如图 5-17(c)所示），它称为光伏工作模式。当外回路采用反偏电压 U 时（如图 5-17(d)所示），即外加 P 端为负 N 端为正的电压时，称为光导工作模式。

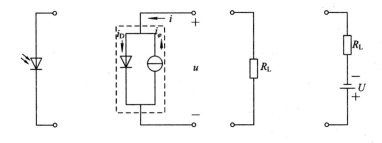

(a) 光伏探测器符号　　(b) 等效电路　　(c) 光伏工作模式　　(d) 光导工作模式

图 5-17　光伏探测器等效电路图

普通二极管的伏安特性为

$$i_D = I_{s0}\left(\exp\left(\frac{eu}{kT}\right) - 1\right) \qquad (5.4.6)$$

因此，光伏探测器的总伏安特性应为 i_p 和 i_φ 之和，考虑到两者的流动方向，有

$$i = i_D - i_\varphi = I_{s0}\left(\exp\left(\frac{eu}{kT}\right) - 1\right) - i_\varphi \qquad (5.4.7)$$

式中，i 是流过探测器的总电流；I_{s0} 是二极管反向饱和电流；e 是电子电荷量；u 是探测器两端电压；k 是玻耳兹曼常数；T 是器件的热力学温度。

把式(5.4.7)中 i 和 u 分别作为纵、横坐标画成曲线，就是光伏探测器的伏安特性曲线，如图 5-18 所示。由图 5-18 可见，第一象限是正偏压状态，i_p 本来就很大，所以光电流 i_φ 不起重要作用。作为光电探测器，工作在这一区域没有意义。

第三象限里是反偏压状态，这时 $i_D = I_{s0}$，它是普通二极管中的反向饱和电流，现在称为暗电流（对应于光功率 $P = 0$），数值很小，这时的光电流（等于 $i - I_{s0}$）是流过探测器的主要电流，对应于光导工作模式。通常把光导工作模式的光伏探测器称为光电二极管，因为它的外回路特性与光电导探测器十分相似。

在第四象限中，外偏压为 0。流过探测器的电流仍为反向光电流，随着光功率的不同，出现明显的非线性。这时探测器的输出是通过负载电阻 R_L 上的电压或流过 R_L 上的电流来体现的，因此，称为光伏工作模式。通常把光伏工作模式的光伏探测器称为光电池。

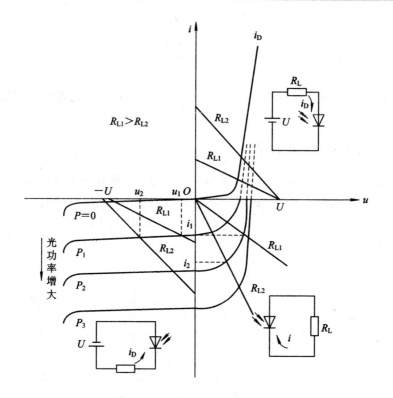

图 5-18　光伏探测器的伏安特性

光电池和光电二极管的工作特性有着明显的差别，详细情况在下面两节中专门讨论。

5.5　硅光电池——太阳电池

　　光电池也称光伏电池，工作在如图 5-18 所示的第四象限。由于光电池常常用于把太阳光能直接变成电能，因此又称为太阳电池。光电池的种类很多，如有硒光电池、氧化亚铜光电池、硫化镉光电池、锗光电池、砷化镓光电池和硅光电池等。目前，应用最广、最受重视的是硅光电池。硅光电池的价格便宜、光电转换效率高、光谱响应宽（很适合近红外探测）、寿命长、稳定性好、频率特性好且能耐高能辐射，因此，本节以硅光电池为例讨论光电池的使用特点。

　　硅光电池的用途大致可分为两类：第一类是作为光电探测器件使用；第二类是作为电源使用。作为光电探测器件，硅光电池广泛用于近红外辐射的探测器、光电读出、光电耦合、激光准直和光电开关等。这类应用要求光电池照度特性的线性要好。作为电源，硅光电池广泛用做太阳能电池，作为人造卫星、野外灯塔、无人气象站和微波站等设备的电源使用。此类应用主要要求设备价廉且输出功率大。

　　光电池实质上就是大面积的 PN 结。硅光电池的结构如图 5-19 所示。它是在 N 型 Si 片上扩散硼形成 P 型层，并用电极引线把 P 型和 N 型层引出，形成正、负电极。为防止表面反射光，提高转换效率，通常在器件受光面上进行氧化，形成 SiO_2 保护膜。光电池的形状，根据需要可以制成方形、矩形、圆形、三角形和环形等。另外，在 P 型 Si 单晶片上扩展 N 型杂质，也可以制成硅光电池。

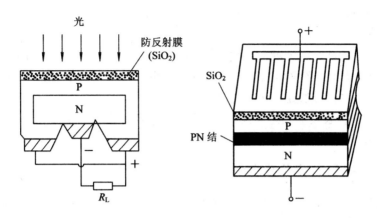

图 5－19　硅光电池的结构

5.5.1　短路电流和开路电压

　　短路电流和开路电压是光电池的两个非常重要的工作状态，它们分别对应于 $R_L＝0$ 和 $R_L＝\infty$ 的情况。这两种状态均无功率输出。

　　图 5－20 是光电池的等效电路，其中，i_φ 是光电流；i_D 是二极管电流；i_{sh} 为结漏电流，R_{sh} 为等效泄漏电阻；C_j 为结电容；R_s 为引出电极-管芯接触电阻；R_L 为负载电阻。

　　一般 i_{sh} 很小，R_{sh} 很大。若不计 i_{sh} 的影响，显然有

$$i_\varphi - i_D - i = 0$$

　　如果短接 R_L 并忽略 R_s 的影响，从图 5－20 中可以看出，二极管两端的正向电压 $u_1＝0$。由式(5.4.6) 可知，这时 $i_D＝0$。因此，流过光电池的短路电流就是光电流 i_φ，即

$$i_{sc} = i_\varphi \tag{5.5.1}$$

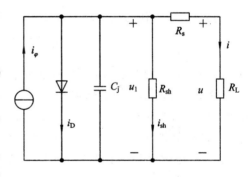

图 5－20　光电池的等效电路

这表明，光电池的短路电流与入射的光功率成正比。显然，作为光电探测器件，应尽量接近这种工作状态。但是，若计 R_s 和 R_{sh} 的影响，短路电流的精确表达式应为

$$i_{sc} = i_\varphi - I_{s0}\left(\exp\left[\frac{eu_1}{kT}\right] - 1\right) + \frac{u_1}{R_{sh}} \tag{5.5.2}$$

当负载电阻开路时，$R_L \to \infty$，图 5－20 中的电流光电池输出电压（即开路电压）u_{OC} 就等于 u_1，于是由式(5.4.7)很容易求得

$$u_{OC} = \frac{kT}{e}\ln\left(\frac{i_\varphi}{I_{s0}} + 1\right) \tag{5.5.3}$$

　　式(5.5.3)表明，光电池的开路电压与光电流的对数成正比。考虑到 i_{sc} 的影响，开路电压的精确表达式为

$$u_{OC} = \frac{kT}{e}\ln\left(\frac{i_\varphi - i_{sh}}{I_{s0}} + 1\right) \tag{5.5.4}$$

　　从式(5.5.4)可知，当光电流 i_φ 的值接近漏电流 i_{sh}（即 $i_\varphi \approx u_{OC}/R_{sh}$）时，开路电压将受

到 i_{sh} 的影响而大幅度下降。因此，在需要利用开路电压的情况下，应尽量选用 i_{sh} 小的器件。

一般而言，单片硅光电池的开路电压约为 $(0.45\sim0.6)$ V，短路电流密度约为 $(150\sim300)$ A/m²。顺便指出，在实际工作中光电池的开路电压和短路电流都不是靠计算而是靠实际测量得到的。测量方法是：在一定光功率(如 1 kW/m²)照射下，使光电池两端开路，用一高内阻直流毫伏表或电位差计接在光电池两端，测量出开路电压 u_{OC}；在同样条件下，将光电池两端用一低内阻(小于 1 Ω)电流表短接，电流表的示值即为短路电流 i_{sc} 的值。

5.5.2 输出功率和最佳负载电阻

在负载电阻既不短路又不开路的情况下，硅光电池有电输出功率。由等效电路图(如图 5-20 所示)，可以写出其输出功率的一般表达式，即

$$P_o = ui = u_1 i - i^2 R_s \tag{5.5.5}$$

而输出电流 i 为

$$i = i_\varphi - i_D = i_\varphi - I_{s0}\left[\exp\left(\frac{eu_1}{kT}\right) - 1\right] \tag{5.5.6}$$

所以

$$u_1 = \frac{kT}{e}\ln\left(\frac{i_\varphi - i}{I_{s0}} + 1\right) \tag{5.5.7}$$

将式(5.5.7)代入式(5.5.5)，最后得到

$$P_o = \frac{kT}{e}i\,\ln\left(\frac{i_\varphi - i}{I_{s0}} + 1\right) - i^2 R_s \tag{5.5.8}$$

在一定的照射光功率下，当负载电阻 R_L 由无穷大变到 0 时，输出电压值将从 u_{OC} 变为 0，而输出电流将从 0 增大到短路电流 i_{sc} 值。显然，只有在某一负载电阻 R_m 下，才能得到最大的电输出功率 $P_m = u_m i_m$。R_m 称为特定照射功率条件下的最佳负载电阻。当然，同一光电池的最佳负载电阻 R_m 是入射光功率的函数(随入射功率的增大而减小)。

P_m/P 是最大电输出功率与入射光功率的比值，定义为光电池的转换效率。硅光电池的实际转换效率一般在 10%～15%(理论转换效率可达 24%)。

利用光电池的伏安特性曲线，可十分直观地了解光电池的功率输出特性。其输出功率曲线如图 5-21 所示，OH 斜线对应着 $R_L = R_H$ 时的负载线，H 为负载线(斜率为 $\tan\theta_H = i_H/u_H = 1/R_H$ 与一定光功率下的伏安特性曲线的交点。由 $Oi_H H u_H$ 围成的矩形面积，就是 R_H 负载下的光电池的输出功率。显然，负载电阻变化时，相应的矩形面积随之变化。

最佳负载电阻的求法如下：过开路电压 u_{OC} 及短路电流 i_{sc} 作伏安特性曲线的切线，两切线相交于 Q 点。连接 OQ 与伏安特性曲线的相交点 m 点，则得

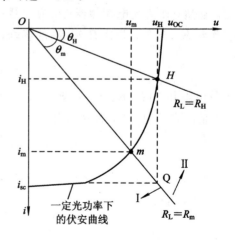

图 5-21 光电池的输出功率曲线

$$R_{\mathrm{m}} = \frac{1}{\tan \theta_{\mathrm{m}}} \tag{5.5.9}$$

此时，相应的矩形面积最大，当照射功率增大时，由于 u_{OC} 增加缓慢，而 i_{sc} 明显增长，伏安特性曲线向电流轴方向伸长，因此，u_{m} 随照射光功率增大而减小。

另外应注意到，图 5-21 中 OQ 斜线把伏安特性曲线分为两个部分：Ⅰ 部分中，$R_{\mathrm{L}} < R_{\mathrm{m}}$，负载电阻的变化将引起输出电压的大幅度变化，而输出电流却基本不变；Ⅱ 部分中，$R_{\mathrm{L}} > R_{\mathrm{m}}$，改变负载电阻将引起输出电流的大幅度变化，而输出电压变化很小。实际使用硅光电池时，注意到这个特性是很重要的。

5.5.3 光谱、频率响应及温度特性

光电池的光谱响应主要由材料决定。图 5-22 所示的是两种常用光电池的光谱特性曲线。从图中可见，硒光电池在可见光谱范围内有较高的灵敏度，峰值响应波长在 540 nm 附近，特别适用于测量可见光。如果再配上合适的滤光片，它的光谱灵敏度就与人眼相近，因此可用于一般照度的测量仪器。硅光电池的光谱响应范围要宽得多，大约为（400～1100）nm。峰值响应波长在 850 nm 附近，在可见光和近红外波段有广泛应用。

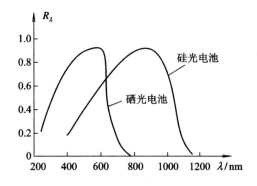

图 5-22 光电池的光谱特性曲线

光电池的频率特性一般说来不是太好。这有两个方面的原因：其一，光电池的光敏面一般做得较大，因而极间电容较大；其二，光电池工作在第四象限，有较小的正偏压存在，所以光电池的内阻很低，而且随入射光功率变化。例如，硅光电池在功率为 100 mW/cm² 的光照射下，内阻大约为（15～20）Ω/cm²。当功率很小时，内阻变大，频率特性变坏。在照度较强和负载电阻较小的情况下，硅光电池的截止频率最高可达（10～30）kHz。在低照度条件下应用时，频率特性变差是使用中应注意的问题。

另外，在强光照射或聚光照射情况下，必须考虑光电池的工作温度及散热措施。这是因为当光电池的结温太高，例如，硒光电池的结温超过 50℃，硅光电池的结温超过 200℃ 时，就要破坏它们的晶体结构，因此，通常硅光电池使用的温度不允许超过 125℃。

5.5.4 缓变化光电信号探测

1. 实际照射光功率下的开路电压计算

一般产品手册中只给出光电池在特定（或标准）光照度下的开路电压值。而在实际使用时，都常常需要知道实际照射光功率下的开路电压值。下面讨论一种简易计算方法。在式

(5.5.4)中，通常 $i_\varphi \gg i_{sh}$，且 $i_\varphi - i_{sh} \gg I_{s0}$，于是式(5.5.4)可简化为

$$u_{OC} = \frac{kT}{e} \ln\left(\frac{i_\varphi}{I_{s0}}\right) \tag{5.5.10}$$

当实际照射光功率为 P 时，光电流变为 i'_φ，对应的开路电压为

$$u'_{OC} = \frac{kT}{e} \ln\left(\frac{i'_\varphi}{I_{s0}}\right) \tag{5.5.11}$$

联立求解式(5.5.10)和式(5.5.11)，有

$$u'_{OC} = \frac{kT}{e} \ln\left(\frac{i'_\varphi}{I_\varphi}\right) + u_{OC} \tag{5.5.12}$$

$$u'_{OC} = \frac{kT}{e} \ln\left(\frac{P'}{P}\right) + u_{OC} \tag{5.5.13}$$

式中，P 为手册中给定的光功率。在室温(300K)下

$$\frac{kT}{e} = \left(1.38 \times 10^{-23} \times \frac{300}{1.602} \times 10^{-19}\right) \text{V} \approx 2.6 \times 10^{-2} \text{ V}$$

于是

$$u'_{OC} = u_{OC} + 2.6 \times 10^{-2} \ln\frac{P'}{P} \tag{5.5.14}$$

2. 最佳负载电阻 R_m 的估算

如果忽略光电池串联电阻 R_s 上的压降，则负载电阻上的压降为式(5.5.7)，因此，负载上消耗的功率为

$$P_{R_L} = iu = i \frac{kT}{e} \ln\left(\frac{i_\varphi + I_{s0} - i}{I_{s0}}\right) \tag{5.5.15}$$

当 $\mathrm{d}P_{R_L}/\mathrm{d}i = 0$、$P_{R_L} = P_m$ 时，有

$$\frac{\mathrm{d}P_{R_L}}{\mathrm{d}i} = \frac{kT}{e} \ln\left(\frac{i_\varphi + I_{s0} - i}{I_{s0}}\right) + \frac{kT}{e} \frac{-i}{i_\varphi + I_{s0} - i} = 0$$

并令此时的 $i = i_m$，$u = u_m$，则有

$$\ln\left(\frac{i_\varphi + I_{s0} - i_m}{I_{s0}}\right) = \frac{i_m}{i_\varphi + I_{s0} - i_m} \tag{5.5.16}$$

将式(5.5.16)代入式(5.5.7)，可得

$$u_m = \frac{kT}{e} \cdot \frac{i_m}{i_\varphi + I_{s0} - i_m}$$

$$i_m = \frac{u_m(i_\varphi + i_s) \cdot \frac{e}{kT}}{1 + u_m \cdot \frac{e}{kT}}$$

$$P_m = i_m u_m = \frac{i_\varphi + I_{s0}}{1 + u_m \cdot \frac{e}{kT}} \cdot \frac{e}{kT} u_m^2 \tag{5.5.17}$$

因为

$$R_m = \frac{u_m}{i_m} = \frac{1 + u_m \frac{e}{kT}}{(i_\varphi + i_s) \frac{e}{kT}} \tag{5.5.18}$$

所以，当 $[e/(kT)] \cdot u_m \gg 1$，$i_\varphi \gg i_{s0}$ 时，式(5.5.18)又可近似为

$$R_m = \frac{u_m}{i_\varphi} \tag{5.5.19}$$

通常取 $u_m = 0.7u_{OC}$，所以估算 R_m 的简易公式为

$$R_m = 0.7 \cdot \frac{u_{OC}}{i_\varphi} \tag{5.5.20}$$

3. 保证光电池线性工作的负载电阻 R_L 的选择原则

前面已经提过，光电池最佳负载线把光电伏安特性曲线分成了两个区域：Ⅰ区和Ⅱ区。在Ⅰ区，$R_L < R_m$，光电流与光照功率成正比，称为光电流区域；在Ⅱ区，$R_L > R_m$，光电池的输出电压与光照功率的对数成正比，称为光电压区域。

很显然，当用光电池探测缓变化光信号时，应工作在光电流区域，即应选 $R_L < R_m$。如果用光电池只是鉴别有无光照而作为一个光电开关时，才选 $R_L > R_m$，工作在光电压区域。对光电流区域，又有如下两种输出方式：

① 电流输出。在这种情况下，光电池输出给负载的信号光电流是随光照强度变化而变化的。如果需要放大信号，则应选用电流放大器，如图 5-23 所示，负载线越靠近电流轴，即 R_L 越小，输出电流就越大，越接近短路电流 i_{SC}。显然，这种输出方式下要求负载电阻（或放大器的输入阻抗）尽量小。

② 电压输出。这种情况下，光电池输出给负载的信号光电压是随光照强度变化而变化的。如果需要放大信号，则应选用电压放大器，如图 5-23 所示，负载电阻越大（越接近 R_m，光电池的输出电压就越高。显然，输出线性度要求必须使负载电阻（或放大器的输入阻抗）稍低或等于 R_m。通常，为了使线性区有余量，一般取

$$R_L = 0.85R_m \approx \frac{0.6u_{OC}}{i_\varphi} \tag{5.5.21}$$

值得指出的是，因为光电池的最佳负载电阻值是随入射光功率增大而减小的，因此，每个光电池的最佳负载线不是一条，而是一族。图 5-23 中所示的阴影区域，就是照射光功率由 P' 变化到 P'' 时最佳负载线的变化范围。

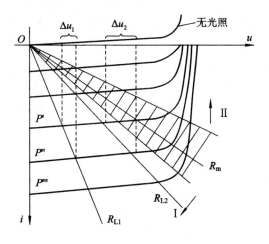

图 5-23　光电流区工作特性示意图

4. 光电池电流输出情况下变换电路的实例

图 5-24 给出了几种变换电路的实例。其中在图 5-24(a)所示电路中，用于放大光电流的三极管只能用锗管，不能用硅管。这是因为硅管在开始导通时射极与基极之间的电压高于 0.7 V，而锗管约为 0.3 V，但光电池的开路电压最高不超过 0.6 V 之故。由于 3AX4 管的输入阻抗很低，因此硅光电池基本上工作在线性区域。

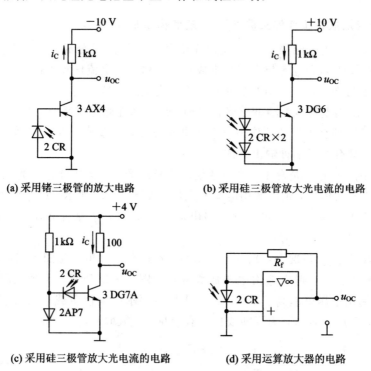

(a) 采用锗三极管的放大电路　　　　　　(b) 采用硅三极管放大光电流的电路

(c) 采用硅三极管放大光电流的电路　　　　(d) 采用运算放大器的电路

图 5-24　光电池用以探测缓变化光信号的基本变换电路

图 5-24(b)、5-24(c)所示电路，都是采用硅三极管放大光电流，前者采用两个光电池串联，以获得高于 0.7 V 的信号电压；后者则将锗二极管 2AP7 的正向压降 0.3 V 做光电池的反向偏置电压，以提高光电池的输出电压，使硅三极管得以投入工作。显然，图 5-24(a)、5-24(b)、5-24(c)所示三种电路都是以三极管基-射结的正向电阻作为硅光电池的负载电阻。因此，硅光电池几乎工作在短路状态，从而保证线性工作特性。

在图 5-24(d)所示的电路中，硅光电池与运算放大器相连。硅光电池处于零状态，其等效电阻为 0，因此，运算放大器的输出电压等于硅光电池短路电流 i_{sc} 与放大器反馈电阻 R_f 的乘积，输出电压与入射光照功率保持良好的线性关系。在低光照功率条件下工作时，必须选用零偏电流小的运算放大器。

5.5.5　交变光信号探测

光电池用以探测交变光信号的变换电路及其伏安特性如图 5-25 和图 5-26 所示。为了分析方便，令入射光功率为正弦脉动形式，即

$$P = P_0 + P_m \sin\omega t \qquad (5.5.22)$$

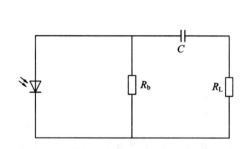

图 5-25　探测交变光信号的变换电路

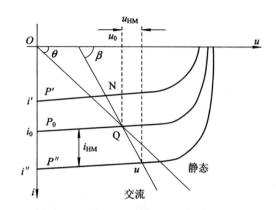

图 5-26　光电池的伏安特性

在这种情况下，信号光功率以 P_0 为平均值在最大值 $P_0 + P_m$ 和最小值 $P_0 - P_m$ 之间波动。由缓变化信号探测器的分析结果，有以下结论：

① 光电池工作在光电区域。为了得到高的输出电压，要求满足条件

$$R_L \gg R_b > R_m \tag{5.5.23}$$

式中，R_m 为光电池在入射光功率峰值（$P_0 + P_m$）下的最佳负载电阻；为直流负载电阻（对应于 P_0，R_L 为工作负载电阻，即后级放大器等效输入阻抗。一般说，采用这种工作方式，频率特性不好。

② 光电池工作在光电流区域。这时要求

$$R_b \mathbin{/\mkern-5mu/} R_L < R_m \tag{5.5.24}$$

工作情况同样存在电压输出和电流输出两种状态。

在电流输出状态，要求 $R_L < R_b$，以使负载得到更大的电流，同时其线性度及频率特性都较好。当然，后接放大器应选取输入阻抗低的放大电路。在光电压输出状态，为了得到高输出电压，应使 $R_L > R_b$。显然频率特性变坏。

下面采用光电池的伏安交、直流负载线分析方法，分析光电池输出参数的计算公式。在交变光信号情况下，直流负载线是通过原点、斜率为 $\tan\theta = 1/R_b = G_b$ 的直线。如图 5-26 所示，Q 为静态（或直流）工作点。光电池的交流负载为并联的等效电阻，因此，交流负载线是通过 Q 点，斜率为 $\tan\beta = 1/R_L + 1/R_b = G_L + G_b$ 的直线。

由图 5-26 可知，正弦交流输出电压的峰值应为

$$u_{HM} = \frac{i_{HM}}{G_b + G_L} = \frac{S(P'' - P_0)}{G_b + G_L} \tag{5.5.25}$$

式中，i_{HM} 为负载峰值电流；S 为光电池灵敏度。于是，负载电阻 R_L 上的功率（有效值）为

$$P_H = \frac{1}{2} G_L u_{HM}^2 = \frac{1}{2} G_L \left[\frac{S(P'' - P_0)}{G_b + G_L} \right]^2 \tag{5.5.26}$$

现在，根据最大输出功率条件和输出线性度要求讨论 R_b 和 R_L 的计算方法。把 P_H 分别对 G_L 和 G_b 求偏微分，并令微分结果等于 0，即可求出获得最大功率的条件为

$$\begin{cases} G_L = G_b \left(\text{因为} \dfrac{\partial P_H}{\partial G_L} = 0 \right) \\[3mm] G_b \text{ 取最小值} \left(\text{因为} \dfrac{\partial P_H}{\partial G_L} < 0 \right) \end{cases} \tag{5.5.27}$$

为了保证输出特性的线性度，一般取

$$u_{HM} = 0.6u_{OC} \tag{5.5.28}$$

$$R_b = \frac{1.2u_{OC}}{S(P'' + P_0)} \tag{5.5.29}$$

最后，输出功率（有效值）为

$$P_H = \frac{1}{2}i_{HM}u_{HM} = \frac{1}{8}S^2(P'' - P_0)^2 R_b \tag{5.5.30}$$

5.6　半导体光电二极管及三极管

以光导模式工作的结型光伏型探测器称为光电二极管，它在微弱、快速光信号探测方面有着非常重要的应用。为了提高它的工作性能，人们做出了大量的研究工作，出现了许多性能优良的新品种。概括起来，有硅光电二极管、PIN 光电二极管、雪崩光电二极管（记为 APD）、肖特基势垒光电二极管、HgCdTe 光伏二极管、光子牵引探测器以及光电三极管等。为了节省篇幅，一些共性的问题放在硅光电二极管中讨论，对其他种类的光电二极管，着重介绍它们的原理和特点。

5.6.1　硅光电二极管

制造一般光电二极管的材料几乎全部选用 Si 或 Ge 的单晶材料。由于硅器件较之锗器件暗电流温度系数小得多，加之制作硅器件采用的平面工艺使其管芯结构很容易精确地被控制，因此，硅光电二极管得到了十分广泛的应用。

1. 结构及偏置电路

硅光电二极管的两种典型结构如图 5-27 所示，其中图 5-27(a)是采用 X 型单晶硅和扩散工艺，称为 P⁺N 结构，它的型号为 2CU 型。而图 5-27(b)是采用 P 型单晶和磷扩散工艺，称为 N⁺P 结构，它的型号为 2DU 型。光敏芯区外侧的环区，称为保护环。其目的是切断表面层漏电流，使暗电流明显减小。

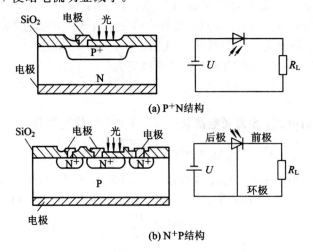

图 5-27　硅光电二极管的两种典型结构

硅光电二极管的电路符号及偏置电路也在图 5-27 中一并画出。一律采用反向电压偏置。有环极的光电二极管有三根引出线，通常把 N 侧电极称为前极，P 侧电极称为后极。环极接偏置电源的正极，如果不用环极，把它断开，空着即可。

　　硅光电二极管的封装有多种形式。常见的是金属外壳加入射窗口封装，入射窗口又有凸镜和平面镜之分。凸镜有聚光作用，有利于提高灵敏度，而且由于聚焦位置与入射光方向有关，因此还能减小杂散背景光的干扰。缺点是灵敏度随方向而变，因此给对准和可靠性带来问题。采用平面镜窗口的硅光电二极管虽然没有对准问题，但易受杂散光干扰的影响。硅光电二极管的外形及灵敏度的方向性如图 5-28 所示。

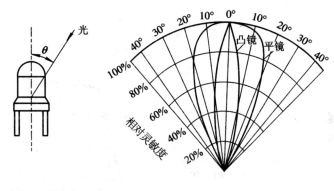

(a) 硅光电二极管的外形　　　　　(b) 灵敏度的方向问题

图 5-28　硅光电二极管的外形及灵敏度的方向问题

　　硅光电二极管具有一定的光谱响应范围。图 5-29 给出了硅光电二极管的光谱响应曲线。常温下，Si 材料的禁带宽度为 1.12 eV，峰值波长约为 0.9 μm，长波限约为 1.1 μm，由于入射波长越短，因此管芯表面的反射损失就越大，从而使实际管芯吸收的能量越少，这就产生了短波限问题。

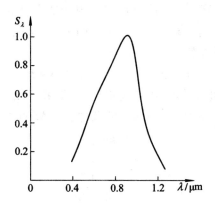

图 5-29　硅光电二极管光谱响应曲线

　　硅光电二极管的短波限约为 0.4 μm。硅光电二极管的电流灵敏度主要决定于量子效率 η。在峰值波长为 0.9 μm 条件下，$\eta_{09} > 50\%$。电流灵敏度 $S_\lambda \geq 0.4$ $\mu A/\mu W$。

2. 光电变换的伏安特性分析

　　大家已经知道，光电二极管是一种以光导模式工作的光伏探测器，其等效电路已在图

5-17中给出。因为光电二极管总是在反向偏压下工作,所以 $i_D = I_{s0}$, I_{s0} 和光电流 i_φ 都是反向电流。为了符合人们通常的观察习惯,将图 5-17(b) 中的 i 和 u 方向倒转,就可以在第一象限位置表示第三象限(光导模式工作区)的伏安特性,如图 5-30(a) 所示。其中,弯曲点 M' 所对应的电压值 u' 称为屈膝电压。为了分析方便,经线性化处理后的特性曲线如图 5-30(b) 所示。其中,Q 为直流工作点,g、g' 和 G_L 为各斜线与水平轴夹角的正切,其意义是:g 是光电二极管的内电导,其值等于管子内阻的倒数;g' 是光电二极管的临界电导,显然,如果光电二极管的内电导超过 g' 值,则表明光电二极管已进入饱和导通的工作状态;G_L 为负载电导,其值等于负载电阻值的倒数。

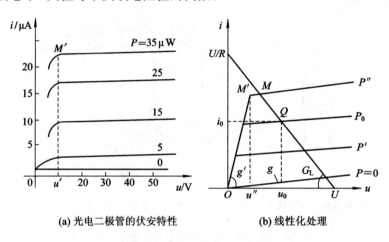

(a) 光电二极管的伏安特性　　　　　　(b) 线性化处理

图 5-30　光电二极管的伏安特性曲线

下面就光电二极管的直流负载线、缓变化光信号探测和交变光信号探测问题作进一步讨论。

1) 直流负载线设计

所谓直流负载线设计,就是在反偏压 U 及入射光功率 P 条件下,如何设计负载电阻的问题。从图 5-30(b) 可以看出,流过光电二极管的电流由暗电流 i_D 及光电流 i_φ 组成,暗电流与偏压无关,光电流由光功率决定,于是有

$$i = i_D + i_\varphi = g \cdot u + S \cdot P \tag{5.6.1}$$

为了工作在线性区(即电流与光功率成正比),要求负载线与最大光功率线的交点 M 必须在 M' 点的右侧,这也是式(5.6.1)成立的条件。对 M' 点可以写出

$$g'u' = gu' + SP''$$

即

$$u' = \frac{SP''}{g' - g} \tag{5.6.2}$$

如果 M 点正好与 M' 点重合,则有

$$(U - u')G_L = g'u'$$

即

$$G_L = \frac{u'}{U - u'} \cdot g' \tag{5.6.3}$$

将式(5.6.2)代入式(5.6.3)得

$$G_L = \frac{SP''}{U\left(1 - \dfrac{g}{g'}\right) - \dfrac{SP''}{g'}} \tag{5.6.4}$$

给定偏压 U 及光功率 P''，由手册查出 g、g' 和 S，即可由式(5.6.4)算出 $G_L = 1/R_L$。当然，也可以先给定 G_L，再反过来求出 U，即

$$U = \frac{SP''(G_L + g')}{G_L(g' - g)} \tag{5.6.5}$$

2）缓变化光功率探测

在缓变化光信号条件下，光电二极管的应用电路、等效电路和伏安特性曲线如图 5-31(a)、5-31(b) 和 5-31(c) 所示。

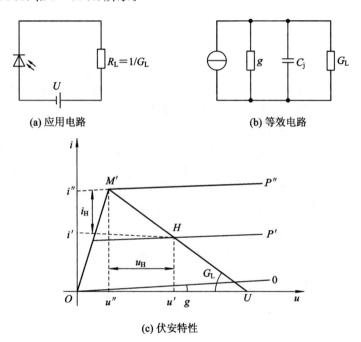

(a) 应用电路　　　　　　　　　(b) 等效电路

(c) 伏安特性

图 5-31　缓变化光照下的光电二极管特性

在保证输出光电流和入射光功率之间呈线性关系的条件下，以电压输出为例讨论如下。

由图 5-31(c) 可知，最大负载电阻时的负载线通过 M' 点，就能保证输出特性的线性度。输出电压的幅值 u_H 为

$$u_H = u' - u'' \tag{5.6.6}$$

通过 H 点和 M' 点的电流特征关系，可以求出 u' 和 u''，再由式(5.6.6)求出 u_H，即

$$u_H = \frac{S(P'' - P')}{g + G_L} \tag{5.6.7}$$

输出功率

$$P_H = G_L \cdot u_H^2 \tag{5.6.8}$$

3）交变光信号探测

假定光功率做正弦脉动，即 $P = P_0 + P_m \sin\omega t$。光电二极管的探测电路和工作伏安特性如图 5-32(a) 和图 5-32(b) 所示。

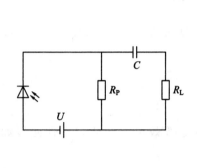

(a) 光照探测时的基本电路

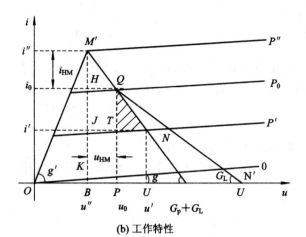

(b) 工作特性

图 5 - 32 光电二极管的探测电路和工作特性

通常关心的问题有两个：第一，给定入射光功率时的最佳功率输出条件；第二，给定反偏压 U 时的最佳功率输出条件。下面分两种情况讨论。

第一种情况，给定入射光功率时最佳功率传输条件工作特性如图 5 - 32(b) 所示，在入射光功率 P''、P_0、P' 已知的情况下，为使光电二极管得到充分利用，交流负载线（斜率为 $G_L + G_P$）应通过 M' 点。图中阴影三角形（$\triangle QTN$）的面积表示 G_P 和 G_L 并联时所获得的功率值。显然，为了取得更大功率，总是希望 $G_P + G_L$ 值小、U 值高。但是，欲在 G_L 上取得最大功率，又要求 G_L 比 G_P 大，这与要求 $G_P + G_L$ 值小相矛盾。因此，G_L 和 G_P 均存在取最佳值问题。由图 5 - 32(b) 可直接写出

$$i'' = \overline{BK} + \overline{KM'} = gu'' + SP'' \tag{5.6.9}$$

$$i' = gu' + SP' \tag{5.6.10}$$

$$i_0 = gu_0 + SP_0 = (U - u_0)G_L \tag{5.6.11}$$

由 $\triangle M'HQ$ 可以看出

$$i'' - i_0 = (G_L + G_P)(u_0 - u'') \tag{5.6.12}$$

把式 (5.6.9) 和式 (5.6.11) 代入式 (5.6.12)，有

$$u_0 = \frac{S(P'' - P_0)}{G_P + G_L + g} + u'' \tag{5.6.13}$$

由此式即可求出输出电压幅值 u_{HM}，即

$$u_{HM} = u_0 - u'' = \frac{S(P'' - P_0)}{G_P + G_L + g} \tag{5.6.14}$$

输出功率为

$$P_H = \frac{1}{2}G_L u_{HM}^2 = \frac{1}{2}G_L \left[\frac{S(P'' - P_0)}{G_P + G_L + g}\right]^2 \tag{5.6.15}$$

将 P_H 对 G_L 和 G_P 求偏微分，就可导出取得最大输出功率的条件是

$$
\begin{cases}
G_L = G_P + g \left(\text{因为}\dfrac{\partial P_H}{\partial G_L} = 0，\text{输出功率最大}\right) \\[2mm]
G_P \text{ 取最小值}\left(\text{因为}\dfrac{\partial P_H}{\partial G_L} < 0\right) \\[2mm]
\text{在允许范围内尽量增大 } U \text{ 值}
\end{cases}
\tag{5.6.16}
$$

在最大功率条件 $[G_P + G_L + g = 2(G_P + g)]$ 下，式(5.6.13)和式(5.6.11)表示的 u_0 值分别为

$$u_0 = \frac{S(P'' - P_0)}{2(G_P + g)} + u''$$

$$u_0 = \frac{G_P U - SP_0}{g + G_P}$$

显然，在最佳功率传输条件下，由以上两式求出的 u_0 值相等。据此，联立求解以上两式可得

$$G_P = \frac{S(P'' + P_0) + 2gu''}{2(U - u'')} \tag{5.6.17}$$

这就是在给定入射光功率值时，求取最佳负载电导的基本公式。当然，如果先给出 G_P，亦可由此式求出 U 值。

第二种情况，给定反偏电压 U 时的最大功率输出条件。

现在已知 U 值，而光功率未知，利用图 5-32(b)亦可导出最大输出功率条件。首先沿着 ORNTQ 的路径写出 i_0 的公式为

$$i_0 = g(u'' + 2u_{HM}) + SP' + (G_L + G_P)u_{HM}$$

再由 $\triangle QPN'$ 求出

$$i_0 = G_P[U - (u'' + u_{HM})]$$

联立解上两式得

$$u_{HM} = \frac{(U - u'')G_P - (SP' + gu'')}{2(G_P + g) + G_L} \tag{5.6.18}$$

因此，输出功率为

$$P_H = \frac{1}{2}G_L u_{HM}^2 = \frac{1}{2}G_L \left[\frac{(U - u'')G_P - (SP' + gu'')}{2(G_P + g) + G_L} \right]^2 \tag{5.6.19}$$

将 P_H 分别对 G_L 和 G_P 求偏微分，可得最大输出功率条件为

$$\begin{cases} G_L = 2(G_P + g) \\ G_P \ 取值大一些 \end{cases} \tag{5.6.20}$$

例题：已知某硅光电二极管的灵敏度 $S = 0.5\ \mu A/\mu W$，结电导 $g = 0.005\ \mu s$，曲膝电压 $u'' = 10\ V$，入射光信号功率 $P = 5 + 3\ \sin\omega t\ \mu W$，反偏电压 $U = 40\ V$。试求：电信号输出送到放大器时，取得最大功率的电阻 R_P 及放大器的输入电阻 R_i。

解：由给定条件可确定出脉动光功率值为：$P_0 = 5\ \mu W$，$P'' = 8\ \mu W$，$P' = 2\ \mu W$。由式(5.6.17)可求出 G_P、R_P 分别为

$$G_P = \frac{S(P'' + P_0) + 2gu''}{2(U - u'')} = 0.066\ \mu s$$

$$R_P = \frac{1}{G_P} = 15.15\ M\Omega$$

放大器输入电阻为

$$R_i = R_L = R_P = 15.15\ M\Omega$$

由式(5.6.14)和式(5.6.16)，可求出输送到放大器的电压及功率为

$$u_{HM} = \frac{S(P' - P_0)}{2(G_P + g)} = 10.6\ V$$

$$P_H = \frac{1}{2} G_L u_{HM}^2 = 3.7\ \mu W$$

4）频率响应特性

硅光电二极管的频率特性是半导体光电器件中最好的频率特性，因此特别适宜于快速变化的光信号探测。下面稍详细地讨论一下这个问题。

光电二极管的频率特性响应主要由三个因素决定：一是光生载流子在耗尽层附近的扩散时间；二是光生载流子在耗尽层内的漂移时间；三是与负载电阻 R_L 并联的结电容 C_j 所决定的电路时间常数。

（1）扩散时间 τ_{dif} 由半导体物理可知，扩散是个慢过程，扩散时间为

$$\tau_{dif} = \frac{d^2}{2D_c} \tag{5.6.21}$$

式中，d 是扩散进行的距离；D_c 是少数载流子的扩散系数。

如果以 P 型 Si 为例，电子扩散进行距离为 $5\ \mu m$，扩散系数为 $3.4 \times 10^{-3}\ m^2/s$，式 (5.6.21) 给出的 $\tau_{dif} = 3.7 \times 10^{-9}\ s$。作为高速响应来说，这是一个很可观的时间，因此在制造工艺上会尽量减小这个时间，一般把光敏面做得很薄。由于 Si 材料对光波的吸收与波长有明显关系，所以不同光波长产生的光生载流子的扩散时间变得与波长有关。在光谱响应范围内，长波长的吸收系数小，入射光可透过 PN 结而达到体内 N 区较深部位，它激发的光生载流子要扩散到 PN 结后才能形成光电流，这一扩散时间限制了对长波长光的频率响应。波长较短的光生载流子大部分产生在 PN 结内，没有体内扩散问题，因而频率响应要好得多。对硅光电二极管来说，由波长不同引起的响应时间可差 $10^2 \sim 10^3$ 倍。为了改善长波长的频率响应，出现了 PIN 硅光电二极管，这将在后面讨论。

（2）耗尽层中的漂移时间 τ_d：为了估计漂移时间的量级，参看图 5-33，图中 x_P 和 x_N 分别表示 P 区和 N 区内耗尽层的宽度，耗尽层的总宽度为

$$W = x_P + x_N \tag{5.6.22}$$

$$x_P = \left(\frac{2\varepsilon U}{eN_a}\right)^{1/2} \tag{5.6.23}$$

$$x_N = \left(\frac{2\varepsilon U}{eN_d}\right)^{1/2} \tag{5.6.24}$$

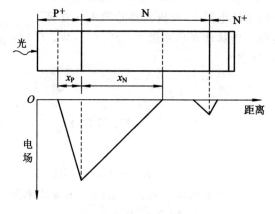

图 5-33　耗尽层的电场分布

式中，ε 为材料介电常数；N_a 和 N_d 分别为材料中受主和施主杂质浓度；U 为偏压。这里假定偏压 U 比零偏内结电压 U_0 高得多，而且是突变结。

为了充分吸收入射光辐射，总是希望 W 比较宽一些。一般都要求

$$W \geqslant \frac{1}{\alpha_\lambda} \tag{5.6.25}$$

式中，α_λ 是波长 λ 的吸收系数，在 W 内由于高电场存在，载流子的漂移速度趋于饱和。实际情况下都满足这个条件，因此可以把载流子的漂移速度用一个固定的饱和速度 v_{sat} 来估算，于是

$$\tau_{dr} = \frac{W}{v_{sat}} \tag{5.6.26}$$

对硅光电二极管，耗尽层中电场取 2000 V/m，载流子饱速度取 10^5 m/s，W 取 5 μm，则 $\tau_{dr} = 5 \times 10^{-11}$ s。

（3）电容效应：由于结区储存电荷变化，光电二极管对外电路显示出一个与电压有关的结电容 C_j。对突变结

$$C_j = \frac{A}{2}\left[\frac{2e\varepsilon}{U_0 - U} \cdot \left(\frac{N_d N_a}{N_d + N_a} \right) \right]^{1/2} \tag{5.6.27}$$

式中，A 是结面积。如果假定 $|U| \geqslant U_0$（U 本身为负值），且对 P^+N 结构，$N_a \gg N_d$，式 (5.6.27) 可以简化为

$$C_j = \frac{A}{2}(2e\varepsilon N_d)^{1/2} \cdot U^{-1/2} \tag{5.6.28}$$

式中，$\varepsilon = \varepsilon_0 \varepsilon_r$。

若 $A = 1$ mm^2，$\varepsilon_r = 11.7$，$N_d = 10^{21}/$m^3，$U = 10$ V，则 $C_j \approx 30$ pF。对实际使用来说，要想得到小的结电容，应尽可能地选取较高的反偏电压。

考虑到光电二极管的电容效应之后，它的高频等效电路如图 5-34 所示。其中图 5-34(a) 是比较完整的等效电路，R_d 是光电二极管的内阻，亦称暗电阻。由于反偏压工作，因此光电二极管等效为一个高内阻的电流源。R_s 是体电阻和电极接触电阻，一般很小。考虑到这两个因素之后，工程计算的简化等效电路如图 5-34(b) 所示。

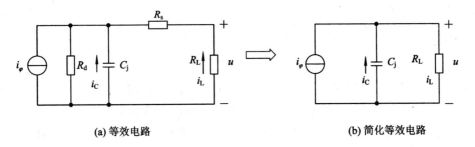

(a) 等效电路   (b) 简化等效电路

图 5-34 光电二极管的高频等效电路

如果入射光功率 $P = P_0 + P_m \sin\omega t$，相应的光电流的交变分量 $i_\varphi = I_\varphi \sin\omega t$，如图 5-34(b) 所示

$$i_\varphi = i_C + i_L = -u\left(i\omega C_j + \frac{1}{R_L} \right) \tag{5.6.29}$$

式中，负号是由于电流和电压的方向相反所引起的。负载电阻 R_L 上的瞬时电压为

$$u = \frac{i_\varphi}{\frac{1}{R_L} + i\omega C_j} = -\frac{i_\varphi R_L}{1 + i\omega R_L C_j} \qquad (5.6.30)$$

电压有效值为

$$U = \sqrt{\overline{u^2}} = \sqrt{u \cdot \overline{u}} = \frac{i_\varphi R_L}{\sqrt{1 + i\omega R_L^2}} \qquad (5.6.31)$$

可见，U 随频率升高而下降。当 U 下降到 $U/2 = 0.707U$ 时，定义 $\omega = \omega_c$，称为高频截止频率。于是

$$f_c = \frac{1}{2\pi R_L C_j} \qquad (5.6.32)$$

通常又定义电路时间常数

$$\tau_c = \frac{0.35}{f_c} \qquad (5.6.33)$$

如果 $C_j = 30$ pF，$R_L = 50$ Ω，那么 $f_c \approx 100$ MHz，$\tau_c = 3.5 \times 10^{-9}$ s。

从上述分析可见，载流子扩散时间和电路时间常数大约同数量级，是决定光电二极管响应速度的主要因素。

5）噪声特性

由于光电二极管常常用于微弱光信号探测，因此了解它的噪声性能是十分必要的。如图 5 - 35 所示是硅光电池二极管的噪声等效电路。对于高频应用，两个主要的噪声源是散粒噪声 $\overline{i_{ns}^2}$ 和电阻热噪声 $\overline{i_{nT}^2}$。

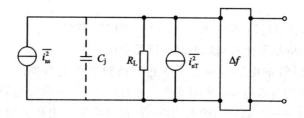

图 5 - 35　光电二极管的噪声等效电路

输出噪声电流的有效值

$$I_n = [\overline{i_{ns}^2} + \overline{i_{nT}^2}]^{1/2} = \left[2e(i_s + i_b + i_d)\Delta f + \frac{4kT\Delta f}{R_L}\right]^{1/2}$$

相应的噪声电压

$$U_n = I_n R_L = [2e(i_s + i_b + i_d)R_L^2\Delta f + 4kTR_L f]^{1/2} \qquad (5.6.34)$$

式中，$i_s + i_b + i_d$ 分别是信号光电流、背景光电流和反向饱和暗电流的平均值。从式(5.6.34)可见，在材料及制造工艺上尽量减小 i_d 并合理选取负载电阻 R_L 是减小噪声的有效途径。

5.6.2　PIN 硅光电二极管

从硅光电二极管的讨论可知，改善其频率响应特性的途径是设法减小载流子扩散时间和结电容。从这个思路出发，人们制成了一种在 P 区和 N 区之间相隔一个本征层（Ⅰ层）的 PIN 光电二极管。PIN 硅光电二极管的结构及管内电场分布如图 5 - 36 所示。从图 5 - 36 可见，本征层首先是个高电场区。这是因为，本征材料的电阻率很高，因此反偏电场主要

集中在这一区域。高的电阻使暗电流明显减小。在这里产生的光生电子-空穴对将立即被电场分离，并进行快速飘移运动。本征层的引入明显地增大了 P^+ 区的耗尽层厚度。这有利于缩短载流子的扩散过程。耗尽层的吸收系数明显减小了结电容 C_j，从而使电路时间常数减小。由于在光谱响应的长波区 Si 材料的吸收系数明显减小，所以耗尽层的加宽还有利于对长波区光辐射的吸收。这样，PIN 结构又提供了较大的灵敏体积，有利于量子效率的改善。

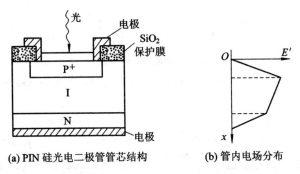

(a) PIN 硅光电二极管管芯结构　　**(b) 管内电场分布**

图 5 - 36　PIN 硅光电二极管管芯结构及管内电场分布

性能良好的 PIN 光电二极管，扩散和漂移时间一般在 10^{-10} s 量级，相当于几千兆赫兹频率响应。因此，实际应用中决定光电二极管频率响应的主要因素是电路时间常数 τ_c。PIN 结构的结电容 C_j 一般可控制在 10 pF 量级，适当加大反偏电压，C_j 还要减小一些。因此，合理选择负载电阻 R_L 是实际应用中的重要问题。

PIN 光电二极管的上述优点，使它在光通信、光雷达以及其他快速光电自动控制领域得到了非常广泛的应用。

5.6.3　雪崩光电二极管(APD)

基于载流子雪崩效应，从而提供电流内增益的光电二极管称为雪崩光电二极管。由于雪崩效应的要求，雪崩二极管必须选用高纯度、高电阻率且均匀性非常好的 Si 或 Ge 单晶材料制造。一般光电二极管的反偏压在几十伏以下，而雪崩光电二极管的反偏压一般在几百伏量级。

Ge - ADP 和 ADP 两种雪崩光电二极管的工作原理如图 5 - 37 所示。其中，图 5 - 37(a)为 Ge - APD 的管芯，它采用 P^+N 结构，在 N 型 Ge 单晶衬底扩散 Zn 做成保护环，注入 B 形成 P^+ 层。图 5 - 37(b)为 Si - APD 管芯，它采用 N^+PNP^+ 结构，用(110)单晶的 π/P^+ 外延片做衬底，通过 B 离子注入形成 P 层，而后经 P 浅扩散构成 N^+ 层。两种 APD 管芯中都存在一个保护环，其目的在于提高雪崩击穿电压。通常耗尽区内的雪崩电场强度大于 10^5 V/cm 量级。雪崩原理(如图 5 - 37(c)所示)如下：进入耗尽区内的光生电子被雪崩电场加速，获得很高的动能。在图 5 - 37(c)中 A 处与晶格上的原子发生冲击、碰撞而使原子电离，产生出新的电子-空穴对。新空穴又被雪崩电场反向加速而获得很高的动能，在途中 E 处再次与晶格上的原子发生碰撞并使原子电离，产生出又一个新电子-空穴对。新生的电子又被雪崩电场反向加速，上述过程反复进行，使 PN 结内的电流急剧增大，这种现象称之为雪崩效应。雪崩光电二极管除了增益特性和噪声特性外，其他特性和光电二极管基本相似。工作电压与增益、噪声性能关系很大。在(100～200) V 之间，倍增因子 M 和电压响应都有一个高台区。随着电压升高，M 明显增大，同时噪声变得明显起来，因此实际应用中，精确控制并稳定工作电压是保证良好工作状态的最重要的条件。一般使用在 $M = 100$ 左右，仍有良好的噪声性能。雪崩光电二极管的噪声主要是散粒噪声和热噪声，噪声电流有效值可以改写为

$$I_n = \left[2e(i_s + i_b + i_d)M^2 F\Delta f + \frac{4kT\Delta f}{R_L} \right]^{1/2} \tag{5.6.35}$$

式中，有

$$F = M\left[1 - \left(1 - \frac{1}{r}\right)\left(\frac{M-1}{M}\right)^2 \right] \tag{5.6.36}$$

式中，F 是附加噪声因子，与光电倍增中的附加噪声因子意义相同；τ 是电子和空穴电离概率之比。对于 Si 材料，$r \approx 50$；对于 Ge 材料，$r \approx 1$。这说明 Si 比 Ge 材料的噪声性能要好。

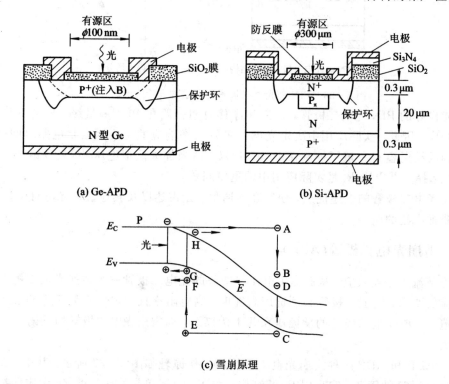

(a) Ge-APD

(b) Si-APD

(c) 雪崩原理

图 5-37　雪崩光电二极管的工作原理

雪崩光电二极管在光纤通信、激光测距以及光纤传感技术中有非常广泛的应用。这是因为，对高速信号来说，使用 PIN 光电二极管时，为保证好的频率特性，通常都把负载电阻取得很小，例如，在匹配高速示波器时，一般要求 $R_L = 50\ \Omega$。这样小的输出的信号电压必然很小，因此，它对前置放大器的要求很高。雪崩光电二极管具有内增益，这大大降低了对前置放大器的要求。

5.6.4　光电三极管

在光电二极管的基础上，为了获得内增益，另外一条途径是利用一般三极管的电流放大特性。这就是用 Ge 或 Si 单晶制造的 NPN 或 PNP 型光电三极管。NPN 型硅光电三极管的结构、使用电路和等效电路如图 5-18 所示。由图可见，B、E、C 分别表示光电三极管的

基极、发射极和集电极，β 表示三极管的放大倍数。光敏面是基区。使用时，管子的基极开路，发射极和集电极之间所加的电压使基极与集电极之间的 PN 结(光电二极管)承受反向电压。光电三极管只引出集电极和发射极。

　　硅光电三极管的结构如图 5-38(a)所示。使用电路如图 5-38(b)所示，基区和集电结区处于反向偏压状态，内电场 E_i 从集电结指向基区。光照基区，产生光电子-空穴对。光生电子在内电场作用下漂移到集电极，空穴留在基区，使基极与发射极间的电位升高(注意到空穴带正电荷)。根据一般三极管原理，基极电位升高，发射极便有大量电子经基极流向集电极，最后形成光电流。光照越强，由此形成的光电流越大。上述作用的等效电路如图 5-38(c)所示。光电三极管等效于一只光电二极管与一只一般三极管的基极、集电极并联。集电极和基极间的光电二极管产生的光电流，输入到共发三极管的基极再得到放大。与一般三极管不同的是，集电极电流(光电流)由集电结上产生的 i_φ 控制。集电结起双重作用：把光信号变成电信号，起光电二极管作用；使光电流再放大，起一般三极管的集电结作用。

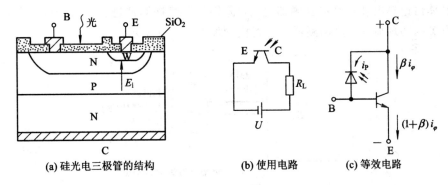

(a) 硅光电三极管的结构　　　　(b) 使用电路　　　　(c) 等效电路

图 5-38　NPN 型硅光电三极管的结构、使用电路和等效电路

　　一般光电三极管只引出 E、C 两个电极，因此体积小，它广泛应用于光电自动控制技术中。也有三个极同时引出的，常用于光信号和电信号的双重控制中，常用的基本电路如图 5-39 所示。其中图 5-39(a)相当于射极跟随器，有光照时，输出高电位；图 5-39(b)相当于共射极电路，无光照时，输出高电位。

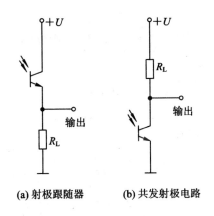

(a) 射极跟随器　　　　　(b) 共发射极电路

图 5-39　常用的两种基本电路

5.7　光热探测器

光能作用在热探测器之后，温度的升高会引起某种物理性质的变化，这种变化与吸收光辐射能量成一定的关系，利用这种光热效应可以做成光热探测器。光热探测器在光电探测中也有重要地位。例如，激光功率和能量的测量，都广泛使用热电和热释电探测器。尤其是热释电探测器，工作时无需冷却亦无需偏压电源，既可以室温工作也可以高温工作，结构简单、使用方便；从近紫外直到远红外的宽广波段有几乎均匀的光谱响应；在较宽的频率和温度范围内有较高的探测度；特别是作为 10.6 μm 的激光探测，有着广阔的发展前景。

5.7.1　热探测器的一般概念

在具体讨论热电和热释电探测器之前，我们先对热探测器进行一般的模型分析，从而建立起有关的物理概念。热探测器的分析模型如图 5-40 所示。

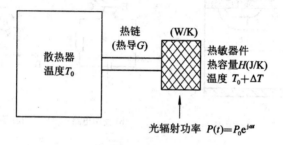

图 5-40　热探测器的分析模型

模型由三部分组成：热敏器件、热链回路和大热容量的散热器。热链回路以热导 G 在散热和热敏器件之间传递热量，它们的热平衡温度为 T_0。当功率为 P 的光辐射照射热敏器件时，假定热敏器件吸收系数为 α，那么在 δt 时间内吸收的热量为 $\alpha P \delta t$，温度变为 $T_0 + \Delta T$，同时热链回路造成的热损耗为 $G \Delta T \delta t$。于是，使热敏器件温度变化的热量方程为

$$H\delta(\Delta T) = \alpha P \delta t - G \Delta T \delta t$$

当 $\delta t \to 0$ 时，则

$$H \frac{d(\Delta T)}{dt} + G \Delta T = \alpha P(t) \tag{5.7.1}$$

式中，H 是热敏器件的热容量。

如果假定 $P(t) = P_0 e^{i\omega t}$，且在热平衡条件下，

$$\Delta T(t) = \Delta T e^{i\omega t} \tag{5.7.2}$$

把式(5.7.2)代入式(5.7.1)，则有

$$\Delta T(t) = \frac{\alpha P_0 e^{i\omega t}}{G + i\omega H}$$

$$\Delta T = \sqrt{\Delta T \cdot \overline{\Delta T}} = \frac{\alpha P_0}{G(1 + \omega^2 \tau_H^2)^{1/2}} \tag{5.7.3}$$

如果用单位功率产生的温度变化表示热敏器件的灵敏度 R_T，则式(5.7.3)改写为

$$R_T = \frac{\Delta T}{P_0} = \frac{\alpha}{\sqrt{G^2 + 4\pi^2 f^2 H^2}} = \frac{\alpha}{G} \frac{1}{\sqrt{1 + 4\pi^2 f^2 \tau_H^2}} \qquad (5.7.4)$$

而

$$\tau_H = \frac{H}{G} \qquad (5.7.5)$$

式中，τ_H 定义为热探测器的时间常数。由式(5.7.5)我们可以看出，高的热灵敏度，要求尽量小的 H 和 G。所以热探测器的热敏器件一般做成小面积的薄片形状(尽量采用小的支架，以减小 G)。同时还可以看出，好的频率响应要求

$$f \ll \frac{1}{2\pi \tau_H} \qquad (5.7.6)$$

在 H 已经很小的情况下，G 又不可能做得太小，因此 τ_H 变得较长，实际上，τ_H 值在毫秒至秒级之间。所以热探测器一般是慢响应探测器。

与光电探测器由于噪声影响而具有最小可探测功率的概念一样，热探测器也由于温度起伏而具有最小可探测功率。这个温度起伏来源于热敏器件与周围热链回路热交换过程的随机起伏。如果对热敏器件去掉支架，只考虑由于热辐射而产生的热交换，可以估计一下理想热探测器的最小可探测功率。

由斯蒂芬－玻耳兹曼定律可知，温度为 T，面积为 A，发射率为 ε 的热探测器热敏器件向外辐射的总功率为

$$P = A\varepsilon\sigma T^4 \qquad (5.7.7)$$

式中，σ 为斯蒂芬-玻耳兹曼常数。当温度从 T 变为 $T+\Delta T$ 时

$$\Delta P = 4A\varepsilon\sigma T^3 \Delta T \qquad (5.7.8)$$

于是由于热辐射而造成的辐射热导

$$G_R = \frac{\Delta P}{\Delta T} = 4A\varepsilon\sigma T^3 \qquad (5.7.9)$$

人们已经证明，在频带 Δf 中由于辐射热导决定的热起伏功率(即热噪声功率)为

$$P_T = (4kT^2 G_R \Delta f)^{1/2} \qquad (5.7.10)$$

把式(5.7.9)代入式(5.7.10)

$$P_T = 4(A\varepsilon\sigma kT^5 \Delta f)^{1/2} \qquad (5.7.11)$$

若取 $\varepsilon=1$，$A=100~\text{mm}^2$，$\Delta f=1~\text{Hz}$，$T=300~\text{K}$，且 $\sigma=5.67\times10^{-12}~\text{J/cm}^2 \cdot \text{K}^4$，$k=1.38\times10^{-23}~\text{J/K}$，则从式(5.7.11)估计的最小可探测光功率为 $5\times10^{-11}~\text{W}$。

5.7.2　热敏电阻

由 Mn、Ni、C_0、C_U 的氧化物或 Ge、Si、InSb 等半导体材料做成的电阻器，其阻值随温度而变化，称为热敏电阻。很显然，电阻的变化将引起回路电流或电压的变化。这样，回路电流或电压的变化量将反映温度的变化。电阻随温度变化的规律是

$$\Delta R = \alpha_T \Delta T \cdot R \qquad (5.7.12)$$

即

$$\alpha_T = \frac{\Delta R}{R \Delta T} \qquad (5.7.13)$$

式中，α_T 为热敏电阻的温度系数。$\alpha_T > 0$ 称为正温度系数；$\alpha_T < 0$ 称为负温度系数。将式(5.7.3)代入式(5.7.12)，有

$$\Delta R = \alpha_{\mathrm{T}} R \frac{\alpha P_0}{G \sqrt{1 + \omega^2 \tau_{\mathrm{H}}^2}} \qquad (5.7.14)$$

5.7.3 热释电探测器

利用热释电效应制成的探测器称为热释电探测器。在 5.1 节中已经指出，热释电探测器是一个交流响应器件，它的短路热释电流为

$$i = A\beta \frac{\mathrm{d}T}{\mathrm{d}t} \qquad (5.7.15)$$

式中，A 是热电晶体极板面积；$\beta = \mathrm{d}P_\mathrm{s}/\mathrm{d}T$，它是热电系数，热释电流正比于温度的时变率。

1. 电压灵敏度 R_U

热释电探测器的连接和等效电路如图 5 - 41 所示。因为它相当一个电容器，热电材料又是绝缘体，所以其直流内阻很高(大于 10^{10} Ω)，等效电路中忽略了它的作用，回路电阻主要由负载电阻 R_L 决定。

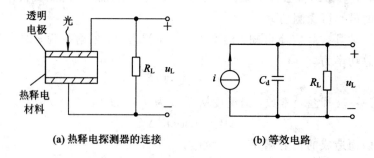

(a) 热释电探测器的连接　　　　　(b) 等效电路

图 5 - 41　热释电探测器的连接和等效电路

由等效回路，输出电压的瞬时值为

$$u_\mathrm{L} = \frac{i}{\dfrac{1}{R_\mathrm{L}} + \mathrm{i}\omega C_\mathrm{d}} \qquad (5.7.16)$$

有效值为

$$U_\mathrm{L} = \sqrt{U_\mathrm{L} U_\mathrm{L}^*} = \frac{R_\mathrm{L} \sqrt{i \cdot \bar{i}}}{\sqrt{1 + \omega^2 \tau_\mathrm{c}^2}} \qquad (5.7.17)$$

式中，$\tau_\mathrm{c} = R_\mathrm{L} C_\mathrm{d}$。

如果令温度变化规律为

$$T = \Delta T_0 + \Delta T \mathrm{e}^{\mathrm{i}\omega t}$$

那么

$$\frac{\mathrm{d}T}{\mathrm{d}t} = \mathrm{i}\omega \Delta T \mathrm{e}^{\mathrm{i}\omega t} \qquad (5.7.18)$$

把式(5.7.18)代入式(5.7.15)

$$i = A\beta(\mathrm{i}\omega \Delta T \mathrm{e}^{\mathrm{i}\omega t}) \qquad (5.7.19)$$

把式(5.7.19)代入式(5.7.17)

$$U_\text{L} = \frac{A\beta\omega R_\text{L}\Delta T}{\sqrt{1 + \omega^2\tau_\text{c}^2}} \qquad (5.7.20)$$

再代入式(5.7.3),最后有

$$U_\text{L} = \frac{A\beta\omega R_\text{L}\alpha P_0}{G\cdot\sqrt{1 + \omega^2\tau_\text{c}^2}\cdot\sqrt{1 + \omega^2\tau_\text{H}^2}} \qquad (5.7.21)$$

电压灵敏度

$$R_\text{U} = \frac{U_\text{L}}{P_0} = \frac{A\beta\omega R_\text{L}\alpha}{G\cdot\sqrt{1 + \omega^2\tau_\text{c}^2}\cdot\sqrt{1 + \omega^2\tau_\text{H}^2}} \qquad (5.7.22)$$

从式(5.7.22)可知,当 ω 很低时,$R_\text{U} = \alpha\omega$。这正是热释电探测器交流响应的反映。当频率较高时,因为 τ_c 和 τ_H 一般为(0.1~10) s 量级,故 $\omega T_\text{c}\gg1$,$\omega\tau_\text{H}\gg1$ 容易满足。这时式(5.7.22)近似为

$$R_\text{U} = \frac{A\beta\alpha}{\omega C_\text{d}H} \qquad (5.7.23)$$

该式说明,减小探测器的电容和热容量 H 有利于探测器的高频响应。

2. 阻抗特性

热释电探测器是一种高阻抗、低噪声的电容性器件。这就要求跟随它的前置放大器具有高输入阻抗、低输入电容和低噪声的特性。结型场效应管(JFET)阻抗高,噪声小,是制作热释电探测器前置放大器的理想器件。

图 5-42 所示是 JFET 常用的一种连接方法,R_L 一般很大($\approx10^9\ \Omega$),所以 JFET 又相当于一个阻抗变换器,图 5-42 中所示的输出阻抗就是 R。

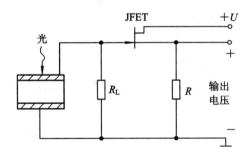

图 5-42 JFET 阻抗变换器

3. 热释电材料举例

发展最早、工艺也最成熟的热释电材料是硫酸三甘肽(TGS),它的 D^* 值较高(2.5×10^8 cm·$Hz^{1/2}$/W),但居里温度低($T_\text{c} = 49℃$),因此承受强光的能力差。它是一种水溶性晶体,物理化学性能不太理想,且有自发退化倾向,通过适当的掺杂技术可以克服这一缺点。以后逐渐发展的有:铌酸锶钡(SBN)、钽酸锂(PT)、钛酸铅陶瓷(PT)和钛酸锆酸铅陶瓷(PZT)等热释电材料。SBN 在大气中性能稳定,热电系数大,响应速度快($\tau<1$ ns)。在光通信、雷达技术中有使用前景。

PT 和 LT 材料的居里温度高,响应动态范围大,损伤阈值高,不易烧坏。因此在激光能量测量和激光外差探测以及涉及强光的测量中有重要应用价值。

5.8 直接探测技术

大家已经知道，光电探测器的基本功能就是把入射到探测器上的光功率转换为相应的光电流。即

$$i(t) = \frac{e\eta}{h\nu}P(t)$$

光电流 $i(t)$ 是光电探测器对入射光功率 $P(t)$ 的响应，当然光电流随时间的变化也就反映了光功率随时间的变化。因此，只要待传递的信息表现为光功率的变化，利用光电探测器的这种直接光电转换功能就能实现信息的解调。这种探测方式通常称为直接探测。因为光电流实际上是相应于光功率的包络变化，所以直接探测方式也常常叫做包络探测或非相干探测。

与无线电波一样，评价光探测系统性能的判据也是信噪比（SNR）。它定义为信号功率和噪声功率之比。若信号功率用符号 S 表示，噪声功率用 N 表示，则

$$\mathrm{SNR} = \frac{S}{N}$$

下面将以信噪比作为系统性能的判据，分析直接探测系统的工作特性、作用原理以及有关的一些基本问题。

5.8.1 光电探测器的平方律特性

假定入射信号光的电场 $e_s(t) = E_s \cos \omega_s t$ 是等幅正弦变化，这里 ω_s 是光频率。因为光功率 $P_s(t) \propto e_s^2(t)$，所以有光电探测器的光电转换定律

$$i_s(t) = \alpha \overline{e_s^2}(t) \tag{5.8.1}$$

式中，$e_s^2(t)$ 上的短划线表示时间平均。这是因为光电探测器的响应时间远远大于光频变化周期，所以光电转换过程实际上是对光场变化的时间积分响应。把正弦变化的光电场代入式（5.8.1），得

$$i_s = \frac{1}{2}\alpha E_s^2 = \alpha P_s \tag{5.8.2}$$

式中，P_s 是入射信号光的平均功率。若探测器的负载电阻是 R_L，那么，光电探测器的电输出功率为

$$P_e = i_s^2 R_L = \alpha^2 R_L P_s^2 \tag{5.8.3}$$

式（5.8.3）说明，探测器的电输出功率正比于入射光功率的平方。因此，应该建立这样的观念：光电探测器的平方律特性包含两层含义：其一是光电流正比于光电场振幅的平方；其二是电输出功率又正比于入射光功率的平方。如果入射光电场是调幅波，有

$$e_s(t) = E_s[1 + kU(t)]\cos \omega_s t$$

那么

$$i_s(t) = \frac{1}{2}\alpha E_s^2 + \alpha E_s^2 kU(t) \tag{5.8.4}$$

若探测器输出端有隔直流电容，则输出光电流中只包含式（5.8.4）中的第二项，这就是所谓的包络探测。

5.8.2　信噪比性能分析

设输入光电探测器的光信号功率为 s_i、噪声功率为 n_i，光电探测器的输出电功率为 s_o，输出噪声功率为 n_o，则总的输入功率为 $(s_i + n_i)$，总的输出电功率为 $(s_o + n_o)$。由光电探测器的平方律特性有

$$s_o + n_o = k(s_i + n_i)^2 = k(s_i^2 + 2s_i n_i + n_i^2) \tag{5.8.5}$$

考虑到信号和噪声的独立性，应有

$$s_o = k s_i^2 \tag{5.8.6}$$

$$n_o = k(2s_i n_i + n_i^2) \tag{5.8.7}$$

根据信噪比的定义，输出信噪比为

$$(\text{SNR})_o = \frac{s_o}{n_o} = \frac{s_i^2}{2s_i n_i + n_i^2} = \frac{(s_i/n_i)^2}{1 + 2(s_i + n_i)} \tag{5.8.8}$$

从式(5.8.8)可以得出如下结论：

① 若 $s_i/n_i \ll 1$，则有

$$\frac{s_o}{n_o} \approx \left(\frac{s_i}{n_i}\right)^2 \tag{5.8.9}$$

输出信噪比近似等于输入信噪比的平方。这说明，直接探测方式不适宜于输入信噪比小于 1 或者微弱信号的探测。

② 若 $\dfrac{s_i}{n_i} \gg 1$，则

$$\frac{s_o}{n_o} \approx \frac{1}{2}\left(\frac{s_i}{n_i}\right) \tag{5.8.10}$$

这时输出信噪比等于输入信噪比的一半，光电转换后的信噪比损失不大，实用中完全可以接受。所以，直接探测方式最适宜于强度信号探测。因为它的实现十分简单，可靠性又好，所以有十分广泛的应用。

5.8.3　直接探测系统的 NEP 分析

具有内增益的光电探测器的电输出功率由式(5.8.3)可以写为

$$P_e = M^2 i_s^2 R_L = M^2 \alpha^2 P_s^2 R_L \tag{5.8.11}$$

而

$$\alpha = \frac{e\eta}{h\nu} \tag{5.8.12}$$

而输出噪声功率

$$P_n = (\overline{i_{ns}^2} + \overline{i_{nb}^2} + \overline{i_{nd}^2} + \overline{i_{nT}^2})R_L \tag{5.8.13}$$

式中，$\overline{i_{ns}^2}$、$\overline{i_{nb}^2}$、$\overline{i_{nd}^2}$、$\overline{i_{nT}^2}$ 分别是信号光电流、背景光电流、暗漏电流、电阻温度产生的噪声功率谱。它们分别可以表示为

$$\overline{i_{ns}^2} = 2e M^2 i_s \Delta f \tag{5.8.14}$$

$$\overline{i_{nb}^2} = 2e M^2 i_b \Delta f \tag{5.8.15}$$

$$\overline{i_{nd}^2} = 2e M^2 i_d \Delta f \tag{5.8.16}$$

$$\overline{i_{nT}^2} = \frac{4kT\Delta f}{R_L} \qquad (5.8.17)$$

以上诸式适用于光电倍增管；对光电二极管，$M=1$，对光电导探测器，式(5.8.14)～式(5.8.16)前面的系数 2 应改为 4。其中

$$i_s = \alpha P_s \qquad (5.8.18)$$

$$i_b = \alpha P_b \qquad (5.8.19)$$

式中，P_b 是指背景杂散光功率。

按照输出信噪比的定义，有

$$\frac{s_o}{n_o} = \frac{M^2 \alpha^2 P_s^2}{\overline{i_{ns}^2} + \overline{i_{nb}^2} + \overline{i_{nd}^2} + \overline{i_{nT}^2}} \qquad (5.8.20)$$

当 $s_o/n_o = 1$ 时，光信号功率是探测系统的 NEP，所以有

$$\mathrm{NEP} = \frac{1}{M \cdot \alpha}(\overline{i_{ns}^2} + \overline{i_{nb}^2} + \overline{i_{nd}^2} + \overline{i_{nT}^2})^{1/2}$$

$$= \frac{1}{M \cdot \alpha}\Big[2eM^2\Delta f(i_s + i_b + i_d) + \frac{4kT\Delta f}{R_L}\Big]^{1/2} \qquad (5.8.21)$$

式中，方括号内第一项为散粒噪声，第二项为热噪声。从式(5.8.21)出发，按照每一种噪声对总噪声贡献的相对大小，直接探测方式的工作状态有如下四种可能：

1. 热噪声优势

当 $\overline{i_{nT}^2} \gg \overline{i_{ns}^2} + \overline{i_{nb}^2} + \overline{i_{nd}^2}$ 时，热噪声起主要作用，称为热噪声优势。一般说来，光电二极管由于 $M=1$，在比较弱的光信号时，可以认为是处在这种工作状态，此时

$$\mathrm{NEP} = \frac{1}{M \cdot \alpha}\Big(\frac{4kT\Delta f}{R_L}\Big)^{1/2} \qquad (5.8.22)$$

若以 $\eta = 50\%$，$T = 300\ \mathrm{K}$，$R_L = 1\ \mathrm{k\Omega}$，$\Delta f = 1\ \mathrm{Hz}$，$\lambda = 1.06\ \mu\mathrm{m}$ 估算，NEP $\approx 0.92 \times 10^{-11}\ \mathrm{W}$。

2. 散粒噪声优势

当 $\overline{i_{nT}^2} \ll \overline{i_{ns}^2} + \overline{i_{nb}^2} + \overline{i_{nd}^2}$ 时，散粒噪声的主要作用称为散粒噪声优势。因为光电倍增管的增益 M 很高，因此一般有可能工作于这种状态，此时

$$\mathrm{NEP} = \frac{1}{\alpha}\Big[(2e\Delta f(i_s + i_b + i_d))\Big]^{1/2} \qquad (5.8.23)$$

为了简单，令 $i_s = i_b = i_d$，所以

$$\mathrm{NEP} = \frac{1}{\alpha}\Big[6e\Delta f i_d\Big]^{1/2} \qquad (5.8.24)$$

若以 $i_d = 10^{-12}\ \mathrm{A}$，$\Delta f = 1\ \mathrm{Hz}$，$\eta = 4 \times 10^{-4}$，$\lambda = 1.06\ \mu\mathrm{m}$ 估计，NEP $= 0.28 \times 10^{-11}\ \mathrm{W}$。

3. 散粒噪声和热噪声相当

散粒噪声和热噪声相当，在这种情况下，$\overline{i_{nT}^2} \approx \overline{i_{ns}^2} + \overline{i_{nb}^2} + \overline{i_{nd}^2}$。雪崩光电二极管的 M 大约为几百的数量级。因此，有可能工作在这种状态，此时

$$\mathrm{NEP} = \frac{1}{M \cdot \alpha}\Big(\frac{8kT\Delta f}{R_L}\Big)^{1/2} \qquad (5.8.25)$$

若以 $M = 100$，$\eta = 50\%$，$T = 300\ \mathrm{K}$，$R_L = 1\ \mathrm{k\Omega}$，$\Delta f = 1\ \mathrm{Hz}$，$\alpha = 1.06\ \mu\mathrm{m}$ 估计，NEP $\approx$

1.3×10^{-13} W。

4. 信号噪声极限

信号噪声极限是直接探测方式最理想的工作状态，其他噪声均不考虑，只存在光信号噪声，此时

$$\left(\frac{s_o}{n_o}\right) = \frac{P_e}{P_n} = \frac{\alpha P_s}{2e\Delta f} \tag{5.8.26}$$

所以

$$\text{NEP} = \frac{2h\nu\Delta f}{\eta} \tag{5.8.27}$$

若以 $\lambda = 1.06~\mu m$，$\eta = 50\%$，$\Delta f = 1$ Hz 估算，NEP$\approx 7.5 \times 10^{-22}$ W。这个结果意味着什么呢？当 1.06 μm 时，$h\nu = 18.7 \times 10^{-22}$ J。可见它已接近单光子接收灵敏度。然而这种情况实际上是很难实现的。一方面，任意光电探测器不可能没有噪声；另外，要满足信号噪声极限条件，信号光强必须大才行。因此，这个结果只能理解为直接探测方式的理想工作状态。

5.9　光频外差探测技术

光频外差探测的原理和无线电波外差接收原理是完全一样的。无线电波的相干性很好，以致在讨论外差接收时无须担心两列无线电波的相干问题。对普通光波来说，由于相干性差，不能产生外差效应。但激光的出现以及激光技术的发展，使可用光波的相干性获得了明显的改进，使光频外差探测得以实现。

光频外差探测所用的探测器，只要光谱响应和频率响应合适，原则上和直接探测所用的光电探测器相同。光频外差探测基于两束光波在光电探测器光敏面上的相干效应，所以光频外差探测也常常称为光波的相干探测。

5.9.1　光频外差探测的实验装置

在说明光频外差探测的基本原理之前，先看一个具体的实验装置，即光频外差多普勒测速的原理装置，如图 5 - 43 所示。

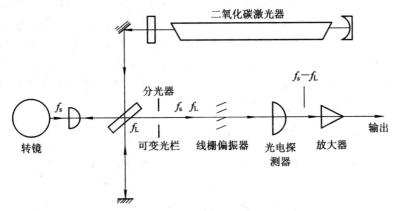

图 5 - 43　光频外差多普勒测速的原理装置

从稳频二氧化碳激光器输出的一束激光（波长 λ 为 10.6 μm，光频率为 $f_L = c/\lambda$ Hz）经分光器分为两束：一束经固定反射器反射之后，再经分光器射向光电探测器，其频率仍为 f_L，并称为本机振荡光束；另一束经偏心轮反射镜反射，由于多普勒效应频率变为 f_s，称为信号光束。信号光束经分光器也射向光电探测器。在两束光射向光电探测器的路径上，设置可变光栏和线栅偏振器。前者的作用是限制两光束射向光电探测器的空间方向；后者的作用是使两光束以相同的偏振方向落在光电探测器上。这样，沿同一方向而且偏振方向相同的两条光束就垂直地入射到光电探测器的光敏面上。

由于这两束光满足相干条件，在光敏面必然发生干涉（无线电中称为混频，现在称为光混频），光电探测器只响应频差 $(f_s - f_L)$ 分量，亦称为中频 f_{IF}，于是输出差频分量的光电流，再经过放大和信号处理，可测出 $f_{IF} = f_s - f_L$ 的值。因为 f_L 是已知的，所以测出 f_{IF} 也就等于知道了 f_s，即可算出偏心轮上反射的光束的运动速度。

5.9.2 光频外差原理

由上述实验装置可知，光频外差必须有两束满足相干条件的光束。假定同方向到达且同偏振方向的信号光束和本机振荡光束的电场分别为

$$e_s(t) = E_s \cos(\omega_s t + \varphi_s) \tag{5.9.1}$$

$$e_L(t) = E_L \cos(\omega_L t + \varphi_L) \tag{5.9.2}$$

由光电探测器的平方律特性，其输出光电流为

$$I = \alpha \overline{[e_s(t) + e_L(t)]^2} \tag{5.9.3}$$

式中，方括号上的横线表示在几个光频周期上的时间平均值，α 为比例系数。由于光电探测器响应时间有限，因而光电转换过程是一个时间平均过程。

将式(5.9.1)和式(5.9.2)代入式(5.9.3)，并经展开得到

$$I = \alpha\left\{ \overline{E_s^2 \cos^2(\omega_s t + \varphi_s)} + \overline{E_L^2 \cos^2(\omega_L t + \varphi_L)} \right.$$
$$+ \overline{E_s E_L \cos[(\omega_s - \omega_L)t + (\varphi_s - \varphi_L)]}$$
$$\left. + \overline{E_s E_L \cos[(\omega_s + \omega_L)t + (\varphi_s + \varphi_L)]} \right\} \tag{5.9.4}$$

式中，现有四项，对应于四个频率成分。考虑到光电探测器的物理过程，前两项是功率项，ω_s、ω_L 都是极高的光频。这两项是光谱响应项，它们给出两个直流分量。后面两项和前面两项有本质的不同，它们的分辨率是光功率的时变项，相应于探测器的频率响应，不再是光谱响应，又由于 $(\omega_s + \omega_L)$ 太高，光电探测器根本不响应，也就是说，这部分光波成分与探测器不发生相互作用。差频项 $\omega_{IF} = \omega_s - \omega_L$ 相对于 $\omega_s + \omega_L$ 来说是个变化慢的功率分量，只要 $\omega_{IF} = \omega_s - \omega_L$ 小于光电探测器的截止响应频率 f_c。那么探测器就有相应的光电流输出。从数学运算和上述物理过程考虑，式(5.9.4)变为

$$i = \alpha\left\{ \frac{E_s^2}{2} + \frac{E_L^2}{2} + E_s E_L \cos[\omega_{IF} t + (\varphi_s - \varphi_L)] \right\} \tag{5.9.5}$$

这个光电流经过有限宽带的中频（ω_{IF}）放大器，直流项被滤除；最后只剩下中频交流分量

$$i_{IF} = \alpha E_s E_L \cos[\omega_{IF} t + (\varphi_s - \varphi_L)] \tag{5.9.6}$$

这个结果首先告诉我们，光频外差探测是一种全息探测技术。在直流探测中，只响应光功率的时变信息，而在光频外差探测中，光频电场的振幅 E_s、频率 $\omega_s = \omega_{IF} + \omega_L$（$\omega_L$ 是已

知的，ω_{IF} 是可以测量的）、相位 φ_0 所携带的信息均可被探测出来。也就是说，一个振幅调制、频率调制以及相位调制的光波所携带的信息，通过光频外差探测方式均可实现调解。这无疑是直接探测方式所不能比拟的，但它比直接探测方式的实现要困难和复杂得多。若 $\omega_s = \omega_L$，即信息光频率和本振光频率相等，则式（5.9.6）就变为

$$i(t) = \alpha E_s E_L \cos(\varphi_s - \varphi_L) \tag{5.9.7}$$

这是光频外差探测的一种特殊形式，称为零拍探测，也有广泛应用。

实际上，不管是差拍还是零拍光频外差探测，要实现某一信息解调，保证本振光束的频率和位相的高度稳定是十分重要的。激光信号已经能比较好地保证这一条件，所以激光外差探测得到了很快的发展。

5.9.3　光频外差探测的基本特性

从式（5.9.6）出发，可以看出光频外差探测具有如下一些优点：

1. 转换增益高

信号光功率，本振光功率与相应电场振幅的关系为

$$P_s = \frac{1}{2} E_s^2 \tag{5.9.8}$$

$$P_L = \frac{1}{2} E_L^2 \tag{5.9.9}$$

而中频电流输出对应的电功率为

$$P_{\text{IF}} = i_{\text{IF}}^2 R_L \tag{5.9.10}$$

式中，R_L 是光电探测器的负载电阻。把式（5.9.6）代入式（5.9.10），并利用式（5.9.8）和式（5.9.9）有

$$P_{\text{IF}} = 4\alpha^2 P_s P_L \cos^2[\omega_{\text{IF}} t + (\phi_s - \phi_L)] \cdot R_L = 2\alpha^2 P_s P_L R_L \tag{5.9.11}$$

在直接探测中，探测器输出的电功率

$$P_L = i_s^2 R_L = \alpha^2 P_s^2 R_L \tag{5.9.12}$$

在两种情况下，都假定负载电阻为 R_L。

从物理过程的观点看，直接探测是光功率包络变换的检波过程；而光频外差探测的光电转换过程不是检波过程，而是一种"转换"过程。即把以 ω_s 为载频的光频信息转换到以 ω_{IF} 为载频的中频电流上，从式（5.9.6）可见，这一"转换"是本机振荡光波的作用。它使光外差探测天然地具有一种转换增益。

为衡量这种转换增益的量值，我们以直接探测为基准加以描述。为此令

$$G = \frac{P_{\text{IF}}}{P_s} \tag{5.9.13}$$

代入式（5.9.11）和式（5.9.12），得

$$G = \frac{2P_L}{P_s} \tag{5.9.14}$$

通常 $P_L \gg P_s$，因此，$G \gg 1$。显然，G 的大小和 P_s 的量值关系很大。例如假定 $P_L = 0.5 \text{ mW}$，那么在不同的 R_s 值下，G 值将发生明显变化。列举数值如表 5-3 所示。

表 5 - 3　当 P_s 不同时 G 的变化

P_s/W	10^{-3}	10^{-4}	10^{-5}	10^{-6}	10^{-7}	10^{-8}	10^{-9}	10^{-10}	10^{-11}
G	1	10	10^2	10^3	10^4	10^5	10^6	10^7	10^8

从表 5 - 3 这些数值举例中可以看出，在强光信号下，外差探测并没有多少好处；在微弱光信号下，外差探测器表现出十分高的转换增益。例如，在 $P_s = (10^{-10} \sim 10^{-11})$ W 量级时，$G = 10^7 \sim 10^8$。也就是说，外差探测的灵敏度比直接探测高 $10^7 \sim 10^8$ 量级。所以可以说，光外差探测方式具有探测微弱信号的能力。

2. 良好的滤波性能

在直接探测中，为了抑制杂散背景光的干扰，都是在探测器前加置窄带滤光片。例如，滤光片的带宽为 1 nm(这已经是十分优良的滤光片了)，即 $\Delta\lambda = 1$ nm。它相应的频带宽度(以 $\lambda = 10.6$ μm 估计)为

$$\Delta f_{滤} = \frac{c}{\lambda^2}\Delta\lambda = 3 \times 10^9 \text{ Hz} \tag{5.9.15}$$

显然，这仍然是一个十分宽的频带。

在外差探测中，情况发生了根本变化。如果取差频宽度作为信息处理器的通频带 Δf，即

$$\Delta f_{IF} = \frac{\omega_s - \omega_L}{2\pi} = f_s - f_L \tag{5.9.16}$$

显然，只有与本振光束混频后仍在此频带内的杂散背景光才可以进入系统，而其他杂散光所形成的噪声均被中频放大器滤除掉。因此，在光频外差探测中，不加滤光片的直接探测系统也比加滤光片的接收带宽窄。下面举一个数值例子。

10.6 μm 外差测速装置，当运动目标沿光方向的速度 $v = 10$ m/s 时，信号回波的多普勒频率为

$$f_s = f_L\left(1 + \frac{2v}{c}\right) \tag{5.9.17}$$

式中，c 为光速。若目标沿光方向运动，式中取"＋"号，那么

$$f_s - f_L = \Delta f_{IF} = \frac{2v}{\lambda_L} = 2.0 \times 10^6 \text{ Hz} \tag{5.9.18}$$

两种情况对比

$$\frac{\Delta f_{滤}}{\Delta f_{IF}} = 1.5 \times 10^3$$

可见，外差探测对背景光有良好的滤波性能。

3. 良好的空间和偏振鉴别能力

信号光和本振光必须沿同方向射向光电探测器，而且要保持相同的偏振方向。这就意味着，光频外差探测装置本身就具备了对探测光方向的高度鉴别能力和对探测光偏振方向的鉴别能力。因为这个问题比较复杂，将在稍后面的一节中具体讨论。

4. 信噪比损失小

假定在理想情况下，本振光束是纯正弦形式，不引入噪声。令输入端信号场、噪声场

以及本振场分别用符号 s_i、n_i、r 表示，则入射到光电探测器面上的总输入场可写为

$$e_i = s_i + n_i + r \qquad (5.9.19)$$

根据探测器的平方律特性，输出信号则为

$$e_o = s_o + n_o = \alpha e_i^2 = \alpha(s_i + n_i)^2 + 2\alpha r(s_i + n_i) + \alpha r^2 \qquad (5.9.20)$$

在这三项当中：由于 αr^2 项是直流项，因此第一项较之第二项可以忽略。只有第二项可以通过中频放大器，因而式(5.9.20)变为

$$s_o + n_o = 2\alpha r(s_i + n_i) \qquad (5.9.21)$$

因此可得输出信噪比

$$\left(\frac{s}{n}\right)_o = \left(\frac{s}{n}\right)_i \qquad (5.9.22)$$

这说明，在理想条件下，外差探测对输入信号和噪声均放大相同的倍数，因而没有信噪比损失。如果与直接探测情况相比较，就会发现：在 $(s_i/n_i) \ll 1$ 时，即弱信号条件时，外差探测有高得多的灵敏度；但在 $(s_i/n_i) \gg 1$ 时，即在强信号条件下，外差探测比直接探测的信噪比仅高 1 倍。考虑到系统的复杂性，在这种情况下采用直接探测更为有利。如果计入本振噪声，可以证明

$$\left(\frac{s}{n}\right)_o = \frac{s_i}{r_n + n_i} \qquad (5.9.23)$$

这个结果说明，如果本振光含有噪声，输出信噪比就要降低。因此制作出高质量的本振激光器对外差探测十分重要。从转换增益考虑，希望本振光要强，而强的本振光又使 r_n 增大，使信噪比降低。另外过强的本振光还会使光电探测器受到损坏。一般说，转换增益对本振光功率提出了最低要求，而探测器的损坏阈值和信噪比要求限制了本振光功率的上限。

5. 光电探测器的外差探测极限灵敏度

在外差探测情况下，光电探测器的噪声功率

$$P_n = 2M^2 e[\alpha(P_L + P_s + P_b) + i_d]\Delta f_{IF} R_L + 4kT \Delta f_{IF} R_L \qquad (5.9.24)$$

式中，第一项是散粒噪声；第二项为热噪声。本振功率的引入将使本振散粒噪声大大超过热噪声及其他散粒噪声，所以式(5.9.24)可近似为

$$P_n = 2M^2 e\alpha P_L \Delta f_{IF} R_L \qquad (5.9.25)$$

由式(5.9.11)可知外差探测中频电功率输出为

$$P_{IF} = 2\alpha^2 P_L P_s M^2 R_L \qquad (5.9.26)$$

由式(5.9.25)和式(5.9.26)可求得输出功率信噪比为

$$\left(\frac{s}{n}\right)_{IF} = \frac{P_{IF}}{P_n} = \frac{\eta P_s}{h\nu \Delta f_{IF}} \qquad (5.9.27)$$

根据的定义，外差探测的极限灵敏度为

$$(NEP)_{IF} = \frac{h\nu \Delta f_{IF}}{\eta} \qquad (5.9.28)$$

在直接探测中，信号噪声极限下的 NEP 为

$$(NEP)_{直接} = \frac{2h\nu \Delta f_{IF}}{\eta} \qquad (5.9.29)$$

从形式上看，式（5.9.28）和式（5.9.29）十分相似。但是，因为 $\Delta f_{IF} \ll \Delta f$，所以 $(NEP)_{IF} \ll (NEP)_{直接}$。光频光差中的本振光束不仅给信号光束提供了转换增益，而且还有清除探测器内部噪声的作用。当然，前提是高质量的本振光束的获得。

5.9.4 光频外差探测的空间相位条件

考察光频外差的基本关系式

$$i_{IF} = aE_s E_L \cos[\omega_{IF}t + (\phi_s - \phi_L)]$$

不难发现，该式成立的条件是信号光波和本振光波的波前在整个探测器灵敏面上必须保持相同的相位关系。因为光波波长通常比光电探测器光混频面积小得多，所以光混频本质上是个分布问题，即总的中频电流等于混频面上每一微分面元所产生的中频微分电流之和。显然，只有当这些中频微分电流保持相同的相位关系时，总的中频电流才达到最大。所以说信号光波和本振光波的波前在整个光混频面上必须保持相同的相位关系。光外差探测只有在下列条件下才可能得到满足：

（1）信号光波和本振光波必须具有相同的模式结构，这意味着所用激光器应为单频基模运转。

（2）信号光和本振光在光混频面上必须相互重合，为了提供最大信噪比，它们的光斑直径最好相等。因为不重合的部分对中频信号无贡献，只贡献噪声。

（3）信号光波和本振光波的能流矢量必须尽可能保持同一方向，这意味着两束光必须保持空间上的角准直。

（4）在角准直，即传播方向一致的情况下，两光束的波前必须曲率匹配，也就是说或者都是平面，或者有相同曲率的曲面。

（5）在上述条件都得到满足时，有效的光混频还要求两光波必须同偏振，因为在光混频面上它们是矢量相加。

上述要求无疑使光频外差关系复杂化。但实验证明，在较长的中红外波段（在这个波段已有光电探测器可用，如光伏碲镉汞探测器），上述条件并不难满足。条件（1）、（2）、（4）、（5）是十分明显的，现在着重讨论一下条件（3）。

1）信号光束和本振光束不平行

为了简化分析，假定不平行的两光束有一束垂直探测器表面，分析模型如图 5-44 所示。

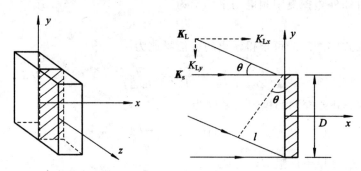

图 5-44 两束光不平行的分析模型

由图 5 - 44 所示的坐标关系，可以写出探测器表面上的信号和本振光波的电场分别为

$$e_s(\boldsymbol{r}, t) = E_s \cos(\omega_s t - \boldsymbol{K}_s \cdot \boldsymbol{r}) \tag{5.9.30}$$

$$e_L(\boldsymbol{r}, t) = E_L \cos(\omega_L t - \boldsymbol{K}_L \cdot \boldsymbol{r}) \tag{5.9.31}$$

式中，假定光波在 z 方向均匀，且 $\boldsymbol{r} = x\boldsymbol{i} + y\boldsymbol{j}$，$\boldsymbol{i}$、$\boldsymbol{j}$ 为 x 与 y 方向的单位矢量。在探测器面上 $x = 0$，则有

$$e_s = E_s \cos\omega_s t \tag{5.9.32}$$

$$e_L = E_L \cos(\omega_L t + \boldsymbol{K}_L \sin\theta \cdot y) \tag{5.9.33}$$

在 $(0, y)$ 点上的中频电流

$$i_{IF}(0, y, t) = KE_s \cdot E_L \cos(\omega_{IF} t + \boldsymbol{K}_L y \sin\theta) = KE_s \cdot E_L \cos(\omega_{IF} t + \boldsymbol{K}_L y \theta) \tag{5.9.34}$$

式中，K 为一个比例系数。这里因 θ 角较小，可令 $\sin\theta \approx \theta$。总的中频电流为

$$i_{IF} = \frac{1}{D} \int_{-D/2}^{D/2} i_{IF}(\theta, y, t) \, \mathrm{d}y = \frac{KE_s \cdot E_L}{D} \int_{-D/2}^{D/2} \cos(\omega_{IF} t + \boldsymbol{K}_L y \theta) \, \mathrm{d}y$$

$$= \frac{KE_s \cdot E_L}{D\boldsymbol{K}_L \theta} \left[\sin\left(\omega_{IF} t + \frac{D}{2}\boldsymbol{K}_L \theta\right) - \sin\left(\omega_{IF} t - \frac{D}{2}\boldsymbol{K}_L \theta\right) \right]$$

利用三角函数的和差化积公式

$$i_{IF} = \frac{KE_s \cdot E_L}{D\boldsymbol{K}_L \theta} 2 \cos(\omega_{IF} t) \frac{\sin\left(\dfrac{\boldsymbol{K}_L \theta D}{2}\right)}{\left(\dfrac{\boldsymbol{K}_L \theta D}{2}\right)} \tag{5.9.35}$$

这个结果说明，中频电流的大小与两束光的角度偏差 θ 关系很大。

当 $(\boldsymbol{K}_L \theta D)/2 = \pi$ 时，$i_{IF} = 0$，满足该式的 $\theta \equiv \theta_{max}$，$\theta_{max}$ 称为最大允许的偏差角。于是

$$\theta_{max} = \frac{\lambda_L}{D} \tag{5.9.36}$$

式中，D 是光电探测器的混频孔径，λ_L 是本振光波长，从图 5 - 44 所示可以看出，两列光波到达混频面的程差 l 近似为

$$l = D\theta \tag{5.9.37}$$

当 $\theta = \theta_{max}$ 时，$l = \lambda_L$。它所表明的意思是两列波在光混频面上相位正好为 π，所以中频电流为 0。

这就说明，两列波不平行对光频外差探测的效果影响很大。因为 θ_{max} 的值由 λ_L 决定，所以波长长的红外光比波长短的可见光要容易实现光频外差探测。例如，取 $D = 1$ cm，当 $\lambda_L = 10.6 \, \mu$m 时，$\theta_{max} \approx 1.06$ mrad；当 $\lambda_L = 1.06 \, \mu$m 时，$\theta_{max} \approx 0.106$ mrad。可见，光频外差探测对光波的角准直要求是很严的。但正因为这一高要求，才使它具有良好的空间鉴别能力，有利于抑制有害的背景杂散光。

2）两光束平行但不垂直光敏面

信号光和本振光相互平行但不垂直探测器光敏面的情况如图 5 - 45 所示。两个光场可写为

$$e_s(\boldsymbol{r}, t) = E_s \cos(\omega_s t - \boldsymbol{K}_s x \cos\theta + \boldsymbol{K}_s y \sin\theta) \tag{5.9.38}$$

$$e_L(\boldsymbol{r}, t) = E_L \cos(\omega_L t - \boldsymbol{K}_L x \cos\theta + \boldsymbol{K}_L y \sin\theta) \tag{5.9.39}$$

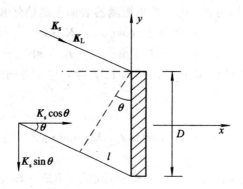

图 5-45　两光束平行但不垂直探测器光敏面的情况

在探测器光敏面上

$$e_s(0, \boldsymbol{r}, t) = E_s \cos(\omega_s t + \boldsymbol{K}_s y \sin\theta) \tag{5.9.40}$$

$$e_L(0, \boldsymbol{r}, t) = E_L \cos(\omega_L t + \boldsymbol{K}_L y \sin\theta) \tag{5.9.41}$$

考虑到 $\sin\theta \approx \theta$，$y$ 点产生的中频电流 $i_{IF}(0, y, t)$ 可以写为

$$i_{IF}(0, \boldsymbol{r}, t) = K E_s E_L \cos(\omega_{IF} t + \Delta K_{IF} y \sin\theta) \tag{5.9.42}$$

$$\Delta K_{IF} = \boldsymbol{K}_L - \boldsymbol{K}_s = \frac{\omega_{IF}}{c} \tag{5.9.43}$$

式中，c 是光速。则总的中频电流为

$$i_{IF}(t) = \frac{K}{D} \int_{-D/2}^{D/2} i_{IF}(\theta, y, t) \, \mathrm{d}y = K E_s E_L \cos(\omega_{IF} t) \cdot \frac{\sin\left(\dfrac{\Delta K_{IF} D \theta}{2}\right)}{\left(\dfrac{\Delta K_{IF} D \theta}{2}\right)} \tag{5.9.44}$$

从式(5.9.44)可知，当 $(\Delta K_{IF} D \theta)/2 = \pi$ 时，$i_{IF}(t) = 0$。于是

$$\theta_{max} = \frac{\lambda_{IF}}{D} \tag{5.9.45}$$

因为 λ_{IF} 一般很大，所以很容易满足要求。这说明，在实现光频外差探测中，最重要的是把本振光和信号光调平行。

习题与思考题

1. 比较光子探测器和光热探测器在作用机理、性能及应用特点等方面的差异。

2. 总结选用光电探测器的一般原则。

3. 用光敏电阻设计路灯自动点亮器及 AGC 放大器电路。

4. 已知硅光电池光敏面积为 $5 \times 10 \text{ mm}^2$，在 1000 W/m^2 的光照下，开路电压 $u_{OC} = 0.55 \text{ V}$，光电流 $i_\Phi = 12 \text{ mA}$。

试求：

(1) 在 $(200 \sim 700) \text{ W/m}^2$ 光照下，保证线性电压输出的负载电阻和电压变化值。

(2) 如果取反偏压 $U = 0.3 \text{ V}$，求负载电阻和电压变化值。

(3) 如果希望输出电压变化量为 0.5 V，怎么办？

5. 如果硅光电二极管灵敏度为 $10 \text{ } \mu\text{A}/\mu\text{W}$，结电容为 10 pF，光照功率 $5 \text{ } \mu\text{W}$ 时，拐点

电压为 10 V，偏压 40 V，光照信号功率 $P(t)=(5+2\cos\omega t)\ \mu W$。试求：

(1) 最大线性输出功率条件下的负载电阻。

(2) 最大线性输出功率。

(3) 响应截止频率。

6. 比较直接探测和光频外差探测技术的应用特点。

第 6 章　光电成像技术

　　光电成像器件是指能够输出图像信息的一类器件，如将不可见的光图像变为可见光图像的器件或将光学图像变为电视信号的器件。光电成像器件按波段可分为可见光（含微光条件）、紫外及红外电光成像器件。按工作方式可分为直视型成像器件和非直视型成像器件两大类。直视型器件本身具有图像转换、增强和显示功能，这类器件主要有各个波段的变像管、微通道板和像增强器等。非直视型成像器件本身完成的功能是将可见光或辐射图像转换成视频电信号。这类器件主要有各种摄像器件、光机扫描成像器件及探测器阵列等。光电成像器件在国防、工业、新闻、医学和天文学等领域获得了广泛的应用，具有很强的生命力。

　　光电成像器件的历史悠久、发展迅速、种类较多。大体经历了 1934 年的光电倍增管，1947 年的超正析像管，1954 年的灵敏度较高的视像管，1965 年的氧化铅，1976 年的灵敏度更高、成本更低的硒靶管和硅靶管，1970 年的电荷耦合器件（CCD）等的重要发展阶段。目前，CCD 摄像器件几乎完全占领了光电成像器件市场。CCD 固体摄像器件的发明是光电成像器件领域中的一次革命。它的产生和发展推动了广播电视、工业电视、应用电视、军用电视、微光电视和红外电视技术的发展，对现代科学技术进步起了积极的推动作用。

6.1　光电成像器件的基本特性与成像原理

6.1.1　光电成像器件的基本特性

1. 光谱响应

　　光电成像器件的光谱响应取决于光电转换材料的光谱响应。例如，属于外光电效应摄像管的光谱响应由光电阴极材料决定；属于内光电效应的视像管和 CCD 摄像器件的光谱响应分别为靶材料和硅材料决定；热释电摄像管由于材料的热释电效应，它的光谱响应特性近似直线。

　　图 6 - 1 所示为多碱锑化物光电阴极像管、氧化铅摄像管及 CCD 摄像器件的光谱响应特性曲线。所以在选用光电成像器件时，应当考虑器件的光谱响应与被测量景物辐射的光谱的匹配。

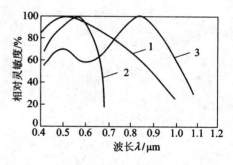

1—多碱锑化物光电阴极像管；
2—氧化铅摄像管；
3—CCD 摄像器件

图 6 - 1　光谱响应特性曲线

2. 光电转换特性

光电成像的转换特性是表示其输入物理量与输出物理量之间的依从关系。转换特性的参量有转换系数(增益)、光电灵敏度(响应率)以及光学特性(如分辨率、成像质量等)。

1) 转换系数(增益)

对于直视型光电成像器件,其输入量与输出量分别是不同波段电磁波辐射通量(或光通量)。对于评价这类光电成像特性的转化系数可定义为

$$G = \frac{L}{E} = \frac{\dfrac{\partial}{\partial \omega}\left[K_m M_m \displaystyle\int_0^\infty K(\lambda) M(\lambda)\, d\lambda\right]_{\theta=0}}{E_m \displaystyle\int_0^\infty E(\lambda)\, d\lambda} \tag{6.1.1}$$

式中,取光电成像器件在法线方向($\theta=0$)输出的亮度 L 与输入的辐射照度 E 之比值表示转换系数。式中,ω 是输出面的球面度,θ 是输出面的法向角,λ 是电磁波的波长,K_m 和 $K(\lambda)$ 分别是人眼的最大光谱光视效能和相对光谱光视效能,M_m 和 $M(\lambda)$ 分别是输出的最大单色辐射出射度和相对光谱辐射出射度,E_m 和 $E(\lambda)$ 分别是标准辐射输入的最大单色辐照度和相对光谱辐照度。

当直视型光电成像器件用于增强可见光图像时,转换系数被定义为亮度增益 G_1,它的数学表达式为

$$G_1 = \frac{L}{E_1} = \frac{\dfrac{\partial}{\partial \omega}\left[K_m M_m \displaystyle\int_0^\infty K(\lambda) M(\lambda)\, d\lambda\right]_{\theta=0}}{K_m E_m \displaystyle\int_0^\infty K(\lambda) E(\lambda)\, d\lambda} \tag{6.1.2}$$

式(6.1.2)所表示的亮度增益是有量纲的物理量($cd/(m^2 \cdot lx)$)。工程上为了计算和测试方便,常采用无量纲的量 G_0 来表示增益。G_0 的定义是光电成像的输出光出射度与输入照度之比。表达式为

$$G_0 = \frac{K_m M_m \displaystyle\int_0^\infty K(\lambda) M(\lambda)\, d\lambda}{K_m E_m \displaystyle\int_0^\infty K(\lambda) E(\lambda)\, d\lambda} \tag{6.1.3}$$

式中,G_0 在工程上称为光增益。

如果当直视型光电成像器件的输出像面具有朗伯体发光特性时,则根据式(6.1.2)和式(6.1.3)得出以下关系式

$$G_0 = \pi G_1 \tag{6.1.4}$$

从式(6.1.1)、式(6.1.2)和式(6.1.3)可以看出,转换系数、亮度增益和光增益都与输入光谱分布有关。作为统一标准,必须确定取标准辐射源(或标准光源)作为输入源。同时又为了描述直视型光电成像器件对不同光谱的转换特性,又定义了单色转换系数 G_λ 为

$$G_\lambda = \frac{L}{E_\lambda} = = \frac{\dfrac{\partial}{\partial \omega}\left[K_m M_m \displaystyle\int_0^\infty K(\lambda) M(\lambda)\, d\lambda\right]_{\theta=0}}{E(\lambda)} \tag{6.1.5}$$

单色转换系数 G_λ 是随波长变化而变化的一组数值。它可以定量描述光电成像器件的光谱响应特性。

2) 光电灵敏度(响应率)

非直视型光电成像器件的转换特性,通常用光电灵敏度(响应率)表示。由于这类器件

的输入是辐射通量（或光通量），输出是电信号（或视频信号），则这类器件的光电灵敏度可表示成以下两种形式

$$R_I = \frac{I}{AE_{\mathrm{m}} \int_0^\infty E(\lambda)\,\mathrm{d}\lambda} \tag{6.1.6}$$

$$R_U = \frac{U}{AE_{\mathrm{m}} \int_0^\infty E(\lambda)\,\mathrm{d}\lambda} \tag{6.1.7}$$

式中，I 是等效短路状态输出信号的电流值；U 是开路状态输出的信号电压值；A 是光敏面的有效面积（或扫描面积）。R_I 也称为电流响应率；R_U 称为电压响应率。光电灵敏度（响应率）与入射辐射的光谱分布有关。在工程上规定标准辐射源（或标准光源）作为输入以求统一。

当用单色辐射（或单色光）E_λ 输入，所得到的单色灵敏度 $R_{\lambda I}$ 和 $R_{\lambda U}$ 分别为

$$R_{\lambda I} = \frac{I}{E_\lambda} \tag{6.1.8}$$

$$R_{\lambda U} = \frac{U}{E_\lambda} \tag{6.1.9}$$

单色灵敏度（单色响应度）取最大值时，对应的单色辐射波长为峰值波长，灵敏度称之为峰值波长灵敏度。在长波一端取单色灵敏度下降为峰值的一半时，所对应的波长称为截止波长或长波限。

3. 时间响应特性

直视型光电成像器件的输出屏（荧光屏）是限制时间响应的主要环节。荧光屏的惰性主要表现为余晖，它来源于荧光粉的受激发光过程中电子被陷阱能级暂态俘获。而陷阱能级上电子再获释的时间分散就决定了发光的延迟。由于发光在下降过程中的滞后比上升过程严重，因此通常用余辉来表示直视型光电成像器件的惰性。

当入射辐射（或输入光）瞬间截止，余辉的衰减呈负指数函数形式时，则可用余晖的时间常数来表示惰性。

非直视型光电成像器件的惰性来源于光电导效应的滞后和电容效应的滞后。光电导滞后发生在载流子暂态俘获再重新获释的过程。电容性滞后发生在扫描电子束着靶的过程中，它取决于扫描电子束等效电阻与靶电容构成的充放电回路的时间常数大小。

对于电视摄像器件的惰性在工程上规定：取输入照度截止后第三场输出信号的相对值为惰性指标。

4. 光学特性

光电成像过程中由于各种原因会产生像差，使输出图像的亮度分布不能准确再现输入图像的照度分布。定量描述这种图像失真程度的性能指标通常采用分辨率和光学传递函数（或调制传递函数）。前者是单值参数，而后者是空间频率的复函数。

分辨率是以人眼作为接收器来判定的极限分辨能力的。通常用光电成像在一定距离内能分辨的等宽黑白条纹数来表示。

对于直视型光电成像器件取输入像面上每毫米所能分辨的等宽黑白条纹数表示分辨率。对于非直视型光电成像系统，则取扫描线方向相当于帧高的距离内所能分辨的等宽黑

白条纹数表示分辨率。这一极限分辨率的线条数简称为电视线。表示电视分辨率的指标，可以用电视线 n 或用视频带宽 Δf_U，两者之间换算关系为

$$\Delta f_U = \frac{1}{2} a f_\mathrm{h} n \tag{6.1.10}$$

式中，a 是电视幅面的宽高比；f_h 是行扫描频率。

　　光学传递函数（简写为 OTF）是复数，可表示为

$$O(f_x, f_y) = T(f_x, f_y) \exp[-\mathrm{j}\theta(f_x, f_y)] \tag{6.1.11}$$

式中，$T(f_x, f_y)$ 称为调制传递函数，简称为 MTF，$\theta(f_x, f_y)$ 称为相位传递函数，简写为 PTF。

6.1.2　光电成像原理与电视摄像制式

1. 光电成像原理

　　图 6-2 所示的是光电成像系统的原理图。从图 6-2 中可以看出光电成像系统由光学成像系统、光电变换系统、同步扫描和控制系统、视频信号处理系统和显示系统构成。其中，光学成像系统、光电变换系统、图像分割器、同步扫描和控制系统及视频信号处理系统等构成了摄像部分；同步分离器、同步扫描发生器、视频调辉器与显示器构成了显示部分。

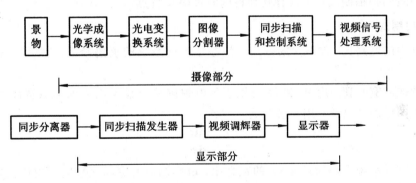

图 6-2　光电成像系统原理图

　　光学物镜将景物所辐射或反射出来的光强分布成像到光电成像器件的像敏面上形成二维光学图像。光电成像器件完成将二维图像转变为"电气"图像的工作。这里的二维电气图像由所选用的光电成像器件决定，超正析像管为电子图像，视像管为电阻图像或电势图像，面阵 CCD 为电荷图像等。电气图像的电气量在二维空间的分布与光学图像的光强分布保持着线性的对应关系。组成一幅图像的最小单元称为像素，像素单元的大小或一幅图像所含像素数决定了图像的清晰度。像素数越多，或像素几何尺寸越小，反映图像的细节越强，图像越清晰，图像质量越高——这就是图像的分割。

　　按照一定的规则将所分割的电气图像转变成一维时序信号，即将电气图像从左到右、从上到下的规律输出即为扫描。从左到右的扫描称为行扫描，从上到下的扫描称为场扫描。为保证图像中的任意一点的信息能够稳定地显示在屏的某一确定点上，在进行行、场扫描时还必须给出同步控制信号，该信号分别称为行、场同步脉冲。由于监视器的显像管几乎都是利用电子束扫描荧光屏，荧光屏又是具有一定的余辉效应，便可在显示管上获得

可供观察的图像。例如，将亮度按正弦分布的光栅（如图 6 - 3(a)所示)经光电成像器件或摄像器件扫描一行形成如图 6 - 3(b)所示的一行电压按时间分布的图像信号，或称为视频信号。图 6 - 3(a)和图 6 - 3(b)都是正弦波，但其纵坐标一个是亮度 L，一个是电压 u，而横坐标分别为水平距离 x 和时间 t。假设 f_x 为正弦光栅的空间频率，W 是光栅的宽度，电子束从左向右扫描，通常称为正程扫描。设它所对应的时间为 t_{hf}，则由图 6 - 3(a)和图 6 - 3(b)可以看出电信号的时间频率为

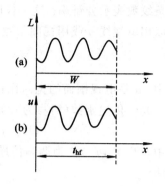

图 6 - 3　正弦光栅与视频信号

$$f = f_x \frac{W}{t_{hf}} \tag{6.1.12}$$

式中，$\dfrac{W}{t_{hf}}$ 为电子数的正程扫描速度。若用 v_{hf} 来表示这一速度，式(6.1.12)可改写为

$$f = f_x \cdot v_{hf} \tag{6.1.13}$$

这两个式子均说明在将光学图像转换成视频信号的过程中，当需要传送的细节 f_x 固定时，视频 f 与电子束扫描速度成正比。

CCD 成像器件是在驱动脉冲的作用下完成信号电荷的传输的，它既具有与普通电子束摄像相一致的扫描制式，又具有其独特的时钟驱动特点。

2. 电视制式

电视画面的宽高比、帧频、场频和行频等是电视系统的重要参数，它影响着电视系统的性能指标。

电视图像的宽高比：用 W 和 H 分别表示电视屏幕上显示出来的图像宽度和高度，两者之比称为图像的宽高比，用 a 表示为

$$a = \frac{W}{H} \tag{6.1.14}$$

早期的电视系统采用的是 4∶3 的宽高比，电影画面的宽高比是通过观测试验得到的。观察者坐在影院中心位置上，与银幕保持适当距离，当画面的宽高比为 4∶3 时，多数观察者看电影时不需要摆动眼球，眼球也不需要左右或上下转动，观察者感到轻松、舒适。

电视的帧频为每秒电视屏幕变化的次数，即电视图像的重复频率。在电视中，采用如图 6 - 4 所示的隔行扫描方式：第一场（称奇数场）扫描 1、3、5、……奇数行，第二场（称偶数场）扫描 2、4、6、……偶数行。两行合起来构成一幅画面，称为一帧。这样，每秒钟内光栅重复 50 次，而实际上显示的画面只有 25 幅，即场频 50 Hz，帧频只有 25 Hz。

当场频、帧频确定后，电视扫描系统中还须确定的参数是组成每帧图像的行数和行频。确定扫描行数，实质上就是确定电子束在水平方向上的扫描速度，因为在场频一定的情况下，行数越多，扫描速度就越快，根据式(6.1.12)，在待传送的图像细

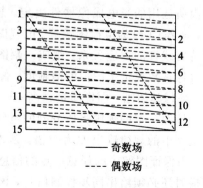

图 6 - 4　隔行扫描原理图

节 f_x 给定条件下，时间频率与扫描速度成正比，由于图像信号的低频分量可以接近于零频，所以电视系统中直接用视频信号的上限频率 f_B 来表示视频带宽。

我国现行的电视标准中规定每帧画面的扫描行数为 625 行，行频为 15 625 Hz，每帧画面的水平分辨力为 466 线，垂直分辨力为 400 线。

综上所示，我国现行电视制式（PAL 制式）的主要参数为：宽高比 $a=4/3$；$f_v=50$ Hz，$f_1=15\ 625$ Hz；场周期为 20 ms，其中正程扫描时间为 18.4 ms；逆程扫描时间为 1.6 ms；行周期为 64 μs。其中行正程为 52 μs，行逆程扫描时间为 12 μs。另外其他国家还有场周期为 60 Hz 的 NTSC 制和 SECAM 制等。

6.2　摄　像　管

6.2.1　电视摄像的基本原理

电视技术是利用无线电子学或有线电子学的方法传送和显示远距离景物图像的技术。它的出现使人类摆脱了对景物观察的距离限制，开拓了一条图像实时传输的技术途径。它不仅能超越障碍提供远距离景物的实时图像，而且能够对图像信号进行各种处理并在大屏幕上进行显示。此外，还可以对图像信号进行记录，突破了图像显示在时间上的限制。电视技术的主要特征是能够完成图像的实时远距离传送。电视技术中的摄像管不直接产生输出图像，而是把输入图像转换为便于传输或记录的电信号，这一信号称为视频信号。电视技术中的显像管将处理后的视频信号输出转换为光学图像，完成上述转换的逆过程。

电视摄像是将两维空间分布的光学图像转换为一维时间变化的视频电信号的过程。完成这一过程的器件称为摄像管，即输出视频信号的真空光电管称为摄像管。

摄像过程可具体分为以下三个步骤：

（1）摄像管光敏元件接受输入图像进行光电转换，将两维空间分布的光强转变为两维空间分布的电荷量。

（2）摄像管电荷存储元件在一帧周期内连续积累光敏元件产生的电荷量，并保持电荷量的空间分布，这一存储电荷的元件称为靶。

（3）摄像管电子枪产生空间两维扫描电子束，在一帧周期内完成全靶面的扫描，逐点扫描的电子束到达靶面的电荷量与靶面存储的电荷量有关，受靶面存储的电荷量控制，在输出电路上产生与被扫描点光辐照强度成比例的电信号——即视频信号。

上述的物理过程是电视摄像的基本原理，在七十多年电视技术的发展过程中，遇到的主要问题是图像的传输、灵敏度的提高以及像质的改善等，这些问题都与电视技术的核心部件——摄像管密切相关。不同类型的摄像管采用不同的工作方式完成上述过程，但其摄像的基本原理是一致的。

6.2.2　摄像管的结构与工作原理

为了完成摄像任务，摄像管必须具有图像的写入、存储过程，即输入的光学图像照射在靶面上产生电荷（电位）图像；图像的阅读、擦除过程，即扫描电子束从靶面上取出视频信号。

为实现上述功能，一般真空摄像管应具有如图 6-5 所示的结构，其主要由光电变换与存储部分和信号阅读部分两大部分组成。

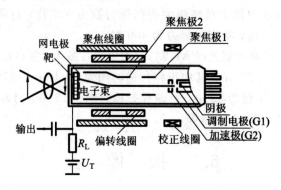

图 6-5　真空摄像管的一般结构

1. 光电变换与存储部分

1) 光电变换部分

光学图像投射到摄像管的光敏面上，由于摄像管受照面的材料具有光电效应，在摄像管的靶面上就建立起与入射照度分布相对应的电位起伏，这就完成了光电变换的功能。

常见的光敏元件材料有光电发射体和光电导体。

(1) 光电发射体——用于像管中的各种光阴极都可以作为摄像管的光电发射体。光阴极在光照下产生与光通量成正比的光电子流。可以对该光电子流进行放大处理并将其作为信号输出，也可以利用因光电子发射而提高的光阴极电位作为信号输出。

(2) 光电导体——光电导体是目前摄像管中应用最广泛的光电变换材料。这类摄像管的光电变换基于内光电效应原理。通常它是光敏面与靶合二为一的元件，其既具有光电变换功能，又具有电荷存储与积累的作用，通常称为摄像管的靶。光电导摄像管有时也简称为视像管。光电导体的光电变换原理如图 6-6 所示。在光电导层上接有数十伏的直流电压，形成跨层电场。受光照时，靶的电导率升高，由此使正电荷从电位较高的一边流向较低的一边（如图 6-6 所示从左往右），使靶右边的正电荷增加，即电位上升。电位升高量与光照强度的空间分布相对应。这样就把入射到光电导左边的光学图像转换成右边的电位图像（电荷图像）。

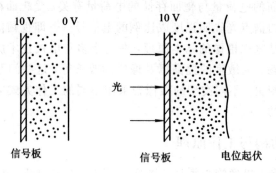

图 6-6　光电导体的光电变换原理示意图

2）电荷存储与积累部分

由于光电变换所得到的瞬时信号很弱，所以现在摄像管均采用电荷积累元件。它在整个帧周期内连续地对图像上任一像元积累电荷信号。因为要积累和存储信号，所以在帧周期内要求信号不能泄露。因此要求存储元件应具有足够的绝缘能力，常用的存储方式有二次电子发射积累（如图 6-7 所示）、二次电子导电积累（如图 6-8 所示）、电子轰击感应电导积累（如图 6-9 所示）和光电导积累（如图 6-10 所示）四种方式。

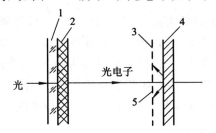

1—窗口；2—光阴极；3—收集网；
4—二次电子发射靶；5—二次电子

图 6-7　二次电子发射积累

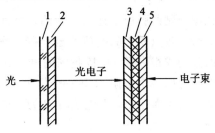

1—窗口；2—光阴极；3—透明支撑层；
4—信号极；5—二次电子导电层

图 6-8　二次电子导电积累

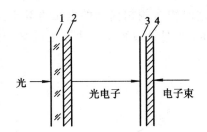

1—窗口；2—光阴极；3—透明信号电极；4—电导层

图 6-9　电子轰击感应电导积累

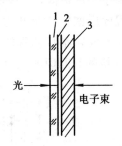

1—窗口；2—透明信号电极；3—光电导层

图 6-10　光电导积累

2. 信号阅读部分

从靶面上取出信号的任务由阅读部分来完成。阅读部分通常是扫描电子枪系统，它由细电子束的发射源、电子束聚焦系统和电子束偏转系统三部分组成。

细电子束的发射源通常采用间热式氧化物阴极，并带有负偏压的控制栅极、加速电极和电子束限制膜孔。一般间热式氧化物阴极所发射的电流密度为（0.5～1）μA，阴极的电位定为零电位。当控制栅极的负电位增加时，阴极发射的电子束流将受到抑制。因此可以通过调节控制栅极的负电位来实现电子束流的控制。加速电极接正电位，以提供电子束连续发射的加速电场。电子束限制膜孔通常设置在电子束交叉点的后方，膜孔直径为 30 μm 左右。膜孔限制了电子束的直径，并保持电子束具有较小的发散角，以减小聚焦系统产生的误差，同时也拦截了径向初速较大的电子，以便形成一个扩展小、速度分散小的电子束。

电子束的聚焦系统包括静电聚焦和电磁复合聚焦两种类型，电磁复合聚焦系统因为像差较小而被广泛使用。

电磁复合聚焦系统由准直电极、场网、长磁聚焦线圈以及校正线圈所组成。场网是网状结构的电极，位于贴近靶面处，其作用是在靶面附近形成均匀电场，使电子垂直着靶，减小着靶时的能量差异。校正线圈用来校正电子束的入射方向，以便使电子束轨迹与聚焦线圈和偏转线圈的对称轴线一致。

电子束的偏转系统由两对磁偏转线圈构成，如果采用静电偏转系统则由两对偏转电极构成。摄像管的电子束偏转角不宜过大，一般要小于 10°。

3. 视频信号的形成

视像管靶的膜层是连成一片的，然而它具有很高的电阻率（10^{12} $\Omega \cdot cm$），以便能够使在扫描面上各点积累的电荷不至于在一帧周期（如 $1/25$ s）内泄露。这样就可以把接收图像的靶面分割成很多像元，按我国的电视制式（PAL 制），一帧图像可分解为约 50 万个像元。每个像元可用一个电阻 R 和一个电容 C 来等效。电容 C 起存储信息的作用，电阻 R 随着光照度的增大而变小，无光照时 R 为暗电阻 R_d，光照后 R 变为 $R_C(E)$，是与照度 E 有关的变量。

图 6-11 给出了视像管信号输出的等效电路。R_i 与 C_i 表示第 i 个像元的电容和电阻，所有像元的左侧通过导电半导体膜、钢电极、负载电阻 R_L 与电源相连。视频信号通过 C_L 输出。当电子束扫描时，从电子枪发射出的电子束通过场网后进入强烈的减速场，慢速落到靶的右侧上。由于靶压很低，二次电子发射系数小于 1，因此进入靶的电子比出来的电子多，达到一定程度后就完全阻止电子继续上靶。这时靶右侧扫描面的电压将等于阴极电位，也就是使像元电容器 C 两端的电位差达到靶压，可见该过程是一个充电过程。电子束在每个像元上停留的时间即充电时间约为 0.1 μs。

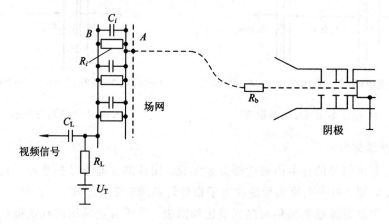

图 6-11　视像管信号输出的等效电路

6.3　光电发射型摄像管与视像管

摄像管的种类很多，如光电发射型摄像管和光电导型摄像管，其结构如图 6-12 所示。按照其光敏面光电材料的光电效应来区分，可分为两大类型：一类是利用外光电效应进行光电转换的摄像管，属于这一类的有：超正析像管、二次电子导电摄像管（SEC）、分流管和硅靶电子倍增管等。

另一类是利用内光电效应进行光电转换的摄像管，统称为视像管，如硫化锑管（Sb_2S_3）、

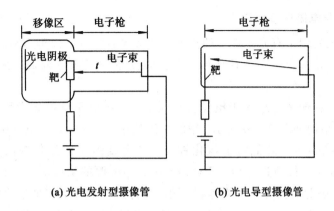

(a) 光电发射型摄像管　　　　(b) 光电导型摄像管

图 6 - 12　摄像管的结构

氧化铅管(PbO)、硅靶管和异质结靶管的摄像管等。

6.3.1　光电发射型摄像管

光电发射型摄像管有两个共同点：一是光电变换部分都是采用光阴极把输入的光学图像转换为光电子图像；二是光电变换器和信号存储靶是分开的，存在移像区，通过移像区将光阴极转换出来的光电子图像转移至存储靶上，并以靶面电位起伏的形式存储起来。

1. 超正析摄像管的工作原理(如图 6 - 13 所示)

摄像时，来自景物辐射的光子照射在摄像管的光阴极上，产生光电子图像。光电子在移像区均匀复合长的聚焦和加速作用下，以(300~500) eV 的能量成像在靶面上。靶由具有良好二次电子发射特性的介质材料制成，它在高速光电子的轰击下发射二次电子。这些二次电子被正电位的靶网所收集，从而在靶面上积累起正电荷图像。由于靶面很薄，能够及时地把光照积累面上的电荷转移到电子束扫描面上去，因而在扫描面上也建立起了与输入光学图像相对应的电位图像。当电子束扫描时，电子枪所提供的慢电子束，在均匀复合场的作用下聚焦在靶面上，直至使靶面的电位降到 0 V 为止，剩余的电子束将返回。所以，电子束着靶的负电荷量应等于靶面上已有的正电荷量。由于电子枪发射的电子束流是稳定的，所以返回的电子束流将与靶面的正电荷量有关：当靶面正电荷多时，返回的电子束流就小；当靶面正电荷多时，返回电子束流就大。这一返回的电子束流被二次电子倍增系统所收集，经过多级的二次电子倍增后在输出信号电极获得(负极性)视频信号。

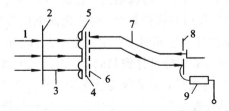

1—光；2—光阴极；3—光电子；4—靶；5—靶网；
6—场网；7—电子束；8—第一倍增级；9—电子倍增器

图 6 - 13　超正析摄像管的工作原理

2. 二次电子导电摄像管(SEC)

SEC 摄像管主要用于有光条件下的摄像,具有灵敏度高、分辨力高、动态范围宽、惰性小等优点。SEC 摄像管主要由移像区、靶和阅读系统三部分构成,其结构如图 6-14 所示。

SEC 射像管的移像区与超正析摄像管相同。其二次电子导电靶常用的材料是氯化钾(KCl),靶的断面结构如图 6-15 所示。靶的主体是在 15 Pa 压强的氩气中通过气相沉积而成的厚度为(10~20) μm 的低密度氯化钾层,其密度为实体氯化钾的 1%~2%,因此 20 μm 厚的低密度层如按质量计相当于(0.2~0.4) μm 厚的实体层。由于低密度的氯化钾层没有机械强度,因此需预先制成支撑靶。靶的支撑膜是 70 nm 厚的氧化铝(Al$_2$O$_3$)层,在支撑膜上用真空气相沉积法覆盖一层 70 nm 厚的铝层,作为输出信号电极。氯化钾层就蒸镀在这一层上。工作时,靶的信号电极上加有 10 V 的电位,靶的另一面被电子束扫描而处于电子枪阴极的零电位,此电位差形成靶内电场。靶在光电子轰击下产生二次电子发射,这些二次电子在疏松的 SEC 层内运动,部分电子到达信号电极,而在靶的扫描面上将积累正的电位图像。

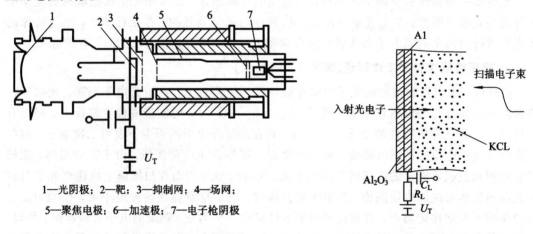

1—光阴极;2—靶;3—抑制网;4—场网;
5—聚焦电极;6—加速极;7—电子枪阴极

图 6-14　SEC 摄像管的结构　　　　　　　图 6-15　SEC 靶的断面结构

SEC 摄像管的阅读系统包括电子枪和偏转系统——磁聚焦、磁偏转慢电子束扫描系统,只是在靶和场网间靠近靶面处增加了一个抑制网,因此它有两个网电极:第一个是场网,作用与光电导摄像管相同;第二个是抑制网,它是 SEC 摄像管特有的,其上加有 10 V 的电位,位置紧靠近于靶面,作用是保护靶面,防止靶面电位升得过高。

在摄像时,入射的光学图像通过光阴极产生光电子图像。光电子在移像区静电场的聚焦和加速作用下,以(8~10) eV 的能量打到靶面上。高能光电子射入靶面时,穿透支撑膜和信号电极将消耗约 2 KeV 的能量,大部分能量则消耗在二次电子导电的氯化钾层中。一般大约每消耗 30 eV 的能量就激发出 1 个二次电子,因此在氯化钾层中将产生大量的二次电子。这些二次电子在靶内的电场作用下向靶的信号电极运动,形成二次电子传导电流,同时在靶内留下了正电荷。其中部分二次电子将与正电荷图像复合损失掉,但大部分正电荷将在一帧的时间内连续积累在靶内,由此形成了增强的电荷图像。当电子束扫描时,电子束着靶的电流正比于靶内积累的正电荷量。这一着靶电流由信号电极引出就构成了输出的视频信号。

由于 SEC 摄像管是由高阻疏松的氯化钾层构成，所以 SEC 靶的导热性差、机械强度差，很容易烧毁，损坏。

3. 电子轰击型硅靶摄像管(EBS)

电子轰击型硅靶摄像管是一种灵敏度极高的摄像管，简称为 EBS(Electron Bombarded Silicon)摄像管或 SIT(Silicon Intensified Target)摄像管。它广泛地应用于微光电视系统领域。

EBS 摄像管的形状与工作状态与 SEC 摄像管极为相似，只是用硅靶取代了 SEC 靶，而 EBS 摄像管的靶又与硅靶摄像管的靶在结构上基本相同。只是在光电子入射侧 N^+ 层上，加镀一层厚度 10 nm 左右的铝层，以屏蔽杂散光照射在靶面上而产生附加的光电导效应。

EBS 摄像管是在硅靶摄像管的基础上产生的，两者的区别仅在于硅靶所接受的能量不同，前者接受的是高能量的光电子，后者接受的是入射的光子。图 6－16 所示的是硅增强靶摄像管，光阴极接受入射的光学图像产生相应的光电发射，通过移像区静电场的聚焦和加速，以 10 KeV 的能量轰击硅靶，在靶内积发大量的电子-空穴对，如每 3.5 eV 的能量即可激发一对电子-空穴对，则靶的量子增益可达 2000 左右。由此产生的空穴将在帧周期内连续地积累到 P 型岛上，所以在硅靶的 P 型岛面阵上形成了增强的正电荷图像。当电子束扫描时，可获得输出的视频信号。

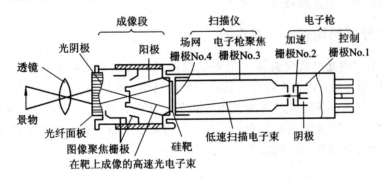

图 6－16　硅增强靶摄像管

硅靶摄像管中硅靶的结构如图 6－17 所示。靶的基底是 N 型单晶硅的薄片，厚度约为 20 μm。其上有大量微小的 P 型区，又称为 P 型岛，直径约为(6～15) μm，厚度约为(2～4) μm，间距约为(15～25) μm。由 P 型岛与 N 型基底之间构成密集的光敏二极管(P－N)面阵，并在 P 型岛之上覆盖一层薄膜(SiO$_2$)，厚度为(0.5～1) μm。在靶接受光照的表面上形成一层极薄的 N^+ 层，深度仅有 0.2 μm。在靶接受电子束扫描的表面上形成一层半导体膜，通常称为电阻海。该层可选用碲化镉(CdTe)或氮化铪钽，厚度小于 1 μm。

硅靶的 N^+ 层位于接受光照的表面，具有很高的导电率，因此 N^+ 层就构成靶的信号输出电极。工作时这一电极接以(5～15) V 的靶压，同时经电子束扫描的 P 型岛表面使之稳定在零电位。这时硅靶的二极管面阵处于反偏置的工作状态，其反偏压就等于 U_T。由于反偏置使 P－N 结空间电荷区加宽，即耗尽区加厚，耗尽区的变化如图 6－18 所示。

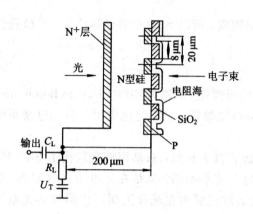

图 6-17 硅靶的结构

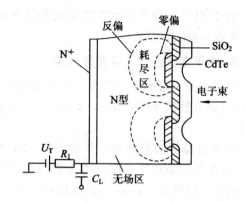

图 6-18 耗尽区的变化

当有光学图像辐照在靶面时，光透过 N⁺ 层入射在 N 型硅基底上，N 型硅吸收光子能量产生电子-空穴对。由于硅对可见光的吸收系数大于 $3000\ \mathrm{cm^{-1}}$，因此产生的电子-空穴对主要在表层。其中，空穴将通过扩散到达 P - N 结边界，并经耗尽区的内建电场漂移到 P 型岛。空穴升高的数值基本上正比于输入的光强。因此，靶的 P 型岛面形成了电荷图像。当电子束再次扫描时，从 P 型岛取走信号，并使 P 型岛归零电位。

电子轰击型摄像管的图像质量高，惰性极小，但其结构复杂，体积大，调整麻烦，因此目前除特殊场合外一般使用较少。

6.3.2 光电导型摄像管——视像管

视像管是利用内光电效应将输入的光学辐射图像变换为电信号的摄像管，它结构简单、体积小、使用方便，是整个摄像管领域中发展最快、应用最多最广泛的一种。

在视像管中，光电导靶面既作为光电变换器，又作为电信号存储与积累器。因此，这种摄像管结构简单，主要组成部件有光电导靶、扫描电子枪、输出信号电极和保持真空的管壳，其典型结构如图 6-19 所示。

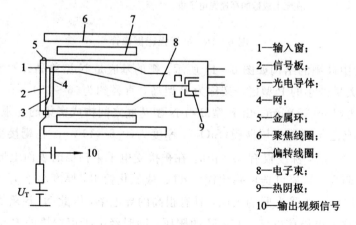

1—输入窗；
2—信号板；
3—光电导体；
4—网；
5—金属环；
6—聚焦线圈；
7—偏转线圈；
8—电子束；
9—热阴极；
10—输出视频信号

图 6-19 视像管的典型结构

光电导靶被设置在视像管中透明输入窗的内表面上。在面对输入窗的靶面上蒸镀二氧化锡透明导电膜，由这一导电膜作为输出信号电极。视像管在输入光学图像的作用下产生与像元照度相对应的电荷（电位）图像，通过扫描电子枪电子束对图像的顺序扫描产生视频信号输出。

光电导型摄像管因采用不同的靶面材料具有很多种类型。按光电导材料的性质可分为注入型光电导靶和阻挡型光电导靶。按光电导靶的结构可分为无结型光电导靶和结型光电导靶。无结型是用均匀光电导体制成的（如 Sb_2S_3）。均匀光电导体暗电流和惰性较大，所以相应地研制出了结型光电导靶——氧化铅靶和硅靶是最常用的两种结型光电导靶。

1. 注入型光电导靶

最具代表性的注入型光电导靶摄像管是用三硫化二锑（Sb_2S_3）光电导材料制成的靶。Sb_2S_3 具有较好的光电导特性。最早应用的视像管采用的就是 Sb_2S_3。虽然它的惰性大、灵敏度低，但其具有制作工艺简单、成品率高、价格低廉等优点，在大量使用摄像机的工业用闭路电视方面有着十分广泛的应用。

Sb_2S_3 是均匀的介质薄膜，Sb_2S_3 靶面的结构如图 6-20 所示。玻璃面板上先镀透明导电膜作为信号板，再在薄膜上按顺序蒸镀三层 Sb_2S_3 薄膜。外表面两层是在真空中蒸镀的玻璃态的 Sb_2S_3 致密层，中间一层是在充入的惰性气体中蒸镀的多孔的 Sb_2S_3 疏松层。致密层位于光输入面有利于充分吸收入射光，提高光电导的转换灵敏度。疏松层位于中间有利于减小靶的等效电容，增大靶的电阻，改善靶的惰性，减小了暗电流。由于疏松层的 Sb_2S_3 层具有大量的缺陷，直接受到电子束的扫描会使靶的电流不稳定，因此电子束扫描面也采用致密层。

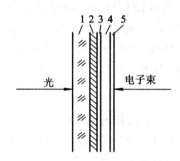

1—玻璃窗(输入窗)；2—Sb_2S_3层(信号板)；
3—致密层；4—疏松层；5—致密层

图 6-20　三硫化二锑光电导靶的结构

全靶的厚度约为 1 μm。Sb_2S_3 靶虽然是多层结构，但各层之间的接触都属于注入接触（即界面间不产生势垒，对双向移动的载流子不产生阻挡作用），因此这种靶称之为注入型光电导靶。

Sb_2S_3 光电导靶的禁带宽度为 1.77 eV，暗电阻率约为 10^{12} $\Omega \cdot cm$，1 in 靶的等效电容约为 1500 pF，光电转换特性的 γ 值小于 1，通常在 0.6～0.7 之间。

由 Sb_2S_3 靶制成的标准视像管的具体参数为：光电灵敏度为（0.2～3.5）$\mu A/lx$；第三场扫描后的惰性为 15%～25%；中心分辨力为 700 线（TVL）；γ 值为 0.65。

2. 阻挡型光电导靶

最早出现的阻挡型光电导靶是用氧化铅（PbO）半导体材料制成的。它具有灵敏度高、暗电流低及惰性小等优点,是一款高性能的视像管。其名称是 Plumbicon。

氧化铅光电导靶是阻挡型靶,结构为 N-I-P 半导体结构,如图 6-21 所示。对光输入一面的氧化铅靶面镀有的透明导电膜,作为靶的信号电极。氧化铅与二氧化锡两者相接触在交界面处形成 N 型半导体薄膜,而中间占靶大部分厚度的氧化铅则保留原有的高阻本征态结构。在面对电子束扫描的一侧,通过氧化处理使表面的氧化铅成为 P 型半导体薄层,从而构成为 N-I-P 型半导体结构靶。靶的总厚度约为(10~20)μm,其中大部分为本征层,两边的 N 型层和 P 型层很薄。N-I-P 结构中在 N 型界面处形成了防止空穴注入的阻挡层,在 P 型界面处形成了防止电子注入

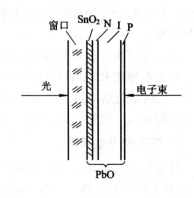

图 6-21　氧化铅光电导靶的结构

的阻挡层。靶工作时所施加的电压使这一异质结处于反向偏压的工作状态,因此暗电流很小,这是阻挡型光电导靶的基本特点。

氧化铅光电导靶工作时所施加的工作电压高,通常靶的输入信号电极上所施加的电压为 50 V,而信号电极与靶的 N 型层相接,靶的 P 型层经电子束扫描后为零伏,所以 N-I-P 型结构的靶是工作于反向偏压状态。它具有 P-N 结的工作特性,反向漏电流很小并有饱和值。当光入射到靶面时,因为本征层很厚,所以大部分光子被本征层吸收,并产生光生载流子。由于本征层中具有足够强的内电场,从而光生载流子一旦产生即在电场力的作用下加速漂移。空穴被快速移向 P 型区即扫描面,而电子被快速移向 N 型区即靶的信号电极。通过一帧时间的积累,在靶面上形成了电荷图像。

氧化铅靶视像管的光电转换特性 γ≈0.95,第三场扫描后的惰性小于 5%,典型的光电灵敏度值为 400 μA/lx,中心分辨力为 750 线,在 450 线的输出调制度为 35%。

3. 异质结光电导靶

由同一种半导体单晶体材料形成的结称为同质结;由不同质半导体形成的结称为异质结。

异质结与同质结的根本区别在于形成异质结的两种材料的禁带宽度不同,因而接触处的能级是不连续的。异质结与同质结相比有如下特点:

(1) 结区两侧材料的禁带宽度 E_g 不同,因而透光能力不同。

(2) 结区两侧的折射率不同,所以折射率小的材料起反射层的作用。

(3) 在异质结界面处,能带出现突变,因而影响载流子的传输。这种影响是动力还是阻力,视具体情况而定。

(4) 异质结界面处通常存在着大量的界面态,其密度一般为 $(10^{12}\sim10^{13})$ cm^{-3}。

由异质结制成的靶称为异质结靶。采用异质结靶可以解决均质型光电导靶存在的灵敏度和惰性、灵敏度和存储时间之间的矛盾。下面介绍硒化镉(CdSe)与硒碲化镉靶。

典型的硒化镉(CdSe)异质靶的结构如图 6-22 所示。它由四层构成:① 透明的导电层 SnO。沉积在玻璃面

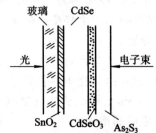

图 6-22　硒化镉异质结靶的结构

板内表面上,作为靶的信号电极;② 光电导 CdSe 层与信号电极相接触,是靶的光敏层,其厚度约为 2 μm。它是在高真空状态下经气相沉积而成,呈微晶态;③ 亚硒酸镉(CdSeO$_3$)层由 CdSe 氧化而成;④ 三硫化二砷(As$_2$S$_3$)层是在高真空状态下气相沉积而成,呈玻璃态,其厚度约为 0.2 μm。

靶的晶态 CdSe 层是 N 型半导体,它与 N$^+$ 型的透明导电的电极 S$_n$O$_2$ 层构成对空穴的阻挡层。在靶扫描面的 As$_2$S$_3$ 层作用是防止电子从扫描面注入靶内,形成对电子的阻挡层。

CdSe 层是异质结 CdSe 靶的基体,是完成光电导转换的光敏层,它的禁带宽度只有 1.7 eV,因此有良好的光电导特性。As$_2$S$_3$ 是靶的高阻层,它的禁带宽度为 2.3 eV,具有很高的电阻率。由它来承担电荷积累和存储的作用,可提高靶的分辨力,同时阻挡电子注入,减少暗电流。

在 CdSe 层与 As$_2$S$_3$ 层之间存在着极薄的亚硒酸镉(CdSeO$_3$)层,它是一层绝缘体薄膜,有利于降低暗电流且不影响光电灵敏度。

硒碲化镉靶(CdTe$_{1-x}$Se$_x$)在硒化镉靶的基础上改进了红外响应,将光谱响应的长波限由 720 nm 延伸到 1020 nm。其异质结靶的结构如图 6-23 所示。

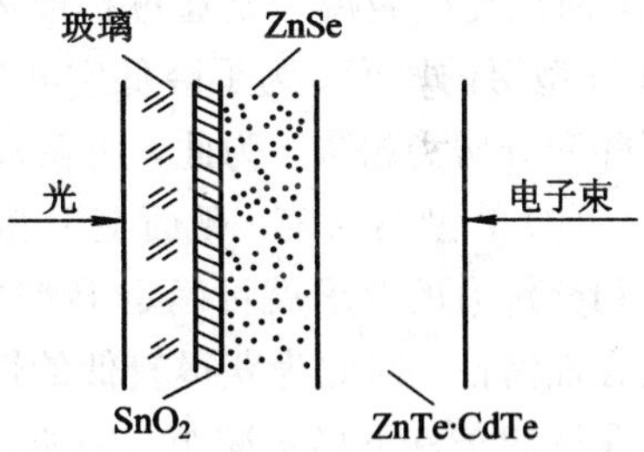

硒碲化镉靶的光敏层是 1 μm 厚的硒碲化镉层,它的高电阻是 1.5 μm 厚的三硒化二砷层。靶的电子束扫描面还覆盖一层 0.1 μm 厚多孔疏松的三硫化二砷层,起到阻止电子注入靶内的作用。

硒碲化镉靶具有如下的特点:

(1) 从蓝光到近红外(波长为(400～1020) nm)

图 6-23　硒碲化镉异质结靶的结构

都有很好的光电灵敏度,光谱响应的峰值在 840 nm 波长处,适宜于彩色摄像,可再现真实的色彩。

(2) 硒碲化镉靶摄像管的光电转换特性呈线性,γ 值为 0.95,其光电灵敏度的典型值为 2670 μA/lm。

(3) 硒碲化镉靶摄像管的分辨力很高。因为靶的高电阻层有适宜的电阻率,并且靶的厚度较薄,所以分辨力只受到电子束在靶上的弥散限制,靶上电荷的横向扩散已成为次要因素。

(4) 硒碲化镉靶摄像管的暗电流较低。在靶的工作电压为 20 V 并处于室温条件下,暗电流典型值为 2 nA。

(5) 硒碲化镉靶摄像管的惰性较大。因为靶的厚度较薄,靶的等效电容较大造成靶面扫描后残余电位较高,因为它在第三场扫描后仍有 10% 的残余信号。

4. 硅二极管阵列光电导靶

硅二极管阵列光电导靶简称为硅靶,它也是结型光电导靶。硅具有良好的光电导效应,并且容易制成 P 型和 N 型。但由于电阻率低,不能制成均匀连续的靶,电荷在横向的扩散将严重损失分辨力。为此硅靶采用硅平面工艺制成分立的 P-N 结硅光电二极管阵列结构。硅靶摄像管的出现是摄像管发展史上的一个重要标志。它具有寿命长、灵敏度高和光谱响应范围宽等明显优点,但其分辨力和暗电流等特性较差。这种摄像管的名称是 Telecon。

硅靶结构详见 EBS 摄像管中的介绍。

当有光学图像辐照在靶面时，光透过 N$^+$ 层入射在 N 形硅基底上，N 型硅吸收光子能量产生电子-空穴对。由于硅对可见光的吸收系数大于 3000 cm^{-1}，因此产生的电子-空穴对主要在表层。其中空穴将通过扩散到达 P-N 结边界，并经耗尽区的内建电场漂移到 P 型岛。空穴升高的数值基本上正比于输入的光强。因此，靶的 P 型岛面形成了电荷图像。当电子束再次扫描时，从 P 型岛取走信号，并使 P 型岛归零电位。

与普通光电导靶相比，硅靶是采用硅二极管阵列代替了均匀的光电导层。由于采用了反偏二极管，所以不需要采用高阻材料满足存储要求。通常的基底硅的电阻率仅有 10 Ω·cm 左右。为了解决表面横向漏电，二极管阵列表面之间必须采用隔离措施，其间用 SiO$_2$ 层隔开。

靶的各部分工作情况：

（1）N 型层。N 型层是靶的光敏区，它的电阻率仅有 10 Ω·cm，在工作时内部电场很小，所以光生载流子是通过扩散运动移出 N 型层的。为了减小空穴的复合几率，应尽量减薄 N 型层的厚度。为了降低空穴的横向扩散，也应减少 N 型层的厚度，否则将导致灵敏度下降和分辨力损失。为此，应在机械强度允许的前提下尽量采用最小的 N 型层厚度。

（2）P 型岛面阵。靶面上 P 型岛的分布决定了摄像管的极限分辨力，因此根据靶面尺寸和分辨力的要求就可确定 P 型岛面阵的尺寸。此外 P-N 结的等效电容决定了摄像管的电容性惯性，因此为获得较低的惯性而限制了靶面尺寸的增大。所以 P 型岛的尺寸应在工艺允许的条件下尽量减小。例如，1 in 摄像管的有效工作面积为 120.65 mm^2，当要求分辨力为 600 线时，应有 5×10^6 个直径小于 7 μm、间距小于 15 μm 的 P 型岛。

（3）N$^+$ 型层。N$^+$ 型层既有利于提高光电灵敏度及短波的光谱响应又可以作为靶的信号输出电极。因为 N$^+$ 型层与 N 型层之间形成了 N$^+$-N 结，所产生的内建电场对光生载流子（空穴）有拒斥作用，使其不能向受光面扩散，并促进其向 P 型岛扩散，从而降低了复合几率，提高了光电灵敏度。另外，由于单晶硅对短波光子的吸收系数很高，短波光子激发的载流子又在表层靠近 N$^+$-N 结，N$^+$ 型层对短波的光谱响应有更明显的改善效果，但是在 N$^+$ 型层内产生的光生载流子将会被全部复合，所以 N$^+$ 型层必须很薄，通常要求小于 0.3 μm。

（4）SiO$_2$ 绝缘层。SiO$_2$ 绝缘层呈网状，只覆盖 N 型硅的表面。作用是防止扫描电子束直接打到 N 型硅的表面，否则将构成低电阻的电通路。

（5）CdTe 半导体层（电阻海）。CdTe 半导体层的作用是防止二氧化硅绝缘层带电。因为扫描电子束会使绝缘层吸附部分电子。这些负电荷产生的电场将阻止电子束抵达 P 型岛，从而影响了靶的正常工作。采用碲化镉（CdTe）半导体层，可以导走吸附的电子使之流向附近的 P 型岛。这一半导体层的电阻率适中，过高不能泄露电荷，过低则导通了相邻的 P 型岛而降低了分辨力。通常选定的每个薄膜方块电阻约为 10^{12} Ω。

6.4　摄像器件的性能参数

衡量摄像管优劣的总标准是：在测试台的监视器上能分辨一定的标准测试图案。图案的清晰程度是由许多因素决定的，为了分析和研究各种因素对图像质量的影响，必须规定出具体的特性参数。摄像管的最主要特性参数有灵敏度、惰性、分辨力和光电转换特性等。其中灵敏度和惰性主要决定于靶面，分辨力主要决定于扫描电子枪。

6.4.1　摄像管的灵敏度

灵敏度 S 是摄像管的一个极其重要的特性参数。它定义为输出信号电流与输入光通量（或照度）的比值，其单位为 $\mu A/lm$ 或 $\mu A/lx$。光电导摄像管的灵敏度公式为

$$S = \frac{dI_s}{d(N\Phi)} = \frac{dI_s}{d\tau}\frac{d\tau}{dR}\frac{dR}{d(N\Phi)} \tag{6.4.1}$$

式中，N 为靶面的像元总数。由于靶面每个像元接受光照的时间是电子束扫描时间的 N 倍，因此每个像元在帧周期 T_f 内输入的光通量为 $N\Phi$，对应的输出信号电流为 I_s，利用光电导摄像管等效电路求解微分方程可得

$$\frac{dI_s}{d\tau} = -\frac{U_T C}{\tau^2}\left(\frac{T_f}{t_0}\right)e^{-\frac{T_f}{\tau}} \tag{6.4.2}$$

$$\frac{d\tau}{dR} = C \tag{6.4.3}$$

$$\frac{dR}{d(N\Phi)} = -\gamma\beta R^2 \frac{1}{N} \tag{6.4.4}$$

式中，U_T 为靶的工作电压；γ 为光电转换特性参数；β 为光电导转换系数；τ 为时间常数；R 为靶的等效电阻；C 为靶的等效电容。

因为电子束扫描每个像元的时间 t_0 是帧周期的 T_f 的 N 分之一，所以

$$t_0 = \frac{T_f}{N} \tag{6.4.5}$$

将式(6.4.2)、式(6.4.3)、式(6.4.4)和式(6.4.5)代入式(6.4.1)，则得到

$$S = U_T\gamma\beta e^{-\frac{T_f}{\tau}} \tag{6.4.6}$$

式(6.4.6)即是光电导摄像管的光电灵敏度公式。它定量的描述了相关参数对灵敏度的影响。

6.4.2　摄像管的惰性

在摄取动态图像时，摄像管的输出信号滞后于输入照度的变化这一现象称为惰性。当输入照度增加时，输出信号的滞后称为上升惰性；当输入照度减小时，输出信号的滞后称为衰减惰性。对于电视摄像管的惰性指标，通常采用输入照度截止后第三场和第十二场（以帧周期 0.04 s 计，为 60 ms 和 240 ms）剩余信号所占的百分比数来表示。

摄像管产生惰性的主要原因有两个：一是图像写入时的光电导惰性；二是图像读出时扫描电子束的等效电阻与靶的等效电容所构成的充放电惰性。

1. 光电导惰性

由于光照改变后，光电导体中的光生载流子密度的变化有一个滞后，因此摄像管靶面产生的电荷图像将滞后于入射的光学图像。

可以用简化的光点到模型来定量分析这一惰性，以下分两种情况讨论。

1) 靶面光电导的上升惰性

(1) 单分子复合模型。当靶面接受突变的光照时，光电导上升规律由下面的微分方程

来确定

$$\frac{\mathrm{d}(\Delta n)}{\mathrm{d}t} = L - \frac{\Delta n}{\tau_\mathrm{a}} \tag{6.4.7}$$

式中，Δn 为光生载流子数；τ_a 为载流子平均寿命；L 为光生载流子的激发率。

以初始条件 $t=0$ 时 $\Delta n=0$ 来求解这一方程，有

$$\Delta n = L\tau_\mathrm{a}(1 - \mathrm{e}^{-\frac{t}{\tau_\mathrm{a}}}) \tag{6.4.8}$$

（2）双分子复合模型。当靶面接受突变的光照时，光电导上升规律由下面的微分方程来确定

$$\frac{\mathrm{d}(\Delta n)}{\mathrm{d}t} = L - \frac{(\Delta n)^2}{\tau_\mathrm{a}} \tag{6.4.9}$$

利用初始条件 $t=0$，$\Delta n=0$ 解此方程，有

$$t = \int \frac{\tau_\mathrm{a}\mathrm{d}(\Delta n)}{L\tau_\mathrm{a} - (\Delta n)^2} = \sqrt{\frac{\tau_\mathrm{a}}{L}} \, \mathrm{Arth}\left(\frac{\Delta n}{\sqrt{L\tau_\mathrm{a}}}\right) \tag{6.4.10}$$

所以

$$\Delta n = \sqrt{L\tau_\mathrm{a}} \, \mathrm{th}\left(\sqrt{\frac{L}{\tau_\mathrm{a}}} \cdot t\right) \tag{6.4.11}$$

2）靶面光电导的衰减惰性

（1）单分子复合模型。当靶面照度截止时，光电导衰减规律由下面的微分方程确定

$$\frac{\mathrm{d}(\Delta n)}{\mathrm{d}t} = \frac{\Delta n}{\tau_\mathrm{a}} \tag{6.4.12}$$

利用初始条件 $t=0$，$\Delta n=L\tau_\mathrm{a}$ 解此方程，得到

$$\Delta n = L\tau_\mathrm{a}\mathrm{e}^{-\frac{t}{\tau_\mathrm{a}}} \tag{6.4.13}$$

（2）双分子复合模型。当靶面照度截止时，光电导衰减规律符合下面的微分方程

$$\frac{\mathrm{d}(\Delta n)}{\mathrm{d}t} = \frac{(\Delta n)^2}{\tau_\mathrm{a}} \tag{6.4.14}$$

利用初始条件 $t=0$，$\Delta n=L\tau_\mathrm{a}$ 解此方程，得到

$$\Delta n = \frac{L\tau_\mathrm{a}}{L \cdot t - 1} \tag{6.4.15}$$

上面的定量分析表明，光电导呈现两种规律：一种是指数函数型的滞后特性，另一种是双曲函数型的滞后特性。前者可以用来描述输入照度较低时的光电导惰性，后者可用来描述输入照度较高时的光电导惰性。但实验结果表明，这种简化模型得出的结论并不十分吻合实测结果，其中一个主要原因是简化模型未考虑陷阱的作用。光电导体中载流子密度的变化和光电导中陷阱的密度与种类密切相关，下面分析电子陷阱对光电导惰性的影响。

用单一能级的陷阱简化陷阱对光电导的作用。当输入照度较低并取单分子复合模型时，可列出如下两个微分方程

$$\frac{\mathrm{d}(\Delta n)}{\mathrm{d}t} = L - \frac{\Delta n}{\tau_\mathrm{a}} + H_\mathrm{E} - H_\mathrm{T} \tag{6.4.16}$$

$$\frac{\mathrm{d}(\Delta n_\mathrm{H})}{\mathrm{d}t} = -H_\mathrm{E} + H_\mathrm{T} \tag{6.4.17}$$

式中，Δn 和 Δn_H 分别是载流子（电子）的密度和陷阱中的电子密度；H_E 和 H_T 分别是陷阱对

电子的俘获率和释放率。它们可分别表示为

$$H_E = P_H \Delta n (N_H - \Delta n_H) \tag{6.4.18}$$

$$H_T = P_H \Delta n_H \Delta n_T \tag{6.4.19}$$

式中，P_H 是电子被俘获的几率，热平衡时，$H_E = H_T$，因此

$$\frac{\Delta n}{\Delta n_H} = \frac{\Delta n_T}{N_H - \Delta n_H} \tag{6.4.20}$$

由于照度很低，可以认为多数陷阱是空的，即 $N_H \gg \Delta n_H$，所以可将上式简化为

$$\frac{\Delta n_H}{\Delta n} \approx \frac{N_H}{\Delta n_H} = g \tag{6.4.21}$$

这表明在低照度下 Δn 和 Δn_H 的比值是与照度无关的常量 g。

利用式(6.4.17)和式(6.4.18)，可以写出靶面停止光照时的微分方程

$$\frac{\mathrm{d}(\Delta n_H)}{\mathrm{d}t} + \frac{\mathrm{d}(\Delta n)}{\mathrm{d}t} = -\frac{\Delta n}{\tau_a} \tag{6.4.22}$$

再将式(6.4.21)求一阶导数，得

$$\frac{\mathrm{d}(\Delta n_H)}{\mathrm{d}t} = g \frac{\mathrm{d}(\Delta n)}{\mathrm{d}t} \tag{6.4.23}$$

将式(6.4.23)代入式(6.4.21)，得

$$\frac{\mathrm{d}(\Delta n)}{\mathrm{d}t} = -\frac{\Delta n}{(1+g)\tau_a} \tag{6.4.24}$$

根据初始条件 $t = 0$ 时，$\Delta n = L\tau_a$，求解这一方程，其解为

$$\Delta n = L\tau_a \mathrm{e}^{-\frac{t}{(1+g)\tau_a}} \tag{6.4.25}$$

比较式(6.4.13)和式(6.4.25)可知，当有陷阱能级时光电导惰性的弛豫时间常数增大到 $(1+g)$ 倍。由此可见，陷阱对光电导惰性的影响是很严重的。典型摄像管的惰性如图 6-24 所示。

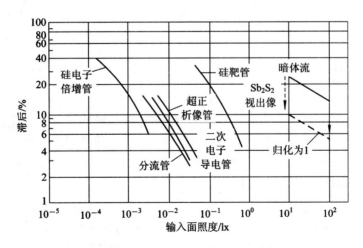

图 6-24　典型摄像管的惰性

2. 电容性惰性

当电子束扫描靶面时，靶面电位并不是立即下降到零电位，而是随时间增加逐渐下降。这一下降规律取决于扫描电子束的等效电阻和靶的等效电容。由此造成靶面在电子束

扫描后仍有残余电荷，从而产生惰性。由于这种惰性是因靶的电容引起的，因此称为电容性惰性。

扫描电子束到达靶面形成着靶电流，这一着靶电流的数值与靶面的电位有关，经实测两者的关系曲线如图 6-25 所示。

为了减小摄像管的电容性惰性，可供采取的措施有：

（1）减小靶的等效电容。在选择靶材料时，以取相对介电常数较小的材料为宜。设计靶的厚度时，应在允许的电荷扩散造成分辨力下降的条件下尽量取较大的厚度值。而最常采用的措施是：制造低密度疏松结构的靶，可在不影响光电导效应的前提下增加靶的厚度，从而有效地降低了靶的等效电容值。

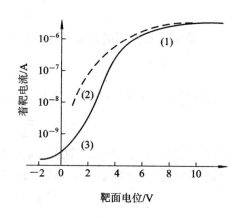

图 6-25　着靶电流与靶面电位的关系曲线

（2）降低电子束的等效电阻。为减小电子束的等效电阻，可在不影响电子束电流的前提下降低发射电子束的等效温度，这就导致了层流电子枪的产生。层流电子枪的电子轨迹不产生交叉，这样就消除了由电子交叉运动所引起的轴向速度进一步分散，从而降低了电子束温度。图 6-25 中的虚线是层流电子枪的特性曲线。经测定得到，在 100 nA 的电子束电流条件下，普通电子枪的等效温度约为 3300 K，而层流电子枪的等效温度约为 1490 K。在通常工作条件下，层流电子枪所产生的电容性惰性仅为普通电子枪的三分之一。

（3）在低照度时增加背景光。摄像管的电容性惰性与电子束流的大小有关，当增加电子束流时，电子束的等效电阻下降，因此，加大输出信号可以减小惰性。可利用这一关系在摄取低照度图像时人为地给靶面一个均匀的底光，使输出信号电流叠加一个背景电流，这样可以降低电容性惰性。由于底光产生的背景电流是直流量，可以由隔直电容加以滤除。

6.4.3　摄像管的分辨力

电视摄像管摄像时对图像的分辨能力是一项重要的性能指标。由于电视系统采用扫描方式，故分辨力在垂直和水平方向上一般是不同的。所以通常分为垂直分辨力和水平分辨力，即以画面垂直方向或水平方向尺寸内所能分辨的黑白条纹数来表示。这一极限分辨的线条数简称为电视线（TVL），对摄像管也同样适用。

1. 垂直分辨力（或称为分解力）

在整个画面上，沿垂直方向所能分辨的像元数或黑白相间的水平等宽矩形条纹数称为垂直分辨力。例如，若能够分辨 800 行，即称垂直分辨力为 800TVL。

靶面的大小由电子束落点尺寸、扫描行数和扫描位置所决定，它们决定了垂直分辨力的上限。当这些因素确定之后，靶本身的质量就决定着分辨力的大小。

（1）扫描行数的影响。水平扫描行数为 600 行的电视系统，其垂直分辨力绝对不会超过 600 TVL。考虑实际扫描过程中的消隐行数，最高垂直分辨力总要低于扫描行数。

（2）扫描位置的影响。如果扫描中心线的位置不当，会使应有的分辨力下降，如图

6-26 所示。设被传送的是黑白测试图案，线条数为 N，当扫描中心线与条纹中心正好重合时，分辨力最高，如图 6-26(a)所示，此时垂直分辨力等于有效扫描行数(不考虑其他因素)。当扫描中心线与条纹边界重合时，垂直分辨力最低，图案难以分辨，如图 6-26(b)所示。但是如果图案线条加宽一倍，且仍可分辨，但垂直分辨力下降一半，如图 6-26(c)所示。如果扫描中心线与介于线条的中心线和边界线之间，则垂直分辨力将介于以上两种情况之间。

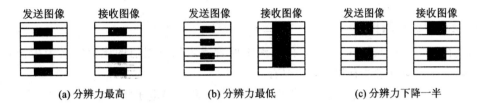

图 6-26　扫描线位置对垂直分辨力的影响

（3）扫描电子束落点尺寸及其电流密度分布。以上(1)、(2)是假设扫描电子束落点尺寸正好等于线宽的情况。如果不等，垂直分辨力随着落点尺寸的变化而变化。如果束点尺寸增大，垂直分辨力将会下降。这是由于扫描时同时取走了相邻线条的信号，使它们相互混淆所致。此外垂直分辨力还与束点上的电流密度分布有关。通常电子束截面上的电流密度服从高斯分布，所以束点中心和边缘部分的阅读能力不同。如果设计均匀密度分布的束点，阅读效果及分辨力会大大改善。

2. 水平分辨力

在整个画面上，沿水平方向所能分辨的像元数称为水平分辨力，习惯上也用电视线来表示。

由于在水平方向上，扫描电子束是连续移动的，所以它同垂直方向上的情况不同。因此两者的分辨力也不相等。除了靶和屏以外，影响水平分辨力的因素主要还有以下几种：

（1）扫描电子束落点尺寸的影响，如图 6-27 所示。由于以直径为 d 的束点进行扫描，所以使黑白边界变得模糊，模糊的范围与 d 相等。束点尺寸对水平分辨力的影响称之为孔阑效应。为了减小孔阑效应，应缩小束点的水平尺寸。

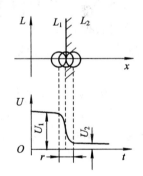

图 6-27　扫描电子束落点尺寸对水平分辨力的影响

（2）信道频带宽度的影响。电子束扫描靶面时，像元上的信号接连不断的输送出去，像元数越多，输出脉冲频率越高。这就要求信道有足够的带宽。如果带宽不够，就会限制水平分辨力。根据我国电视标准，可以算出信道带宽为

$$\Delta f = 0.0128M \quad （单位为 MHz）\tag{6.4.26}$$

式中，M 为垂直分辨力。

摄像管的分辨力通常以 TVL 或电视的行/高表示，也可以换算成以 lp/mm 表示的分辨力，即

$$\Delta f = \frac{M}{2h} = \frac{M}{1.2l}\tag{6.4.27}$$

式中，h、l 分别为光栅高度和对角线的长度。

例如，某摄像管的分辨力为 400 TVL，靶面有效直径为 16 mm，则靶面上的分辨力应为

$$f = \frac{400}{1.2 \times 16} = 20.8 \text{（单位为 lp/mm）} \tag{6.4.28}$$

6.4.4 摄像管的其他特性参数

1. 摄像管的信噪比

输出视频信号电流峰-峰值与输出电流中所含噪声均方根值的比值定义为摄像管的信噪比。摄像管的噪声来源有很多，主要有：

（1）光子、光电子、载流子、二次电子发射电子和扫描电子的散粒噪声。

（2）载流子的产生——复合噪声。

（3）热噪声。

（4）$1/f$ 噪声。

（5）预放器噪声。

当噪声大时，在图像上反映为大量随机移动的黑点和亮点。不同的探测目的要求摄像管信噪比是不一样的。为使观察者感觉不到噪声，光电导视像管的信噪比应大于 25。摄像管灵敏度定义为：输出视频信号一定时（刚好满足信噪比要求），光敏面所需要最小辐射照度的倒数。所以摄像管的灵敏度与信噪比密切相关。

通常在光电导视像管中，放大器噪声是主要的。在高增益的电子轰击感应电导型及带移像部分的摄像管中，光子、光电子及预放器噪声共同起作用。

2. 光电转换特性（γ 特性）

光电转换特性表征输出视频信号电流 I_s，与光敏面上的辐照度 E 的关系曲线，如图 6-28 所示。此关系曲线通常可用下式表示

$$I_s = kE^\gamma \tag{6.4.29}$$

式中，k 为常数；指数 γ 随不同光敏面材料而变。

由式(6.4.29)可知，γ 值就是以双对数坐标表示的光电转换特性曲线的斜率，又称为灰度系数。用对数坐标表示的光电转换特性如图 6-29 所示。

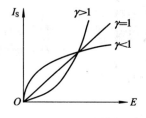

图 6-28 光电转换特性曲线

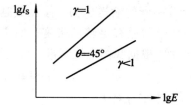

图 6-29 对数坐标表示的光电转换特性

当 $\gamma = 1$ 时，灰度等级均匀；当 $\gamma < 1$ 时，有均匀的灰度畸变，但此时提高了弱照度时的灵敏度，而使强照度时的光电转换特性呈一定的饱和状态。前者有利于提高暗场时的信

噪比,后者有利于扩展动态范围。$\gamma > 1$ 是不适用的,因为对整个电视系统而言,从输入到输出既包含了摄像管的光电转换特性,同时也包含信道和显像管的电光转换特性。而显像管的电光转换特性 γ 值都大于 1,所以为了使整个电视系统总的灰度特性为 1,通常使用 $\gamma < 1$ 的摄像管。

3. 动态响应范围

摄像管所能允许的光照强度变化的范围称之为动态响应范围,其下限决定于低照度下的信噪比,而上限则决定于靶面存储电荷的能力。通常靶的电位起伏最高限为几伏,否则会影响电子束的聚焦与边缘电子束的着靶。

除以上摄像管的特性参数外,评价摄像管性能还使用暗电流、畸变、晕光、寿命和机械强度等参数。

6.5　CCD 电荷耦合成像器件

20 世纪 70 年代,美国贝尔实验室 W. S. Boyle 和 G. E. Smith 提出了 CCD 概念。CCD 是英文"Charge Coupled Device"的缩写,中文译为"电荷耦合器件"。从 CCD 概念提出到商品化的电荷耦合摄像机的出现仅仅经历了几年。其所以发展迅速,主要原因是它的应用范围相当广泛。现在不论是信号处理,还是数字存储;不论是高精度摄影,还是家用摄像;不论是民用,还是军用,可以说从太空到海底到处都有 CCD 的用武之地。CCD 技术的应用已经成为现代光电子学和现代测试技术中极具发展前景的领域之一。

作为多功能器件,CCD 主要有三大应用领域:摄像、信号处理和存储。特别是在摄像领域,目前,在闭路电视、家用摄像机方面,CCD 摄像机呈现出了"一统天下"的趋势,在广播及电视摄像机中,CCD 摄像机也几乎完全取代了真空摄像机。在工业、军事和科学研究等领域中的应用,如方位测量、遥感遥测、图像制导、图像识别和数字化检测等方面,CCD 更是呈现出其高分辨力、高准确度、高可靠性等突出优点。

到目前为止,还只有硅电荷耦合器件(Si - CCD)达到成熟,由于材料和工艺等关系,其他响应波长更长的器件还有待成熟。近几年来,另一种引人注目的互补金属-氧化物-半导体(CMOS)器件正在光电成像技术领域异军突起,本小节将对其进行简单的介绍。

6.5.1　CCD 的基本结构与存储原理

1. CCD 的物理基础

CCD 是基于 MOS(金属-氧化物半导体)电容器在非稳态下工作的一种器件。单个 CCD 的基本结构(MOS 结构)如图 6 - 30 的(a)和(b)所示。在硅片上生长一层 SiO_2 层,厚度为 d,再蒸镀上一层金属铝作为栅电极。硅的下端为欧姆接触,便构成一个 MOS 二极管或 MOS 电容器。U_g 为加在栅电极上的偏压,当栅电极对地为正时,则 U_g 为正,反之 U_g 为负。半导体作为底电极,称为"衬底"。衬底分为 P 型硅衬底和 N 型硅衬底,它们对应不同的沟道形式。由于 P 型硅衬底的电子迁移率高,所以大多数 CCD 选用 P 型硅衬底。下面都是以 P 型硅衬底 MOS 电容器为例进行说明。

构成 CCD 的基本单元 MOS(Metal Oxide Semiconductor)结构,栅极电压变化对耗尽

区的影响如图 6-31 的(a)和(b)所示,在栅极 G 施加电压 U_g 之前 P 型半导体中空穴(多数载流子)的分布是均匀的。当栅极施加正电压 U_g(此时 U_g 小于 P 型半导体的阈值电压 U_{th})时,P 型半导体中的空穴将被排斥,并在半导体中产生耗尽层。U_g 继续增加,耗尽层将继续向半导体内延伸。当 U_g 大于 U_{th} 后,耗尽层的深度将与 U_g 的大小成正比变化。此时氧化层绝缘体 SiO_2 和半导体界面上的电势 Φ_s(表面势 Φ_s 表征了耗尽层的深度)随之提高,以至于将 P 型半导体中的电子(少数载流子)吸引到表面,形成一层极薄(约 10^{-2} μm)而电荷浓度很高的反型层,反型层形成时的外加电压称为阈值电压 U_{th}。

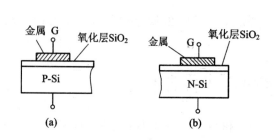

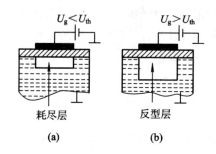

图 6-30　单个 CCD 的基本结构(MOS 结构)　　图 6-31　栅极电压变化对耗尽区的影响

　　反型层的出现说明了当栅极电压达到阈值时,在 SiO_2 和 P 型半导体之间建立了导电沟道。因为反型层的电荷是负的,故称为 N 型沟道 CCD。若将 MOS 的衬底材料由 P 型转换成 N 型,U_g 电压反向连接,则反型层电荷由空穴组成,即成为 P 型沟道 CCD。

2. MOS 电容器的电荷存储原理

　　在 MOS 电容器上施加足够大的栅极电压,使半导体的界面处能带向下弯曲而形成反型层。在电压加到栅极上的瞬间,在介电弛豫时间(约 10^{-12} s)内,金属电极上感应生成正电荷,而半导体中只有多子(空穴)能跟上变化,少子(电子)取决于"产生-复合"过程而跟不上这个变化(还来不及产生),反型层也还没有形成(尽管 $U_g > U_{th}$),因此有 N 个空穴从表面流向体内,体内则有同样数目的空穴流向底电极以保持体内的电中性。而在界面层内留下了同样数目的离化受主。此时外加电压大部分降落在半导体表面的空间电荷区上,只有一小部分降落在 SiO_2 层上。此时尽管半导体表面已形成强反型层的条件,但因电子尚未来得及产生,实质上那里只是空的电子势阱。也就是说表面还处在载流子耗尽状态,因此耗尽层从表面一直延伸到体内较深处,所以此时也称为深耗尽状态(形成势阱)。深耗尽状态实际上是 MOS 电容器处于热非平衡时的一种状态。MOS 电容器处于深耗尽状态时,耗尽层的厚度超过强反型层时的表面势,其大小都由栅极电压的大小来决定。此时如果由外来因素(光注入或者电注入),则这些与外来因素对应的信号将进入并保存在该势阱内,形成了信号电荷的存储。

3. CCD 器件的电荷耦合(传输)

　　当 CCD 工作时,可以用光注入或电注入的方法向势阱注入信号电荷,以获得自由电子或自由空穴。势阱所存储的自由电荷通常也称之为电荷包。在提取信号时,需要将电荷包有规则的传递出去,即进行电荷的转移。CCD 的电荷转移是利用耗尽层耦合的原理,根据加在 MOS 电容器上的 U_g(大于 U_{th},一般 U_{th} 为 2 V)越高产生的势阱越深的事实,在耗尽层耦合的前提下,通过控制相邻 MOS 电容器栅压的高度来调节势阱的深浅,使信号电荷由势阱浅的位置流向势阱深的位置。此外 CCD 中电荷的转移必须按照确定的方向。所以 MOS 电容器阵列上所加的电位脉冲必须严格满足相位时序要求,使得任何时刻势阱的变化总是朝着一个方向。

为了理解在 CCD 中势阱及电荷是如何从一个位置转移到另一个位置的,可观察图 6-32 所示的 4 个彼此靠得很近的电极在加上不同电压情况下,势阱与电荷的运动规律。

假定开始时有一些电荷存储在偏压为 10 V 的第二个电极下面的深势阱里,其主电极上均加有大于阈值的较低电压(如 2 V)。设图 6-32(a)为初始时刻,经 t_1 时刻后,各电极上的电压变为 6-32(b)所示,第二个电极仍保持为 10 V,第三个电极上的电压由 2 V 变到 10 V,因为这两个电极靠的很紧(间隔只有几微米),它们各自的对应势阱将合并在一起。原来在第二个电极下的电荷变为这两个电极下的势阱所共有,如图 6-32(b)和图 6-32(c)所示。若此后电极上的电压变为图 6-32(d)所示,第二个电极电压由 10 V 变为 2 V,第三个电极电压仍为 10 V,则共有的电荷转移到第三个电极下的势阱中,如图 6-32(e)所示。由此可见,深势阱及电荷包向右移动了一个位置。

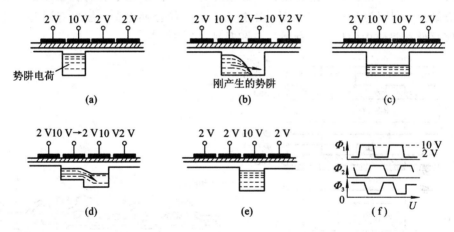

图 6-32 三相电荷的转移过程

通过将一定规则变化的电压加到 CCD 各电极上,电极下的电荷包就能沿半导体表面按一定方向移动。通常把 CCD 电极分为几组,并施加同样的时钟脉冲。CCD 内部结构决定了使其正常工作所需的相数。图 6-32 所示的结构需要三相时钟脉冲,其波形如图 6-32(f)所示,这样的 CCD 称为三相 CCD。三相 CCD 电荷耦合(传输)方式必须在三相交叠脉冲的作用下才能以一定的方向、逐个转移单元。应当指出,CCD 电极间隙必须很小,电荷才能不受阻碍的自一个电极转移到相邻电极下。如果电极间隙比较大,两相邻电极间的势阱将被势垒隔开,不能合并,电荷也不能从一个电极向另一个电极转移。CCD 便不能在外部脉冲的作用下正常工作。

能够产生完全耦合条件的最大间隙一般由具体电极结构、表面态密度等因素决定。理论计算和实验验证,为了不使电极间隙下方界面处出现阻碍电荷转移的势垒,间隙的长度应小于 3 μm,这就是同样条件下半导体表面深耗尽区宽度的大致尺寸。当然,如果氧化层厚度及表面态密度不同,结果也会不同。但对绝大多数 CCD,1 μm 的间隙长度是足够小的。

4. CCD 的结构

1) 转移电极结构

转移电极结构通常按照每位采用的电极相数来划分。对于普通结构的CCD，为了使电荷包单向转移，至少需要三相。对于特殊结构的CCD，也可以采用二相供电或四相供电等方式。

（1）三相 CCD 是最简单的电极结构。因为在某一确定的时刻，对存储有电荷的电极而言，两个相邻电极，需要一个被打开，另一个保持关闭，以阻止电荷倒流。

为了发挥各类CCD结构的最佳性能，对时钟脉冲有一定的要求。对三相时钟脉冲有三个要求：① 三相时钟脉冲有一定的交叠，在交叠区内，电荷包原势阱与接收势阱同时存在，以保证电荷在这两个势阱间充分转移；② 时钟脉冲的低电平必须保证沟道表面处于耗尽状态；③ 时钟脉冲幅度选取适当。

（2）二相 CCD 的电极结构。为使CCD能在二相时钟脉冲驱动下工作，电极本身必须设计成不对称型，在这种不对称电极下产生体内势垒，保证电荷能够定向移动。图 6-33（a）为台阶氧化层二相结构，图 6-33（b）为离子注入势垒二相结构，图 6-33（c）为其电势分布。图 6-34 为二相多晶硅栅极结构。二相时钟方法在结构上和时钟驱动上都很简单。但它也有缺点，即因为厚氧化层下面是阻挡势垒，不能存储电荷，加之势阱势垒差减小，所以能够存储在势阱中的信号电荷量比三相时钟情况少。

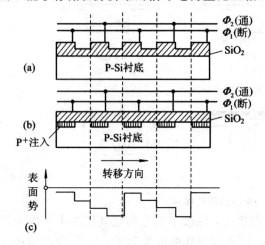

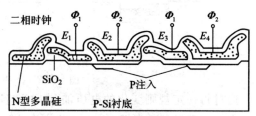

图 6-33　二相时钟的电极结构　　　　　图 6-34　二相多晶硅栅极结构

图 6-35 给出的是使电极有方向性的二相CCD的转移过程和二相时钟波形。为方便分析，假定 $U_{th}=0$。当 $t=t_1$ 时，$\Phi_1=0$，$\Phi_2=U$。因此电极 1 下面无势阱，电极 2 下面有台阶状势阱。我们假定现在电荷包存储在电极 2 和电极 4 下面。当 $t=t_2$ 时，$\Phi_1=\Phi_2=U/2$。各电极下面的电势分布相同。图 6-35（c）中的箭头表示电势分布的转移方向，即表示随着时间从 t_1 到 t_3，奇数电极下的势阱变深，偶数电极下的势阱变浅。当 $t=t_3$ 时，势阱成阶梯状，最深的地方在电极 3 和电极 5 下面。当 $t=t_5$ 时，$\Phi_1=U$，$\Phi_2=0$。电荷包转移了一个电极距离。从 t_5 到 t_8 期间产生第二次转移。图 6-35（c）中的 $t_4 \sim t_5$ 和 $t_6 \sim t_7$ 的间隔称为输入/输出（I/O）间隔。图 6-35（c）中的波形是对称波形而不是脉冲波形。

二相时钟波形的脉冲波形如图 6-36 所示，并且波形不重叠。$t_1 \sim t_5$ 脉冲的电荷包由电极 1 下面转移到电极 2 下面。同样，$t_6 \sim t_7$ 脉冲的电荷包由电极 2 下面转移到电极 3 下面。

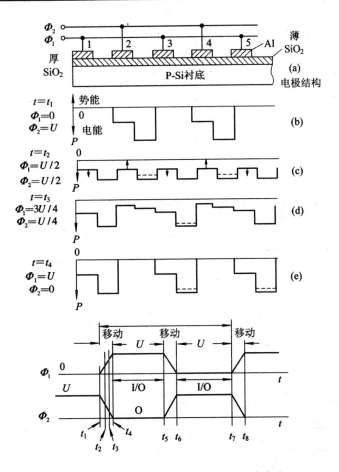

图 6 - 35　二相 CCD 的转移过程和时钟波形

$t_7 \sim t_8$ 间隔是 I/O 间隔。

二相 CCD 结构采用 $1\frac{1}{2}$ 工作模式驱动，即一个栅极电极加一定的直流偏压，另一个栅极电极加时钟脉冲，其工作原理如图 6 - 37 所示，将 Φ_1 固定，只改变 Φ_2 即可，幅值要比直流偏压高一倍。虽然这种工作模式比一般的二相方式的时钟脉冲摆幅要大些，但驱动的外围电路可以简化。

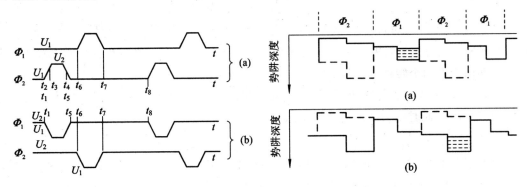

图 6 - 36　二相时钟的脉冲波形　　　　图 6 - 37　单时钟脉冲二相 CCD

(3) 四相 CCD 电极结构。四相电极 CCD 的电极结构如图 6-38 所示。奇数电极位于厚 SiO_2 上，偶数电极位于薄 SiO_2 上。因此即使在同一栅极电压下，偶数电极下面的耗尽层要深一些。图 6-39 所示的是四相 CCD 的时钟波形，图 6-40 所示的是其电势分布以及转移过程图。图 6-40(a) 是四相结构的简化形势。当 $t=t_1$ 时，$\Phi_1=\Phi_3=\Phi_4=0$，$\Phi_2=U$。因此如图 6-40(b) 所示，仅在电极 2 下面存在势阱。如果此时该势阱积累有电荷包，则在 $t=t_2$ 时，$\Phi_1=\Phi_3=0$，$\Phi_2=\Phi_4=U$，如图 6-40(c) 所示，第二个势阱在电极 4 下面。从 t_3 到 t_6 的转移如图 6-40(d)~6-40(g) 所示。

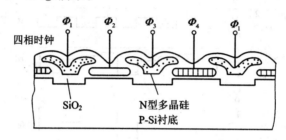

图 6-38 四相 CCD 的电极结构

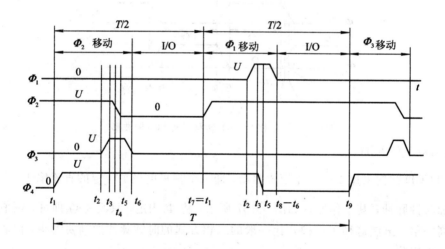

图 6-39 四相 CCD 的时钟波形

由此可见，t_1~t_6 期间，电荷包从电极 2 转移到电极 4。图 6-40 所示的 t_7~t_8 期间产生第二次转移，电荷包从电极 4 转移到电极 6。所以，电荷包的存储都发生在偶数电极下。在一个周期内产生两个转移。t_6~t_7 和 t_8~t_9 是 I/O 间隔。

四相 CCD 工作状态与三相器件、二相器件相比，较为适合于工作时钟频率很高的情况（如 100 MHz），此时驱动波形接近于正弦波。

2) 转移沟道结构

CCD 的转移沟道有两种形式，即表面沟道和体内或埋沟道的形式。前者称为表面 CCD，简记为 SCCD；后者称为埋沟 CCD，简记为 BCCD。前面介绍的都是表面 CCD，下面简单介绍埋沟 CCD。

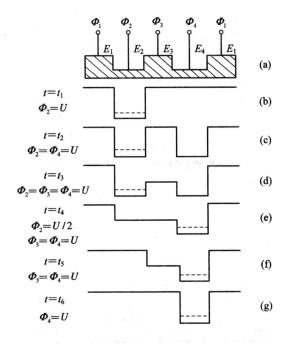

图 6-40 四相 CCD 的电势分布与转移过程

表面 CCD 存在电荷转移速度和转移效率低的问题,其主要原因是受表面态和迁移率的影响。在 Si 和 SiO_2 界面处的表面态,能够接受电荷包中的电子,也能向电荷包发射电子。当电荷包转移时,空的界面态从沟道中获得电子,如果它能很快地把这些电子释放出来,随原电荷包一起前进,将不影响转移效率;但若释放慢,则电子将进入后续的电荷包,造成信息损失。为了避免表面态的这种影响,将电荷转移沟道做在体内,从而形成埋沟 CCD。

埋沟 CCD 与表面 CCD 电荷转移机理的区别在于:① 前者携带信息的电子是 N 层中的多子,而后者则是 P 层中的少子;② 表面 CCD 中的信号电荷集中在界面处很薄的反型层中,而埋沟 CCD 的信号电荷集中在体内的 z 平面附近。

埋沟 CCD 在性能上则至少在以下几点上优于表面 CCD:

(1) 因信号电荷在体内存储和转移,避开了界面态俘获信号电荷的不良影响,所以转移损失率较小,一般比表面 CCD 小 1~2 个数量级。

(2) 由于各栅极电压具有较强的耦合,这种耦合沟道加深而变强,从而增加了边缘电场。另外,硅体内迁移率比表面迁移率高约一倍,因此埋沟 CCD 的工作频率较高,已证实在 135 MHz 的时钟频率下仍可工作。

(3) 埋沟 CCD 的最大优点是噪声低。这种低噪声和高传输效率相结合,可使埋沟 CCD 成为低照度下较为理想的摄像器件。

埋沟 CCD 的主要缺点是信号处理容量较小,约比表面 CCD 小一个数量级。为提高埋沟 CCD 的容量,已出现了蠕动式结构,简称为 P^2CCD。它采用轻掺杂外延层,表面实行浅注入重掺杂。这样既能防止大电荷包接触表面,又能保证埋沟深度,并且无需加过高的工作电压。如果是小信号,则能以高速在外延层内的通道中转移;如果是大信号,则进入杂质浓度较高的区域,这种 P^2CCD 比普通埋沟 CCD 的容量要大好几倍。

3）输入、输出结构

典型 CCD 的输入、输出结构如图 6-41 所示。在 CCD 的主体两端分别加上输入二极管（ID）和输入栅（IG）构成电荷的输入结构，输出控制栅（OG）和输出二极管（OD）构成电荷的输出结构，三相二位 CCD 的结构如图 6-42 所示。

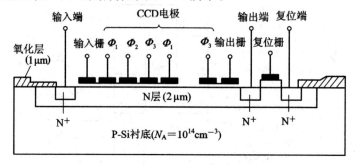

图 6-41　典型 CCD 的输入、输出结构

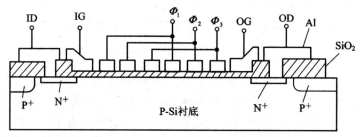

图 6-42　三相二位 CCD 的结构

（1）电荷的注入和检测。在 CCD 中，电荷注入的方式很多，归纳起来，可分为光注入和电注入的方法向势阱注入信号电荷。

光注入就是对光敏区的光敏元栅极施加正电压，使栅极下产生耗尽势阱，则光敏区产生的光生载流子被收集到这个势阱中。当转移栅为高电平时，信号电荷将从寄存区转移到水平位移寄存器，完成光注入。

当光照射 CCD 硅片时，在栅极附近的半导体体内产生电子-空穴对，其多数载流子被栅极电压排开，少数载流子则被收集到势阱中并形成信号电荷。光注入方式又可分为正面照射式和背面照射式。在背面照射（CCD 摄像器件的光敏单元为光注入方式）这种方式下，光注入电荷 Q_{IP} 为

$$Q_{\mathrm{IP}} = \eta q \Delta n_{\mathrm{e0}} A T_0 \qquad (6.5.1)$$

式中，η 为材料的量子效率；q 为电子电荷量；Δn_{e0} 为入射光的光子流速率；A 为光敏单元的受光面积；T_0 为光注入时间。

电注入实际上就是对 CCD 通过输入结构对信号电压或电流进行采样，将信号电压或电流转换为信号电荷。电注入的方法很多，这里仅介绍两种常用的电流注入法和电压注入法。

① 电流注入法。电流注入法如图 6-43(a) 图所示，由 N$^+$ 扩散区和 P 型衬底构成注入二极管。IG 为 CCD 的输入栅，其上加适当的正偏压以保持开启并作为基准电压，模拟输入 U_{IN} 信号加在输入二极管 D 极上。当 Φ_2 为高电平时，可将 N$^+$ 区（D 极）看成是 MOS 晶体

管的源极，IG 为其栅极，而 Φ_2 为漏极。当工作在饱和区时，输入栅下沟道电流为

$$I_s = \mu \frac{W}{L_g} \cdot \frac{C}{2} (U_{IN} - U_{IG} - U)^2 \tag{6.5.2}$$

式中，W 为信号沟道宽度；L_g 为注入栅的长度；μ 为载流子表面迁移率；C 为注入栅电容。经过 T_c 时间注入后，Φ_2 下势阱的信号电荷量 Q_s 为

$$Q_s = \mu \frac{W}{L_g} \cdot \frac{C}{2} (U_{IN} - U_{IG} - U)^2 T_c \tag{6.5.3}$$

可见这种注入方式的信号电荷 Q_s 不仅依赖于 U_{IN} 和 T_c，而且与输入二极管所加偏压 U 的大小有关。因此 Q_s 与 U_{IN} 的线性关系较差。

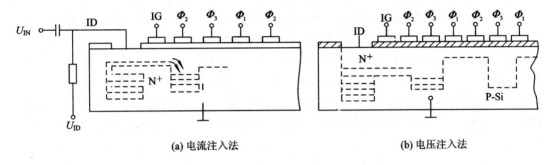

(a) 电流注入法   (b) 电压注入法

图 6-43　电荷的注入

② 电压注入法。电压注入法如图 6-43(b) 所示，电压注入法和电流注入法类似，也是把信号加到源极扩散区上，所不同的是输入栅 IG 电极上加上与 Φ_2 同相位的选通脉冲，其宽度小于 Φ_2 的脉宽。在选通脉冲的作用下，电荷被注入到第一个转移栅 Φ_2 下的势阱里，直到势阱的电位与 N^+ 区的电位相等时，注入电荷才停止。Φ_2 下势阱中的电荷向下一个电极转移之前，由于选通脉冲已经中止，输入栅 IG 下的势垒开始把 Φ_2 和 N^+ 区的势阱分开，同时，留在 IG 下的电荷被挤到 Φ_2 和 N^+ 区的势阱中。由此而引起起伏，不仅产生输入噪声，而且使信号电荷 Q 与 U_{IG} 的线性关系变坏。这种起伏可以通过减小 IG 电极的面积来克服。另外，选通脉冲的截止速度减慢也能减小这种起伏。电压注入法的电荷注入量 Q 与时钟脉冲频率无关。

(2) 电荷的检测。电荷的检测也称为输出方式。信号电荷经输入结构变成大小不同的电荷包后，就在时钟脉冲驱动下沿 CCD 沟道转移，很快转移到输出端的最后一个时钟电极下面。如何将电荷包无破坏地检测出来是输出结构的任务。目前 CCD 的输出方式主要有电流输出、浮置扩散放大器输出和浮置栅放大器输出。

① 电荷的输出。电荷输出如图 6-44(a) 所示，电荷输出方式由反向偏置二极管、二极管偏置电阻 R、源极输出放大器和复位场效应管 U_R 等单元构成。信号电荷在转移脉冲 Φ_1、Φ_2 的驱动下向右转移到最末一级下的势阱中，当 Φ_2 电极上的电压由高变低时，由于势阱的提高，信号电荷将通过输出栅 OG（加有恒定电压）下的势阱进入反向偏置的二极管（图 6-42(a) 中的 N^+ 区）中。二极管收集信号电荷来控制 A 点电位的变化。由电源 U_D 的内阻 R、衬底 P 和 N^+ 区构成的输出二极管反向偏置电路，对电荷电子来说相当于一个很深的势阱。进入反向偏置的二极管中的电荷，将产生电流 I_D，且 I_D 的大小与注入二极管中的信号量 Q_s 成正比，与 R 成反比。电阻 R 是制作在 CCD 器件内部的固定电阻，阻值为常数。所

以，输出电流 I_D 与注入二极管中的电荷量 Q_s 呈线性关系，且

$$Q_s = I_D \, dt \tag{6.5.4}$$

由于 I_D 的存在，使得 A 点电位发生变化。注入二极管中的电荷量 Q_s 越大，I_D 也越大，A 点电位下降的越低。所以，可以用 A 点的电位来检测注入到输出二极管中的电荷量 Q_s。隔直电容 C 只将 A 点的电位变化取出，使其通过场效应管放大器的 Q_s 端输出。复位场效应管 V_R 用于对检测二极管的深势阱进行复位。其作用是在一个溢出周期中，注入输出二极管深势阱中的信号电荷将通过偏置电阻 R 放电。R 太小，信号电荷易放电，输出信号持续时间很短，不利于检测。R 太大，可以使输出信号获得较长的持续时间，在转移脉冲 Φ_1 周期内，信号电荷被卸放掉的数量不大，有利于信号的检测。但是，在下一个信号到来时，没有释放掉的电荷势必与新转移来的电荷叠加，破坏后面的信号。为此，引入复位场效应管 V_R，使没有来得及被卸掉的信号电荷通过复位场效应管卸掉。

② 浮置扩散放大器输出。浮置扩散放大器输出如图 6-44(b) 所示，前置放大器与 CCD 同做在一个硅片上，T_1 为复位管，T_2 为放大管。复位管在 Φ_2 下的势阱未形成之前，在 R_G 端加复位脉冲 Φ_k，使复位管导通，把浮置扩散区剩余电荷抽走，复位到 U_{DD}。而当电荷到来时，复位管截止，由浮置扩散区收集的信号电荷来控制 T_2 管栅极电位变化，设电位变化量为 ΔU，则有

$$\Delta U = \frac{Q_s}{C_{FD}} \tag{6.5.5}$$

式中，C_{FD} 为浮置扩散区有关的总电容，包括浮置二极管势垒电容 C_d；OG、DG 与 FD 之间的耦合电容 C_1、C_2 及晶体管的输入电容 C_g，即

$$C_{FD} = C_d + C_1 + C_2 + C_g \tag{6.5.6}$$

经放大器放大 K_U 倍后，输出的信号

$$U_0 = K_U \Delta U \tag{6.5.7}$$

以上两种输出机构均为破坏性的一次性输出。

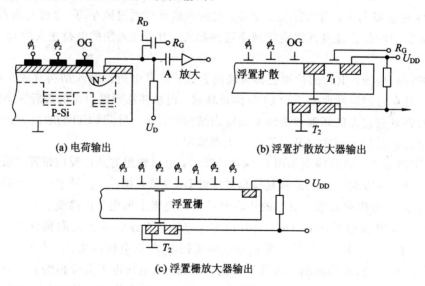

(a) 电荷输出

(b) 浮置扩散放大器输出

(c) 浮置栅放大器输出

图 6-44　电荷输出电路

③ 浮置栅放大器输出。浮置栅放大器输出如图 6-44(c)所示，T_2 的栅极不是直接与信号电荷的转移沟道相连接，而是与沟道上面的浮置栅线相连。当信号电荷转移到浮置栅下面的沟道时，在浮置栅上感应出镜像电荷，以此来控制 T_2 的栅极电位，达到信号检测与放大的目的。显然，这种机构可以实现电荷在转移过程中进行非破坏性检测。转移到 Φ_2 下的电荷所引起的浮置栅上的电压的变化 ΔU_{FG} 为

$$\Delta U_{\mathrm{FG}} = \frac{|Q_{\mathrm{s}}|}{\dfrac{C_{\mathrm{d}}}{C_{\mathrm{i}}}(C_{\mathrm{i}} + C_{\Phi_2} + C_{\mathrm{g}}) + (C_{\Phi_2} + C_{\mathrm{g}})} \tag{6.5.8}$$

式中，C_{Φ_2} 为 FG 与 Φ_2 间的氧化层电容。

6.5.2 CCD 的性能参数

1. 转移效率 η 和转移损失率 ε

电荷转移效率是表征 CCD 性能好坏的重要指标。把一次转移后，到达下一个势阱中的电荷与原来势阱中的电荷之比称为转移效率 η。

$$\eta = \frac{Q_{(0)} - Q_{(t)}}{Q_{(0)}} = 1 - \frac{Q_{(t)}}{Q_{(0)}} \tag{6.5.9}$$

如果转移损失率定义为

$$\varepsilon = \frac{Q_{(t)}}{Q_{(0)}} \tag{6.5.10}$$

则转移效率 η 和转移损失率 ε 关系为

$$\eta = 1 - \varepsilon \tag{6.5.11}$$

式中，$Q_{(0)}$ 为 $t=0$ 时某电极下的电荷；当 $Q_{(t)}$ 为时间 t 时，大多数电荷在电场作用下向下一个电极转移，但总有一小部分电荷由于某种原因被留在该电极下的电荷。

理想情况下 η 应等于 1，但实际上电荷在转移过程中有损失。所以，总是 η 小于 1，常为 0.9999 以上，一个 $Q_{(0)}$ 的电荷包，经过 n 次转移后，所剩下的电荷 $Q_{(n)}$ 为

$$Q_{(n)} = Q_{(0)} \eta^2 \tag{6.5.12}$$

这样，n 次转移前后电荷的关系为

$$\frac{Q_{(n)}}{Q_{(0)}} = \mathrm{e}^{-n} \tag{6.5.13}$$

如果 $\eta=0.99$，经 24 次转移后 $\dfrac{Q_{(n)}}{Q_{(0)}}=78\%$，而经过 192 次转移后 $\dfrac{Q_{(n)}}{Q_{(0)}}=14\%$。由此可见，提高转移效率是电荷耦合器件能否实用的关键。

2. 工作频率 f

1) 决定工作频率下限的因素

为了避免由于热产生的少数载流子对于注入信号的干扰，注入电荷从产生一个电极转移到另一个电极所用的时间，必须小于少数载流子的平均寿命 τ，即 $t<\tau$。

在正常工作条件下，对于三相 CCD，则 $t=T/3=1/3f$，故

$$f > \frac{1}{3\tau} \tag{6.5.14}$$

可见，工作频率的下限与少数载流子的寿命有关。

2）工作频率上限

当工作频率升高时，若电荷本身从一个电极转移到另一个电极所需的时间 t 大于驱动脉冲使其转移的时间为 $T/3$，那么，信号电荷跟不上脉冲驱动的变化，将会使转移效率大大下降，为此要求 $t \leqslant 1/3t$，即

$$f \leqslant \frac{1}{3t} \tag{6.5.15}$$

这就是电荷自身的转移时间对驱动脉冲频率上限的限制。由于电荷转移的快慢与载流子迁移率、电极长度、衬底杂质浓度和温度等因素有关，因此，对于相同的结构设计，N 沟 CCD 比 P 沟 CCD 的工作频率高。

6.5.3 CCD 成像器件

1. 工作原理

电荷耦合摄像器件是用于摄像或像敏的器件，简称为 ICCD。它的功能是把二维光学图像信号转变为一维时序的视频信号输出。

它有两大类型：线型和面型。两者都需要光学成像系统将景物图像成像在 CCD 的像敏面上。像敏面将照在每一个像敏单元上的图像照度信号转变为少数载流子数密度信号存储于像敏单元（MOS 电容）中。然后，再转移到 CCD 的移位寄存器（转移电极下的势阱）中，在驱动脉冲的作用下顺序的移出器件，成为视频信号。

对于线型器件，它可以直接接收一维光信号，而不能直接将二维图像转变为视频信号输出。为了得到整个二维图像的视频信号，就必须用扫描的方法来实现。

1）线型 CCD 摄像器件的两种基本形式

（1）单沟道线型 ICCD。单边传输如图 6-45(a)所示为三相单沟道线型 ICCD 的结构。由图 6-45 可见，光敏列与转移区——移位寄存器是分开的，移位寄存器被遮挡。这种器件在光积分周期里，光栅电极电压为高电平，光敏元在光的作用下产生电荷并存储在光敏 MOS 电容势阱中，当转移脉冲到来时，线型光敏阵列势阱中的信号电荷并行转移到 CCD 移位寄存器中，最后在时钟脉冲的作用下一位一位地移出器件，形成视频脉冲信号。

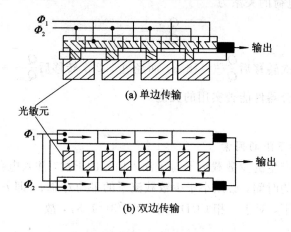

图 6-45 线型 CCD 摄像器件

这种 CCD 转移次数多、转移效率低，只适用于像敏单元较少的摄像器件。

（2）双沟道线型 ICCD。双边传输如图 6-45(b)所示，它具有两列 CCD 移位寄存器 A 与 B，分列在像敏阵列的两边。当转移栅 A 与 B 为高电位(对于 N 沟道器件)时，光积分阵列的信号电荷包同时按箭头方向转移到对应的移位寄存器内，然后在驱动脉冲的作用下，分别向左转移，最后以视频信号输出。显然，同样像敏单元的双沟道线阵 ICCD 的转移次数少一半，它的总转移效率也大大提高。因此一般高于 256 位的线阵 ICCD 都为双沟道。

2）面阵 ICCD

按一定的方式将一维线型 ICCD 的光敏单元及移位寄存器排列成二维阵列，即可以构成二维面阵 ICCD。由于排列方式不同，面阵 ICCD 常有帧转移、隔列转移和线转移三种。

（1）帧转移面阵 ICCD。图 6-46 所示的是三相帧转移面阵 CCD 的结构。它由成像区（光敏区）、暂存区和水平读出寄存器三部分构成。成像区由并行排列的若干电荷耦合沟道组成(图中的虚线方框)，各沟道之间用沟阻隔开，水平电极横向贯穿各沟道。假定有 M 个转移沟道，每个沟道有 N 个成像单元，整个成像区共有 $M \times N$ 个单元。暂存区的结构和单元数都和成像区相同，暂存区与水平读出寄存器均被遮蔽。

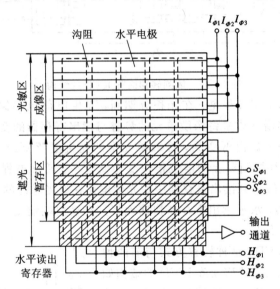

图 6-46　三相帧转移面阵 ICCD 的结构

其工作过程是：图像经物镜成像到光敏区，当光敏区的某一相电极(如 I_ϕ)加有适当的偏压时，光生电荷将被收集到这些电极下方的势阱里。这样被摄光学图像变成了光积分电极下的电荷包图像。

当光积分周期结束时，加到成像区和暂存区电极上的时钟脉冲便将收集到的信号电荷迅速转移到暂存区中。然后，依靠加在暂存区和水平读出寄存器上的适当脉冲，并由它经输出级输出一帧信息。当在第一场读出的同时，第二场信息通过光积分又收集到势阱中。如果第一场信息被全部读出，第二场信息马上就传送给寄存器，使之连续地读出。

这种面阵 CCD 的特点是结构简单，其光敏单元的尺寸可以很小，但光敏面积占总面积的比例小。

（2）隔列转移面阵 ICCD。其结构如图 6-47 所示，它的像敏单元呈二维排列，每列像敏单元被遮光的读出寄存器(垂直 CCD)及沟阻隔开，像敏单元与读出寄存器之间又有转移

控制栅。由图 6-45 可见，每一像敏单元对应于两个遮光的读出寄存器单元。读出寄存器
与像敏单元的另一侧被沟阻隔开。由于每列像敏单元均被读出寄存器所隔开，因此这种面
阵 ICCD 称为隔列转移面阵 ICCD。

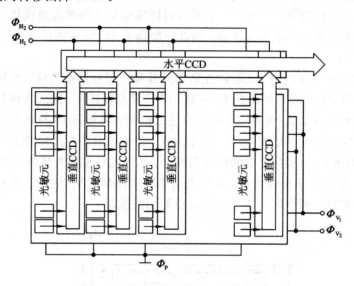

图 6-47　隔列转移面阵 ICCD 的结构

这种面阵 ICCD 的工作过程是：在光积分期间，光生电荷包存储在像敏单元势阱里，
转移栅为低电位，转移栅下势垒将像敏单元的势阱与读出寄存器的变化势阱隔开。当光积
分时间结束，转移栅的电位由低变高，像敏单元中的光生电荷便经过对应的读出寄存器
中。转移过程很快，转移控制栅上的电位很快变为低电平。转移过程结束后，光敏单元与
读出寄存器又被隔开，转移到读出寄存器中的光生电荷在遮光脉冲的作用下一行一行地向
水平读出寄存器中转移，水平读出寄存器快速地将其经输出端输出。在输出端得到与光学
图像对应的一行行视频信号。

　　（3）线转移面阵 ICCD。这种转移方式与前两种
方式相比，取消了存储区线转移面阵 ICCD 的结构如
图 6-48 所示，多了一个线寻址电路（图 6-48 中的
①）。它的像敏单元一行一行地紧密排列，很类似于
帧转移型 ICCD 的光敏区，但它的每一行都有一定的
地址。它没有水平读出寄存器，只有一个输出寄存器
（图 6-48 中的③），当线寻址电路选中某一行像敏
单元时，驱动脉冲将使该行的光生电荷包一位一位
地按箭头方向转移，并移入输出寄存器，输出寄存器
亦在驱动脉冲的作用下使信号电荷包经输出端输出。
根据不同的使用要求，线寻址电路发出不同的数码，
就可以方便地选择扫描方式，实现逐行扫描或隔行

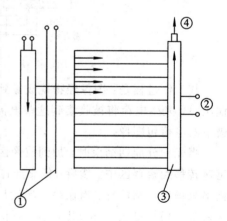

图 6-48　线转移面阵 ICCD 的结构

扫描。若 n 行像敏单元，每输出一行的时间（行周期）为 T，则隔行扫描的场周期 $T'=nT/2$，
每行的光积分时间为 $2T'-T=(n-1)T$。这种转移方式具有有效光敏面积大、转移速度快

和转移效率高等特点，但其电路较复杂。

2. ICCD 的基本特性参数

1）光电转换特性

在 ICCD 中，电荷包是由入射光子被衬底硅吸收而产生的少数载流子所形成的，因此它具有良好的光电转换特性。它的光电转换因子可达到 99.7％。

2）光谱响应

ICCD 接受光照有正面光照和背面光照两种形式。由于 ICCD 的正面布置着很多电极，电极的反射和散射作用使得正面照射的光谱灵敏度比背面照射时低。即使是透明的多晶硅电极也会因为电极的吸收和在整个 Si-SiO$_2$ 界面上的多次反射所引起某些波长的光而产生干涉现象，出现若干个明暗条纹，使光谱响应曲线出现若干个峰与谷，即发生起伏。为此，ICCD 常采用背面照射的方式。采用硅衬底的 ICCD，其光谱响应范围为（0.4～1.1）μm。其平均量子效率为 25％，绝对响应为（0.1～0.2）A·W^{-1}。

3）动态范围

动态范围是指势阱的最大电荷存储量（输出饱和电压）与噪声的峰-峰值电压之比，即

$$动态范围 = \frac{V_{sat}}{V_{p-p}} \tag{6.5.16}$$

式中，V_{sat} 为输出饱和电压；V_{p-p} 为噪声的峰-峰值。典型的电荷包最大值为 2×10^6 个电子。最大的动态范围一般为 80 dB 左右。

4）暗电流

在正常工作的情况下，MOS 电容处于非平衡状态。但随着时间的推移，由于热激发而产生的少数载流子使系统趋向平衡。因此即使在没有光照或其他方式对器件进行电荷注入的情况下，也会存在暗电流。暗电流是大多数摄像器件所共有的特性，是判断一个摄像器件好坏的重要指标。暗电流在整个摄像区域不均匀时，更是如此。

产生暗电流的主要原因有：

（1）耗尽的硅底中电子自价带至导带的本征跃迁。

（2）少数载流子在中性体内的扩散。

（3）来自 SiO$_2$ 表面引起的暗电流。

（4）Si-SiO$_2$ 界面表面引起的暗电流。

在大多数情况下，SiO$_2$ 表面引起的电流以暗电流为主，在室温下，它达到 5 nA·cm^{-2} 的密度。但是在许多器件中，有许多单元可能有几百 nA·cm^{-2} 的局部暗电流密度，它来源于一定的体内杂质。它们产生引起暗电流的能带复合中心。这些杂质在原始硅材料中就有，在制造器件时也可能被引入。为了减小暗电流，应采用缺陷尽可能少的晶体来减少沾污。

另外，暗电流还与温度有关，温度越高，热激发少数载流子越多，暗电流也就越大。据计算，温度降低 10℃，暗电流可降低 1/2。

5）分辨力

分辨力是图像传感器的重要特性，常用光学传递函数（OTF）中的调制传递函数（MTF）来评价。图 6-49 为宽带光源（白炽光源）与窄带光源（单色光源）照明下某线阵 ICCD 的 MTF 曲线。图 6-49(a) 和 (b) 中的横坐标为归一化的空间频率，纵坐标为其模传递函数。

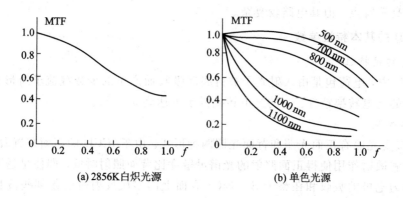

图 6-49　某线阵 ICCD 的 MTF 曲线

6.6　CMOS 图像传感器

　　互补金属-氧化物-半导体(CMOS)型固体摄像器件是早期开发的一类器件,基于 CMOS 工艺的 CMOS 图像传感器较 CCD 具有可在芯片上进行系统集成、随机读取及低功耗和低成本等潜在的优势。最早出现在 CMOS 摄像器件是无源像素 PPS(Passive Pixel Sensors),但受到灵敏度、高噪声等困扰。随着 CMOS 技术和制造工艺技术的进展,通过改进结构,采用 PG(Photo Gate)、PD(Photo Diode)像素结构和相关双采样 CDS(Correlated Double Sampling)、双 A 采样 DDS(Double Delta Sampling)技术,特别是采用固定图像噪声消除电路等,使得它在当前的单片式彩色摄像机中得到了广泛的应用,各种规格的 CMOS 摄像器件已经普遍用于低端的数码相机和摄像机,事实上目前它已经成为 CCD 摄像器件的一个有力的"竞争者"。

1. CMOS 图像传感器

1) CMOS 图像传感器结构与工作原理

　　CMOS 图像传感器的光电转换原理与 CCD 基本相同,其光敏单元受到光照后产生光生电子。而其信号的读出方式与 CCD 不同,每个 CMOS 像素传感单元都有自己的缓冲放大器,而且可以被单独选址和读出。

　　图 6-50 上部给出了光敏二极管和 MOS 三极管组成的相当于一个像元的模型结构剖面,在光积分期间,MOS 三极管截止,光敏二极管随入射光的强弱产生对应的载流子并存储在源极的 P-N 结部位上。当积分期结束时,扫描脉冲加在 MOS 三极管的栅极上,使其导通,光敏二极管复位到参考电位,并引起视频电流在负载上流过,其大小与入射光强对应。图 6-50 下部给出了一个具体的像元结构,由图 6-50 可知,MOS 三极管源极 P-N 结起光电变换和载流子存储作用,当栅极加有脉冲信号时,视频信号被读出。

　　如果将上述的像元集成在一块,便可以构成自扫描 CMOS 一维摄像传感器,其基本电路如图 6-51(a)所示。它由光敏二极管阵列和对光敏二极管寻址的 MOS 场效应管组成,MOS 场效应管的栅极连接到移位寄存器的各级输出端上。在这种情况下,光敏二极管是起开关作用的 MOS 场效应管的源浮置。这种 CMOS 一维摄像传感器的工作过程如图 6-51(b)所示。图 6-51(a)中的光敏二极管 D_2,当 S_2 接通时,反偏置的 P-N 结电容上充

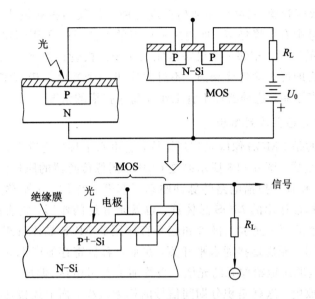

图 6-50 光敏二极管和 MOS 三极管组成的光电转换、光电存储和开关元件的模型

电至电荷饱和。经过一个时钟周期后，S_2 断开，D_2 的一端浮置。在这种状态下，若无光照射到光敏二极管 D_2 上，则在下一个扫描周期中，即使 S_2 再次接通也没有电流流过。但若此时有光照射 P-N 结，将产生电子-空穴对，在 D_2 上有放电电流流过，D_2 中存储的电荷将与入射光量成正比。为了弥补上述电荷损失，当 S_2 下一次接通时，将有充电电流流过，此充电电流即为视频信号。

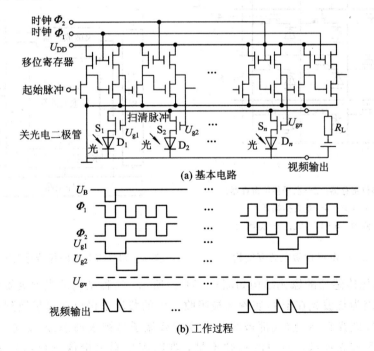

图 6-51 CMOS 一维图像传感器

由于 MOS 场效应管栅-漏电容和加扫描或时钟的母线与视频输出线之间有寄生电容存在，造成输出信号中有尖峰噪声。抑制这种噪声的方法可以采用邻位相关法，即在某一光敏二极管被读出的同时，相邻一个已被读完的光敏二极管再次被读出，由于后者只是噪声成分，将其抵消后即可去除尖峰噪声。不过对应于一个光电二极管需要两个 MOS 场效应管开关。由于噪声限制，这种器件不宜工作在高速扫描的情况下。

2）CMOS 图像传感器阵列结构

图 6-52 所示的是 CMOS 像敏元阵列结构，它由水平移位寄存器、垂直移位寄存器和 CMOS 像敏元阵列组成。图 6-53 所示的是 CMOS 图像传感器的原理框图。如前所述，各 MOS 晶体管在水平和垂直扫描电路的脉冲驱动下起开关作用。水平移位寄存器从左至右顺次地接通起水平扫描作用的 MOS 晶体管，也就是寻址的作用，垂直移位寄存器顺次寻址阵列的各行。每个像元由光敏二极管和起垂直作用的 MOS 晶体管组成，在水平移位寄存器产生的脉冲作用下顺次地接通水平开关，在垂直移位寄存器产生的脉冲作用下顺次地接通垂直开关，于是顺次地给像元的光敏二极管加上参考电压（偏压）。被光照的二极管产生载流子使结电容放电，这就是积分期间信号的积累过程。而上述接通偏压的过程同时也是信号读出过程。在负载上形成的视频信号大小正比于该像元上的光照强弱。

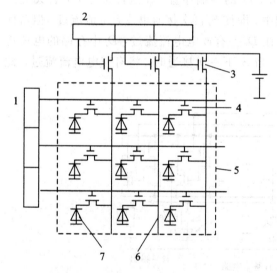

1—垂直移位寄存器；2—水平移位寄存器；
3—水平扫描开关；4—垂直扫描开关；
5—像敏元阵列；6—信号线；7—像敏元

图 6-52　CMOS 像敏元阵列结构

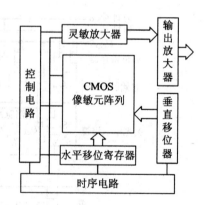

图 6-53　CMOS 图像传感器的原理框图

CMOS 图像传感器的像元结构如图 6-54(a)所示。这种结构的光谱灵敏度的分布不利于彩色摄像。因为长波光在 P 衬底深部被吸收产生的载流子仍可通过扩散到达结区作为信号而读出，而短波光在 N^+ 层浅部被吸收形成的载流子易被表面态或 N^+ 层中高浓度杂质复合。结果对长波光灵敏，而短波长则不足，难以满足彩色摄像三色信号灵敏度平衡的要求。

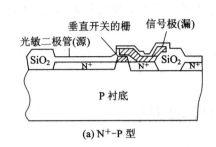

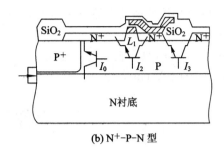

(a) N$^+$-P 型　　　　　　　　　　　　(b) N$^+$-P-N 型

图 6 - 54　CMOS 图像传感器的像元结构

为了减少表面复合，可以采用 N$^+$ 层，为了抑制长波长光的灵敏度，可以采用 P 型势阱结构，即 N$^+$ - P - N 结构，如图 6 - 54(b)所示。这种结构也有利于提高结电容，使饱和信号变大。

2. CMOS 图像传感器与 CCD 图像传感器的比较

CMOS 与 CCD 图像传感器相比，具有功耗低、摄像系统尺寸小及可将图像处理电路与 MOS 图像传感器集成在一个芯片上等优点，但其图像质量（特别是低亮度环境下）与系统灵活与 CCD 的相比相对较低。由于具有上述特点，CMOS 适合于大规模批量生产，适用于小尺寸、低价格和对摄像质量无过高要求的应用，如保安用小型相机、微型相机、手机、计算机网络视频会议系统、无线手持式视频会议系统、条形码扫描器、传真机、玩具和生物显微计数器等。CCD 与 CMOS 图像传感器相比，具有较好的图像质量和灵活性，仍然保持高端的摄像技术应用，如天文观测、卫星成像、高分辨数字照片拍摄、广播电视、高性能工业摄像及部分科学语义学摄像等应用。CCD 器件的灵活性与 CMOS 器件相比，用户可构建更多不同的摄像系统。CCD 与 CMOS 图像传感器在价格方面几乎相等。这主要是 CCD 具有成熟的技术与市场，CMOS 器件具有较高的技术与市场开发成本。CMOS 与 CCD 图像传感器的光电转换原理相同，均在硅集成电路工艺线上制作，工艺线的设备亦相同。但不同的制作工艺和不同的器件结构使二者在器件能力与性能上具有相当大的差别。

灵敏度代表传感器的光敏单元收集光子产生电荷信号的能力。CCD 器件的灵敏度较 CMOS 高 30%～50%。这主要是因为 CCD 像元耗尽区深度可达 10 mm，具有可见光及近红外光谱段的完全收集能力。CMOS 由于采用(0.18～0.5) mm 标准 CMOS 工艺，由于采用的电阻率硅片需保持低工作电压，像元耗尽区深度只有(1～2) mm，其吸收截止波长小于 650 mm，导致像元对红光及近红外光吸收困难。

电子-电压转换率表示每个信号电子转换为信号电压的大小。由于 CMOS 在像元中采用高增益低功耗互补放大器结构，其电压转换率略优于 CCD。CCD 要达到同样的电压转换率需要付出进一步增大器件功耗的代价。CCD 研制者正进一步研究新的读出放大器结构以提高响应率。

动态范围表示器件的饱和信号电压与最低信号阈值电压的比值。在可比较的环境下，CCD 器件的动态范围约是 CMOS 的两倍。主要由于 CCD 芯片物理结构决定通过电荷耦合，电荷转移到公共的输出端几乎没有噪声，使得 CCD 器件噪声可控制在极低的水平。CMOS 的低噪声特性是由其物理结构决定的。

响应均匀性有光照和无光照两种，CMOS 器件的响应均匀性较 CCD 有较大的差距。

研制者研究采用反馈放大器等技术改进有光照条件下的均匀性,使之逐渐接近 CCD 的均匀水平。

标准 CMOS 具有较高的暗电流($1\ \text{nA/cm}^2$,最低为 $100\ \text{pA/cm}^2$),而 CCD 的暗电流密度为$(2\sim10)\ \text{pA/cm}^2$。

6.7 变像管和图像增强管

把各种不可见的图像(包括红外图像、紫外图像及射线图像)转换成可见光图像的器件称为变像管。把强度低于视觉阈值的图像增强到可以观察程度的光电成像器件称之为像增强管。可见,变像管和像增强管都是"图像-图像"变换器件。两者的工作原理相同,只有光阴极面的光谱响应不同。

6.7.1 变像管的典型结构与工作原理

图 6-55 为变像管的简易结构图。在抽真空的玻璃外壳内的一个端面上涂以半透明的光电阴极,在另一个端面的内侧涂以荧光粉,另外在管中安置了阳极。

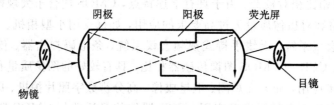

图 6-55 变像管的简易结构图

目标物所发出的某波长范围的辐射通过物镜在半透明的光电阴极上形成目标的像,引起光电发射。阴极面上每一点发射的电子数密度正比于该点的辐照度。这样,阴极将光学图像转变成电子数密度图像,加有正高压的阳极形成很强的静电场,合理的安排阳极的位置和形状,让它对电子密度图像起到电子透镜的作用,使阴极发出的光电子聚焦成像打在荧光屏上。荧光屏在一定速度的电子轰击下发出可见的荧光。这样在荧光屏上便可得到目标物的可见图像。

涂在阴极面上的光电发射材料决定了管子是变像管,还是像增强管,若所涂材料对红外或紫外光线敏感,则它是变像管;若它只对微弱的可见光敏感,则它是像增强管。它们都是通过两次变换得到可见图像的,都是非扫描的光电线像器件。另外它们都具有图像增强的作用。实现图像增强一般有两种方法:增强电子图像密度和增强电子的动能。或者同时采用这两种方法。增强电子图像密度,一般利用二次电子发射来实现;增强电场或磁场的方法可以使电子的动能增加。由于图像的变幻和增强的方法很多,因而产生了各种类型的变像管和像增强管。

6.7.2 图像增强管

单级像增强管的光放大系数和光量子增益较小,直视工作距离较短。为了提高灵敏度,增长工作距离,通常采用串联或级联的方式。

1. 串联式像增强管

1) 磁聚焦三级串联式像增强管

图 6-56 所示的是磁聚焦三级串联式像增强管的结构。它由三个单级像管首尾相接，共同封装在一个管壳中构成。每个单级像管的高压电源通过电阻分压器加在金属环上，使其内部产生均匀加速电场。管外加长螺管线圈，用以产生轴向均匀磁场。两极中间连接处为夹心片结构，中间为云母片，它的前面是荧光屏，后面是光电阴极，两者的频谱特性应当正好匹配。

如果每级像管的增益 $G=100$，则三级串联式像管的总增益可达 10^5。实际上由于夹心片对光的吸收以及荧光屏与光阴极的频谱有偏差，使光电子增益略低于 10^5。

磁聚焦像增强管的优点是管内磁场均匀，特别是光阴极附近的磁场均匀，使得它的像差较小，图像聚焦均匀，像质好。但其体积笨重、电源消耗功率大，只适用于地面固定设备。

2) 电聚焦三级串联式像增强管

图 6-57 所示的是电聚焦三级串联式像增强管的结构。由图 6-57 可见，它的加速和聚焦全由电子透镜来实现，省去了长螺线管线圈，故其质量轻。并且还省去了励磁电源，减少了功耗损耗。但是由于中间夹心片只能做成平面形状，这对于轴对称电子透镜的宽电子束聚焦要产生的像散和场曲，使图像边缘分辨力变差。

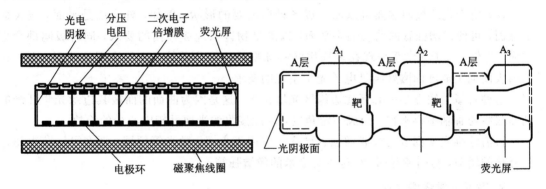

图 6-56　磁聚焦像三级串联式增强管的结构　　　图 6-57　电聚焦三级串联式像增强管的结构

2. 级联式像增强管

串联式像增强管虽然能提高管子的灵敏度，增大直视工作距离，但是它存在像差较大、图像分辨率较差、夹心片工艺复杂和成品率低等缺点。

级联式像增强管是提高灵敏度、提高成品率的有效方案，它是将三个单级像增强管通过光学纤维面板相互级联起来所构成的，分别如图 6-58 和图 6-59 所示。

光学纤维面板是由很多极细的光学纤维玻璃丝紧密排列并聚熔而成，它的一端切成平面，另一端切成（或研磨成）与阴极面或荧光屏面相匹配

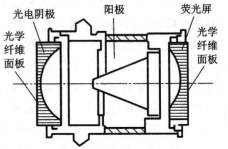

图 6-58　级联式像增强管单管的结构

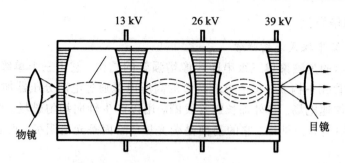

图 6-59 级联式像增强管的级联结构

的球面，然后用低熔点玻璃（光胶）将光学纤维与玻壳粘接起来而成。

组成光纤板的每根光纤管实际上就是导光管，它能将从一端入射的光线，经过多次全反射送到另一端。因为导管很细（微米量级），因此分辨率高，使做成的光纤板就能将光学图像高保真地从一端传送到另一端，形成光耦合。

用光纤板做级间耦合有很多优点：

（1）各级可以做成独立单管，因此工艺较简单，使成品率大大提高。在使用时，若某级管子损坏了可以更换。

（2）由于光纤板传光效率高达80%以上，因此用三级级联式像增强管可以获得更高的增益。

（3）由于光纤板的端面可以加工成各种所需要的形状，例如，外表面是平面，内表面是球面，可使像增强管的前表面是平面，以满足物镜系统成像面的要求，同时级间耦合也方便。另外，电子光学系统现在多采用同心球型静电聚焦系统，物和像都是球面，而面板的内表面加工成球面刚好满足电子光学系统的要求。

这种管子的缺点是中心区比边缘区光增益大，这是因为曲面的面板其边缘光学纤维的端面法线与管轴不再平行，而成一定角度，因此接收的光通量较中心少的缘故。

目前纤维光学耦合的级联增强管已广泛应用于夜视、微光等领域。现在可以获得超过三万倍的增益，分辨率超过30对线每毫米的像增强管。

3. 微通道式像增强管

微通道式像增强管的结构呈扁圆形，如图6-60所示。它的一个端面是光电阴极，另一个端面为荧光屏，中间是由具有很多二次电子倍增发射性能的微通道管集束而成的微通道导板。

光电阴极在入射光照下发出光电子，它们分别沿着各个小的微通道管不断地被二次电子倍增，倍增后的电子射到荧光屏上，便显示出明亮的光学图像。

微通道式像增强管的关键元件是为通道管，也称为电子倍增纤维管。它是一根细玻璃管，其内壁涂有较大二次电子发射系数和较大电阻率的半导体层，总电阻为$(10^9 \sim 10^{11})\ \Omega$。在通道管两端加电压（$(1 \sim 3)$ kV），则在通道内壁有电流通过使内壁电位由低到高均匀递增，在管内沿轴方向建立起均匀加速电场。当光电阴极发射出来的光电子进入微通道管后，打到通道管内壁，并且每经$(100 \sim 200)$ V电压加速后二次电子倍增一次，倍增后的电子再加速打到对面内壁，又产生二次倍增，如此不断倍增，使电子流急剧增加，最后射出微通道管打到荧光屏上，如图6-61所示。对于微弱辐射引起的光电阴极发射电流（$(10^{-9}$

～10^{-11}）A)来说，一般微通道管获得的增可达益 10^8。

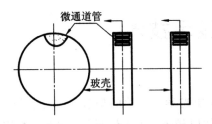

图 6-60　微通道式像增强管的结构

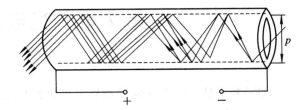

图 6-61　微通道管的二次电子倍增原理

　　目前已有两种类型的微通道式像增强管：近聚焦微通道式像增强管和静电聚焦微通道式像增强管。近聚焦微通道式像增强管如图 6-62 所示。光电阴极、微通道导板与荧光屏三者尽可能地靠近，以使由光电阴极发射出的光电子能直接打到荧光屏上。通常光阴极与微通道板的距离不大于 0.1 mm，其极间电压不能加的太大，一般为（300～400）V，这样可以保证电子从微通道导板出来直接射到屏上，从而保证了图像质量。

　　静电聚焦微通道式像增强管的结构如图 6-63 所示。它与球对称型的像增强管很相似，光电阴极所形成的光电子像，经过静电电子透镜聚焦在微通道板上，微通道板输出面与荧光屏之间的电压为（5～6）kV。这种类型的管子的分辨率主要取决于单位面积的微通道板的通道数目以及微通道板与荧光屏的近聚焦。

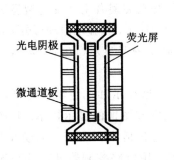

图 6-62　近聚焦微通道式像增强管

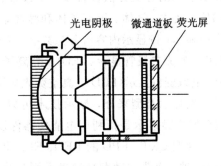

图 6-63　静电聚焦微通道式像增强管

　　总之，微通道式像增强管的优点是体积小、质量轻，而且由于微通道板的增益与所加偏压有关，因此可以通过调整偏压来调整增益。另外微通道式像增强管有自动防强光的优点。这是因为当微通道板工作在饱和状态时，输入电流的增加不会改变输出电流，因此可以保持荧光屏在强光下不至于被"灼伤"；但这种管子的噪声较大。一般来说，静电聚焦型的微通道式像增强管要比级联像增强管的调制函数好，而近聚焦型的调制函数较级联管差。

第 7 章　光电显示技术

　　显示技术是一种将反映客观外界事物的信息(如光学、电学的信息等),经过变换处理,以适当的形式(如图像、图形、数码和字符等)加以显示,供人们观看、分析、利用的一种技术。在当前的信息工程学领域中,把显示技术限定在基于电子手段产生的视觉效果上,即根据视觉可识别的亮度、颜色,将信息内容以电信号的形式传达给眼睛产生视觉效果。本章要介绍的光电显示技术,是建立在光学、化学、电子学、机械学和声学等科学技术基础上的具有某种程度的综合性技术,包括阴极射线致发光显示、液晶显示、等离子显示、注入电致发光显示和大屏幕显示等。

7.1　显示器件的性能指标

7.1.1　显示技术的分类

　　显示技术的分类方法多种多样,按颜色可分为黑白、单色、彩色显示;按显示材料可分为固体、液体、气体、等离子体和液晶显示;按显示发光类型有主动发光型显示和非主动发光型显示;按显示内容可分为数字、字符、图形、图像显示;按显示原理可分为电子束显示(CRT)、发光二极管显示(LED)、等离子体显示(PDP)、液晶显示(LCD)、电致发光显示(ELD)、电致变色显示(ECD)、真空荧光显示(VFD)等。

　　其中按显示类型来分,显示技术可以分为主动发光型显示和非主动发光型显示两大类,主动发光型显示是指利用电能使器件发光,显示文字和图像的显示技术。其产品主要包括真空管型 CRT、FPD 的 LED、ELD 和 PDP 之外,还包括 VFD 和 FED(场致发射显示器)等很多种。而非主动发光型显示则是指本身不发光,用电路控制器件对外来光的反射率或透射率,借助于太阳光、照明光实现显示的显示技术。其产品主要包括 LCD、ECD 等。

　　现在信息媒体中所使用的显示器件也是多种多样的。多种显示方法造就了多种多样的显示器件。

7.1.2　显示器件的主要性能指标

　　由于显示器件可用来重现图像、图形、显示信号波形和参数,因此对显示器件来说最重要的是显示彩色图像的质量。对不同用途的显示有不同的要求,除了对客观信息的要求之外,还有由于人的生理和心理因素所决定的要求。以下介绍较为普遍性的主要性能指标参量。

1. 亮度

亮度是指单位面积上的发光强度,即

$$L = \frac{\mathrm{d}I}{\mathrm{d}A}$$

式中，I 为发光强度；A 为发光面面积。

亮度的单位为坎德拉每平方米（$\mathrm{cd/m^2}$），有时也称为尼特（nt）。显示器对画面亮度的要求与环境光强度有关，一般亮度为 70 $\mathrm{cd/m^2}$，具有这种亮度的图像在普通室内照度下清晰可见。在室外观看则要求画面亮度应达到 300 $\mathrm{cd/m^2}$ 以上，这也是我们对高质量显示器亮度的要求。在电影院中，普通电影的亮度大约为（30～45）$\mathrm{cd/m^2}$。人眼可见的最低亮度为 0.03 $\mathrm{cd/m^2}$，人眼所能忍受的极限亮度为 50 000 $\mathrm{cd/m^2}$。

2. 对比度和灰度

对比度（C）是指画面上最大亮度（$L_{\max}$）与最小亮度（$L_{\min}$）之比，即

$$C = \frac{L_{\max}}{L_{\min}}$$

好的图像显示要求显示器的对比度至少要大于 30，这是在普通环境光下观察的数据。现在市场上大多产品的对比度值很高，它主要是指在没有环境光即暗室中测试的数据。

有了高的亮度与高的对比度不一定能显示出好的图像，因为一般图像是有层次的，如人脸的显示要求层次多，即要求有较多的灰度级。灰度级是指画面上的亮度的等级差别（图像的黑白亮度层次）。人眼可分辨的最大灰度级大致为 100 级，日常生活中，一般照片、图像的最大对比度即为 100 左右；在电视中，通常用 10 个灰度级来表示。通常电视接收机所重现的图像能达到 7～8 级灰度就已经很满意了。显然灰度级越多，图像层次越分明，图像越柔和。眼睛可分辨的最大亮度层次为 100 级，电视中的一个灰度级间的亮度层次为 6.9 级。

在显示技术中，把数字、英文字母、汉字及特殊符号等称为字码；把机械零件等线条图称为图形。显示字码、图形、表格曲线对灰度没有要求，只要对比度高即可。而显示图形则除了要求有足够高的对比度外，还应同时要求有丰富的灰度等级。

3. 分辨力

人眼的分辨力是指人眼对所观察的实物细节或图像细节的辨别能力，具体量化起来就是能分辨出平面上的两个点的能力。人眼的分辨力是有限的，在一定距离、一定对比度和一定亮度的条件下，人眼只能区分出小到一定程度的点，如果点更小，就无法看清了。分辨力是指能够分辨出图像的最小细节的能力，是人眼观察图像清晰程度的标志，通常用平面上能够分辨出的明暗交替线条的总数来表示，而对于用矩阵显示的平板显示器常用电极数目表示其分辨力。为了显示普通电视图像的质量，要求扫描行电极数为 600；为了显示高清晰度电视图像，则要求扫描行电极数大于 1000。对于 LCD 与 PDP 等点阵显示器，其图像性能主要由像素数决定，即有效扫描线数及相当于扫描线长度的采样点数决定；而对于 CRT 显示器的分辨性能主要与荫罩的设计有很大关系。

只有兼备高分辨力、高亮度和高对比度的图像才可能是高清晰度的图像，所以上述三个指标是获得高质量图像显示所必不可少的。

4. 响应时间、余辉时间

响应时间是指从施加电压到出现图像显示的时间，又称为上升时间。从切断电源到图

像显示消失的时间称为下降时间，又称余辉时间。

电视图像显示时需要小于 1/30 s 的响应时间，一般主动发光型显示器件的响应时间都可小于 0.1 ms，而非主动发光型的 LED 显示器件的响应时间为(10～500) ms。在显示快速运动的电视图像时，由于响应时间太长，会出现拖尾或余像，使运动图像模糊，所以液晶显示器在用于图像变化缓慢的计算机显示时响应时间不成问题，而作为电视接收机时，相应时间就太长了。

5. 显示颜色

发光型显示器件发光的颜色和非发光型显示器件透射或反射光的颜色称作显示色，可用发射光谱或显示光谱的峰值及带宽，或色度坐标表示。显示色分为黑白、单色、多色和全色四大类。我们是在日光下长大的，在观看电视图像时，若不是彩色，则最好是黑白。显示器件的颜色显示能力，包括颜色的种类、层次和范围，是彩色显示器件的一个重要指标。CRT 电视机能显示色彩十分逼真的全彩色电视图像，而大部分发光型平板显示器件实现红光或绿光显示比较容易。

6. 发光效率

发光效率是指发光型器件所发出的光通量与器件所消耗的功率之比，单位为流明每瓦特(lm/W)。它决定了显示器件工作时的功率消耗，提高发光效率既可相应降低消耗功率，也可缓解显示器件整机的散热问题。

7. 存储功能

外加电压除去之后，仍然能保持显示状态的功能称为存储功能。存储功能可减少显示器件的功耗，并能有效地简化驱动电路，特别是在多路驱动和矩阵选址时，发挥作用巨大。

显示器件的其他参数还有体积、重量、显示面积、视角、性价比、可靠性、稳定性和寿命等，这里就不一一说明了。

7.2 显示器件的发光、颜色、视觉与彩色重现

7.2.1 颜色的基本特性及颜色混合

1. 颜色的基本特性

颜色分两大类：非彩色和彩色。非彩色是指黑色、白色和在这两者之间深浅不同的灰色。它们可以排成一个系列，由白色渐渐到浅灰、中灰、深灰直到黑色，这称为黑白系列或无色系，它可以用一条垂直线代表，一端是纯白，另一端是纯黑。灰色是不饱和色，黑白系列的非彩色的反射率代表物体的亮度，反射率越高时，接近白色；反射率越低时，接近黑色。一张洁白的纸的反射率可达 85% 以上，用来测量颜色定标用的标准白板的反射率可以大于 90%；一张黑纸的反射率可以低至 5% 以下，黑色天鹅绒的反射率可以低至 0.05%。

彩色系列或有色系列是指除了黑白系列以外的各种颜色。要确切地说清楚某一种颜色，必须考虑到颜色的三个基本特性，即色调、饱和度和明度，这三者在视觉中组成一个统一的总效果。

色调是指在物体反射的光线中以哪种波长占优势来决定的，不同波长产生不同颜色的

感觉，它表示颜色种类的区别。色调也称为色品，是彩色最重要的特征，它决定了颜色本质的基本特征。可见光谱不同波长的辐射在色觉上表现为不同的色调，如红、绿和蓝等。自发光体的色调决定于它本身的光辐射的光谱组成。非发光体的色调决定于照明光源的光谱组成和该物体的光谱反射或透射特性。

　　饱和度是指一个颜色的鲜明程度，也称为色纯度。如果物体的彩色饱和度高，则这个物体呈现深色，例如深红、深绿等。因此饱和度是颜色色调的表现程度，它取决于表面反射光的波长范围的狭窄性（即纯度）。饱和度与颜色中的白光含量有关，在物体反射光中，白色光越少，则它的色彩饱和度越大。在颜色中加上白色越多，其饱和度就越小。一般来说，在中等亮度下（即中等的反射率），颜色的饱和度是最大的。

　　我们通常所说的色度就是以上色调和饱和度的总称。

　　明度表示某种颜色的光对人眼引起的视觉强度，是指刺激物的强度作用于眼睛所发生的效应，它的大小是由物体反射系数来决定的，反射系数越大，则物体的明度越大，反之越小。明度也称为亮度，是人眼直接感受到的物体明亮程度，可描写人眼主观亮度感觉，与光的辐射功率有关。

　　色调、明度和饱和度是颜色的三个基本属性，非彩色只有明度的差别，而没有色调和饱和度这两种属性。

2. 颜色的混合

1）加法混色

　　（1）同时加色法。对于光谱中的每一种色光，都可以找出另一种按一定比例与它混合得到一种白色的色光，这一对色光称为补色。如红色与青色、绿色与紫色、蓝色与黄色都是互补色。如果混合的色光不是补色，便产生介于它们两者之间的中间色。光谱中的色光混合是一种加色法。这种加色法的结果可以用下列简单的式子表示：

$$红色＋绿色＝黄色$$
$$红色＋蓝色＝紫色$$
$$蓝色＋绿色＝青色$$
$$红色＋蓝色＋绿色＝白色$$

　　（2）继时加色法。将两种以上的颜色刺激以（40～50）Hz 以上的交替频率作用于视网膜，就形成混色刺激状态。混色称为继时混色，也称为时间混色。在混色盘上以适当比例涂上红、绿、蓝三基色，混色盘高速旋转时，可以得到光谱上的各种颜色。

　　（3）空间加色法。红、绿、蓝三个发光点，当它们互相靠得很近，近到人眼不能分辨时，这三个发光点便在人眼中产生混色效应。彩色电视呈现的颜色就是空间加色法的实用例子。当我们用放大镜去看彩色电视机的显像管的屏面时，会发现它是由红、绿、蓝的微小荧光粉发光点组成的。微小荧光粉受到电子束照射时便成为微发光体，其直径小于0.5 mm（粒子间距离与此值相近）。各个色点微粒在一定距离上表现出混色状态，人眼视角在 $0.5'\sim1'$ 以下时不能分辨出各色点，只能看到混合作用下的彩色点。一般人眼距离显像管不到 3 m 处，看到的画面就完全是混色的。

2）减法混色

　　色光混合是一种加色法，但日常生活中颜料、油漆等按不同颜色比例混合得出的颜色与上述的用色光混合得到的颜色是不一样的。颜料的颜色是颜料吸收了一定波长的光线以后所余下的光线的色调，例如，黄色颜料是从入射白光中吸收蓝光而反射红光和绿光的，所以用颜料、油漆等的混合配色是一种减色法。减色法的三原色是黄、品红、青，它们是相加三原色红、绿、蓝的补色。彩色电视机主要是应用加色混色法，而彩色影片的画面是由黄、青、品红三种影片颜料按减色法原理构成的，减法混色的各种结果如图 7-1 所示。

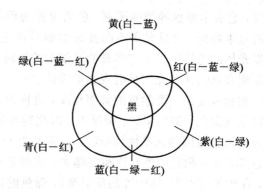

图 7-1 减法混色的各种结果

相加混色后颜色的明度是增加的，等于其投射光束明度的总和，而减色法中，混合后得出颜色的明度是减少的。

7.2.2 人眼的彩色视觉特性

1. 人眼空间混色特性

在同一时刻，当空间有三种不同颜色的点（如三基色点），它们的位置靠得足够近，以至于它们对人眼所张视角小于人眼的极限分辨角（人眼黑白视角分辨角约为 1′，彩色视角分辨角约为 4′）时，人眼就不能分辨出它们各自的颜色，而只能感觉它们的混合色。人眼的这种空间混色特性就是同时制式彩色电视的基础。

2. 人眼时间混色特性

在同一空间，不同颜色（如三基色）的变换时间小于人眼的视觉惰性（人眼白天有效积分时间约为 0.02 s）时，人眼就不能分辨出它们各自的颜色，而只能感觉它们的混合色。人眼的这种时间混色特性就是顺序制式彩色电视的基础。

3. 人眼生理混色特性

当人的两只眼睛同时分别观看两种不同颜色的同一景象时，同样可以获得混色效果，这就是人眼生理混色特性。

7.2.3 彩色重现原理

1. 三基色原理

人眼不仅有明暗视觉，而且还有彩色视觉。国际标准眼能分辨出 13 000 多种颜色，一般有经验的人的眼睛亦能分辨出 120 多种颜色。随着科学技术的发展，人们通过定性研究已经了解了颜色的连续性、颜色的可分性、颜色的可合性等性质。

根据以上性质，任一颜色都可以看做是由许多独立色彩的线性组合。即

$$c = \sum a_k c_k$$

式中，c 是任一颜色；a_k 是组合系数；c_k 是独立色彩。

同时根据上述性质，颜色符合亮度相加定律，即混合色的总亮度等于各组成颜色亮度的总和。

三基色原理是指选择三种相互独立的基色，按一定比例混合调配，模拟自然界中绝大

多数常见的彩色的原理。实验证明，自然界中客观存在的任一颜色可表示为三个确定的相互独立的颜色的线性组合。即

$$c = a_{10}c_{10} + a_{20}c_{20} + a_{30}c_{30}$$

式中，c_{10}、c_{20}、c_{30} 是三个确定的相互独立的色彩，也称为三基色；a_{10}、a_{20}、a_{30} 为三个独立色彩混合时的不同比例系数。如果三基色 c_{10}、c_{20}、c_{30} 选定后，则任何一种颜色可由三个独立变量 a_{10}、a_{20}、a_{30} 完全确定。现在实用上通常选择红(R)、绿(G)和蓝(B)作为三个基色。

2. 彩色重现

彩色重现是彩色显示，尤其是彩色图像显示的关键问题。正确重现彩色是彩色显示技术最基本的要求之一。下面以 CIE-RGB 计色系统为例，简单地介绍一下彩色重现的原理。

在 CIE-RGB 计色系统中，国际照明委员会(CIE)于 1931 年规定波长为 700 nm 的红光(R)，波长为 546.1 nm 的绿光(G)，波长为 435.8 nm 的蓝光(B)为三基色。同时规定在 CIE-RGB 系统用等量的(R)、(G)、(B)能配出等能白光，此等能白光是指在可见光谱范围内光谱射功率为恒定值的一种白光。实验表明，为配出标准等能白光，三个基色光的光通量之比为

$$\Phi_R : \Phi_G : \Phi_B = 1.0000 : 4.5907 : 0.0601$$

即是说，当用光通量为 1 lm 的红基色光为垂准时，为配出等能白光需要 4.5907 lm 绿基色光和 0.0601 lm 的蓝基色光。这时配出的 1E 等能白光的光通量为

$$1.0000 + 4.5907 + 0.0601 = 5.6508 \text{ lm}$$

为了简化计算，国际上统一规定：把波长为 700 nm、光通量为 1 lm 的红光作为一个红基色单位，并用(R)表示；把波长为 546.1 nm、光通量为 4.5907 lm 的绿光作为一个绿基色单位，并用(G)表示；把波长为 435.8 nm、光通量为 0.0601 lm 的蓝光作为蓝基色单位，用(B)表示。用配色方程表示等能白光为

$$F_{白} = 1(R) + 1(G) + 1(B)$$

那么对于任一给定的彩色光 F，其配色方程可写成

$$F = R(R) + G(G) + B(B)$$

式中，$R(R)$、$G(G)$、$B(B)$ 称为彩色光 F 的三色分量，R、G、B 称为三色系数，或称为三刺激值，它们的数值大小决定了所配彩色的光通量，用亮度方程表示为

$$\Phi_F = 1.0000R + 4.5907G + 0.0601B \text{(lm)}$$

而 R、G、B 在它们三者中的比例关系决定了彩色光 F 的色度，于是令

$$m = R + G + B$$

$$r = \frac{R}{R+G+B}, \quad g = \frac{G}{R+G+B}, \quad b = \frac{B}{R+G+B}$$

显然 $r + b + g = 1$。式中，m 称为色模，它代表某彩色光所含三基色单位的总量。r、g、b 称为色度坐标或相对色系数。它们分别表示当规定所用三基色单位总量为 1 时，为配出某给定色度的彩色光所需要的(R)、(G)、(B)的数值，则配色方程又可写成

$$F = m[r(R) + g(G) + b(B)]$$

而光通量(或亮度)可写成

$$\Phi = m(1.0000r + 4.5907g + 0.0601b) \quad \text{(lm)}$$

很显然，$R + G + B$ 的数值只表示混色后彩色量的亮度，它与颜色无关，式中，r、g、b

才表示混色后彩色的色度，称 r、g、b 为三基色的相对系数。同时由于 $r+g+b=1$，所以只要知道两个色度坐标就可以确定色度，这样就可以用一个平面来表示彩色的色度。

7.3 阴极射线致发光显示

德国阿尔萨斯州斯特拉斯堡大学的布劳恩（Karl Braun，1850—1918 年）1897 年设计了阴极射线示波器（Cathode Ray Tube，CRT）。1905 年诺贝尔物理学奖授予德国基尔大学的勒纳德（Philipp Lenard，1862—1947 年），表彰他在阴极射线方面所做的工作。由于 CRT 在图像质量和性能价格比上有很大的优越性，因此它也一直是平板显示类器件的参照物和追赶目标。

7.3.1 阴极射线发光体的发光机理

阴极射线发光主要包括光致发光中的分立发光和阴极射线发光中的复合发光。

1. 复合发光

典型的阴极射线显示发光物质为晶态发光体，这是一类含有杂质和其他缺陷的离子型晶体。晶态发光体的发光机理为复合发光，其特点是：能量吸收在基质中进行，而能量辐射则在激活剂上产生，即发光过程在整个晶体内完成。由于全过程中晶体内伴随有电子和空穴的漂移或扩散，从而常常产生特征性光电导现象，因而这类发光一般又称为光电导型发光。相对而言这类发光余辉较长，俗称磷光。电视机或监视器就是这类发光机理。复合发光可用能带模型描述。晶态发光体的能带结构如图 7-2 所示。

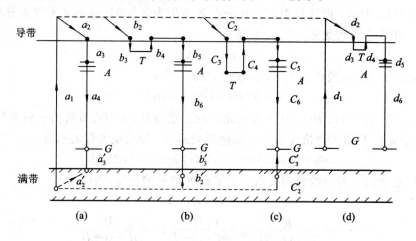

图 7-2 晶态发光体的能带结构

它由晶体基质所决定的价带和导带、制备发光体掺入的激活剂离子所产生的局部能级 G（一般为基态能级）以及晶体结构缺陷或加入的协同激活剂而产生的局部能级 T（一般为电子陷阱能级）等几部分组成。其发光的微观过程包括：

1）吸收激发能电离过程

晶体吸收外界激发能，引起基质价带电子和激活剂 C 能级上的电子（远少于基质电子）激发、电离而到达导带，从而在价带中引入空穴，导带中引入电子。

2）电子和空穴的中介运动过程

电离产生的电子和空穴分别在导带和价带中扩散。空穴扩散到价带顶附近后被激活剂离子 G 能级俘获。当电子扩散到导带底附近时，有的不经过亚稳态，直接落入激活剂离子 C 能级相应的激发态 A（a 过程）；有的被浅层亚稳态的陷阱能级 T 俘获，之后借助热运动回到导带，继而失去部分能量落入激发态 A（b 过程）；有的被深层陷阱能级 T 俘获，之后在外界能量激发下回到导带，继而失去部分能量落入激发态 A（c 过程）。

3）电子空穴对复合发光过程

激活剂离子 A 能级上的电子与 G 能级上的空穴复合并向外辐射光子。上述 a 过程中的电子在导带中停留时间少于 0.1 ns 即复合发光，因而称为短时复合发光；而 b、c 过程的电子由于存在 T 能级（即亚稳态）俘获过程，因而复合发光滞后于电子受激发跃迁，存在余辉时间，称为长时复合发光。

硫化物型发光体是这类发光体的典型代表。在发光过程中，除了基质 ZnS 本身提供的导带和价带外，不仅需要激活剂（最有效的有 Cu、Ag 和 Au）提供基态能级 G，还需要协同激活剂（最有效的有 Cl、Ar 和 I 等）提供陷阱能级 T。通常基质的数量大大超过激活剂和协同激活剂的数量，所以其发光特性主要决定于基质晶格母体本身。激活剂和协同激活剂主要是通过其化学价间接起作用而非元素本身直接起作用，作用结果使晶格受到恰当微扰，但没有它们，ZnS 不能正常发光。

2. 分立发光

分立发光是另一类重要的发光机制，其特点是能量吸收和辐射均发生在晶体单分子中的激活剂附近，即发光中心上，因而称为短时非光电导型发光，俗称荧光。日光灯发光就属于这类发光。

分立发光机理常用位形坐标模型来解释，如图 7-3 所示。由于原子的势能场对电子的作用与位置有关，因而晶格中处于振动状态电子的能态随原子位置变化而变化。位形坐标就是用来描述激活剂原子空间位置变化时电子能态的变化情况的。

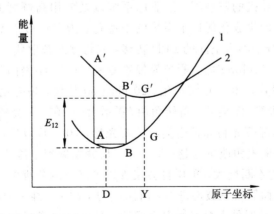

图 7-3　分立发光机理的位形坐标模型

当一束高能（不小于 1 keV）粒子打到某一固体上时，小部分（约 10%）被反向散射，剩余部分穿透固体，并在其中失去能量，使图中处于基态 1 上位置 A 处的电子吸收外界高能量子而跃迁到激发态 2 上位置 A′处。由于电子在 A′处不稳定，因而必然经由状态引下降到激发态能量最低点引。当电子从激发态 G' 跃迁到基态 G 点时，便发生发光现象。其发射光子的能量总小于吸收的能量（$G'G$ 短于 $A'A$），这种能量损失称为斯托克斯损失。当外部激发量子为光子时，这种损失就体现为发射光谱的峰值相对吸收光谱峰值向长波方向移动的现象，称为斯托克斯位移。

事实上，在电子进行这一系列运动时，由于原子质量远大于电子质量，因而原子平衡位置和运动速度不能得到及时调整，结果原子仅能在平衡位置附近发生微小振动。这种晶格振动对活化剂离子能级产生影响，使得吸收不是发生在一点，而是发生在一个能带上，也就是说有一个吸收带，同样发射光谱也是一个能带。这必然造成晶态发光体的发射光谱具有一定的带宽，并且光谱分布通常是钟形的。

荧光灯就是斯托克斯位移的一个重要应用。在荧光灯中，通过由氩气和水银蒸气组成的混合气体放电，发出浅蓝色的光和具有大量能量的紫外线。如果在荧光灯的管壁上涂上适当的发光材料，就可发生斯托克斯位移，把紫外线变为可见光，从而大大增加荧光灯发光效率。

7.3.2 阴极射线管

CRT 的工作原理是从阴极发射出来的热电子在真空中被阳极高压加速、聚焦，最后撞向涂有荧光粉的荧光屏，激发荧光粉发光，通过电子束的扫描实现二维图像显示，是一种能实现全彩色显示的显示器件。它总共包含三大部件：

(1) 发射电子并将它们会聚成细束的电子枪。

(2) 使电子束在荧光屏上扫描的偏转系统。

(3) 根据电子束能量强弱而发出不同亮度光的荧光屏。

多年来通过对荧光粉的改进，用 CRT 显示的彩色图像具有彩色还原性极好、辉度高和清晰度高的优点，但还存在着为了产生高速电子束必须使用数十千伏高压，增大画面时体积和重量都将随之急剧增加的缺点。随着电视机的发展，CRT 大量地应用于电视接收机中，并广泛地应用于计算机的监视器、工业用系统以及使用高辉度 CRT 的投影式大画面显示器等领域中，电路的集成化促进了系统的小型化。为了适应小型化的要求，显示器件也正在从 CRT 向低电压、不占空间的 FPD 转移，并将逐渐被取代。

1938 年德国人 W. Fleching 提出彩色显像管专利，1950 年美国的 RCA 公司研制出三束三枪荫罩式彩色显像管，1953 年实用化。20 世纪 60 年代，玻壳由圆形发展为圆角矩形管，尺寸由 21 英寸进展到 25 英寸，偏转角由 $70°$ 增大到 $90°$，荧光粉由发光效率较低的磷酸盐型发展为硫化物蓝绿荧光粉和稀土类红色荧光粉；70 年代以后，彩色显像管进行了一系列改进，显示屏由平面直角改进为超平、纯平，尺寸发展到主流 29 英寸以上，偏转角由 $90°$ 增大到 $110°$，横纵比不断增大，采用自会聚管以提高显示分辨率，并且向高分辨率彩电方向发展。近年这些方面取得突破性进展，研制成功了超薄、纯平彩电。

阴极射线致发光显示器件主要有黑白显像管、彩色显像管两大类，彩色显像管主要有三枪三束彩色显像管、自会聚彩色显像管、束指引管、穿透式彩色显像管等。

7.3.3 黑白显像管

黑白显像管是通过电光转换重现电视图像的一种窄束强流电子束管，其基本工作原理是：电子枪发射出的电子束被加在电子枪栅极或阴极上的视频电信号所调制后，经过加速、聚焦、扫描、复合发光等一系列过程最终变为荧光屏上按空间分布、亮度随电信号强弱而变化的相应光信号，从而得到与原被摄景物几何相似、明暗对应的适合人眼视觉特性要求的光学图像。黑白显像管的基本结构包括电子枪、偏转系统、荧光屏和玻壳，如图 7-4 所示。

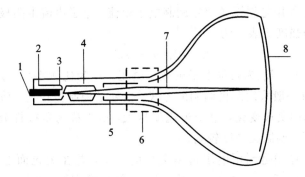

1—灯丝；2—阴极；3—控制极；4—加速极；

5—聚焦极；6—高压阳极；7—电子束；8—玻壳

图 7-4　黑白显像管的基本结构

1. 电子枪

电子枪是显像管中极为重要的组成部分。电子束的发射、调制、加速、聚焦均由电子枪来承担。显示管用电子枪属于弱流电子枪，由圆筒、圆帽和圆片等旋转对称的金属电极同轴排列、装配和固定而成。一般分双电位电子枪（BPF）和单电位电子枪（UPF）。BPF 枪中电子束在主聚焦透镜出入口处电位不同，UPF 枪则主透镜出入口处电位相同。UPF 电子枪比 BPF 电子枪多一个高压阳极，大幅度地增强了聚焦能力，使得显像管具有了自聚焦能力，保证了显像管聚焦特性的稳定和提高，因而被广泛采用。以下我们分析一下电子枪的结构和工作原理。

BPF 电子枪结构如图 7-5 所示，包括灯丝 H_f、阴极 K、控制极 G_1、加速极 G_2、第二阳极（聚焦极）G_3 和高压阳极 G_4。

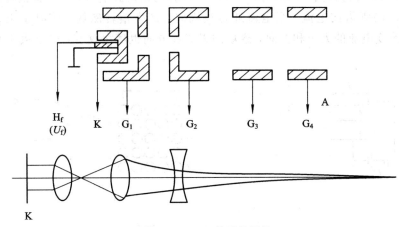

图 7-5　UPF 电子枪结构

电子枪的第一个作用是发射并加速电子。显像管一般采用氧化物阴极,在基体金属上涂敷一层以氧化钡为主体的氧化物,当灯丝加热使阴极表面温度达到 800℃左右时,开始发射电子。电子枪的电子发射系统主要由阴极、控制极和加速极组成,加速极电压一般在 700 V 左右,当阴极-控制极电压低于截止电压时,阴极表面中心部位出现电子加速场,达到一定温度的阴极就能发射出电子束,电子束经 G_2 加速,形成高速电子束流。

电子枪的第二个作用是用视频信号调制电子束流。电子束流由阴极和控制极的电位控制。发射电子束流的强度 I_e 表示为

$$I_e = k_e (u_g - E_{go})^\gamma$$

式中,u_g 为调制极电压,E_{go} 为扫描电子束截止电压。k_e 为比例系数,γ 为非线性系数,常取 2~3。目前显像管一般采用阴极调制的方式,也就是控制极接地,将视频信号加到阴极上,此时阴极电压越向负极变化,电子束流就越大,所以称为负极性调制。这种调制方式对电子束的控制较强,调制灵敏度较高。

电子枪的第三个作用是利用电子透镜会聚电子束,并在荧光面上将电子束聚焦成小点。高速电子束流经 G_2 和 G_3,构成的预聚焦透镜被压缩变细,再经 G_2、G_3、G_4 构成的聚焦透镜进一步聚焦,在荧光粉面上产生足够小的光点。

2. 偏转系统

如果不加偏转电压,则经过上述加速、聚焦的具有很高动能的电子束轰击荧光面时,仅能在荧光屏中心位置产生亮度很高的光点,难以成像;为了显示一幅图像,必须让电子束在水平方向和垂直方向上同时偏转,使整个荧光屏上的任何一点都能发光而形成光栅,这就是偏转系统的作用。

电子束的偏转方式分电偏转和磁偏转两类。由于磁偏转像差小,适用于大角度偏转,并且在高阳极电压下偏转灵敏度的变化比电偏转小,因此显像管通常采用磁偏转。磁偏转系统由两组套在管颈外面的互相垂直的偏转线圈组成,垂直偏转线圈绕在磁环上为环形,水平偏转线圈为空心鞍型;水平线圈放在垂直线圈里面,且紧贴管颈。偏转线圈细管颈、大偏转角结构可使显像管长度减小,从而大大减小体积。

一般情况下,在水平偏转线圈上输入行频为 15 625 Hz(我国采用的 PAL 电视制式规定,每帧 625 行,隔行扫描,每帧两场,每秒 50 场)的锯齿波电流,在垂直偏转线圈上输入场频为 50 Hz 的锯齿波电流。当电流通过线圈时,产生偏转磁场,使电子束偏转,如图 7-6 所示。改变电流的大小和方向,磁场的强弱和方向也随之改变,电子束于是随之上下左右偏移。

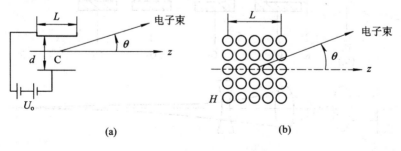

(a)   (b)

图 7-6 偏转线圈上的电流

假设偏转磁场只均匀存在于管轴方向上长度为 L 的区域，其外磁场为零。于是垂直磁场入射的电子束在磁场内作圆周运动，离开磁场后沿圆周切线射向荧光屏面，电子束直线部分的反向延长线与 z 轴的交点 C 为电子束的偏转中心，θ 为电子束偏转角，d 为电子束着屏点偏移量，即

$$d = \frac{L(1 - \cos\theta)}{\sin\theta} + L\tan\theta$$

在同步信号控制下，电子束的光栅扫描应满足电视系统工作要求。我国采用的 PAL 制式规定：每帧 625 行，每秒 25 帧；隔行扫描，每帧两场，每秒 50 场；每行水平扫描正程为 52 μs，逆程为 12 μs，场正程时间不小于 18.4 ms，逆程时间不小于 1.6 ms，垂直方向显示 575 行。

3. 荧光屏

荧光屏是实现显像管电光转换的关键部件之一，要求发光亮度和发光效率足够高，发光光谱适合人眼观察，图像分辨力高，传递效果好，余辉时间适当，机械、化学、热稳定性好，寿命高。

荧光屏由涂覆在玻壳内表面的荧光粉层和叠于荧光粉层上面的铝膜共同组成。显像管的发光性能首先取决于所用的荧光粉材料。黑白显像管的荧光粉称白场粉，一般用两种荧光粉(蓝与黄，比例为 55∶45)混合制得，或直接采用单一白色粉。制作方法一般采用沉积法：把洗净烘干的玻屏放在涂胶机上，玻屏的倾角和转速都可由涂胶机控制。向玻屏中心注入加有醋酸钡等电解质的荧光粉和水玻璃悬浮液，开启涂胶机使其均匀涂布于玻璃基板上，经烘干后即形成牢固的荧光粉层。

在荧光粉层表面蒸镀一层(0.1～0.5) μs 的铝膜，并使之与电子枪的阳极相连，可以提高图像显示性能，所得荧光屏称为金属化荧光屏。这种荧光屏具有三大优点：一是铝膜与电子枪的阳极相连，可以防止介电性的荧光粉负电荷积累导致的荧光面电位下降(这会限制亮度提高)；二是铝膜可将荧光粉所发向管内的光线反射到观察者一侧，从而增高荧光屏亮度、改善对比度；三是铝层能有效阻挡管内负离子对荧光粉的轰击，防止荧光屏出现离子斑。

另外，荧光屏发光亮度还和阳极高压有关，当阳极高压大于熄点电压后，荧光屏发光亮度随阳极高压增加而呈现指数增大，所以提高阳极电压是提高亮度的有效方法之一。

7.3.4　彩色显像管

1. 三枪三束彩色显像管

三枪三束彩色显像管的原理图如图 7 - 7 所示，它的三个电子枪呈品字形排列，三枪都向中心轴线倾斜 1°～1.5°，以求得静会聚。选色机构为一个荫罩，由厚度为(0.10～0.13) mm 钢板制成，上面刻蚀出 40 多万个圆孔。它的作用是保证每个电子束在整个扫描过程中都能打

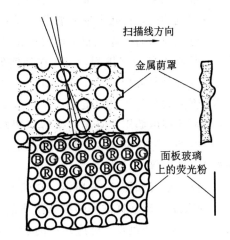

图 7 - 7　三枪三束彩色显像管的原理图

到自己的基色粉点上，以免产生彩色失真。这种有荫罩板的色点管，也称荫罩管，如图 7-8 所示。荧光面是 40 多万个红、绿、蓝荧光粉点组排列而成，每个圆孔下有一组荧光粉点，三个粉点组成的三角形正好与三个电子枪组成的三角形互成镜面对称，以符合小孔成像原理，这样就保证了在电子束扫描时每一个电子枪发出的电子束只能打到屏面上确定基色的粉点上，为了使荧光屏能够同时显示出红、绿、蓝三个单色图像，同时，叠加后又合成一幅彩色图像，一般采用特殊的模板，把红、绿、蓝三种荧光粉一点一点地相互交替而又有规则地排列在整个荧光屏上。而无论从屏面的任何位置取出相邻的三个点来看，均为品字形的三基点红、绿、蓝。因为这些点子都很小（几微米到十几微米），当三个色点分别在各自的电子枪电子束激发下便产生对应颜色的光点，其直径很小，且彼此离得很近，所以在适当的距离外，人眼分辨不出单色小点，而只是看到一个合成的彩色光点了。

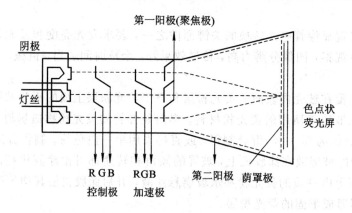

图 7-8　荫罩管

为了保证红、绿、蓝三个电子束准确地射到相应的色点上，对电子枪、荫罩板和荧光屏三者的关系，要求非常严格。在结构上保证达到加工、安装精度还不够，还要进行"色纯化"和会聚调整。

2. 单枪三束彩色显像管

单枪三束彩色显像管是在三枪三束彩色显像管的基础上改进而来的。它是由日本索尼公司研制成功的，它的出现使彩色显像管向自动校正动态会聚误差迈进了一大步。

单枪三束管有三个阴极，但发射出的三束电子束用同一个电子枪聚焦。三条电子束在同一个平面内呈一字排列，因此在任何偏转状态下三条轨迹大致都保持在同一水平线上，故只需进行水平方向的动态会聚误差校正。静会聚由垂直安置的会聚板来实现。总之，单枪三束管大大简化了会聚的调节，只需要 1~2 个旋钮。为了提高束透过率，它采用了垂直条状栅网的栅网荫罩，使透过率得以提高。单枪三束管图像亮度高、偏转功率低、结构简单及成本低。它的缺点是条形栅刚性差、易颤动、影响图像清晰度、柱形屏面耐压差、动态会聚仍不理想等。

单枪三束管如图 7-9 所示，它的荧光屏的粉层是由三种基色荧光粉按 R、G、B、R、G、B 的次序交替垂直排列的细条组成的。总共约有 1200~1500 条之多，扫描一幅画面要出现 70~80 万个色点。对这样小的点，人眼已分辨不出来了。而只能感觉到叠加的一幅彩色图像了。

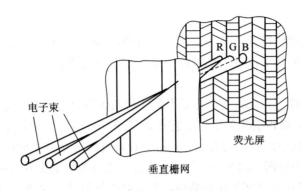

图 7 - 9　单枪三束管

在荧光屏前，由垂直栅网代替了荫罩板。它用薄钢片做成，其上垂直地刻出一排排缝隙很小的细丝栅网，约有 400～500 条。三根电子束正好在缝隙处交叉，穿过缝隙后，正好打在各自相应的色条上。单枪三束电子枪的结构简化得多，除水平放置的红、绿、蓝灯丝、阴极和控制极外，其余电极均为共用，组成一个统一的电子枪。这样的改进，使得三电子束的会聚调整比色点管简单得多，而且还可缩小显像管颈尺寸，进而使偏转电路消耗的功率减小，利于彩色电视的小型化。另外，由于垂直栅网代替了荫罩板，电子束利用率大大增加，在同样条件下，色条管比色点管亮得多。

它的缺点是彩色重现较粗糙，它的细腻程度不如色点管。主要原因是色条和栅网细丝的数量不够多。而要增多细丝，工艺上有很多困难。屏和垂直栅网的面积又不宜做得过大，屏面越大色条越易断，细丝越长，由于管子振动而产生的抖动越厉害，这就会破坏色条管的正常工作，因此，色条管多用于小型彩色电视机。

3. 自会聚彩色显像管

自会聚彩色显像管可以完全取消动态会聚电路，只靠偏转磁场本身的特殊分布就可以实现会聚，因而调节非常简单，与黑白显像管同样方便。同时由于取消了动态会聚线路，节省了动态会聚元件，使整机成本大幅度降低。自会聚彩色显像管在结构上具有以下特点：

1）采用了三枪三束精密直列式电子枪

自会聚彩色显像管的三个电子枪排列在一水平线上，彼此间距很小，因而会聚误差亦很小。除阴极外，其他电极都采用整体式结构。这样可以保证各电极定位精度，减少装架带来的误差。电子枪除三个独立的阴极引线用于输入三基色信号和进行白场平衡调节外，其他电极均采用公共引线，简化了管型芯极结构。

2）采用了间隙开槽式荫罩板及条形荧光屏

荫罩板上开有细长的间隙微型槽，这样克服了栅网式荫罩板怕振动的缺点，增强了机械强度、降低了垂直方向的聚焦精度要求、提高了图像的稳定性。荧光屏采用黑底技术，提高了图像对比度。

3）采用了精密环形偏转线圈

为了满足动态会聚的要求，保证偏转线圈具有确定的磁场分布，环形线圈的匝数分布恰巧给出三电子束动态会聚所需要的磁场分荷，从而不必进行动态会聚的调整。因此，称这种线圈为会聚自校正型偏转线圈。采用这种线圈的彩管称为自会聚彩管。

4. 束指引管

荫罩式彩色显像管已得到广泛的应用，但荫罩的存在使电子束的利用率不高(38%)，还存在荫罩与粉条之间对准以及工作过程中要防止荫罩热漂移等一系列工艺问题，使生产过程变得很复杂。

束指引管属管外选色式，除了荧光屏涂敷成粉条组阵列外，其他方面与普通黑白显示管无多大差别。显然，束指引管的生产工艺比较简单，但却大大增加了管外辅助电路的复杂性。随着大规模集成电路技术的发展，束指引管外电路复杂这个问题已不大。

束指引管的工作原理图如图7-10所示。彩色荧光粉条组依次垂直排列，为了指示每组粉条中红、绿、蓝三色粉条之间的排列顺序，在每组粉条的某两粉条间隔(铝层)上涂敷有在电子轰击下能发出紫外光的荧光粉条作为指示条，当电子束打上时，指示条发出紫外光，被带有可见光滤光片的紫外光电倍增管所接收，形成指示信号，经过相控电路处理，便可以控制电子开关，使得电子束打到某基色粉条(如红色)时，刚好将相应基色(如红色)的信号与电子枪阴极接通，控制电子束的强度。在这一瞬间，电子枪相当于三束管中的红枪，在下一瞬间电子枪依次变为绿枪、蓝枪。所以束指引管是利用空间混色效应实现彩色显示的。

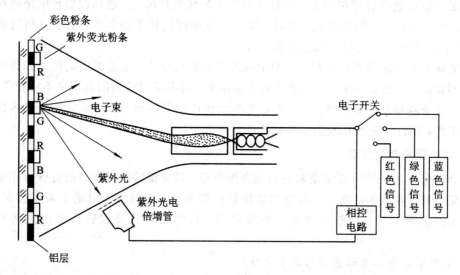

图7-10 束指引管的工作原理图

为了正确选色，指引信号是必不可少的，因此在任何情况下束流不能降到零，所以束指引管的图像对比度稍低。为了正确选色，要求任何瞬间电子束只打上一条基色粉条，所以要求上屏束点细小，对电子枪的聚焦特性有较高的要求。此外还要求偏转很精确，光栅畸变很小。

束指引管的电视机的电路很复杂，但随着集成电路的发展，已不是什么问题。上世纪80年代在日本曾有小批量生产，但后来在市场上消失。估计在总体性能上赶不上后来大大改善了的荫罩式彩色管。

5. 穿透式彩色显像管

穿透式彩色显像管是一种既不用选色荫罩，也不采用具有几何图样荧光屏的彩色显像管。屏幕上发射光的光谱成分随入射电子束的加速电压而变化。即利用不同能量的电子束激发不同深度的荧光粉，由此发出不同颜色的光。

使红、绿、蓝荧光粉分层排列，诸层之间夹入惰性的或不发光的材料层，这样就得到所需要的电压灵敏荧光屏。这样一层层荧光粉宏观上看在荧光屏上是一层均匀的彩色荧光色，在粉层上覆盖一层惰性层，然后再加上第二种彩色荧光粉层，并依此类推。也有将每颗荧光粉粒子做成多层荧光粉，层间用惰性阻挡层分开，如洋葱头结构。

图7-11(a)和图7-11(b)是在一个平面玻璃屏上和一个芯粒子上形成的叠层荧光粉，分层荧光屏既可以用单电子束也可用三电子束激励，前者在每一瞬时按一定顺序产生不同颜色的光，后者是三电子束各用激励三种荧光粉层所要求的速度同时轰击荧光粉，产生图像的红、绿、蓝三种颜色。

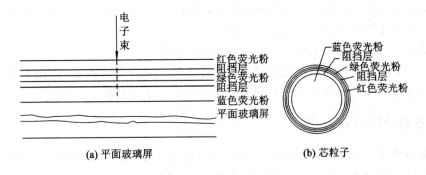

图7-11 叠层荧光粉的形成

单枪结构的优点是结构简单、能将全部束能量交给荧光屏、分辨率高及接近单色管。但是外电路复杂，主要是要以很高的速率调制加速电子束的高压，例如，在一行周期内分辨480个像素，则高压转换必须在0.1 s内完成。

穿透式显像管的三基色荧光粉的颜色三角形可能与荫罩式的差不多，但由于穿透式荧光屏的特殊结构与工作方式，这种屏的色域比三基色组成的三角形要小得多。所以这种彩色管只适用于色彩分布变化不剧烈、画面也不大变化的场合。目前只有法国在生产，主要用于飞机机舱仪表参数显示、机载雷达显示屏。

6. 彩色显像管的前景

在充分了解了CRT的工作原理后可知，它是利用一支电子枪发射的三束电子束通过荫罩的选色机构分别打到红、绿、蓝三基色的粉点或粉条而发光，其寻址是利用电子束在偏转线圈中的交变磁场中的运动而扫描，亮度调制是依靠电子枪的第一栅极和阴极间的信号变化来实现。由于它的寻址和亮度调制的方法是异常简单而巧妙的，因此由它组成的显示器、电视机的性能价格比优于任何平板显示器。它的高亮度、高分辨率、高对比度和彩色逼真度一直是各种平板显示器追赶的目标。它的缺点是重量重、深度厚和功耗大。

7.4 液晶显示

液晶显示器件(LCD)是利用液态晶体的光学各向异性特性，在电场作用下对外照光进行调制而实现显示的。自从1968年出现了液晶显示装置以来，液晶显示技术得到了很大的发展，已经广泛应用于钟表、计算器、仪器仪表、计算机、袖珍彩色电视机、投影电视机等家用、工业和军用显示器领域。液晶显示器主要有以下特点：

（1）液晶显示器件是厚度仅数毫米的薄形器件，非常适合于便携式电子装置的显示。

（2）工作电压低，仅几伏，用 CMOS 电路直接驱动，电子线路小型化。

（3）功耗低，显示板本身每平方厘米功耗仅数十微瓦，采用背光源也仅 10 mW/cm² 左右，可用电池长时间供电。

（4）采用彩色滤色器，LCD 易于实现彩色显示。

（5）现在的液晶显示器显示质量已经可以赶上甚至超过 CRT 的显示质量。

液晶显示器也有一些缺点，主要是：

（1）高质量液晶显示器的成本较高，但是目前呈现明显的下降趋势。

（2）显示视角小，对比度受视角影响较大，现在已找到多种解决方法，视角接近 CRT 的水平，但仅限于档次较高的彩色 LCD 显示。

（3）液晶的响应受环境影响，低温时响应速度较慢。

目前，液晶显示技术得到了飞速发展，先后实现了液晶大屏幕显示、液晶彩色显示和便携式液晶显示。当前液晶显示已成为未来显示技术的主要发展方向之一。

7.4.1 液晶的特点及分类

液晶是介于完全规则状态（如固态晶体）与不规则状态（如各向同性液体）之间的中间态物质。目前已发现的液晶物质近万种，几乎都是有机物。

但总的来说可分为热致液晶和溶致液晶。热致液晶是指某些有机物加热溶解后，由于加热破坏结晶晶格而形成的液晶；而溶致液晶是指某些有机物放入一定的溶剂中时，由于溶液破坏结晶晶格而形成的液晶。由于现在液晶显示器件主要采用前者，因此我们主要介绍热致液晶。

热致液晶实际上是某些有机物在某一限定温度范围内的状态。在这一温度范围的低端，它呈晶状固体；而在这一温度范围的高端，它为清澈的液体；只有在这一限定温度范围内，它是淡黄色的混浊液体，并具有固体和流动液体的某些光学特性。它既可以通过固相加热获得，也可以通过液相冷却获得，其间涉及的相变有两种情况，一种称为互变相变，也称为可逆相变，即

$$晶体 \underset{T_1}{\longleftrightarrow} 液晶 \underset{T_2}{\longleftrightarrow} 各向同性液体$$

另一种称为单变相变，这种相变中液晶只有在液体冷却时才形成，即

$$晶体 \overset{T_1}{\longrightarrow} 各向同性液体 \underset{T_2}{\overset{}{\longrightarrow}} 液晶$$

液晶材料结构的主要特点是：它们的分子都具有细长条状结构，分子取向与液晶表面状态和其他分子有关。当外界的电场、磁场或温度稍有变化，分子的排列方向也随之变化，分子的运动便会发生紊乱，从而使光学性质发生变化。我们将条形分子的旋转对称轴方向称作分子指向，用 n 表示，它实际上也就是条形分子在空间的排列方向。根据分子的不同，可将常见液晶分为向列型、胆甾型和近晶型三种。

近晶型液晶也称层状液晶，由棒状或条状分子排列成层，层内分子长轴相互平行，其方向垂直于层西域与层面呈倾斜排列，如图 7-12(a)所示。这种排列的分子层伺作用力较

弱，相互间容易滑动，呈现出二维流体的性质，黏度高，具有正单轴晶体的双折射性。

　　向列型液晶也称丝状液晶，由长径比很大的棒状分子组成，每一分子的位置虽无规则，但从整体来看，分子轴向着同一方向，如图 7 - 12(b)所示。由于其各个分子容易顺着长轴方向自由移动，因而与近晶型液晶相比，向列型液晶黏度小，富有流动性，但仍呈正单轴晶体的双折射性质。

　　胆甾型液晶也称为螺旋型液晶，它和近晶型液晶一样具有层状结构，但层内分子排列却与向列型液晶类似，分子长轴在层内是相互平行的，如图 7 - 12(c)所示。这类液晶各层的分子取向与邻层的分子取向都略有偏移，液晶整体呈现螺旋结构，螺旋长度为可见光波长量级，具有旋光性、选择性光散射性和偏振光二色性、负单轴晶体的双折射性。

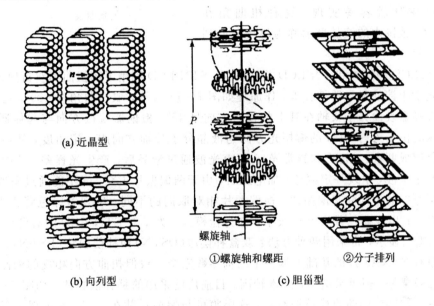

图 7 - 12　三种液晶分子的排列

　　以上是三种典型的液晶结构，另外还有一些异型液晶，如圆盘型液晶和重入液晶。

　　圆盘型液晶由对称性良好的非极性分子组成，其形状如同硬币，可形成柱状堆积排列，也像胆甾型液晶一样具有负单轴晶体的双折射性，但没有旋光特性，为非光学活性物质。

　　重入液晶是指某两组分混合液晶的各向同性液体在冷却过程中呈现出各向同性液体＋向列型液晶＋近晶型液晶＋向列型液晶这种奇妙相变现象的液晶。其命名是由于它在相变过程中再次出现类型相同的液晶相。

　　液晶分子的取向可以用外界条件来控制，因而可用来制作显示器件，器件的性质只受液晶纯度的影响。

7.4.2　常见的几种液晶显示器件

1. 超扭曲向列液晶显示器件(STN-LCD)

　　扭曲向列液晶显示器件，其液晶分子的扭曲角为 $90°$，它的电光特性曲线不够陡峭，由于交叉效应，在采用无源矩阵驱动时，限制了其多路驱动能力。理论分析和实验表明，把液晶分子的扭曲角从 $90°$ 增加到 $180°\sim270°$ 时，可大大提高电光特性的陡度。图 7 - 13 表示

一组不同扭曲角下液晶盒中央平面上液晶分子
的倾角和外加电压的关系曲线。它的形状可近
似看做电光曲线的形状，可以看到，曲线的陡
度随扭曲角的增大而增大，当扭曲角为 270° 时
斜率达到无穷大。曲线陡度的提高允许器件工
作在较多的扫描行数下，但要求液晶分子在取
向层界面上有较大的预倾角，这在规模生产中
比较困难，目前的 STN-LCD 产品，扭曲角一
般在 180°～240° 范围内，相应预倾角在 10° 以
下，生产中比较容易实现。这种扭曲角在
180°～240° 范围内的液晶显示称为超扭曲向列
型液晶显示。

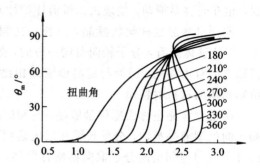

图 7 - 13   液晶分子的倾角和外加电压的
关系曲线

　　STN-LCD 的结构和 TN-LCD 差别不大。STN-LCD 利用了超扭曲和双折射两个效应，
是基于光学干涉的显示器件。其工作原理如图 7 - 14 所示，取扭曲角为 180°，起偏器偏振
方向与液晶盒表面分子长轴在其上的投影方向呈 45°，检偏器偏振方向与起偏器垂直。在
不加电压时由于入射 STN 的偏振光方向与液晶分子长轴方向成一定角度，从而使入射偏
振光被分解成两束（正常光和异常光）。两束光波通过液晶后，产生光程差，从而在通过检
偏器时产生干涉，呈现一定颜色。加电压后，由于两偏振片正交，光不能通过呈现黑色。根
据液晶层厚度的不同和起偏振片、检偏振片相对取向的不同，出现黄绿色背景上写黑字，
称为黄模式；出现蓝色背景上写灰字，称为蓝模式。为了对 STN-LCD 的有色背景进行补
偿，实现黑白显示，常采用两种方法：双盒补偿法（DSTN）和补偿膜法（FSTN）。双盒补偿
法是在原有 STN-LCD 的基础上加一个结构参数完全一致但扭曲方向相反的液晶盒，这种
方法补偿效果好，但重量增加，成本较高。目前广泛采用的是补偿膜法，如图 7 - 15 所示，
用一层或二层特制的薄膜代替补偿盒，这层膜可与偏振片贴在一起。实现黑白显示后，再
加上彩色滤色器，就可以实现彩色显示。

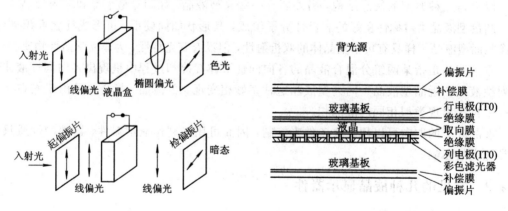

图 7 - 14   SIN - LCD 的工作原理图　　　　　　　　图 7 - 15   补偿膜法

　　彩色滤色器是 LCD 实现彩色显示的关键部件，其基本原理同彩色 CCD 中所用的彩色
滤色器相似。主体是由制作在玻璃基板上的红（R）、绿（G）、蓝（B）三基色点阵组成，其间
镶嵌有黑色矩阵，以增加对比度。三基色点阵的排列方式常用的有"品"字形、"田"字形或

条形结构，一般显示字符和图形的办公用机都选用条形排列，显示动态图像和电视图像的多选用"品"字形或"田"字形排列。

STN-LCD 可以满足笔记本电脑的大容量信息显示需要，但其电光特性变陡后，灰度显示比较困难。另一方面，扭曲角增大后，响应速度下降。

2. 有源矩阵液晶显示器件（AM-LCD）

STN-LCD 采用简单矩阵驱动，没有从根本上克服交叉效应，也没有解决因扫描行数增加，占空比下降所带来的显示质量劣化问题。因此，人们在每一个像素上设计一个非线性的有源器件，使每个像素可以被独立驱动，克服交叉效应。依靠存储电容的帮助，液晶像素两端的电压可以在一帧时间内保持不变，使占空比提高到接近 1，从原理上消除了扫描数增加时对比度降低的矛盾，获得高质量的显示图像。

有源矩阵液晶显示采用了像质最优的扭曲向列型液晶显示材料。有源矩阵液晶显示根据有源器件的种类分为二端型和三端型两种。二端型以 MIM（金属-绝缘体-金属）二极管阵列为主，三端型以薄膜晶体管（TFT）为主。

1）二端有源矩阵液晶显示

二端有源矩阵液晶显示的电极排列结构如图 7 - 16 所示。图 7 - 17 为 MIM 矩阵等效电路，MIM 与液晶单元呈串联电路。二端有源器件是双向性二极管，正、反方向都具有开关特性。R_{MM}、C_{MM} 分别是二端器件的等效非线性电阻和等效电容，R_{LC} 是液晶单元的等效电阻，C_{LC} 是液晶单元的等效电容。由于 MIM 面积相对于液晶单元面积很小，故 $C_{MM} \ll C_{LC}$。当扫描电压和信号电压同时作用像素单元时，二端器件处于断态，R_{MM} 很大，且 $C_{MM} \ll C_{LC}$，电压主要降在 C_{MIM} 上，当此电压大于二端器件的阈值电压时，二端器件处于通态，R_{MM} 迅速减小，大的通态电流对 C_{LC} 充电，一旦 C_{LC} 上充电电压的均方根值 U_{rms} 大于液晶的阈值电压 U_{th} 时，该单元显示。当扫描移到下一行时，原来单元上的外加电压消失，二端器件恢复到断态，R_{MIM} 很大，接近开路，此时 C_{LC} 上的信号电荷只能通过 R_{LC} 缓慢放电，如果参数合适，可使此放电过程在此后一帧时间内还维持 $U_{rms} \geqslant U_{th}$，因此该液晶单元不光在选址期内而且在以后的一帧时间内都保持显示状态，这就解决了简单矩阵随着占空比的下降而引起对比度下降的问题。

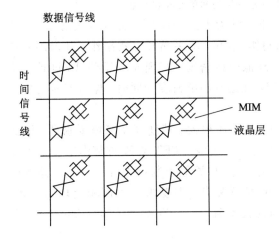

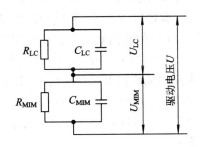

图 7 - 16　二端有源矩阵液晶显示的电极排列结构　　　　图 7 - 17　MIM 矩阵等效电路

2）三端有源矩阵液晶显示

三端有源矩阵液晶显示的结构和单元等效电路如图 7-18 所示，每个像素上都串入一个薄膜晶体管（TFT）。它的栅极 G 接扫描电压，漏极 D 接信号电压，源极 S 接 ITO 像素电极，与液晶像素串联。液晶像素可以等效为一个电阻 R_{LC} 和一个电容 C_{LC} 的并联。当扫描脉冲加到 G 上时，使 D-S 导通，器件导通电阻很小，信号电压产生大的通态电流 I 并对 C_{LC} 充电，很快充到信号电压数值，一旦 C_{LC} 的充电电压均方根值 U_{rms} 值大于液晶像素的阈值电压 U_{th} 时，该像素产生显示。当扫描电压移到下一行时，单元上的栅压消失，D-S 断开，器件断态电阻很大，C_{LC} 的电压只能通过 R_{LC} 缓慢放电。只要选择电阻率很高的液晶材料，可维持此后的一帧时间内 C_{LC} 上的电压始终大于 U_{th}，使该单元像素在一帧时间内都在显示，这就是所谓的存储效应。存储效应使 TFT-LCD 的占空比为 1∶1，不管扫描行数增加多少，都可以得到对比度很高的显示质量。由以上可见，三端 AM-LCD 的工作原理和二端 AM-LCD 的工作原理基本相同，只是由于 TFT 的性能更加优越，它的通态电流 I_{on} 更大，断态电流 I_{off} 更小，开关特性的非线性更陡，因而其显示性能也更好。

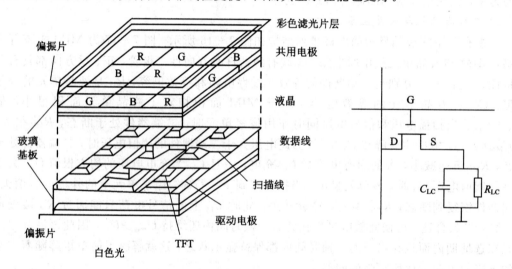

图 7-18　三端有源矩阵液晶显示的结构和单元等效电路

三端有源液晶显示中的 TFT 目前以 a-Si 和 p-Si 为主。a-Si，即非晶硅方式制作，其特点是用低温 CVD 方式即可成膜，容易大面积制作。p-Si，即多晶硅方式制作，其内部迁移率高，可以将周边驱动电路集成在液晶层上，降低引线密度，实现 a-Si TFT-LCD 难于达到的轻、薄等要求，同时可以缩小 TFT 的面积，在达到高解析度的同时，保持或实现更高的开口率，满足提高亮度、降低功耗的要求。

TFT-LCD 的液晶盒工艺和 TN-LCD 类似，只是面积大、精度高及环境要求严，因此设备体系与 TN-LCD 完全不同，自动化程度要高几个量级。TFT 矩阵的制作工艺是玻璃基板上大面积成膜技术（如溅射、CVD 和真空蒸发等）和类似于制造大规模集成电路的微米级光刻技术的结合，TFT 的图形虽然没有 IC 那样复杂，但要求在大面积上均匀一致，而且只允许极少的缺陷率，从而导致了一个新的技术概念——巨微电子学（Giant Microelectronics）。

3. LCD 的背光源

LCD 可以在反射、透射或者透反射模式下工作，但为了实现高对比度的全色显示，往往选择在透射模式下工作，这就需要外照光源。这种光源一般置于液晶盒背后，称为 LCD 的背光源。背光源的色温、发光效率、驱动电路等对 LCD 的色彩、亮度和功耗有直接影响，它消耗的功率是整个 LCD 模块的 90% 以上，因此对便携机的背光源，薄形和低功耗是两个首先要考虑的问题。

目前采用的背光源主要有三种：热阴极荧光灯（HCFL）、冷阴极荧光灯（CCFL）和电致发光板。背光源用热阴极荧光灯与照明用荧光灯结构上基本相同，其亮度高、光效大，但功耗也较大，且需点燃电路。冷阴极荧光灯的结构与热阴极荧光灯相似，只是用空心的金属筒阴极代替了灯丝，灯管可以做得很细，功耗较小且寿命很长，有较高的亮度和发光效率，是广泛使用的背照光源。HCFL 与 CCFL 都是管状。其与液晶的组合方式可分为侧照式和背照式，为了减小厚度，大多数厂家都采用如图 7-19 所示的侧光照明方式，厚约（2.5～5）mm 的聚丙乙烯导光板将灯光导入液晶盒背面并经镜面反射投向它。一般而言，背照式比侧光式照明效率约高 40%。在液晶显示面积较大时，为提高背照光亮度的均匀性，常采用两只直管灯，或采用 U 形、M 形灯。

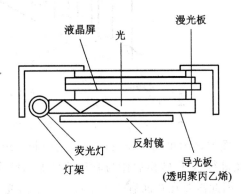

图 7-19　侧光照明方式

电致发光板是全固态平板结构，无须真空，其本身就是面光源，发光均匀、厚度薄，且调光范围大、电压低，但亮度没有荧光灯高，白色不够纯净，寿命较低，只有 3000 h 左右。

在有些场合，也有用小型白炽灯和发光二极管作为背光源的，主要考虑色温、功耗和工作温度等因素。

LCD 屏加上控制、驱动电路和背光源就组成了实用的 LCD 模块，LCD 模块的组装技术已发展成一项专门的精密组装技术。

TFT-LCD 的主要光电参数已经接近或达到彩色 CRT 的水平，TFT 目前主要用于个人视频产品（如电视机）、笔记本电脑和桌上监视器等。

7.4.3　液晶大屏幕显示

1. 液晶大屏幕显示

液晶由于某些特殊的性能，已经成为显示器领域的一支生力军。前面已介绍了液晶用于显示的基本工作原理，除了在小面积的显示外，它在大屏幕显示方面受到越来越多的重视。

通常液晶大屏幕显示器采用壁挂式或屏风式，它是由许多块分立的小块液晶显示拼凑而成，每一块的尺寸在（20～30）cm 范围，内含像素有几十万个以上。为了获得最佳的显示性能，液晶像元驱动方法采用有源矩阵形式，每个阵元相当一个光强调制器，根据信号的强弱决定通光的程度。一个典型的图像显示系统如图 7 - 20 所示。

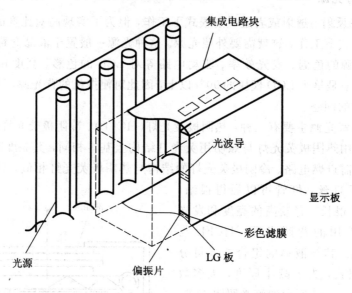

图 7 - 20   图像显示系统

　　图像显示单元主要由显示板及控制台组成。控制台将视频信号分离成 RGB 三色信号，并在进行 A/D 转换后作为驱动信号加到像元上，控制透光率。由于液晶显示器是被动显示器，因此需要在背面有一个平面光源。由光源、三基色滤光片、液晶盒以及偏振膜所组成的传光系统的各部分要做到与透射光谱相匹配，才能使人眼的彩色感觉最佳，彩色重视性最好。图 7 - 20 中的光波导主要为解决接缝的影响而设置，基本工作原理是将来自液晶板像元的光通量传到波导的输出端，扩展了传输方向，使得在接缝处的光强与相邻处液晶单元像素的光强相差不明显，整体上看去没有间隙，图 7 - 21 所示的是液晶大屏幕显示原理图。

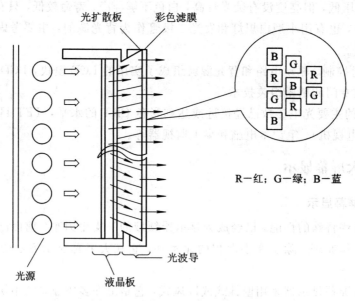

R—红；G—绿；B—蓝

图 7 - 21   液晶大屏幕显示原理图

2. 液晶投影大屏幕显示

投影电视都是需要将小面积的图像转换成大面积的图像，因此对原始图像也提出了较高的要求。例如，只有初始图像的清晰度高才能为投影效果好创造条件。CRT显示方式由于其尺寸质量都较大，不利于应用于高清晰度电视（HDTV）。液晶材料的许多优点（如功耗低、质量轻等）对于制作大屏幕显示设备是其他材料无法取代的。因此，液晶投影大屏幕显示的研究及实用化的工作也取得了很大的进展。

一种最简便的液晶大屏幕显示方法是采用向列型液晶矩阵写入式投影大屏幕显示器。它是将小屏幕矩阵写入型显示屏作为底片，放入投影机光路，即可进行投影放大。使用向列型液晶显示器，在直视时，视角狭窄，影响观看效果，但经投影放大后，视角只是由大屏幕决定的，因而掩盖了原来的不足，应用效果大为提高，受到了广泛的重视。一种全彩色液晶显示视频投影器如图7-22所示。

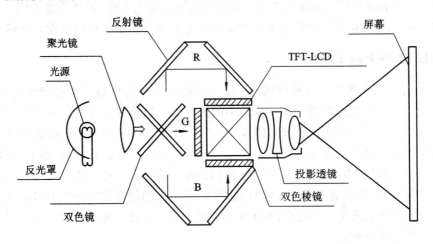

图 7-22　全彩色液晶显示视频投影器

全彩色液晶显示视频投影器包含了光源、双色镜、三个光阀、双色棱镜以及投射透镜等。双色镜的作用将光源发射的光分解成红、绿、蓝三种，各经不同方向进入三个液晶盒。这三个液晶盒收到的控制信号而改变透光率，使三色光以不同的比例在双色棱镜处合成图像后，经投射透镜后照射到大屏幕上。整个装置中，影响图像质量的关键是液晶盒。由于受到场外作用会改变其光电性质，达到对外光源的调制，因此又称为光阀。为了提高光阀的传输图像质量，现在多数采用有源矩阵液晶显示方式。

7.5　场致发光显示

1920年德国学者古登和波尔发现，某些物质加电压后会发光，人们把这种固体发光材料在电场激发下发光的现象称为场致发光或电致发光（EL）。1923年苏联的罗塞夫发现了SiC中偶然形成的P-N结中的光发射。1936年德斯垂发现掺入荧光粉ZnS的蓖麻油—加上电场就会发光。1947年，美国学者麦克玛斯特发明了导电玻璃，利用它可以制作平面光源，但亮度不够高。1955年美国的沃尔夫在GaP上观测到Ⅲ-Ⅴ族半导体发出的可见光，1962年美国的潘可夫从GaAs中获得了红外光，20世纪70年代后，由于薄膜晶体管

(TFT)技术的发展,EL 在寿命、效率、亮度和存储上的缺点得到部分克服,成为大型显示技术三大最有前途的发展方向之一。

按照场致发光激发过程的不同将其分为两类:

(1)注入式电致发光。由直接装在晶体上的电极注入电子和空穴,当电子与空穴在晶体内再复合时发光的现象。注入式电致发光的基本结构是结型二极管(LED)。

(2)本征电致发光。本征电致发光又分高场电致发光与低能电致发光。其中高场电致发光是荧光粉中的电子或由电极注入的电子在外加强电场的作用下在晶体内部加速,碰撞发光中心并使其激发或离化,电子在回复基态时辐射发光。而低能电致发光是指某些高电导荧光粉在低能电子注入时的激励发光现象。

低能电致发光的典型代表是荧光显示,虽说这种显示具有亮度高、发光颜色鲜明、工作电压低、功耗小、响应速度快、能用普通 LSI 直接驱动、寿命长和品种多等优点,但主要用在数字、文字和简单图形显示等方面,而高场电致发光与 LED 被认为是大屏幕显示有前途的发展方向,因而本节主要学习注入式电致发光显示与高场本征场致发光显示。

7.5.1 LED 与无机 LED

LED 是注入式电致发光的典型例子。注入式电致发光现象最早要追溯到 1923 年苏联的罗塞夫发现 SiC 中偶然形成的 P-N 结中的光发射,但直到 20 世纪 60 年代人们用外延生长技术制成了第一只实用化红光 LED,其后不久橙色、黄色 LED 也相继问世。LED 得到了迅速发展:70 年代绿光 LED 得以实现,80 年代初,高亮度 LED 拓展了 LED 的应用范围,1991 年,利用 MOCBD 外延工艺制作出的超高亮度红、橙、黄 LED 更使 LED 走出室外,1994 年 GaN 超高亮度蓝光 LED 问世及其后不久的超高亮度绿光 LED,还有近年的紫光 GaN LED 研制成功,实现了 LED 发光颜色覆盖红、橙、黄、绿、蓝、紫可见光全谱,为全色显示奠定了基础。

P 型和 N 型半导体接触时,在界面上形成 P-N 结。并由于扩散作用而在结两侧形成耗尽层。当给 P-N 结加正电压时,耗尽层减薄,注入 P 区和 N 区的电子和空穴分别与原空穴和电子复合,并以光的形式辐射出能量。复合发光可以发生在导带与价带之间,称为直接带间跃迁复合,也可发生在杂质能级上,称间接带间跃迁复合。直接带间跃迁复合跃迁具有概率大、发光效率高、发光强度高和发光波长随多元化合物组分连续变化等优点。间接跃迁过程较复杂:如果是单杂质材料,在常温下杂质大部分被电离,若杂质能级靠近导带底,则导带电子被杂质能级俘获并落入价带与空穴复合;若杂质能级靠近价带顶,则价带空穴被杂质能级俘获并与导带电子复合后落回价带。如果辐射复合发生在两个杂质能级间,则导带电子和价带空穴分别被电离的相应杂质能级俘获并在低能态杂质能级上复合发光,之后再落入价带。

LED 一般有台面型与平面型两种结构,如图 7-23 所示。LED 的突出优点是寿命长(1 万小时以上),同时驱动电压低、辉度高,只需几伏电压就可以获得很高的辉度。由于 LED 是用半导体晶体制作的,一个器件的尺寸只有边长不足 1 mm 的正方形,所以将很多的小块拼接在一起,就可以显示出文字和图像。特别值得一提的是,自 1993 年高辉度蓝色 LED 实用化以后,LED 的应用范围一下子扩展到了大画面全彩色显示。现在已生产出了红外到紫外之间多种发光颜色的 LED。另外还生产出了与 NTSC 制的 R、G、B 三原色色度坐标相一致的高辉度 LED，用这三种 LED 搭配就可以显示出全彩色画面。用于全彩色显示并具有代表性的 LED 有红色 LED(InGaAlP)、绿色 LED(GaInN)、蓝色 LED(GaInN)。LED 是一种高辉度、长寿命的器件，被广泛地应用于指示灯、广告牌一类的文字显示装置以及各种室外显示装置中。

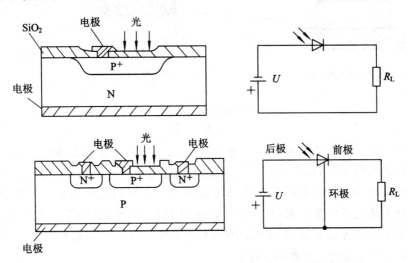

图 7 - 23 台面型与平面型 LED 的结构

7.5.2 OLED

有机发光显示器件(OLED)是以有机薄膜作为发光体的自发光显示器件，它的特点有：① 发光效率高、亮度大；② 有机发光材料众多、价廉，且易大规模、大面积生产；③ 发光光谱覆盖红外到紫外，便于实现全彩色显示；④ 材料的机械性能良好，易加工；⑤ 驱动电压低，能与半导体集成电路的电压相匹配，驱动电路易实现等优点。因此 OLED 已成为当今超薄、大面积平板显示器件研究的 LED 应用热门。1963 年，P. M. Kallmann 首次观察到了有机物的电致发光现象，并制备了简单的器件。1987 年，柯达公司的 W. C. Tang 博士研制成功了两层薄膜的有机小分子 OLED，同年，英国剑桥大学卡文迪许实验室的 Jeremy Burroughes 证明了高分子有机聚合物也有电致发光效应，并于 1990 年制备出相应器件，从此 OLED 显示技术的研究进入了高速发展阶段。近年，器件发光亮度、发光效率和内量子效率等性能指标得到不断提高。

1. OLED 器件的发光机制

OLED 由夹在一个透明阳极和金属阴极之间的有机层组成层状结构。用作有机发光器件的材料可分为有机小分子和聚合物两类，当器件工作在正偏置时，由于有机异质结构的电子和空穴发生注入与迁移现象，形成电子-空穴对，重新组合，通过透明的电极发光。

OLED 有单异质结构(single-hetero structure)和双异质结构(double-hetero structure)两种不同的结构，如图 7 - 24 所示。

OLED 的发光机制简单地说是由阴极注入的电子和阳极注入的空穴在发光层相互作用形成受激的激子。激子从激发态回到基态时，将其能量差以光子的形式释放出来，光子的能量为

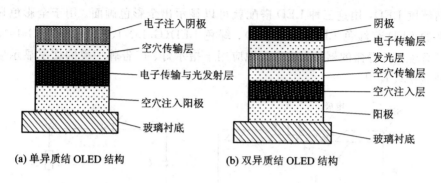

(a) 单异质结 OLED 结构　　　　　(b) 双异质结 OLED 结构

图 7-24　单异质结和双异质结 OLED 的结构

$$h\nu = E_2 - E_1$$

式中，h 为普朗克常量，ν 为出射光子的频率，E_2 为激子在激发态的能量，E_1 为激子在基态的能量。以典型的 3 层 OLED 为例。有机电致发光过程由以下步骤完成：① 载流子的注入，电子和空穴分别从阴极和阳极注入到电极内侧间的有机功能薄膜层；② 载流子的迁移，载流子分别从电子传输层 ETL 和空穴传输层 HTL 向发光层 ELL 迁移；③ 激子的产生，空穴和电子在发光层 ELL 中相遇，相互束缚而形成激子；④ 光子的发射，激发态能量通过辐射失活，产生光子，释放出光能。

　　绝大多数有机电致发光材料属于有机半导体，它们长程无序，短程有序，分子间的相互作用是范德瓦尔斯力，分子内电子的局域性强，属于非晶固体，这种结构对电子的输运不利。考虑到有机半导体具有光吸收边及其电导率与温度成反比的关系，表明有机半导体也存在能带结构，但其能带结构不能直接套用无机半导体的能带结构，而可用能带结构解释：每个分子由多个原子组成，由各原子轨道线性组合形成分子轨道时，轨道的数目不变，但能级发生变化。两个能级相近的原子轨道组合成分子轨道时，总要产生一个能级低于原子轨道的成键轨道和一个能级高于原子轨道的反键轨道。多个成键轨道或反键轨道之间交叠、简并，从而形成了一系列扩展的电子态，即电子能带。其中成键轨道中最高的被占据分子轨道称为 HO-MO(highest occupied molecular orbits)，反键轨道中最低的未被占据分子轨道被称为 LUMO(lowest unoccupied molecular orbits)。与无机半导体晶体的能带相比较，可以把有机半导体中的成键轨道比做无机半导体的价带，反键轨道比做导带，HO-MO 则是价带顶，HUMO 是导带底，这就是有机半导体的能带结构。

2. OLED 器件的分类

　　OLED 显示一般分为无源矩阵 OLED 和有源矩阵 OLED。无源矩阵 OLED 显示器件结构简单、价格低廉，适于低信息量的显示应用，如字符、数字显示器，其有机层夹在两个互相垂直的电极层(阳极和阴极)之间，发光像素按矩阵排列，被扫描的像素在相应行、列驱动电压的驱动下，流过电流而发光。电极与发光层上、下分别有保护层与玻璃基板。

　　有源矩阵 OLED 显示器件主要用于高分辨率、高信息量的显示器，例如视频和图形显示等。其显示面板上增加了一层电子底板，每个像素通过在电子底板上相应的薄膜晶体管和电容器来进行独立的寻址，这样，当某一点像素发生故障时，只会引起该像素点变黑，而不会像传统的 LCD 显示器件那样，造成该点所在的行变成白色。另外，有源矩阵 OLED器件采用恒定驱动电流，且多晶硅扫描电路都直接集成到底板上，这样减少了许多昂贵的、高密集的 IC 和与外围设备相接的接口电路。

7.5.3 高场电致发光显示

高场电致发光显示一般分为交流粉末电致发光（ACEL）、直流粉末电致发光（DCEL）、交流薄膜电致发光（ACTFEL）和直流薄膜电致发光（DCTFEL）。

ACEL 器件的结构如图 7－25(a)所示，交流粉末电致发光是将荧光粉（通常为 ZnS：Cu）悬浮在介电系数很高、透明而绝缘的胶合有机介质中，并将荧光粉夹持在两电极（其中之一为透明电极，另一个是真空蒸镀金属电极）之间而构成，实质上是大量几微米到几十微米的微小发光粉晶体悬浮在绝缘介质中的发光现象，又称德斯垂效应。当加以正弦电压时，每隔半个周期，ACEL 器件以短脉冲方式发光一次，激励电压有效值常需数百伏，发光持续时间约 10^{-3} s。它不是体发光，而是晶体内的发光线发光，发光线上的亮度可达 3.4×10^5 cd/m^2，总体光亮度约 40 cd/m^2，功率转换效率约 1%，寿命约 1000 h，采用不同的荧光粉可获得红、蓝、黄、绿等各色光显示。

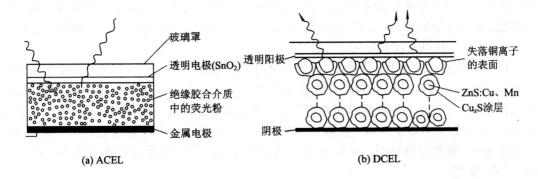

图 7－25　ACEL 和 DCEL 器件的结构

直流粉末电致发光现象由乍姆等人于 1954 年发现，1966 年人们得到了高亮度 ZnS：Cu、Mn 发光材料。DCEL 器件的结构基本与 ACEL 器件相似（如图 7－25(b)所示），但其荧光粉的涂层是导电的 Cu$_x$S，正常使用前必须在两电极上施加短暂作用的高电压脉冲，使 Cu$^+$ 从紧挨着阴极的荧光物表面上掉落，在形成一薄层高电阻的 ZnS 之后，较低的工作电压主要降在 ZnS 上，使其发光。这种器件的转换效率仅 0.1%，但发光亮度高达 300 cd/m^2，（$U=100$ V）。

自从 1968 年美国贝尔实验室制作出薄膜电致发光（TFEL）器件之后，这方面的研究日益活跃。ACTFEL 早期的名字叫"Lumocen"，意为"分子中心发光"，其发光材料为 ZnS，发光中心是稀土卤素化合物分子（TbF$_3$），其结构如图 7－26(a)所示。现在的 ACTFEL 器件一般采用双绝缘层 ZnS：Mn 薄膜结构，如图 7－26(b)所示。该器件由三层组成，发光层夹在两个绝缘层之间，起消除漏电流与避免击穿的作用。掺不同杂质则发不同的光，其中以掺 Mn 效率最高，加 200 V，5000 Hz 的电压时，亮度高达 5000 cd/m^2。ACTFEL 器件具有记忆特性：给其加一系列的脉冲电压，若下一个脉冲与上一脉冲同方向，则发光亮度明显减小；若下一脉冲与上一脉冲反方向，则发光亮度明显增加。利用记忆效应可以制成有灰度级的记忆板。

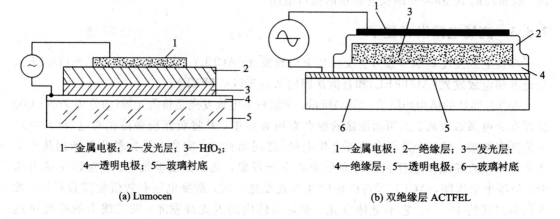

1—金属电极；2—发光层；3—HfO₂；
4—透明电极；5—玻璃衬底

1—金属电极；2—绝缘层；3—发光层；
4—绝缘层；5—透明电极；6—玻璃衬底

(a) Lumocen

(b) 双绝缘层 ACTFEL

图 7-26 ACTFEL 器件的结构

ACTFEL 优点是亮度高，寿命长（大于 20 000 h 不劣化），稳定性极好，具有本征灰度存储能力，可用光笔或投影法做光学书写与擦除，可用二电平信号读出，分辨力高和工作范围宽。缺点是静电容大，显示速度慢，无自扫描，自位移功能，驱动复杂，颜色只有橙黄色，效率高，工作电压高和集成化困难。

以 TFEL 发光过程中，一方面，当电流通过 ZnS 薄膜时，电子注入到其导带（迁移率为 $(80\sim140)$ cm²/V·s），空穴注入价带（迁移率为 5 cm²/V·s），由于二者迁移率的差别，造成注入空穴基本上在阳极附近被发光中心俘获，在靠近阳极一边发光；另一方面，金属电极或 CuS 线与 N 型掺杂 ZnS 接触形成势垒，当反向偏压时电子隧道注入 ZnS 高场区，电子被加速，获得足够能量，碰撞激发或离化发光中心。这两种过程混合进行，形成了 DCTFEL 发光。

DCTFEL 没有介质，可以方便发光体直接与电极接触，因而能制作与晶体管和集成电路匹配的低压（十几到几十伏）、直流电致发光器件，且其均匀致密、分辨率高，成像质量优于一般 EL 器件，面积和形状不受影响，工艺简单，造价低，因而成为显示器件中最具发展潜力的一种。

7.5.4 LED 应用

LED 具有许多优异特性，同时，随着 LED 性能的不断改进、成本降低，LED 显示得到了日益广泛的应用。

1. 单体 LED 做照明与指示灯

做局部照明与指示灯是 LED 的最早应用。目前，在家用电器、音响装置、汽车、飞机仪表板及许多其他仪器仪表上，发可见光的 LED 越来越多地被用于照明灯和指示灯。这种新型的灯因外形可做成各种要求的形状，同时它们亮度高、光色鲜、高可靠、长寿命的特点都是白炽灯所不及的。

在一个 LED 管壳中可以装两个或多个发不同光色的芯片，如将一只红色和一只绿色芯片装于同一玻壳中，通过改变各自电流即可使灯发出黄、红、绿色的光。

LED 在卡片阅读机、光笔、光调制器及光电耦合器中做照明光源，同时也在办公室自动化（OA）机器中做光源，如将发光波长为 570 nm（黄色）或 660 nm（红色）的芯片按每毫米

8～16 个的密度精细排列，用棒状透镜聚光，可做成照度达(1500～2000) k 的线光源，做复印机中稿件的读取光源，取代将来应用的激光光源和荧光灯。

作为光纤通信中的调制光源是 LED 显示以外的重要应用之一。如发光波长 1.3 μm 的红外高速 LED，每秒可传输五亿比特的数字信号，与低耗塑料光纤组合，可进行短距离(如 10 km)内的无中继通信。

发光二极管另一个非显示方面的重要应用是光电耦合器，在光电耦合器中，信号在LED 中转换成光，在光电晶体管中光又转换成电信号，这样，以光为媒质完成了电信号在输入与输出端的转换。由于有高抗干扰性和高的隔离性，光电耦合器应用较多。

2. LED 的字符与数字显示

前面已经讲过，如在一块基片上做多个 LED 或将多个 LED 芯片组装成数字、字母、符号或简单的图形，或者排成单元矩阵，这种 LED 显示板小则可以用于电子手表、仪器数字串显示，大则用于交通指挥牌、广告牌、机场车站内信息牌显示，采用不同颜色的 LED组合还可进行多色或彩色显示。

3. LED 矩阵显示板的字符与图形显示

将单色和彩色发光二极管排列成矩阵板可用于大型字符与图形显示。由于 LED 亮度十分高，因此很适合用于车站、机场、商店、体育馆以及室外的告示牌和广告牌，显示板应用单片机和微机为显示的存储与处理单元，可使显示内容更丰富。

7.6　等离子体显示

1. 等离子体显示的工作原理

等离子体显示板(Plasma Display Plate，PDP)是人们期望用以代替 CRT 显示的新型显示器件之一。1966 年美国伊利诺斯大学教授贝塞特等人发明了交流等离子体显示板，1968 年荷兰飞利浦公司的波依尔发明了直流等离子体显示板，1970 年美国布劳斯公司成功研制了自扫描等离子体显示板，此后，PDP 的研究急速发展并日趋成熟，在计算机终端显示及家用电视机方面取得了很大的进展。可以说，PDP 比其他平板显示更适合用于大画面的显示。

PDP 是利用气体放电发光进行显示的平面显示板，它可以看成是由大量小型日光灯排列构成的。日光灯是在真空玻璃管中充入水银蒸气，施加电压，发生气体放电，产生等离子体，然后等离子体产生的紫外线照射预先涂覆在玻璃管内壁的荧光涂料，使其产生可见光。所谓等离子体，是指正负电荷共存，处于电中性的放电气体的状态。

在 PDP 中，有数百万个如上所述的微小荧光灯，称为放电胞，其工作原理与结构如图7-27 所示。在真空放电胞中封入放电气体，一般采用氖(Ne)和氙(Xe)，或氦(He)和氙(Xe)组成的混合惰性气体。放电胞内壁涂覆的荧光体并不是发白光，而是发红(Red，R)、绿(Green，G)和蓝(Blue，B)三原色光。对放电胞施加电压，放电胞中发生气体放电，产生等离子体，等离子体产生的紫外线照射胞内壁上涂覆的荧光体产生可见光。三原色组合，在视觉上产生丰富多彩的颜色。

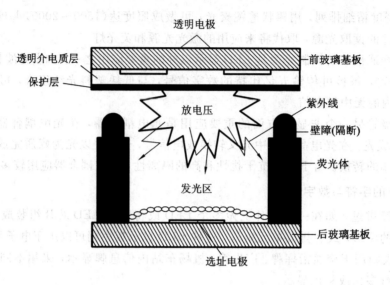

图 7 - 27　PDP 放电胞的工作原理与结构

2. PDP 的结构和驱动

图 7 - 28 为 PDP 的整体结构示意图。在两块玻璃基板上分别形成相互正交的电极，通过在其上施加电压或定时控制，以便放电胞放电，产生等离子体发光。其中行电极为扫描电极，在 PDP 的横向、纵向施加电压；列电极为信号电极。

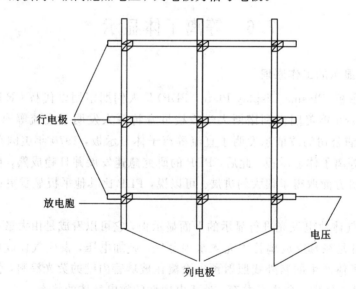

图 7 - 28　PDP 的整体结构示意图

按 PDP 所施驱动电压的不同，PDP 可分为交流等离子体显示板（AC-PDP）与直流等离子体显示板（DC-PDP）两类。在 AC-PDP 中对电极采取了保护措施，即在电极上加有保护层，而 DC-PDP 与荧光灯一样，电极不加保护层，直接暴露于放电空间。图 7 - 29 为 AC-PDP 的结构。前基板上设有放电用的透明电极，正对着透明电极的稍下方将发生气体放电。为使透明电极线电阻下降，透明电极上要附有汇流电极。电极内侧覆有透明介电层。为保护电极还要覆以 MgO 保护层。该保护层除保护透明电极之外，还有发射电子、维持放电状态、限制放电过流等作用。

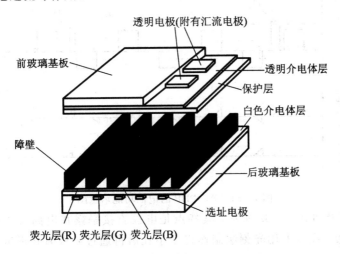

图 7 - 29　AC-PDP 的结构

　　AC-PDP 驱动电路的工作原理如图 7 - 30 所示。它由驱动电路、显示控制电路和电源三大部分组成。行、列方向驱动电路可采用专用集成块，在控制电路的控制下产生 PDP 所需要的维持、书写和擦除电脉冲。显示控制电路以单片微处理器为核心，在系统软件的协调下，提供驱动控制电路所需要的各种信号。电源部分提供整个系统所需的多组电压。驱动电压的幅度对显示器亮度有影响。驱动电压的频率对亮度影响很大，在一定范围内跟亮度有线性关系，因为频率越高，单位时间内放光的次数增多。但频率高时 PDP 功耗也增加，器件的温升明显，现在最高的维持频率一般在 60 kHz。

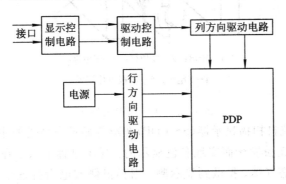

图 7 - 30　AC-PDP 驱动电路工作原理示意图

　　在 AC-PDP 任意两条交叉电极间加幅度小于起火电压 U_b 的维持电压 U_s 时，交叉点不放电；若在维持电压 U_s 脉冲间隙加幅度大于起火电压 U_b 的书写电压 U_w 时则该单元放电发光，放电形成的带电粒子在介质表面形成与外加电压方向相反的壁电压，大小为 U_w，使该单元净电压低于 U_s，放电暂时停止；直至外加反向 U_s 时，净电压又大于 U_b，再次发生放电发光，如此重复。也就是说，单元一旦起火，就由 U_s 维持脉冲放电，即这种 AC - PDP 具有记忆功能，如图 7 - 31 所示。若要发光单元停止放电，则可在 U_s 前部间隙加擦除脉冲，将壁电荷中和。AC - PDP 是断续的脉冲发光，每秒放电 2 万次以上，大大超过人眼可接受的闪烁频率。

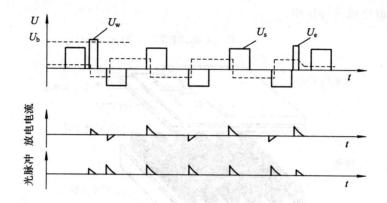

图 7 - 31　AC-PDP 的记忆功能示意图

DC-PDP 的结构如图 7 - 32 所示，其特点是电极直接暴露在电离气体中。在两块玻璃板中间夹一块铝板，在其上用光刻法制作许多小孔后再通过阳极氧化形成绝缘层；阳极氧化铝板两侧交叉排列铂金丝，形成空间正交的 X、Y 电极，交点在铝板小孔处，电极与放电气体接触。四周用低熔点玻璃密封，之后再经排气、烘烤、充入纯 Ne 气后密封即可。

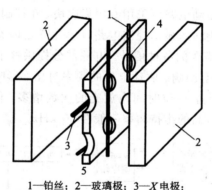

1—铂丝；2—玻璃极；3—X 电极；

4—Y 电极；5—阳极氧化铝板

图 7 - 32　DC-PDP 的结构

　DC-PDP 中的直流自扫描显示器（SS-PDP）在彩色显示中最受关注，它是利用稀有气体辐射的紫外线激励荧光粉发光而实现彩色显示的。显示过程中只是在阴极扫描侧放电，之后通过起火孔点燃稳态气体，扩散到显示侧。当扫描侧放电沿行逐个单元移动时，显示侧相应各单元根据指令显示出所希望的图像。

3. PDP 的特性及应用

与其他显示器比较，PDP 具有以下优点：

（1）利用气体放电发光，与 LCD 比较，PDP 为自发光型，即主动发光型显示。

（2）其放电间隙为（0.1～0.3）mm，与 CRT 相比，便于实现薄型化。

（3）利用荧光体，可以实现彩色发光，与 LCD 相比，容易实现多色化和全色化。

（4）容易实现大画面平面显示。

其缺点是：

（1）功耗大，不便于采用电池电源（与 LCD 相比）。

（2）与 CRT 相比，彩色发光效率低。

（3）驱动电压高（与 LCD 相比）。

基于上述特点，PDP 的优势是厚度薄、大画面、自发光、色彩丰富和大视角等。PDP 在高清晰度电视机、大屏幕电视机、计算机显示器、壁挂式显示器和室外大型广告牌等方面有非常广泛的应用。

第 8 章　光信息存储技术

8.1　引　言

　　信息数量飞速增长是当今社会的一大特点。有人统计，科技文献数量大约每七年增加一倍，而一般的情报资料则以每 2~3 年翻一番的速度增加。大量资料的存储、分析、检索和传播，迫切需要高密度、大容量的存储介质和管理系统。磁记录介质适合与计算机联用，信息存取方便、可靠，因而得到了广泛的应用。但是，磁带检索速度太慢，而磁盘的存储容量也毕竟有限。因而激光技术发明不久后，在 20 世纪 70 年代初期人们就开始了高密度光学数据存储的研究和开发工作。

　　用光学方法存储数据信息的设想和研究工作，可以追溯到很久以前。1969 年荷兰飞利浦公司开始研制激光视盘，并于 1972 年正式展出了世界上第一个光盘系统。1981 年光盘存储技术首先成功的用于电视录像盘，并实现了商品化，这就是通常所说的大影碟 LD。1982 年，小型激光唱片系统开始在市场销售。半导体激光器等各项单元技术的发展和日益完善、工艺的进步和制造成本的下降，为光学数据存储设备的研制创造了条件。

　　从 1977 年开始，日本、欧洲等多家公司相继提出了信息存储光盘系统，1979 年正式确定了用于计算机的光盘存储器方案。1983 年，美国存储技术公司推出了第一台大容量、高性能光盘驱动器。这个系统仍然是不可擦除的。经过科技人员不懈地努力，像磁盘一样可以随机存取、反复擦写的光盘机终于在 1988 年研制成功。

　　从 20 世纪 70 年代开始，短短 30 多年，以光盘为代表的光学存储技术得到了飞速发展，各种光存储产品不断涌现，这在很大程度上是由于光存储技术具有广泛的用途。目前 CD - ROM、DVD - ROM 已经成为商业微机系统的标准配置，家电类光盘产品更是得到极大地普及。具有相当规模的光盘产业已经形成，并且在不断发展壮大。

8.2　光盘存储的基本原理和分类

8.2.1　光盘读写原理

　　光盘存储记录是 20 世纪 70 年代发展起来的高新技术。光学透镜把高能量密度的激光束聚焦成一个直径仅有 1/1000 mm 以下的小光斑。利用这个高能量的微小光斑在光盘的记录介质上进行光学读写操作。图 8-1 所示的是光盘存储的基本原理。

　　聚焦光束入射到光盘上，如果光盘上已经存在记录信息，反射光的特征，例如，光强、光的相位或者光的偏振状态将发生某种变化，通过电子系统处理就可以再现原始记录的数据信息，这就是光盘的基本读出过程。如何使反射的读出激光束产生变化，不同类型的光

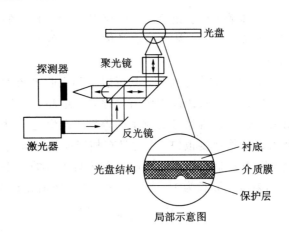

图 8-1 光盘存储基本原理

盘采用不同的原理。迄今为止，绝大部分商品化光盘存储系统中所用的记录介质的记录机理都是热致效应。利用从激光束吸收的能量，作为高度集中的、强大的热源，促使介质局部熔化或蒸发，通常称为烧蚀记录；或者使其产生磁化方向的改变，像磁光型记录介质那样；或者使光照点的结晶态发生变化，即相变型介质。目前，以光致效应为代表的基于光子效应的光学存储研究，也取得了丰硕的成果。它的记录原理是光斑范围内的介质由于光吸收性能或者折射率的变化，引起入射光被调制。光子效应的光存储技术越来越受到人们的广泛关注。

在所有热记录过程中，薄膜烧蚀是最简单和被研究得最透彻的记录方式。烧蚀性薄膜材料的熔化蒸发温度和热扩散率，在很大程度上决定着记录时所需的最小功率，但是记录的最小功率还受到记录材料周围结构的光学效率和热效率的综合影响。入射光能量只有一部分被记录层吸收，其余的或是被散射，或是透射到基片中去。入射光被吸收到记录层去的百分比称为介质的光学效率。合理的设计介质层结构可以使效率提高。热效率则是在微孔烧蚀过程中，记录层产生的热量有多少仍然集中在微孔区的一个量度。热损耗为扩散到光盘基片的热量，因而直接靠近介质层的基片材料应具有低的热扩散率。

磁光膜有一个容易磁化的轴，它垂直于膜表面。通过适当的外加磁场，使磁畴均转向一个方向。当写入时，激光束照射的位置温度升至居里点以上，介质的矫顽磁力降低，从而可用$(100 \sim 200)$Oe$(1 \text{ Oe} = 79.5775 \text{ A/m})$的磁场使该点的磁畴换向。这种被称为"居里点"写入的方法，用于铁磁性材料。另一类亚铁磁介质则具有称为"补偿点"写入方式，这种记录基于铁淦氧磁体中两种磁性子晶格对温度的不同依赖性。当某点介质被激光束加热到高于补偿温度时，该介质点的矫顽磁力迅速下降。选择磁膜成分，使其补偿温度刚好低于室温，这样就可以在较低的温度下记录。

读出磁光记录信息时，利用克尔效应或法拉第效应。磁光记录表现为光与介质相互作用时其偏振状态的变化。当介质的磁化方向与光的传播方向完全一致时，这些效应最大；在磁化方向与介质膜面垂直时，这些效应也为最大，这就是选择垂直磁化薄膜的理由。

相变型光盘利用记录材料的结晶态和非结晶态之间的可逆相变，实现信息的记录和擦除。写入过程使记录层局部熔化，实现晶态至非晶态的转变。很多熔化后的硫族化合物在骤冷时，显示出凝固成非晶体的倾向。光学记录中获得了 109 K/s 的骤冷速度，在这种速率下，几乎一切材料都会变成非晶体，从而形成晶体环境中的非晶体区域，信息擦除则是非晶态至晶态的退火过程。

结晶状态指原子在长距离内的有序排列，其折射率和吸收系数大，一般说来反射率也大。而非结晶态则是原子的排列在长距离内没有秩序，与结晶态相比，折射率和吸收系数小，反射率也小。利用结晶态和非结晶态反射率的差别，产生光学对比度，就可以读出信息。记录介质这两种相态的转换速度很快，因此具有相当高的读写速度。

根据光盘的读写原理，其存储密度本质上取决于读写光斑的大小。光斑直径一般用光强半峰值宽度 d 表示，如果激光波长为 λ，读写光学系统的数值孔径为 NA，则有

$$d = \frac{\lambda}{2}\text{NA}$$

8.2.2　光存储的主要特点

光盘存储的主要特点如下：

（1）记录密度高、存储容量大。光盘存储系统用激光器作光源。由于激光的相干性好，可以聚焦为直径小于 0.001 mm 的小光斑。用这样的小光斑读写，光盘的面密度可高达 $(10^7 \sim 10^8)$ bit/cm^2。一张 CD - ROM 光盘可存储 3 亿个汉字。我国花了 14 年才出版齐的中国百科全书共 1.2×108 多万字，也就是说，全部的百科全书还装不满一张 CD - ROM 光盘。

（2）光盘采用非接触式读写，光学读写头与记录盘片间通常有大约 2 mm 的距离。这种结构带来了一系列优点：首先，由于光头与光盘没有接触，光盘没有磨损，因此光盘的可靠性高、寿命长，记录的信息不会因为反复读取而产生信息衰减；第二，记录介质上附有透明保护层，因而光盘表面上的灰尘和划痕，均对记录信息影响很小，这不仅提高了光盘的可靠性，同时使光盘保存的条件要求大大降低；第三，焦距的改变可以改变记录层的相对位置，这使得光存储实现多层记录成为可能；第四，光盘片可以方便自由的更换，并仍能保持极高的存储密度。这既给用户带来使用方便，也等于无限地扩大了系统的存储容量。

（3）激光是一种高强度光源，聚焦激光光斑具有很高的功率，因而光学记录能达到相当高的速度。

（4）易于和计算机联机使用，这就显著地扩大了光存储设备的应用领域。

（5）光盘信息可以方便地复制，这个特点使光盘记录的信息寿命实际上为无限长。同时，简单的压制工艺，使得光存储的位信息价格低廉，为光盘产品的大量推广应用创造了必要的条件。

当然，光存储技术也有缺点和不足。光学头无论体积还是质量，都还不能与磁头相比，这影响光盘的寻址速度，从而影响其记录速度。一般地说，光盘读写速度还比磁盘低。而由于光盘的记录密度如此之高，盘片上极小的缺陷也会引起错误。光盘的原生误码率比较高，使得光盘系统必须采用强有力的误码校正措施，从而增加了设备成本。光存储存在的技术问题，有的已经或正在解决，有的成为研究的重要课题。在科学技术不断进步的过程中，光存储的性能必将进一步完善和提高。

8.2.3 主要的光盘类型

几乎没有任何技术像光存储那样,在很短的时间内就形成了种类繁多的产品。这些产品工作原理不同,生产工艺各异,使用方法五花八门,应用领域千差万别。从使用的角度可以将光盘分为只读型和用户可擦写型两大类。

只读型光盘即 CD 光盘上的信息是厂家在光盘的生产过程中写入的。首先将数据、图像、声音或者程序软件等信息组织成计算机数据,接着再转化为相应的光盘数据格式,然后通过光刻工艺,将信息刻制在玻璃盘上,经过电镀后形成金属化母盘,用母盘就可以对聚酯类的普通光盘进行批量压制。只读型光盘具有低廉的制造成本,优良的音像质量,是目前光盘产业的主导产品。国际上已为 CD 光盘制定了各种标准。

1981 年为激光数字音频光盘制定的技术规范 CD-DA,是一本红色封面的小册子,俗称"红皮书"。激光唱盘是第一个以数字化信息形式记录的光盘产品。在此之前问世的激光视盘(LD 影碟机),影像信息是以模拟信号记录的。

CD-ROM 作为计算机的外存设备,得到了非常迅速的发展。1985 年的"黄皮书"标准为 CD-ROM 的物理格式和地址等做了明确的规定。1987 年正式规定了 CD-ROM 的国际标准 ISO9660。CD-ROM 驱动器的共同特点是具有标准的计算机接口。

"绿皮书"规定的只读光盘标准称为 CD-I,它重点强调了可交互性。交互性很强的系统需要复杂的操作系统管理。CD-I 配备有称为 CDRTOS 的操作系统软件。

随着多媒体技术的发展,视频光盘,即 VCD 诞生了。VCD 的标准是在"红皮书"、"黄皮书"、"绿皮书"基础上创立的,称"白皮书"。VCD 产品曾经是国内家电市场上的主要产品之一。

高清晰度电视、数字化电视等技术进一步推动了光盘家电产品的迅速更新换代。1995年 9 月 18 日产业界制定了统一的光盘存储和视频标准,这就是 DVD 标准。DVD 标准和"红皮书"、"黄皮书"、"橙皮书"等 CD 标准构成了目前完整的光盘标准系列。标准的统一,为 DVD 的发展注入了活力,国际上几乎所有电子厂商都不放弃这一发展的大好时机,纷纷投入大量人力、物力研制 DVD 整机及部件。

DVD 光盘由于容量大,可把影视、声音、计算机和其他信息技术高度融合,成为世纪之交最有前途的 IT 产品。它的高品质音视频已经得到广泛的认同,DVD 播放机已成为家庭影院系统中的重要组成部分。进入 21 世纪后,CD-ROM 市场已经开始被存储密度更高的 DVD 取代。

CD 光盘品种繁多,许多厂商为自己的产品制定了相应的标准。另外,技术的交叉又进一步丰富了 CD 光盘家族,例如,"橘皮书"规定了一种新的光盘格式,称为 CD-R,它从数据物理格式上讲属于只读型光盘,但是,CD-R 是可以一次性写入的。

光存储技术一出现,就与计算机结下了不解之缘。可擦写光盘基本上都是用于计算机的。经过不断发展,作为计算机外设用的光盘已经形成了三种商品类型:CD-ROM(只读型)、WORM(一次性写入光盘)和可擦写型光盘。

与只读型不同,WORM 光盘和可擦写光盘上的信息由用户一次或者多次性写入,因此其存储方式和制造工艺与之有本质的区别。WORM 光盘在写入过程中,光盘介质的结构特性发生永久性改变,因此数据可以长期保存、反复读出。这种特性最适合存储具有永久保存价值且不需要更改的信息，例如，科研中的地质、地理、天文、海洋和环境等资料性数据以及管理办公部门的档案等。WORM 光盘可以和其他外存设备联合使用，以发挥各自的特长。与硬磁盘一起使用，能在容量和速度上相互弥补，而与可擦写光盘联合使用，可以分别存储一个应用系统的临时性数据和永久信息。

如上所述，只读型光盘是压制而成的，WORM 光盘则以烧蚀技术为主，而目前商品化可擦写光盘或者采用磁光介质，或者使用相变材料。可擦写光盘既像普通磁盘一样可以随机存取方式反复擦写，重写次数可达数万次至数十万次，又具有容量大的优点，从而使得普通用户在制作多媒体软件方面几乎彻底解除了信息存储上的后顾之忧。

随着网络技术的日益普及，特别是互联网的迅速发展，可擦写光盘还可以在接受由网络传输的大量音像图文信息及其他数据软件方面大显身手。一旦可擦写光盘商品化生产价格低到普通用户可以接受的程度，将会使计算机信息存储技术和家用电器生产，例如，录放机等进入一个新的时代。

8.3　高密度光存储

8.3.1　高密度光存储的发展方向

光存储的记录密度本质上取决于读写光斑的大小。根据聚焦光斑的公式，提高存储密度最直接的途径就是缩短激光的波长和增大光学系统的数值孔径。DVD 就是通过这一途径实现高密度存储的技术发展。DVD 技术是目前应用最广泛的光存储技术，全方位的 DVD 光盘产品，涵盖了从音频到视频，从只读到可写，从家电到计算机整个光盘应用领域。DVD 格式标准与 CD 相比，主要的改进包括：

(1) 采用 0.6 mm 衬底，这使得它能够采用数值孔径更大的物镜。

(2) 信道间距和最小记录长度减小。

(3) 光学头物镜的数值孔径增大。

(4) 激光器波长更短。

(5) 采用更有效的编码方案。

沿着这一发展方向，2002 年 2 月 19 日，光存储领域的 9 家知名公司在日本东京宣告建立下一代大容量光盘记录格式的参数标准，并将其命名为蓝光光盘(Blue-Ray Disc)。该格式的光盘利用 405 nm 波长的蓝紫光激光器，可以在与 CD 一样大小的光盘上存储 27 GB 的数据。

蓝光光盘的记录介质采用相变材料，为可擦写光盘。通过利用 0.85 数值孔径的光学头，它成功地缩小了聚焦光斑。利用 0.1 mm 厚度的光学保护层，可降低盘片抖晃所产生的偏差，同时使盘片能更好地读出和提高记录密度。蓝光光盘的轨道间距为 0.32 μm，大约是 DVD 光盘的 1/2，从而获得了单盘单面 27 GB 的存储量及 36 Mb/s 的传输速度。

由于蓝光光盘采用了全球标准的"MPEG - 2"传输流压缩技术，使其适用于存储高清晰度视频信息等需要大容量的内容。

DVD、蓝光光盘代表了高密度光存储的主流发展技术，其主要特点是采取缩短激光的波长和增大物镜数值孔径的技术，但是这一技术发展至今所剩的空间已经不大，因此有必要寻求其他提高存储密度和数据速率的途径。例如，利用空间三维或光的频率维进行信息存储，采用多阶存储代替目前的二阶存储，采用近场超分辨力技术取代传统的远场技术等。

8.3.2　超分辨力存储技术

提高光盘存储密度的一个方向是超分辨力存储技术，即改进光盘的光学系统以及记录介质的性能和结构等，突破传统光学衍射极限的光斑尺寸，实现高密度信息存储。

超分辨力技术可以分为光学系统超分辨力技术和介质超分辨力技术两大类。

1. 光学系统超分辨力技术

光学系统超分辨力技术不是依赖减小激光波长，而是通过改变光学系统的结构而获得超过衍射极限的小光斑。实现光学系统超分辨力技术的主要方法包括固体浸没透镜（SIL）、光学变迹术和近场探针记录等。

1）固体浸没物镜

利用液态浸没物镜获得超分辨力在光学显微镜制造业中已有悠久的历史，但这种方法必须使物镜和目标之间始终保持特殊的液体介质，显然不能用于光盘存储。固体浸没物镜起初虽然也是用于光学显微镜，但它应用于光盘存储相对比较容易。它的基本原理是在物镜前面加一个半球形固体浸没透镜，入射光束在有较大折射率的固体浸没物镜中汇聚形成更小的光斑。带有固体浸没物镜的光学头通过精密控制飞行高度，能够足够近地靠近记录介质面。由于倏逝场的作用，汇聚在固体浸没物镜表面的微小光斑可将光能传递到记录介质上。

普通物镜的物方折射率，即空气折射率近似为 1，固体浸没物镜技术相当于使物方的折射率改变为浸没物镜的折射率 n，使等效数值孔径扩大了 n 倍，从而可以形成更小的汇聚光斑。该技术实现的最大难度是控制固体浸没物镜与光盘面间的微小间隙。因此，它首先应用于母盘刻录是可行的。

2）光学变迹术

光学变迹术同样是在传统的光学超分辨力系统中早已采用的提高分辨力的方法。典型的方法是在光路中添加特殊光学元件，例如，在光学系统傅里叶面上加一个光学空间滤波器，将系统傅里叶面上有损系统分辨力的低频部分滤除，从而提高系统分辨力。最简单的方法就是在焦面中心加光阑，以吸收光束中低频高振幅的部分光能，使光束光强分布不再是高斯分布，从而减小爱里斑直径公式中的系数，形成更小光斑。光学变迹术能在一定程度上减小输出光斑，得到较高分辨力，但同时可能将入射光能量转换到主瓣之外的旁瓣上，造成强烈噪声，影响读出信号的对比度。

3）近场探针记录

近场探针记录是在扫描近场显微镜的基础上发展起来的一种新型的超分辨力存储方式。这种方法原理很简单，运用光纤作为光波导，将光纤的顶端拉伸成尺寸微小的探针，从而在光纤出口处获得尺寸极小的光斑。当探针头与记录层表面的距离小于半个波长时产生近场效应，光束不发散而得到微小的记录光斑。显然，这种方法也存在探针与光盘面之间微小距离控制的困难。另外，这样的微细光纤所传递的能量有限，信号微弱，检测比较困难。

2．介质超分辨力技术

介质超分辨力技术是在光盘记录介质层上采取各种技术措施，利用某些介质的特殊光学或其他物理特性，例如，利用介质对温度场、光密度、磁场等的非线性，使光盘的读写光斑在一定程度上减小；或者在盘上形成一个尺寸较小的有效孔径，使实际达到光盘记录介质的光斑减小，从而突破光学衍射极限获得较小的记录信息符，提高光盘实际存储密度。

目前应用相变介质的超分辨力存储技术在实验室条件下已经取得了相当的进展，而磁致超分辨力技术已经达到实际使用水平。磁致超分辨力技术是在盘片中涂覆 3～4 层不同的磁性介质，利用外部磁场控制实现读出时的磁放大，从而达到超分辨力存储的效果。磁致超分辨力掩膜技术的局限性在于它只能用于磁光记录介质，而不能用于相变介质、染料介质和只读光盘。特别是只读光盘是光存储的主流产品，因此能用于预模压光盘的超分辨力掩膜将是下一代光存储中的重点研究内容和关键技术。

8.3.3　多维光存储

为了突破由物镜数值孔径和激光波长对提高存储密度的强力制约，基于光在空间的互不干扰特性的三维光存储被纳入研究计划。此项技术是将传统的平面二维光盘存储发展到三维体存储。

目前已进行实验研究的多维光存储方案包括页面存储、多层存储、体全息存储、多波长存储和多阶存储等。

1．页面存储

页面存储是三维存储中应用较早的方法。它采用具有双光子吸收特性的光致变色材料作为存储介质。一束选择光束通过柱面透镜展宽成一个平面作为存储面选择，携带信息的激光束垂直入射到上述存储面上，就可以实现一页数据的写入；移动选择光束平面，则可以实现新的一页数据的写入。读出时，先移动选择光束平面到相应的位置，再由读出激光束垂直此平面照射。

这种方法原理相对简单，由于采用平面光束选择记录操作页面，避免了层间串扰。数据是以页面形式存储的，可以实现整页并行数据读写，获得较高的数据传输率。但这种方法需要在二维上精密定位，读写装置需要安装在精度很高的三维工作台上。由于受平面光束移动速度与精度的限制，且存在平面图像数据的处理等问题，在实用上受到很大限制。

2．多层存储

与页面存储一样，多层存储也是采用双光子吸收的光致变色材料做记录介质，不同的是记录材料不是一个整体记录块，而是分层涂覆在光盘上，层之间的距离大于物镜焦深，这样可以避免层间串扰。通过光合成器件将两种不同波长的光束会聚在同一焦点，使得只有焦点处存在两种波长的光子并发生光致变色反应，而其他记录层由于不可能受到两种波长光束同时照射而不会发生反应。

这种方法对厚度为毫米数量级的三维光盘可以记录数十层、甚至上百层，能大幅度提高密度和容量。多层存储的主要问题是聚焦和伺服跟踪实现困难，其实用化尚需在工艺上解决伺服跟踪的控制。

3. 体全息存储

体全息存储技术是 20 世纪 60 年代随着激光全息技术的发展而出现的一种大容量高密度体存储技术，当然也应属于空间三维存储技术。全息存储的基本原理是将同一光源的激光束分为两束，其中一束通过所需要记录的图像，称为物光。图像信息对入射的物光进行调制后，与另一束参考光在存储介质内产生干涉。干涉图被记录在全息记录介质上，经过光学或者热处理后被固定保存。由于这种干涉对两激光束的交角和相位敏感，在同一部位可以用不同的交角记录不同的全息图像，使存储容量大幅度增加。

目前，在实验室中已经实现在同一记录点上记录超过 1000 幅图像，即可以存储 1 GB 的信息，显示出体全息技术在大容量信息存储方面的巨大潜力。全息存储技术适于记录图像，不太适宜用于数字光盘。另外，体全息存储还存在写入和固定时间较长的问题，难以实现实时的信息读写。

4. 多波长(多色)存储

随着高分子光致变色材料研究的发展，这类材料的感光波长区域及感光频谱宽度都已获得较大的可选择性。这些成果使得利用光的多个频率实现多波长存储，即多色存储成为可能。日本松下公司曾利用 5 种吸收带不同的光致变色材料实现了一次写入型的十重记录。5 种材料的吸收峰在(450～700) nm 之间，峰宽都不超过 50 nm，且间隔均匀，以旋转涂覆工艺制成有 5 个记录层，层间具有 2 个隔离层，记录层总厚度约 1 μm 的盘片。该方案存在的主要问题是由于分子的吸收带均有部分重叠，不同波长记录层之间的串扰比较严重。

针对波长间串扰问题，国内实现多层存储的一种实验方案是采用 4 种已经工业化生产的半导体激光器作光源。它们的吸收峰为(405～830) nm，较大的频带间隔使记录介质的吸收光谱相互重叠部分很小，再采取合适的信号处理技术，较好地克服了不同波长记录信号的相互串扰问题。另一方面，该方案将几种材料按照一定比例混合，旋转涂覆为一混合记录层。这种不分层的多层存储大大简化了光盘片的制备工艺，降低了成本。针对 4 种波长的光学系统设计，该实验中的记录光斑尺寸差别较大，造成了分辨力较低，影响存储密度。这一点是该方案需要进一步重点改进的问题之一。

5. 多阶存储

光致变色存储是一种光子型记录，理论分析及实验资料表明，可以通过控制不同的曝光量而得到不同的反射率，从而在一个记录单元存入多种不同的数值而不是二进制的 0 或者 1。这样存储密度能够提高，因此称其为光致变色多阶存储或多值存储。另一方面，多阶存储形成与传统二进制编码完全不同的纵向编码技术，这种编码方法也有可能大幅度提高信息存储密度。

多阶存储方案也可以用于其他原理和方法的光存储系统中，如不同偏振态多重存储、空间三维存储以及近场技术等，也可以与其他存储方法相结合。清华大学光盘国家工程中心重点的光存储研究方向就是彩色多阶光存储，它把多波长和多阶存储结合了起来。另外，该中心还正在进行多阶母盘刻入技术的研究开发。这种新型光盘的记录信息不再是由等宽度的长短槽组成的，其信息符不仅有长短槽的调制，槽宽也有不同值的变化。

光致变色反应没有功率阈值，即使很弱的微光照射，也会有和被吸收光子数成一定比例的光致变色材料分子发生反应。这样，经多次读出后，原先写入的信息就会被读出激光引起一定程度的破坏，使读出信噪比下降。尤其对于多阶存储中的低功率记录点，如何实现非破坏性读出是一个非常关键的问题。

8.4 光盘驱动器的基本结构

8.4.1 光盘驱动器的主要技术单元

光盘存储系统需要广泛的技术基础，其中包括高性能半导体激光器制作技术、以光学头为代表的高精度光学技术、精密机械与光盘的精密加工技术、精确度达亚微米级的精密伺服控制技术、制备具有高灵敏度特性存储介质的工艺技术、在光盘上读写信息的技术以及控制整个系统的电子线路与软件技术等。光盘驱动器的主要技术单元包括激光光源、光学头、精密机械与伺服控制系统、电子控制、存储介质和软件等。

8.4.2 激光器

光存储技术是在激光器实用化过程中逐步发展起来的。由于能量的原因，激光器是唯一可用于光存储的光源。因为激光是单色的，相干性好，可以聚焦成小于 $1~\mu m$ 的微小光斑，使能量高度集中。这样的光斑能够高速度地在光学存储介质上读写超高密度的光学信息。

光存储技术应用的激光器有气体激光器和半导体激光器两种。气体激光器功率大、性能稳定，特别是其较短的波长使气体激光器作光源的存储系统可以有更高的记录密度，因此它在高性能要求的场合，在光存储实验研究中发挥了重要作用。但是气体激光器质量和体积大，以及高工作电压使它作为光存储系统的光源受到了很大的限制。随着高密度、高灵敏度存储介质的出现和半导体激光器技术的发展，使采用半导体激光器作为光存储用光源的理想变为现实，从而使光存储技术得到了广泛的应用。半导体激光器具有以下优点：

（1）体积小、重量轻。这可以大大简化光学头的结构设计。由于光学头重量轻，因而可以实现高速随机存取。

（2）半导体激光器的输出可以用写入信号直接调制，其光路短、效率高。激光的调制频率可以高达每秒几百兆位。

（3）功耗小、工作电压低，可以工作在 3 V 以下。

（4）半导体激光器是一种固体器件，寿命长、可靠性高，可以批量生产，因而价格低廉。

半导体激光器的一系列优点使得它适合作为光盘系统的光源，可以实现小型化，成本低廉。但是也存在一些缺点和问题：半导体激光器波长较长，通常为（780～800）mn，限制了光盘存储密度和容量的进一步提高。而由于很难制作高功率的激光器，因而也就限制了光盘系统的数据传输率。研制具有更短波长、更大输出功率的高性能半导体激光器是光存储技术发展的一个重要研究方向。

采用半导体激光器阵列作为读写光源是一个非常吸引人的方案。使用这样的阵列，在不提高光盘转速、不增加输出功率的情况下，可以大大提高读写速度。

8.4.3　光学系统与光学头

　　光学头是光盘驱动器中的关键部件，是激光、光学、精密机械、光电探测和伺服控制等技术的综合，在光盘驱动器中占有重要地位。在光盘技术的发展过程中，为研制光学头投入了很多的人力和财力。光学头部件主要包括激光光源、聚焦透镜、光电探测器、分光棱镜和聚焦透镜与信道跟踪伺服系统等。聚焦透镜把激光器发出的光束聚焦在光盘上，以便读写或擦除信息。为了把入射光束和反射的检测光分离开来，分光棱镜是必需的元件。此外，用一个二维微动伺服系统来保证光束正确聚焦在盘片上，并始终处于信道中心。图 8-2 所示的是一个典型光学头读写系统。

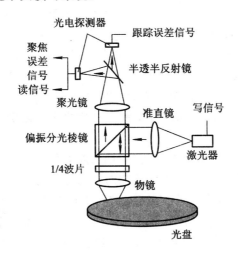

图 8-2　光学头读写系统

　　在光盘驱动器中，当电动机带动光盘高速转动时，通常存在最大振幅为 $\pm 100\ \mu m$ 的上下抖动，使光盘记录介质面偏离物镜焦面，同时由于偏心等造成的信道径向偏移也会达到 $\pm 100\ \mu m$ 左右。为使激光光斑准确聚焦在信道中央，需要有高精度的聚焦与跟踪伺服系统。聚焦伺服的过程是，如果光盘记录介质面位于物镜焦面，则平行光束会聚在光盘介质面上。当光盘在转动中产生抖动，介质面偏离焦面时，平行光束经物镜后在介质面上形成弥散斑，光学头不能正常工作。这时由检测到的聚焦误差信号放大后驱动微动伺服机构，使物镜进行轴向移动，以调整物镜和盘面间的距离。

　　为了在光盘上正确地读写信息，光学头不仅要保证光斑准确聚焦，还要使光斑中心始终对准信道中央。跟踪伺服的过程是，当光盘在转动中产生径向跳动，光斑偏离信道，不能准确读写时，用检测到的跟踪误差信号驱动微动机构而使物镜产生径向微移，使盘片和物镜间相对位置恢复正常，光斑回到信道中心。跟踪精度与信道间距、记录信息位密度及光斑大小等有关，一般应在 $\pm 0.5\ \mu m$ 左右。

8.4.4　机械系统和伺服控制

　　光盘驱动器的机械部分主要有光盘旋转系统、光学头部件和带动光学头运动的快速寻址系统。此外，还有盘片装卸机构、盘盒等辅助性机械部件。

　　光盘旋转系统通常采用直流无刷力矩电动机直接驱动。主轴电动机的转速稳定性对整个光盘驱动器正常工作具有很大影响。转速稳定性精度主要指：一转内转过每个扇区所用时间的最大偏差，称为瞬时转速相对误差；每分钟转速变化的最大误差，称为周期累积转速误差。

光盘旋转系统转速高，稳定性要求也比较高，通常采用锁相环控制加以数字校正的方法。在采用锁相环数字校正的同时，为尽量消除由于电动机轴承机械摩擦力矩的随机性变化带来的电动机位置的瞬态抖动，选用大惯量永磁转子电动机以平滑瞬态变化量，即相当于加入一个机械滤波器，提高瞬态稳速精度。

光盘旋转系统的动态误差包括径向误差和轴向误差，前者影响光学头自动跟踪性能，后者影响自动聚焦性能。

光盘旋转系统的径向动态误差由四个因素决定：电动机轴本身的径向摆动；电动机轴的回转中心与盘片信道几何中心的同心度误差；光盘信道圆度偏差以及光盘质心与转轴刚度不对称性引起的动不平衡误差。综合径向动态误差通常取上述四个偏差极限值的均方根。这个误差必须控制在自动跟踪允许的范围之内。

旋转系统的轴向动态误差包括两个方面：电动机轴本身的轴向跳动和光盘片的翘曲。实验证明，电动机轴的轴向误差影响不大，而光盘片的翘曲必须控制在 $\pm 4~\mu m$ 之内，以保证自动聚焦性能。

快速寻址系统俗称小车，载着光学头进行直线运动。也有采用摆动实现粗寻址的方案。该系统要求"快"和"准"，"快"决定了系统的平均寻址时间。在可能的情况下寻址时间越短越好，因此要求光学头和滑动小车的重量轻、启停特性好及伺服控制动态响应快。寻址时间包括粗寻址和精寻址两部分。精寻址的主要目标是要保证寻址精度，所以应尽量减少粗寻址时间以减轻对精寻址时间的压力。一般粗寻址占整个寻址时间的 2/3。通常，一方面尽量减小运动部件的惯量，另一方面对电动机进行最优控制，使其在最短的时间内达到最高速度。采用步进电动机时，由于启动频率不能太高，因此电动机控制在启动时用较低的频率，一旦运动起来再采用较高的频率。粗寻址过程中小车应有 $1~m/s^2$ 的加速度，才能保证粗寻址时间在允许的范围内。光盘机快速寻址系统的定位精度主要由光学头中的精寻址机构二维微动器的跟踪范围决定。对于 DVD，这个范围为 $\pm 300~\mu m$，传动系统的步进当量应根据这个数值确定。

8.4.5　数据通道

1. 光盘数据格式

计算机用光盘的数据存储格式与磁盘相似，沿光盘的半径方向分为若干信道，每条信道沿圆周方向分为若干扇区。每个扇区可以存放多少数据、每条信道有多少扇区以及盘上分多少信道等，均随光盘系统而异。光盘上的信道、扇区等不是像磁盘那样通过格式化过程形成的，而是在盘片生产过程中刻制或压制在盘片上。每个扇区内除了供用户使用的数据区外，作为预格式，还有一些系统信息，如信道号、扇区号和同步信号等，寻址就是通过读取预格式数据实现的。

光盘上信息的写入，有恒线速和恒角速两种。在恒线速方式中，整个盘面上信息面密度恒定，可以最佳地利用盘片容量。而恒角速控制简单，便于随机存取数据。此外，有的光盘机系统采用了改进型恒线速方式，这种方式沿光盘径向每隔一定数量信道就改变一次每道的扇区数。这样可以保持线速基本恒定，既增加了容量，又可以有恒角速随机读写的扇区布局。

2. 数据处理和编码纠错

由于光盘存储的位密度很高，每个信息单元所占面积很小，因而介质的微观缺陷对记录信息的正确率有比较大的影响。由于光盘的原生误码率较高，通常为 $10^{-5} \sim 10^{-6}$，所以在光盘数据通道中加入三个数据处理环节：数据调制解调、误码检测和纠错。光存储中的数据调制解调采用的是一种游程长度受限码规则（RLL）。CD 光盘采用 $8 \sim 14$ 调制（EFM），另外加三位结合码，所以本质上是 $8 \sim 17$ 调制。DVD 光盘采用 $8 \sim 16$ 调制，而一次写与可擦写光盘采用 RLL(2，7)、RLL(1，7)等。调制编码的目的在于减小记录在光盘上信道码的带宽和使锁相环可靠地工作，提高信噪比并使读出信号易于处理。检错码（EDC）通常采用循环冗余校验码（CRC）检测数据是否有错；而编码纠错是在信息记录时自动将必要的码字加入数据中，经过调制后形成实际的记录信息。读出时根据记录的数据和编码信息，通过解码实现数据和码字的分离。纠错码（ECC）可以分为二级纠错，第一级为交叉交错里德-所罗门纠错编码（CIRC），纠错后误码率低于 10^{-9}，满足非计算机运算使用光盘的要求；第二级为再一次使用里德-所罗门乘积纠错编码（RSPC），纠错后误码率将低于 10^{-12}，符合计算机用的数据标准。

3. 接口技术

可读写光盘主要作为计算机的外部设备，而 CD - ROM、DVD - ROM 目前已成为微型计算机（PC）的标准配置。因此，光盘驱动器与计算机的接口是对系统性能影响很大的技术单元之一。目前的接口主要采用集成器件电子学（IDE）和小型计算机系统接口（SCSI）两种。一般来说，采用 IDE 接口的 CD - ROM 驱动器价格比较便宜，且易于安装，所以已成为中等性能要求的台式系统的优选方案。而 SCSI 驱动器性能优良，容量较大，用途更加广泛，这使它非常适合多媒体、文件服务器和其他高端应用领域。可写光盘机基本上倾向于采用 SCSI 接口。新标准的 SCSI 接口具有吞吐能力大和真正即插即用的优点。

8.4.6　存储介质

可写光盘按其记录介质的特性主要可分为三大类：

（1）磁光型。磁光盘利用光热效应使激光焦点照射的部位记录介质的温度达到磁性记录薄膜层居里温度点或补偿温度点，使其矫顽力降到最小值，再通过外加磁场作用使记录膜层磁畴方向改变，该方向改变可逆，因此可以实现擦除和重写。信息的读出是利用磁光膜所具有的克尔效应实现。

磁光型介质常用稀土过渡元素合金的非晶薄膜，如 TbFe、GdCo 等，这是一种可擦重写的光盘材料，目前正在解决直接重写的问题。

（2）相变型。相变光盘是利用介质在晶态与非晶态，或由一种晶态到另一种晶态的可逆变化实现信息写入与擦除，利用两态具有的反射率差异读出记录信息。

相变型介质常用低熔点半导体材料（如 Ge - Te、In - Sb - Se 和 Sb - Se 等）或低熔点金属（如铜基、银基等）合金。这是一种可直接重写的光盘材料，发展方向是进一步提高介质材料的稳定性和灵敏度。

（3）有机光色或光子选通介质。它们是继上述两种无机金属与非金属记录介质之后，具有重要发展前景的新一代光存储介质。利用许多有机化合物吸收光子能量以后产生的光学特性的变化实现信息的写入与读取或擦除。这类介质具有记录密度高、反应速度快和信噪比好等优点，发展十分迅速。目前已有效地用于 CD-R 光盘的生产。

光盘系统的信息存储介质是一种多层结构的盘片。通常用聚合材料做基片，或者称为衬底，记录灵敏介质层涂覆在基片上，而记录层上再覆盖一层透明膜作为保护膜。信息读写过程发生在介质层内。根据工作原理，介质层可以是相变材料、磁光材料，也可以是光致变色等有机材料，而一次写入光盘可以采用热敏合金层。由于光盘记录介质工作原理各不相同，不同光盘系统的盘片往往是不可互换的。

光盘的主要特性是灵敏度和分辨力。灵敏度高的介质记录时需要低的光能，因而系统的能量消耗较低，同时，灵敏度反映了记录介质的反应速度，影响着系统的数据传输率。基于热效应的光盘存储系统中，记录层乃至基片的热扩散率也会影响介质的灵敏度，从而影响系统的读写速度。同时热扩散率也影响光盘记录的分辨力，影响信息的记录密度。

光盘作为存储介质，人们非常关心光盘的可靠性和寿命。光盘的寿命分为两个方面：一是记录介质本身的寿命，也称为搁置寿命；二是存储在光盘上的数据信息长期保存的可靠性，即存档寿命。影响光盘可靠性和寿命的主要因素是：

（1）光盘基片的机械稳定性和光盘驱动器机械结构精度。

（2）光盘记录介质和透明保护膜的光学性能及其稳定性。

（3）介质记录性能的稳定性。

（4）记录过程的影响。

（5）光盘的误码率。

关于光盘的存储寿命，目前有 30 年的报道，而公认的寿命为长于 10 年。为了提高光盘寿命，一是研制高性能的光盘材料，改进生产工艺；二是控制外部环境，延缓光盘老化过程。

8.5　光盘存储器与网络存储技术

8.5.1　光盘集成存储设备

光盘库系统是继光盘机出现以后，为进一步扩大光盘系统容量在 20 世纪 80 年代初开始出现的一种新型光盘系统。

早期的光盘库是将光盘机的机械系统与盘库系统统一设计而成的一种一机多盘或多机多盘系统，为一种非系统集成指导思想下设计开发的光盘存储设备。这种光盘库的读写系统是专门设计的，不能使用标准的光盘驱动器。除了读写系统外，主要部件还包括盘片架、夹持器、机械臂摆动部件、盘片弹出部件、抓卡盘片部件以及翻转部件等。具有自动更换盘片的机械手机构是光盘库的最主要的特点。存储介质的可更换使光盘库的数据容量理论上可以无限制地扩展。

新一代的光盘库都采用符合或接近国际标准的盘盒，使用符合标准的完整的光盘驱动器，不设计特殊的读写系统，以利于提高系统的兼容性。机械手机构的设计均是按这一原则考虑，使光盘库能使用各种标准盘片及光盘机，成为一种通用设备。

　　光盘库具有自动存取和检索海量数据的能力，它集中应用了现代光盘存储技术、计算机技术、精密机械技术及自动控制技术，是一种典型的高技术综合应用产品。在光盘库设计中体现了系统集成的思想，既是各种技术的集成，又是多种功能的集成。

　　光盘阵列是另一种集成存储设备，该技术是在现有单一光盘驱动器技术性能指标的基础上，提高数据传输率、数据可靠性和在线数据总容量的技术，其核心内容是利用阵列结构中数据可并行性。与采用廉价冗余磁盘阵列（RAID）技术的磁盘阵列类似，光盘阵列中多个驱动器的并行操作，使在线的光盘存储容量提高若干倍，同时，增加冗余光盘，以大大提高光盘阵列的可靠性。阵列的工作原理是将存储数据按照一定的原则，例如，按位、字节或者字节块进行分割，分别存放在不同的光盘上，并根据一定的算法形成校验数据，产生冗余的校验盘。在读出过程中，若发现某一光盘上的数据有误，或读出失效，存放在该光盘上的数据可以通过冗余盘和规定的算法恢复出来。可见，阵列的突出优点是具有很高的数据存储的可靠性。由于多盘的使用和并行操作，系统的存储容量大大增加，数据传输率也大大提高。

　　另外，还可以设计多光学头和多主轴光盘系统，实现并行操作，在数据分配和系统硬件上做出适用于并行操作的改变。

8.5.2　网络存储技术

　　在数据存储系统中，传统的存储结构方案是将存储设备，如磁盘、光盘和光盘库等借助一种接口连接到服务器上，通过服务器对外提供存储服务。即每一台服务器都拥有自己的存储设备，存储设备只是服务器的一部分，因此通常将存储设备称为外设（计算机外围设备），它们不能够脱离服务器而单独提供信息存储服务。称这种以服务器为中心的存储方式为 DAS。

　　在 DAS 存储体系下，用户对信息的存取需要先访问专用的服务器，然后通过服务器 I/O 接口总线才能访问存储设备上的数据，最后通过服务器将执行状态或数据转发给用户。

　　随着信息量的迅速增加和数据处理技术的发展，信息系统中数据存储变得越来越重要。在网络技术飞速发展和广泛应用的情况下，那种认为信息系统是以服务器，即计算处理为中心的观念正在逐步发展为以数据存储为中心的系统思想。数据存储像计算机服务器一样成为信息网络中的一个独立技术单元，这就是网络存储技术。存储系统逐渐由过去以服务器为中心的 DAS 存储体系发展成为以存储设备为中心的 NAS 和 SAN。

1. 附网存储（NAS）

　　NAS 的概念最早是 1992 年由美国加州大学伯克利分校提出来的。1997 年卡内基梅隆大学实现了一种称为附网安全盘（NASD）的附网存储设备原型。通常把 NAS 认为是将存储设备连接到局域网中，通过文件管理器对用户提供网络共享服务的一种存储模式。NAS 设备可以看做一个把存储设备和网络设备集成在一起、能够通过网络直接存取数据的专用数据存储服务器。

　　由于 NAS 存储设备突出强调的是数据存储和网络通信功能，所以 NAS 设备操作系统中去除一些不必要的服务程序，主要有文件管理模块和网络服务模块经过优化配置后一起被固化在硬件中使用。从这个角度上看，NAS设备实际上相当于去除通用服务器的一部分与存储无关的功能，经过优化和改善了网络通信和存储性能的具有自身存储管理能力的存储设备。

NAS存储设备的应用使信息脱离了服务器管理，可以在不同的物理位置直接与网络相连并提供文件共享服务，从而消除了传统DAS存储中的服务器性能瓶颈，使存储系统具有更高的存储效率和更低的存储成本。另外，应用服务与数据存储功能分离的NAS设备是真正的即插即用(Plug - play)设备，它具有异构平台下的文件共享、广泛的连接性和较低的成本等优势。由于NAS设备提供的是基于文件共享的网络存取服务，所以NAS适用于网络文件服务模式，它非常适合应用于海量存储系统，如光盘库这样的存储设备。

2. 存储局域网(SAN)

SAN是一种存储设备与服务器分离，存储设备作为网络上的独立节点组成的一个专门用于存储服务的局域网。作为一种新的存储方式，SAN把传统的I/O总线概念延伸到了网络，通过网络代替了原来与存储子系统的I/O连接。与NAS设备提供的网络文件服务模式不同，SAN中的存储设备通过基于数据块访问的专用网络存储协议——光纤通道(FC)直接连入网络，然后通过服务器的管理构成一个存储池。

SAN中的存储数据从用户网络中被分离到一个专用的高速存储网络中，该网络中服务器和存储设备之间能够共享存储信息，从而消除了单一服务器对其上所连接的存储设备的限制，实现了多个服务器间共享存储设备的目的。另外，由于存储设备所处的网络独立于用户局域网而存在，存储信息的访问不受用户网络环境的制约，网络中存储节点间可以独立进行数据迁移和备份。由上可知，SAN独特的体系结构和连接技术使SAN具有高速传输数据、可靠存储和备份、智能数据组织和管理等优势，适用于需要高效存储服务的大容量存储环境。

NAS和SAN解决了传统DAS存储方式存在的弊端，在提高存储系统性能的同时也方便了存储容量的扩展。

3. IP存储

虽然基于光纤通道的SAN(FC - SAN)在效率、可配置性等方面有明显优势，但是随着应用规模的扩大，用于存储设备互联的光纤通道协议支持的传输距离总是有限的，所以其所连接的存储设备事实上又形成了一个个独立的"SAN孤岛"，如何将这些孤岛连接起来实现信息共享以及进行数据备份和恢复成为一个热门研究领域。

当今数据网主要是在基于IP协议的网络基础上架构的，利用现有成熟的IP网络和设备组建存储网的技术也不断出现并逐步走向成熟。以IP协议而不是光纤通道协议构成的IP - SAN，或者称为IP存储具有以下优势：

(1)克服了其他存储技术，如FC - SAN的距离限制，使数据共享和远程访问更加方便易行。

(2)用户可以利用现有的以太网成熟产品和管理技术，继续沿用现有网络上的维护经验实现对存储网络的管理，有利于保护投资。

(3)存储网和用户局域网都基于同一体系，解决了互操作性方面的问题。

（4）与用光纤通道构建的存储网相比，基于 IP 的存储网不但具有成本优势，而且目前实用化的以太网速度已经提高到 10 G，且具有极低的传输错误率，可以预见将来基于 IP 的存储网的性能必然会得到快速提高。

目前 iSCSI 是研究比较深入、应用比较广泛的一种 IP 存储标准，可以简单地将 iSCSI 控制器看成是 SCSI 协议与 IP 协议的转换器。

8.5.3 网络化光盘库

光盘库是一种海量数据存储系统。目前商品化的光盘库都是按照传统应用模式设计的。它可以有一个或者多个光盘驱动器，具有机械手机构以根据存取需要自动地更换盘片，并且光盘库作为一个统一的存储系统具有标准的设备接口，它以 IDE 或者 SCSI 接口与计算机相连接。把光盘库与网络存储技术结合起来，使光盘库可以作为一种网络存储设备直接接入数据网络系统，这就是网络化光盘库的概念。

根据统计，用户对存储数据 80％的请求集中在系统保存的 20％的数据上，这就是著名的 80/20 原则。根据该原则，利用磁盘存取性能高于光盘库的特点，将光盘库中访问频率较高的部分数据（如光盘库中的目录树等数据）保存在磁盘中并对外提供存取服务，则可以在占用较小的磁盘空间的代价下，通过磁盘中的数据服务大部分的数据请求，从而减少光盘库对光盘驱动器和机械手的操作，缩短请求等待时间，提高网络化光盘库存取性能。为此，在网络化光盘库中引入大容量磁盘充当光盘库数据的缓存，将光盘库中访问频度较高的数据保存在磁盘缓冲区对用户提供服务。这相当于在网络化光盘库内部用快速的磁盘驱动器和慢速的光盘驱动器构建了具有层次存储体系结构的存储系统，解决了光盘库性能较低和多用户对同一张光盘同时访问时产生的性能瓶颈问题，提高了海量存储系统中网络化光盘库的存储性能。

网络化光盘库采用模块化设计，总体结构可以分为网络服务单元、磁盘缓冲区单元、光盘库存储单元和存储管理单元四个单元模块。在网络化光盘库的系统实现上，可以选用商用标准硬件设备构建通用模块（如网络服务模块），而对于需要根据应用要求对存储管理软件和硬件结构进行优化的模块（如磁盘缓冲区单元），采用独立设计硬件结构和固件（Firmware）的方式。这样网络化光盘库一方面具有商业通用模块成本低廉、容易升级的特点，另一方面定制设计也使其能够针对特定网络化光盘库性能需求，提供高性能存储服务。图 8-3 所示的是网络化光盘库的系统结构。

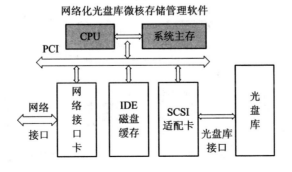

图 8-3 网络化光盘库的系统结构

8.6　光盘的数据存储与信息记录应用

8.6.1　海量数据存储和数据中心

　　光盘,特别是只读型光盘在多媒体技术领域,在电子出版物方面取得了巨大的成功,已经形成了一个相当规模的光盘产业。在信息存储和信息管理方面,也越来越显示出巨大的应用潜力。早在 1982 年 8 月,美国国会图书馆目录发行部就建成了世界上第一台处理图像文件的系统。这个系统用 25 片每面 4.5 GB 的光盘,存储了大约 250 万张机器可读的目录卡片,而 1968 年以前的约 500 万份目录卡片则是以图像形式存放的。图像数据进行了压缩,压缩比平均为 17：1。该系统在 2 h 内可以产生 1.5 万张目录卡片。从收到订单到发运卡片的整个过程只需要 2 天时间,只有个别情况多于 5 天。

　　日本特许厅(专利厅)1984 年开始,用 10 年时间,将 1885 年以来的 5000 万件专利公报全部记录在光盘上,形成一个无纸化管理系统。据说其综合资料数据库共用 30 台光盘机和光盘库系统,120 个检索终端,规模相当庞大。

　　美国波音飞机公司建立了一个分布式光盘图像存储和检索系统,用来存储管理从波音 737 到波音 767 所有的生产图纸和技术文件。系统有 600 个工作站,能在 5 s 内调出 200 万张图纸中的任何一幅。

　　目前国内也已经研制开发了各种光盘支持的管理信息系统,广泛应用于管理机关、档案馆、情报部门、文教系统、大型企业以及国防领域。清华大学研制的柔性网络化数据存储系统,通常称为数据中心,是光盘技术应用的一种典型存储系统。

　　图 8-4 是数据中心的拓扑结构。从图中可以看出,数据中心是一个局域网,组成该存储局域网的设备除了网络交换机、存储管理服务器等,主要包括两类存储设备:iSCSI 磁盘阵列和网络化光盘库。这两种存储设备都具有即插即用的特性,因而设备的数量理论上没有限制,也就是说其数据容量可以被认为是无限扩展的。

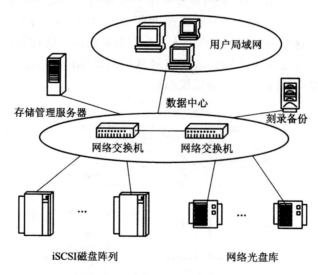

图 8-4　数据中心的拓扑结构

该存储系统的应用背景如下：在卫星对地探测研究等应用中，每天至少采集存储
200 GB 数据；5 天内的数据要求能够随时访问；半年内的数据可以快捷地提供读出服务，
而系统必须保存 20 年的数据以备检索的应用需求。简单计算可知，系统的在线数据高达
1 TB 左右，半年积累的数据量为 36 TB，而系统保存的总数据量（包括存放在光盘架上备
查的数据）则高达 1440 TB。

　　iSCSI 磁盘阵列是一种可以直接接入 IP 网络的高性能集成磁盘存储设备，高可靠性、
大容量和高速的数据传输率使其非常适用于存储在线数据，向用户提供实时的存取服务。
光盘库读出一般是比较慢的，特别是当需要更换盘片时，输出速度往往不能满足在线查询
的要求。一般把光盘库称为近线服务的存储系统。8.5.3 节介绍了网络化光盘库，这种存
储设备不仅可以即插即用地接入数据网络，更由于其采用了高速磁盘作为缓存，其数据读
出速度大大提高。在数据中心中，网络化光盘库的采用，使整个系统形成了一个如图 8-5
所示的包括在线数据、准在线数据、近线数据和离线数据的层次化存储结构，从而满足了
使用要求。

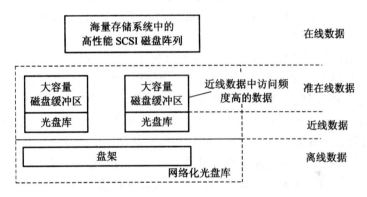

图 8-5　海量存储系统应用网络化光盘库的层次存储结构

　　数据中心具有如下主要特点：

　　(1) 从用户角度看来，数据中心就是一个数据存储设备，或者说是一个数据存储设备
群。由于网络存储设备的即插即用特性，数据中心的存储设备数目可以在不中断系统对外
服务的情况下方便地增减。系统一旦发现有新的设备接入或卸载，有关信息数据便将被加
入服务器上的数据库内或者将其删除，随时保持在线检索的可用性。因而，数据中心的容
量理论上可以是无限扩展的。这种容量的易扩展性可以满足信息量与日俱增的趋势和系统
对外提供不间断服务的要求。

　　(2) 它将数据的分散存储和统一管理、统一存取服务结合起来。服务器上存储了各个
设备上的数据文件的标志信息和设备信息（元数据）。通过数据的标志信息，用户可以统一
地检索查询数据中心的所有数据，而相应的存储设备信息则引导用户程序直接与存储设备
交换数据，而无需通过服务器中转。这个特点可以保证各存储设备上数据的完整性和一致
性，并克服了在多用户并行访问时直接服务器连接的数据传输瓶颈，大大提高了信息系统
的可用性。

　　(3) 通过磁盘阵列的冗余设置，网络化光盘库通过嵌入 NAS 内核中的基于人工免疫
思想的功能异常识别和处理模块，以及基于对象的存储的安全机制等的设计，数据中心具
有较高的可靠性和数据安全性。

（4）该数据中心运行在应用广泛的互联网环境下，硬件平台是应用最为广泛的微机平台，因而资源利用率充分，成本低廉。

8.6.2 高速光盘数据记录

1. 光盘记录速度分析

一般地说，光盘的数据存取速度比磁盘慢。数据存取速度包括寻址速度、传输速度和读写速度。像磁盘一样，计算机用光盘是随机存取的外存设备，寻址直接影响信息的存取速度。读写时，系统根据要求计算出准备读写的第一个扇区位置，将光学头移动到相应的信道。当选定的扇区转过光学头时，实现一个扇区的读写。操作系统一般不要求数据在盘上按扇区连续存放，完成第一个扇区读写后，需要通过一个文件分配表来查询第二个扇区号，然后重复上述寻址，移动光学头到相应信道，继续进行读写。

目前光学头体积和质量都还比较大，大的惯量限制了光学头的启停和运动速度。相比之下，磁头质量很小，而且磁盘系统一般设计为多盘片、多磁头结构，每个头的寻址范围很小。而光盘容量巨大，在大范围内运动，更加增长了寻址时间。这是光盘信息存取比磁盘慢的主要原因。

下面分析光盘的读写速度。读写速度主要取决于三个方面：光盘记录介质的灵敏度、记录材料的类型和激光的光源功率。光盘的记录原理是涂覆在盘片上的光敏记录薄膜介质对写入聚焦激光束做出反应。显然，如果介质的灵敏度高，产生同等程度的变化所需要的激光功率将比较低。在光源保持不变的条件下，灵敏度高的记录材料需要比较短的光照射时间，即有较高的记录速度。一些光盘，如磁光型光盘在记录原理上讲是不能直接重写的。写入过程通常分两步进行，第一步是擦除动作，以做好写入准备；第二步才进行真正的写操作。这将影响实际的写入速度。而有些记录介质是可以直接重写的。因此，不同类型的记录材料对记录速度有直接影响。光盘驱动器和盘片的参数，即主轴转速、每道扇区数、每扇区字节数直接决定其读写速度。显然

$$光盘读写速度＝每道扇区数×每扇区字节数×转速/min$$

以 Panasonic LF‑7010 光盘机和 LM‑D702 光盘片的技术参数为例：转速为 1800 r/min，每个信道从外到里为 17～32 个扇区，每个扇区 1024 B，根据上面的公式和参数，可以计算出它固有的读写速度：最外道为 960 kb/s；最内道为 510 kb/s。

本质上光盘的读写速度并不慢，可以说光盘是一种记录速度相当快的存储介质。采取特别的措施，充分利用光盘固有的高读写速度，可以研制高速、大数据量、长时间连续记录的数据采集记录系统。

提高光盘系统数据存取速度的关键问题是尽可能减小寻址时间损失。光学头的体积和质量比较大，是缩短存取时间、提高光盘系统寻址速度的主要障碍之一，因而目前世界各大公司、研究机构都竞相集中力量于光学头的研究和开发。主要工作集中在以下三个方面：

（1）采用先进的设计和制作工艺，减少光学头的元件数目、质量和尺寸。例如，用单个非球面透镜代替由两个以上元件组成的聚焦透镜，将聚焦与准直集成在一起。这方面的努力很有成效。

（2）利用新的原理和技术，研制新型光学头。薄膜波导式集成光学头可以使头的质量减至几十克甚至几克，而全息元件体积小、重量轻，一个全息元件可以实现几个传统光学

元件的作用，从而大大简化光学头的结构，减轻了其质量。这些新型的光学头，因其制造工艺要求高或者光学性能不够理想，均离实用化还有一段距离。

（3）研制分离式光学头。分离式是指把通常的整体式光学头分成固定部分和运动部分。如果运动部分包括物镜和聚焦、跟踪随动机构，称为部分分离式光学头；而如果除了物镜和必要的折光镜外，其余部分集中至固定部分，则称为全分离式光学头。分离式光学头已经取得了实用化的成果。

此外，多光学头结构及一个光学头可支持多通道并行读写的系统等研究工作对提高光盘系统的容量和读写速度，都具有重要的实用价值。

2．光盘高速数据记录应用

在工业生产领域经常有大量的数据信息需要记录。例如，电厂的大型机组在运行中要求实时监测系统各个部分的工作参数并记录下来。这些参数用于故障诊断，保证机组的正常运行。当发生意外时，记录数据更成为分析事故原因的宝贵原始资料。在地质勘探中，高速连续地记录地震信号，更是不可缺少的技术手段。光盘以其海量的存储能力、高的记录速度及盘片可以方便地更换等使其具有十分广阔的应用前景。

在许多科学实验中，例如，在高能物理实验中，高能微粒子运动轨迹图像的分析研究，对采集记录提出了非常高的要求。在国防科研方面，抗干扰技术是电子战中的重要技术手段。为了分析各种干扰的性质，寻找有针对性、高效能的抗干扰方法，需要大容量、高速度的连续数据采集记录系统，以便将雷达探测信号记录下来。因此，高速数据采集记录是科学研究，包括军事科研中最重要的技术之一。

光盘数据采集记录技术在空间科学等战略应用领域具有十分重要的意义。高空侦察飞机和人造地球卫星，都需要性能优良的数据采集记录设备。它们可以高速连续地记录各种探测信息，而当卫星飞临己方上空时，又可以选择性地将情报发送下来。目前在我国，人造卫星上装备的记录设备仍然以性能具有很大限制的磁带机为主。高空工作环境和记录性能使光盘成为极具竞争力的新技术，研制高性能的星载光盘数据记录设备势在必行。

3．雷达信号采集记录系统

图 8-6 是在抗干扰研究中用于雷达回波信号的采集记录系统（ODA-500 型高速光盘数据采集记录系统）。雷达回波信号通过高速采集器转换为数字信号，馈送到双页缓存器。在微型计算机的控制下，缓存器一方面接收数字化的雷达信号，一方面将已接收的信号通过计算机接口（SCSI 接口）写到光盘上。

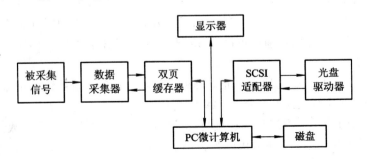

图 8-6　雷达回波信号的采集记录系统

该系统设计目标是将(300～500)Mb/s 的高速雷达回波数据连续、无丢失地记录到光盘上。双页缓存器是为了实现连续记录而设计的。其中一个缓存器页与采集器相连,而另一页则在微机控制下与光盘机接口相连。这样,当第二个缓存器页中数据写入光盘的同时,雷达数据不间断的存入第一页内。由计算机控制两个缓存器页的实时切换,周而复始,实现无信息丢失的连续记录。

为了进一步提高数据记录速度,满足国防科研的需要,ODA－500E 型采集系统设计了专门的硬件写电路,克服了微机总线的速度限制,使连续记录速度最高达到 2 MB/s。

在我国的载人航天试验以及在远程导弹发射试验过程中,利用该项研究成果,通过对雷达信号的实时记录,成功地实现了对试验过程的监测。

4. 机载和星载光盘数据记录系统

澳大利亚一家金属勘探开采公司建立了一个机载的、以 WORM 光盘为记录介质的矿藏勘探系统。系统主体是一个有 46 通道的多频谱扫描仪,通过光栅分光系统,用三组线列探测器,分别接收可见光、近红外和短波红外以及热辐射三个波段的探测信号。数据采集速度为 400 kb/s,记录在一次写入型光盘上。由于速度限制,系统只能同时采集记录 24 路信号。波段的选择可以根据探测目标确定。如果探测植被,信号集中在近红外波段,而在探矿应用中,则应集中接收远红外信息。探测信号可以实时显示,也可以在着陆后直接从光盘上读取原始记录数据进行研究分析。下面将要介绍的记录系统是典型的适用于星载应用的高速数据采集记录系统。

8.6.3 阵列式光盘高速数据记录系统

前面谈到的数据采集记录系统的数据率还不是太高,商用光盘驱动器即可满足要求。而在某些应用领域,例如,资源探测卫星和军事侦察卫星上所要求的数据记录速度要高得多。

美国宇航局早在 20 世纪 80 年代末就开始了星载光盘数据采集记录系统的研究计划。该计划规定的驱动器技术指标是记录速度为 300 Mb/s,记录数据量 20 GB。为了达到这样的目标,已有的光盘机显然不能胜任。该系统采用了一系列技术措施,以提高数据传输率和容量。

1) 多通道光学头

光学头由 9 个半导体激光器组成。9 路信号中 8 路为读写数据位,1 路为引导信号。这种并行读写头较普通单路的光学头,速度可提高 8 倍。

2) 多盘片驱动器

光盘驱动器同轴安装有 2 个 35.6 cm 双面盘片,4 个光学头同时在 4 个光盘面上进行读写。每个光盘驱动器数据传输率可高达 300 Mb/s,数据容量为 20 GB。

3) 阵列式结构

数据记录系统由 6 个驱动器组成光盘阵列,因此,整个记录系统的记录速度理论上可以达到 1.8 Gb/s,连续记录数据量为 120 GB。

图 8－7 所示的是一个连续记录速度可达 120 Mb/s 的柔性并行高速数据的记录系统。该系统采用了层次阵列结构,主要由阵列控制器、多路串列控制器、主控单元和 SCSI 驱动器组成。

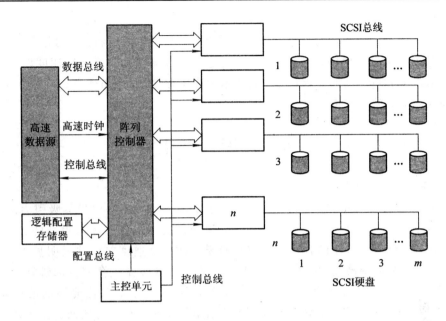

图 8 - 7 柔性并行高速数据的记录系统

当阵列控制器在记录时，它把高速数据源的数据流分割成多路，使高速数据流降速为中速数据流，并根据实际需要产生校验数据流，分别反馈给各路的串列控制器。在数据读取时，阵列控制器从串列控制器上读出多路数据，并依照数据分割算法将多路数据合并还原为连续的高速数据流；如果某一个串列控制器发生故障或错误，阵列控制器根据校验数据的生成规则，利用校验数据把失效的数据恢复出来；当系统中某个驱动器失效，但整个系统没有失效仍能降级工作时，使用完好的驱动器替换失效的，利用系统的校验信息恢复失效数据并重新记录到新换驱动介质上。阵列控制器由现场可编程逻辑器件构成，在主控单元的控制下，启动相应的操作，控制阵列的记录、读取、恢复和重构等。此外，系统可以根据实际需要，现场配置分割的路数和阵列的 RAID 模式，对高速数据流进行分割降速、生成冗余校验数据和可靠的记录。串列控制器在记录过程中，分别接收各路中速数据流，在主控单元控制下，采用阵列方式，利用双页缓存把来自阵列控制器的数据无丢失地记录到存储设备中。同样，在读出时把存储设备上的数据读出并无丢失地传输到阵列控制器。

主控单元在系统工作时解释用户从人机接口输入的命令及参数，一方面通过与阵列控制器的接口来控制阵列控制器实现数据分割、合并、恢复和重构等；另一方面通过与串列控制器的接口对串列控制器进行设置、协调和控制多个串列控制器并行工作，配置所连接的 SCSI 存储设备以及执行数据记录、读取等相应操作。

在空间应用中，系统中的存储设备通常采用 SCSI 光盘驱动器，而在普通应用中，当然也可以使用一般的 SCSI 磁盘。一个采用普通商用磁盘的阵列式记录系统，在单路记录速度为 15 Mb/s 时，配置为 8 路并行工作，系统连续记录速度可达 120 Mb/s。

系统采用柔性化层次阵列结构可以提高数据记录系统的性能。利用层次阵列结构实现数据分块和校验冗余来提高数据记录系统的传输速度和可靠性；系统采用针对实现高速连续数据流记录的"速度匹配"缓存技术，使系统可以利用随机存储设备实现连续数据记录，具有随机存取和连续存取的功能，比通用的只能进行顺序存取的记录系统具有更好的数据存取性能。

　　柔性并行数据记录系统的总体设计具有柔性化、易于扩展的特点，可以利用硬件逻辑对层次化阵列结构进行现场柔性配置，以改变整个系统容量和连续传输速度设置，满足实际应用中对性能和可靠性的需求；可以灵活选用通用存储设备(如硬盘、光盘和磁带机)作为存储单元，易于扩展存储容量。

8.7　展　　望

1) 光存储技术的发展趋势

　　记录密度高是光存储技术最突出的特点，也是用于计算机外设最具吸引力的一方面。但是随着科学技术的发展和制造工艺的改善，磁记录技术也在不断取得新的进展。目前，与磁盘相比，光盘单机的存储容量已无绝对优势，而存取速度差距并无明显缩小。因此，提高记录密度，从而提高光存储的容量，以及提高读写速度是光存储技术研究工作的主要方向。从本质上讲，记录密度取决于读写光斑的大小，而光斑直径由光源的波长和聚光系统的特性(数值孔径)决定。半导体激光器具有体积小、重量轻、功耗低、容易聚焦成高能量微小光斑等性能，所以半导体激光器成为几乎所有光存储产品采用的光源。目前光盘系统所用的激光器以红外波段为主，波长在(700～800) nm 之间。研制波长更短的新型激光器一直是公认的提高光存储密度的主要途径之一，已崭露头角的蓝光光盘技术就是这个方向上的最新成果。

　　在一定的激光波长下，聚光镜的数值孔径决定了读写光斑的大小。大数值孔径聚光系统的设计本身就是一个高技术难题。随着数值孔径的增大，系统的焦深急剧减小，这对光学机械系统的精度提出了更高的要求，使自动聚焦控制更加困难。同时，光学头的重量又直接影响数据传输率，因此简单化、小型化和高技术化设计是光学头研制的方向。此外，采用新概念、新技术和新工艺的读写技术，例如，全息光学、集成光学和二元光学等成为光存储技术研究的另一个热点。

　　光存储技术的原理是光与记录介质之间的相互作用。记录介质的性能对记录密度和读写速度具有举足轻重的影响。在寻求具有新的读写原理、灵敏度和分辨力更高的记录材料方面，许多科技工作者正在进行不懈的努力。

　　光存储技术在迅速发展，容量不断增大，速度不断提高。据估计，光盘的容量每 8 年提高 10 倍。但是光盘性能的提高远远赶不上信息科学的发展和实际需要。为此在现有技术基础上，如前所述，采用并行读写技术、阵列式结构以及光盘库等建造具有超大容量、超高速度的存储和记录应用系统是现实可行的途径。

2) 光盘产业的发展趋势

　　20 世纪末，光存储技术已经在世界范围内形成了一个年销售额达数百亿美元的产业。光盘市场包括光盘驱动器、光盘盘片和应用系统三个方面，而驱动器是光盘产业的龙头。它们与激光唱机、激光视盘等家电产品一起构成了光盘产业的主体。由于计算机迅速普及，作为个人计算机不可缺少的组成部分，CD - ROM、DVD - ROM 光盘驱动器已进入千家万户，仅就国内消费市场来说，其前景正可谓不可限量。从某种程度上来说，光盘盘片的节目引导了光盘产业的发展方向。随着多媒体及其开发技术的成熟，制造光盘节目的软件产业蓬勃发展。各种数据信息的光盘化、光盘电子出版物以及光盘声像节目和电子游戏的大量涌现,极大地刺激了光盘产品市场的高增长率。光存储综合了多种科学技术的高新技术产业,一种新技术的出现,到其为社会所接受,有一个逐步被人们认识的过程。在我国,光盘管理信息系统(MIS)、工程图管理系统、光盘库、多媒体数据库等的推广应用对光盘存储技术的普及发挥了积极作用,并成为光盘产业的重要组成部分。

目前,在整个光盘产业中,CD 系列产品占据了绝大部分份额,而可擦写型光盘的销量很小。如果说只读型光盘代表了光盘产业,那么用户可擦写的光盘则代表了光存储科研发展的方向。目前虽然有不少品牌的刻录机和可擦重写的光盘系统出售,但若增加市场份额,成本有待进一步降低。在性能方面,与传统的计算机外存磁盘相比,除了介质可更换外,在容量方面并无绝对优势,而存取速度则有明显不足,这些因素影响着可写光盘的大量推广应用。解决上述问题,正是光盘存储研究开发的技术关键。

参 考 文 献

[1] 郭培源，梁丽. 光电子技术基础教程[M]. 北京：北京航空航天大学出版社，2005.

[2] 江月松，李亮，钟宇. 光电信息技术基础[M]. 北京：北京航空航天大学出版社，2005.

[3] 朱京平. 光电子技术基础[M]. 北京：科学技术出版社，2003.

[4] 郑光绍. 光信息科学与技术应用[M]. 北京：电子工业出版社，2002.

[5] 安毓英，刘继芳，李庆辉，等. 光电子技术[M]. 北京：电子工业出版社，2002.

[6] 张建奇，方小平. 红外物理[M]. 西安：西安电子科技大学出版社，2004.

[7] 陈衡. 红外物理学[M]. 北京：国防工业出版社，1985.

[8] 叶培大，吴彝尊. 光波导技术基本理论[M]. 北京：人民邮电出版社，1984.

[9] 佘守宪. 导波光学物理基础[M]. 北京：北方交通大学出版社，2002.

[10] 吴彝尊，蒋佩璇. 光纤通信基础[M]. 北京：人民邮电出版社，1987.

[11] 曹庄琪. 导波光学[M]. 北京：科学出版社，2007.

[12] 周炳琨，高以智，陈倜嵘，等. 激光原理(第五版)[M]. 北京：国防工业出版社，2007.

[13] 刘恩科，朱秉升，罗晋生. 半导体物理学[M]. 北京：国防工业出版社，1989.

[14] 马养武，陈钰清. 激光器件[M]. 杭州：浙江大学出版社，2002.

[15] 李适民. 激光器件原理与设计[M]. 北京：国防工业出版社，1998.

[16] 黄德修. 半导体激光器及其应用[M]. 北京：国防工业出版社，1999.

[17] 蓝信钜. 激光技术[M]. 北京：科学出版社，2000.

[18] Francis T. S. Yu, Suganda Jutamulia, Shi Zhuo Yin. 光信息技术及应用[M]. 北京：电子工业出版社，2006.

[19] 白廷柱，金伟其. 光电成像原理与技术[M]. 北京：北京理工大学出版社，2006.

[20] 邹异松，刘玉凤，白廷柱. 光电成像原理[M]. 北京：北京理工大学出版社，1997.

[21] 张永林，狄红卫. 光电子技术[M]. 北京：高等教育出版社，2005.

[22] 彭国贤. 显示技术与显示器件[M]. 北京：人民邮电出版社，1981.

[23] 高鸿锦，董友梅. 液晶与平板显示技术[M]. 北京：北京邮电大学出版社，2007.

[24] 李维諟，郭强. 最新液晶显示应用[M]. 北京：电子工业出版社，2006.

[25] 黄子强. 液晶显示原理[M]. 北京：国防工业出版社，2008.

[26] (日)谷千束. 先进显示器技术[M]. 金轸裕，译. 北京：科学出版社，2002.

[27] 李雄杰. 平板电视技术[M]. 北京：电子工业出版社，2007.

[28] (日)大石严. 显示技术基础[M]. 白玉林，译. 北京：科学出版社，2003.

[29] (日)堀浩雄，铃木幸治. 彩色液晶显示[M]. 金轸裕，译. 北京：科学出版社，2003.

[30] 田民波. 电子显示[M]. 北京：清华大学出版社，2001.

[31] 应根裕，胡文波，邱勇，等. 平板显示技术[M]. 北京：人民邮电出版社，2002.